VIDAL, VIDAIS

TEXTOS DE GEOGRAFIA HUMANA,
REGIONAL E POLÍTICA

De Rogério Haesbaert:

*O Mito da Desterritorialização: Do "Fim do Território"
à Multiterritorialidade*

*Regional-Global: Dilemas da Região e da Regionalização
na Geografia Contemporânea*

ROGÉRIO HAESBAERT
SERGIO NUNES PEREIRA
GUILHERME RIBEIRO
(ORGS.)

VIDAL, VIDAIS

TEXTOS DE GEOGRAFIA HUMANA, REGIONAL E POLÍTICA

Prefácio
Paul Claval

Rio de Janeiro | 2012

Copyright © Organização Guilherme Ribeiro, Rogério Haesbaert, Sergio Nunes Pereira, 2012.

Capa: Sérgio Campante

Imagem da capa: A partir de mapa da América do Sul do *Atlas Générale Vidal-Lablache Histoire et Géographie*. Paris: Armand Colin, 1895.

Editoração: FA Studio

Texto revisado segundo o novo
Acordo Ortográfico da Língua Portuguesa

2012
Impresso no Brasil
Printed in Brazil

Cip-Brasil. Catalogação na fonte
Sindicato Nacional dos Editores de Livros. RJ

V691	Vidal, vidais: textos de geografia humana, regional e política / Rogério Haesbaert, Sergio Nunes Pereira, Guilherme Ribeiro (orgs.); prefácio Paul Claval. — Rio de Janeiro: Bertrand Brasil, 2012. 464p.: 23 cm Inclui bibliografia ISBN 978-85-286-1621-7 1. Geografia humana. 2. Geografia política. 3. Identidade social. 4. Territorialidade humana. 5. Civilização. I. Costa, Rogério H. da (Rogério Haesbaert da), 1958-. II. Pereira, Sergio Nunes. III. Ribeiro, Guilherme. II. Título. III. Série.
12-6070	CDD: 304.2 CDU: 911.3

Todos os direitos reservados pela:
EDITORA BERTRAND BRASIL LTDA.
Rua Argentina, 171 — 2º andar — São Cristóvão
20921-380 — Rio de Janeiro — RJ
Tel.: (0xx21) 2585-2070 — Fax: (0xx21) 2585-2087

Não é permitida a reprodução total ou parcial desta obra, por quaisquer meios, sem a prévia autorização por escrito da Editora.

Atendimento e venda direta ao leitor:
mdireto@record.com.br ou (0xx21) 2585-2002

Impressão e Acabamento: Yangraf

Em memória de Maurício Abreu, exemplo de pesquisador que, com refinamento e serenidade, deixou marca indelével na Geografia brasileira

SUMÁRIO

Prefácio 9
Paul Claval

Relendo Vidal: em busca de novos enfoques 13

I. GEOGRAFIA HUMANA

      Fundamentos epistemológicos de uma ciência 23
      Guilherme Ribeiro

1. "Prefácio" ao Atlas Geral Vidal-Lablache:
   História e Geografia 41
2. O Princípio da Geografia Geral 47
3. Aula Inaugural do Curso de Geografia 67
4. As Condições Geográficas dos Fatos Sociais 85
5. A Geografia Humana: suas Relações
   com a Geografia da Vida 99
6. Da Interpretação Geográfica das Paisagens 125
7. Os Gêneros de Vida na Geografia Humana
   Primeiro Artigo 131
8. Os Gêneros de Vida na Geografia Humana
   Segundo Artigo 159

II. GEOGRAFIA REGIONAL

Vidal e a multiplicidade de abordagens regionais 185
Rogério Haesbaert

1. As Divisões Fundamentais do Território Francês (partes I, II e IV) 203
2. Estradas e Caminhos da Antiga França 213
3. Os *pays* da França 229
4. As Regiões Francesas 245
5. A Relatividade das Divisões Regionais 277
6. Evolução da População na Alsácia-Lorena e nos Departamentos Limítrofes 287
7. A Renovação da Vida Regional 315

III. GEOGRAFIA POLÍTICA

Estados, nações e colonialismo: traços da geografia política vidaliana 337
Sergio Nunes Pereira

1. Estados e Nações da Europa em torno da França (extratos) 363
2. A Zona Fronteiriça entre a Argélia e o Marrocos conforme Novos Documentos 389
3. A Geografia Política. A Propósito dos Escritos do Sr. Friedrich Ratzel 401
4. O Contestado Franco-Brasileiro 421
5. A Missão Militar Francesa no Peru 425
6. A Colúmbia Britânica 431
7. A Carta Internacional do Mundo ao Milionésimo 437
8. A Conquista do Saara 447
9. Sobre o Princípio de Agrupamento na Europa Ocidental 455

PREFÁCIO

Paul Vidal de la Blache desempenhou papel fundamental na evolução da Geografia em finais do século XIX e início do século XX. Era um homem modesto e um grande trabalhador. Tinha fé na ciência e, mais particularmente, na disciplina que modelava (com outros) e à qual consagrava todos os seus esforços: a Geografia Humana. A ascendência que tinha sobre seus estudantes era considerável. A publicação do *Tableau de la Géographie de la France* lhe valeu o reconhecimento do público erudito.

Foi dele que a Escola Francesa de Geografia recebeu seus princípios e orientações; ela lhe deve a consideração obtida no exterior até os anos 1950. Sua influência se fazia sentir através de suas publicações e da tradição oral inaugurada por seus ensinamentos. Como de hábito, essa última revelou-se simplificadora (enfatizando mais as ideias iniciais da carreira de Vidal que as contribuições mais originais de seus últimos anos) e infiel: o Vidal de que falavam meus professores era o apóstolo de uma abordagem regional que conhecia apenas a região natural. Eles abafavam o interesse que ele concedia à dinâmica econômica de seu tempo e seu impacto sobre a organização do espaço. Ignoravam o profundo engajamento político de um homem que amava seu país, apoiava sua expansão colonial e queria contribuir para seu esplendor.

Há uma geração, opera-se um retorno à obra de Vidal. Rogério Haesbaert, Sergio Nunes e Guilherme Ribeiro participam dessa retomada através da publicação desta coletânea, que mostra quem era Vidal através de uma seleção de seus textos essenciais. Eles são ordenados segundo três eixos: o primeiro evidencia o que era a Geografia Humana de Vidal de la Blache, o segundo retraça a evolução de sua reflexão sobre os recortes regionais, e o terceiro enfatiza o aspecto político de sua obra.

Historiador de formação, Vidal transforma-se em geógrafo no início dos anos 1870. Passa vinte anos percorrendo a França e a Europa, dotando a Geografia de um instrumento fundamental — o *Atlas general* — antes de publicar textos sobre a natureza e a epistemologia da Geografia. A Geografia humana que ele elabora se apoia nos mestres alemães aos quais ele rende homenagem — Carl Ritter, em particular —, desenvolvendo-se como ressonância daquela que Friedrich Ratzel lançara na Alemanha dez anos antes.

A Geografia não é apenas uma descrição do mundo: ela tem uma dimensão geral. O princípio de conexão evidenciado por Ritter faz lembrar seu alcance filosófico. Desenvolvida no momento de triunfo do evolucionismo, é uma ecologia do homem muito próxima das ciências da vida. Ela trata de fatos sociais. Dois elementos contribuem para sua especificidade: o lugar que confere às paisagens e, numa escala que não é mais a da observação direta, mas a do mapa, a atenção concedida às formações de densidade, que fascinam os geógrafos franceses desde as análises pioneiras de Émile Levasseur.

Há uma Geografia regional vidaliana? Sim, no sentido de que a descrição da diversidade terrestre está no coração de seu projeto. Não, na medida em que suas ideias evoluem: sob a influência dos geólogos, ele parte de uma concepção que privilegiava o subsolo, o relevo e o clima. Ela esclarece bem os traços da geografia francesa do passado, mas não é suficiente para explicar nem as grandes divisões apresentadas pelo *Tableau* e nem a diversidade de *pays*, cujo aspecto se deve tanto à história e à cultura quanto à natureza. O mundo que então se instala é industrial. Uma viagem que faz aos Estados

PREFÁCIO

Unidos em 1905 revela-lhe o papel organizador ali efetuado pelas ferrovias e pelas grandes cidades. É o ponto de partida de suas reflexões sobre a relatividade das divisões regionais, sobre o modo pelo qual a Alsácia-Lorena foi construída e sobre as regiões francesas que importam no começo do século XX.

Mais difícil é apreender a dimensão política da obra de Vidal, pois ele pouco escreveu nesse domínio. Um dos méritos de Guilherme Ribeiro foi ter reencontrado os relatos que ele consagra, no decorrer do tempo, à obra de Friedrich Ratzel, ao contestado franco-brasileiro, à missão militar francesa no Peru etc. Esses textos se somam aos livros de objetivo político — seja indiretamente, como no *Tableau de la Géographie de la France*, seja diretamente, como na *France de l'Est*, escrito durante a Primeira Guerra Mundial para justificar o retorno da Alsácia-Lorena à França. Os textos escolhidos mostram de forma admirável o contexto nacionalista da época e o apoio que Vidal concedia ao imperialismo francês.

A Geografia francesa exerceu influência considerável no desenvolvimento da Geografia no Brasil — a partir de Delgado de Carvalho, no começo do século XX, e, sobretudo, a partir de Pierre Monbeig e Pierre Deffontaines, nos anos 1930. As críticas desenvolvidas na França a partir dos anos 1960 a respeito das abordagens clássicas tiveram ainda maior repercussão no Brasil na medida em que era o momento em que se afirmava a atração pelas geografias anglo-saxãs, e em que muitos brasileiros sonhavam com abordagens mais radicais.

A publicação em português de uma coletânea de artigos que destaca a riqueza da obra de Vidal de la Blache, renovando-a a partir de seu contexto, é um acontecimento importante: ela ajudará as jovens gerações a compreender melhor no que as atuais orientações de pesquisa ainda são tributárias das intuições do período 1880-1920 e no que elas também parecem profundamente datadas.

Paul Claval
Université de Paris-Sorbonne

RELENDO VIDAL:
EM BUSCA DE NOVOS ENFOQUES

Passados mais de noventa anos da morte de Paul Vidal de la Blache (1845-1918) e na ocasião em que os *Annales de Géographie* — revista fundada por ele e Marcel Dubois, até hoje existente — completam 120 anos, podemos afirmar que a obra desse geógrafo francês permanece francamente aberta à inspeção. Após passar boa parte do século XX recebendo críticas que não faziam jus à sua riqueza, nos anos 1980, mas sobretudo na década seguinte, algumas investigações lançaram novas e importantes luzes sobre Vidal, redirecionando o debate. A título de exemplo, podemos citar Vincent Berdoulay (1995[1981]), Howard Andrews (1986), André-Louis Sanguin (1993), Marie-Claire Robic (1993), Marie-Claire Robic e Marie-Vic Ozouf-Marignier (1995), Guy Mercier (1995, 1998), Paulo César Gomes (1996), Olivier Soubeyran (1997) e Paul Claval (1993, 1998).

De fato, se a caracterização dominante indica um geógrafo empirista, descritivo e preocupado basicamente com a escala regional, a pesquisa direta no material publicado nos *Annales de Géographie*, bem como em outros periódicos, mostra-nos um Vidal bem diferente. De modo geral podemos dizer que a história do pensamento geográfico *canonizou* a Geografia vidaliana, ao reduzi-la a uma *única* versão, pautada em alguns poucos artigos — com destaque, no Brasil, para *Les caractères distinctifs de la Géographie* (1913), traduzido em coletânea organizada por Antonio Christofoletti (1982), além de uma obra póstuma, *Principes de Géographie Humaine* (1922), editada pelo genro e discípulo Emmanuel de Martonne e publicada décadas depois em Portugal (1954).

Assim, se quisermos compreender com mais clareza e amplidão a herança geográfica de Vidal de la Blache, é necessário "descanonizá-lo", isto é, interpretar sua reflexão a partir de seu caráter dinâmico e múltiplo (daí o "Vidais" no título deste livro) — aspecto dado também pelo contexto histórico e o diálogo travado pelo autor com seu tempo. Em outras palavras, a obra de Vidal de la Blache, antes de ser um bloco monolítico e rígido, admite metamorfoses e complexidades.

Através da problematização do poder, da criação e recepção dos discursos e da lógica social na qual as ciências estão inscritas, investindo no exame de textos negligenciados ou tidos como menos importantes e relendo alguns trabalhos tidos como "clássicos", o que se pretende nesta coletânea é mostrar novos ângulos sobre a Geografia de Vidal de la Blache, fazendo emergir um autor engajado no contexto socioeconômico, histórico e (geo)político de sua época. Nesse sentido, há que se destacar sua rica contribuição teórico-metodológica, a multiplicidade de seu conceito de região, o apreço por questões estratégicas pertinentes ao território nacional e suas reflexões acerca da expansão e manutenção do Império Colonial Francês.

Boa parte da problemática levantada por este trabalho é sugerida indiretamente pelos escritos do filósofo francês Michel Foucault. Sua reflexão em torno da criação de discursos que definem e excluem uma determinada agenda de temas, criando uma ordem discursiva dita racional e institucional, assim como sua análise acerca do surgimento das Ciências Humanas, inaugurando a Modernidade mediante um paradigma que fragmenta e dispersa o mundo e o Homem em uma gama de campos científicos, são parte integrante de nossa abordagem. A crítica do filósofo à constituição dos saberes e à ordem do discurso orienta parte das questões aqui apresentadas (FOUCAULT, 1999 [1969], 2004 [1970]), na medida em que devemos reconhecer que o próprio Vidal não menosprezava os "saberes" (do senso comum) frente a uma "ciência" unilateralmente constituída (cf. VIDAL DE LA BLACHE, 1996-97 [1902]).

Por essas e outras razões, cremos que a Geografia vidaliana, com todas as suas idas e vindas, representou uma perspectiva científica *de vanguarda* no ambiente intelectual francês na virada do século XIX para o XX, proporcionando, ainda hoje, releituras e debates importantes — como costuma ocorrer com todo autor a merecer o adjetivo "clássico".

A primeira ideia deste livro surgiu a partir do acúmulo de traduções de textos vidalianos publicados na sessão "Nossos Clássicos" da revista *GEOgraphia* — a "Introdução ao Tableau" (n. 1), "O Princípio da Geografia Geral" (n. 6), "Os gêneros de vida na Geografia Humana: primeiro artigo" (n. 13), "Estradas e caminhos da antiga França" (n. 16) e "Aula Inaugural do Curso de Geografia" (n. 20). Além de considerar a maior parte das traduções já efetuadas, o plano de trabalho aqui desenvolvido foi bastante enriquecido pela pesquisa bibliográfica em arquivos franceses, desenvolvida por Guilherme Ribeiro durante seu doutorado-sanduíche na França, sob coorientação do Prof. Paul Claval. Não foi nossa preocupação um trabalho de levantamento exaustivo, mas selecionar textos que, ao lado de alguns daqueles tomados como "clássicos" (ainda que nem todos estejam aqui contemplados)[1] trouxessem uma ideia do "outro" Vidal que o *establishment*, especialmente na Geografia brasileira, havia menosprezado — ou, mais simplesmente, ignorado.

A partir desse acúmulo seletivo de material, houve um processo — nada fácil — de escolha e distribuição dos textos em três eixos, a saber:

---

[1] Somente para citar um exemplo importante, optamos por não incluir nesta coletânea nenhum texto referente àquele que talvez tenha se tornado o mais difundido dos trabalhos de Vidal: o "Tableau" ou Quadro da Geografia da França, principalmente por, neste caso, considerarmos temerário escolher apenas um capítulo isolado (para uma pequena amostra desta obra, entretanto, ver tradução parcial da introdução na revista *GEOgraphia* n. 1, disponível on-line em www.uff.br/geographia).

(1) *Geografia Humana*, onde iluminamos o percurso intelectual de Vidal e sua contribuição epistemológica no âmbito da construção da Geografia Humana;

(2) *Geografia Regional*, onde destacamos o incessante trabalho de reformulação do conceito de região a partir da transição de um mundo rural e agrário para um mundo urbano-industrial;

(3) *Geografia Política*, onde assinalamos as relações entre o quadro geográfico e questões de estratégia política, especialmente no que se refere à problemática do Estado, das nações e do colonialismo.

Na introdução das três sessões poderão ser encontrados textos de apresentação — na forma de abordagem crítica — dos respectivos artigos, elaborados por cada um dos organizadores da coletânea. Para completar, contamos com o generoso prefácio de Paul Claval. Nosso maior objetivo é estimular a indispensável — e sempre renovada — leitura de nossos clássicos, o que implica o necessário investimento em suas traduções. Esperamos que este esforço sirva para alavancar o debate e trazer novas contribuições à leitura da história do pensamento geográfico, no avanço da própria Geografia como um todo.

Guilherme Ribeiro
Rogério Haesbaert
Sergio Nunes Pereira

Agradecimentos

Gostaríamos de agradecer a vários colegas, professores e pesquisadores que, de alguma forma, contribuíram para o bom encaminhamento deste trabalho. Em primeiro lugar, o apoio do grande geógrafo e amigo Paul Claval, que nos auxiliou e estimulou desde o princípio, finalizando com a redação do prefácio desta coletânea. Também foi decisiva a gentileza da geógrafa Marie-Claire Robic, diretora de pesquisas do CNRS e do grupo Épistémologie et Histoire de la Géographie (EHGO), que disponibilizou parte do acervo utilizado neste livro. Entre os que tiveram intervenção direta em traduções, agradecemos especialmente a Sylvain Souchaud ("O Princípio da Geografia Geral" e "A Geografia Política. A propósito dos escritos de Friedrich Ratzel.") e a Maria Regina Sader e Simone Batista ("Os Gêneros de Vida na Geografia Humana. Primeiro artigo"). A tradutora Roberta Ceva realizou uma preciosa e detalhada revisão de diversos textos (que se tornou praticamente uma "retradução"), além de ter auxiliado em várias outras passagens. Eloisa Araújo Ribeiro fez revisão fundamental de três artigos. Também ajudaram em dúvidas de tradução Mônica Maria dos Santos e Ana Maria Ribeiro Marques (respectivamente, diretora e professora da Aliança Francesa de São Gonçalo). Leonardo Arantes contribuiu na compreensão correta dos termos em alemão. A todos, nosso sincero muito obrigado. Quanto a eventuais equívocos, não é demais lembrar que são de nossa responsabilidade, especialmente enquanto tradutores da maioria dos artigos (autores e revisores aparecem identificados em notas de rodapé no início de cada texto).

Referências

ANDREWS, Howard (1986). Les premiers cours de Paul Vidal de la Blache à Nancy (1873-1877). *Annales de Géographie*, n. 529.

BERDOULAY, Vincent (1995 [1981]). *La formation de l'école française de géographie.* Paris: Éditions du CTHS.

CHRISTOFOLETTI, Antonio (org.) (1982). *Perspectivas da Geografia.* São Paulo: Difel.

CLAVAL, Paul (dir.) (1993). *Autour de Vidal de la Blache. La formation de l'école française de Géographie.* Paris: Éditions du CNRS.

CLAVAL, Paul (1998). *Histoire de la Géographie française de 1870 à nos jours.* Paris: Nathan.

GOMES, Paulo Cesar da Costa (1996). *Geografia e Modernidade.* Rio de Janeiro: Bertrand Brasil.

FOUCAULT, Michel (1999 [1969]). *As palavras e as coisas.* 8ª ed. São Paulo: Martins Fontes.

_____ (2004 [1970]). *A ordem do discurso.* 11ª ed. São Paulo: Loyola.

MERCIER, Guy (1995). La région et l'État selon Friedrich Ratzel et Paul Vidal de la Blache. *Annales de Géographie*, n. 583 [Traduzido na revista *GEOgraphia* n. 22].

_____ (1998). Paul Vidal de la Blache ou la légitimation patriotique de la région et de la géographie. *Revue française de géoéconomie*, n. 5, primavera.

ROBIC, Marie-Claire (1993). L'invention de la "Géographie Humaine" au tournant des années 1900: les vidaliens et l'écologie. In: CLAVAL, Paul (dir.). *Autour de Vidal de la Blache. La formation de l'école française de Géographie.* Paris: Éditions du CNRS.

_____, OZOUF-MARIGNIER, Marie-Vic (1995). La France au seuil des temps nouveaux. Paul Vidal de la Blache et la régionalisation. *L'Information Géographique.* Paris, vol. 59 [Traduzido na revista *GEOgraphia*, n. 18].

SANGUIN, André-Louis (1993). *Vidal de la Blache, un génie de la géographie*. Paris: Belin.

SOUBEYRAN, Olivier (1997). *Imaginaire, science et discipline*. Paris: L'Harmattan.

VIDAL DE LA BLACHE, Paul (1996-97 [1902]). Routes et chemins de l'ancienne France. *Strates* [En ligne]. Crises et mutations des territoires, nº 9 [Traduzido na revista *GEOgraphia*, n. 16].

_____ (1913). Des caractères distinctifs de la géographie. *Annales de Géographie*, n.124.

_____ (1922). *Principes de géographie humaine (publiés d'après les manuscrits de l'auteur par Emmanuel de Martonne)*. Paris: Armand Colin.

_____ (1959[1922]). *Princípios de Geografia Humana*. Lisboa: Cosmos.

I. GEOGRAFIA HUMANA

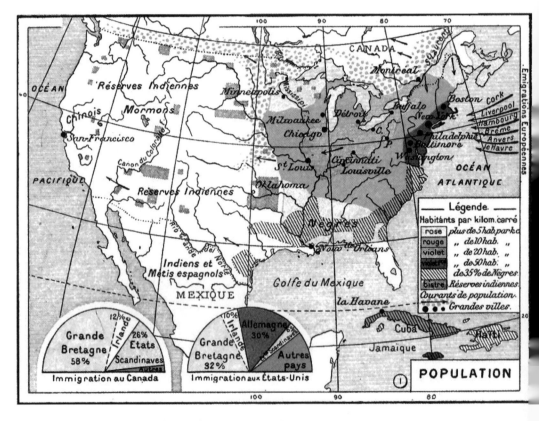

Atlas Vidal-Lablache — População dos Estados Unidos
Fonte: www.cosmovisions.com/VL/129a.htm

GEOGRAFIA HUMANA: FUNDAMENTOS EPISTEMOLÓGICOS DE UMA CIÊNCIA

Guilherme Ribeiro

Quanto mais passamos as páginas do estudo da terra, mais vemos que elas são folhas do mesmo livro.
(Vidal de la Blache, 1896)

As breves linhas a seguir têm por intuito identificar algumas das contribuições epistemológicas de Vidal de la Blache à ciência geográfica, domínio no qual teve papel central entre o final do século XIX e os anos 1950. Após uma difícil seleção, consideramos que o mais relevante de sua obra teórica em relação à Geografia Humana encontra-se nos seguintes trabalhos:

1. "Prefáce ao Atlas général Vidal-Lablache, Histoire et Géographie" (1894);
2. "Le principe de la géographie générale" (1896);
3. "Leçon d'ouverture du cours de géographie" (1899);
4. "Les conditions géographiques des faits sociaux" (1902);

5. "La géographie humaine. Ses rapports avec la géographie de la vie" (1903);
6. "De l'interpretation géographique des paysages" (1908);
7. "Les genres de vie dans la géographie humaine. Premier article" (1911);
8. "Les genres de vie dans la géographie humaine. Second article" (1911).

A esses oito, acrescentaríamos pelo menos outros dois que, por já terem sido vertidos em língua portuguesa, não foram incluídos: "Sur le sens et l'objet de la géographie humaine" (Vidal de la Blache, 1912), publicado como se fora a introdução do livro *Principes de géographie humaine*[1] Vidal de la Blache, 1922); e "Des caractères distinctifs de la géographie" (Vidal de la Blache, 1913), publicado na conhecida coletânea organizada por Christofoletti (Christofoletti, 1982). De qualquer maneira, uma ressalva: em boa parte de seus textos, Vidal promove uma discussão teórico-metodológica. Esclarecimento feito, adotaremos um procedimento simples: apontar, segundo a própria ordem cronológica dos artigos, os principais elementos que compõem a epistemologia geográfica vidaliana.[2] Para isso, usaremos o recurso das citações.

Embora tenha somente duas páginas, o "Préface ao Atlas général Vidal-Lablache, Histoire et Géographie" ocupa lugar de destaque no pensa-

---

[1] Como é sabido, esse livro é uma obra póstuma, tendo sido editado por Emmanuel de Martonne, genro de Vidal. A edição amplamente divulgada entre nós é da Editora Cosmos, de Portugal, que *simplesmente não avisou* aos leitores que a introdução era, na verdade, um artigo escrito nove anos antes dos *Principes*. Não obstante, como se trata do único livro de Vidal em português, no Brasil ficamos com a sensação de que seu autor a ele se resumia...

[2] Para uma análise mais ampliada e detalhada da contribuição epistemológica de Vidal, consultar Ribeiro (2010).

mento de seu autor, na medida em que enuncia o maior fundamento de sua *démarche*: a unidade terrestre. A Terra é um todo, cujas partes estão interligadas. Isso o conduz a buscar, sempre, uma visão de conjunto. Não existe espaço ou fenômeno que possa ser explicado isoladamente. Essa perspectiva advém das Ciências Naturais. Vidal percebe o mundo em movimento graças aos eventos meteorológicos e aos acidentes geológicos. Assim, ecoando um discurso científico caro ao século XIX, só se compreende a dinâmica terrestre à luz de suas *leis*. Todavia, embora seja *una*, a Terra não é homogênea. Muito pelo contrário, os lugares e as paisagens revelam uma exuberante *diversidade*. Nesse sentido, são perceptíveis o *geral* e o *particular*, costurados entre si graças a um "princípio de conexão que une os fenômenos geográficos" (Vidal de la Blache, 1894:1). Na sequência, pondera:

> *a característica de uma área é algo complexo, que resulta do conjunto de um grande número de aspectos e da maneira como eles se combinam e se modificam uns aos outros. É preciso ir além e reconhecer que nenhuma parte da Terra contém em si mesma sua explicação. Só se descobre o jogo das condições locais com alguma clareza quando a observação se eleva para além de tais condições, quando se é capaz de apreender as analogias naturalmente conduzidas pela generalidade das leis terrestres. O estudo dos Alpes não avança sem o estudo das outras cadeias de soerguimento da era recente; o estudo do Saara não ocorre sem o de outros desertos do globo. Na realidade, a Terra é um todo cujas diferentes partes se esclarecem mutuamente. Seria colocar uma venda nos olhos estudar uma região isoladamente, como se ela não fizesse parte de um conjunto.* (1894:1-2)

A seu turno, "Le principe de la géographie générale" retoma a mesma ideia do "Préface", porém de modo ampliado. E Vidal o faz de um jeito que, talvez, jamais tenha sido tão explícito: referenciando as bases epistemológicas de seu método. No plano mais geral, destaca o legado da Ciência Moderna via Bacon, Newton e Buffon. No plano específico da Geografia, enfatiza os nomes de Delisle, D'Anville, Cassini e Varenius, mas, sobretudo, as influências daqueles que mais o marcaram: Humboldt e Ritter. "Le principe de la géographie générale" é, decerto, um texto de teoria da Geografia, mas fundamentalmente um texto de *história do pensamento geográfico*, cuja tradição científica teve início, segundo ele, quando da irrupção da noção de unidade terrestre (Vidal de la Blache, 1896:141).

Desdobramento direto dessa noção é a articulação entre as escalas. Repetindo as lições aprendidas com Humboldt e Ritter — o que apenas reforça o lugar incontestável ocupado pela Geografia alemã no desenvolvimento da *Escola Francesa de Geografia* —, Vidal faz questão de grifar a correspondência entre os fenômenos, a necessidade de um olhar geral, o encadeamento que reúne as partes e o todo. Em uma passagem irretocável:

> *A ideia de que a Terra é um todo, no qual as partes estão coordenadas, proporciona à Geografia um princípio de método cuja fecundidade aparece melhor à medida que se amplia a sua aplicação. Se nada existe isoladamente no organismo terrestre, se em todo lugar repercutem as leis gerais, de modo que não se possa tocar uma parte sem provocar todo um encadeamento de causas e de efeitos, a tarefa do geógrafo toma um caráter diferente daquele que às vezes lhe é atribuído. Qualquer que seja a fração da Terra que estude, ele não pode nela se fechar. Um elemento geral se introduz em todo estudo local. Não há de fato área em que a fisionomia não dependa de influências múltiplas e longínquas das quais importa determinar o local de origem. Cada área age imediatamente sobre sua vizinha e é influenciada por ela. Fora mesmo de toda relação de vizinhança, a ação cada vez melhor reconhecida de leis gerais se traduz por afinidades de formas ou de climas que, sem alterar a individualidade própria de cada área, marca-a com características análogas. Estas analogias ou "conformidades", seguindo o termo muito conhecido*

> *de Bacon, desde que o homem começou a dominar o conjunto dos fenômenos terrestres, chamaram a sua atenção. Muitas podem ser apenas aparentes, mas outras são reais; elas são fundadas não sobre puros encontros exteriores, mas sobre relações de origem e de causas. Entre estas a aproximação se impõe, pois cada uma proporciona à outra seu tributo de explicação. O geógrafo é levado assim a projetar sobre o objeto que estuda todo o esclarecimento fornecido pela comparação de casos análogos. (1896:129)*

O artigo seguinte está inscrito numa ocasião solene: a lição de abertura do curso de Geografia na Faculdade de Letras da Sorbonne, em 1899. Ocupando a cadeira vaga pela aposentadoria do historiador-geógrafo Auguste Himly, Vidal assume o posto mais cobiçado da Geografia francesa esboçando o estado da arte dos conhecimentos geográficos (Humboldt, Ritter e Buffon aparecem novamente, acompanhados desta vez por Peschel e Reclus), para cujo progresso as expedições, as descobertas e as inovações técnicas contribuíram diretamente. Tal como um *tableau* inacabado mas que, a cada achado, uma feição seria desenhada, a dinâmica terrestre ia sendo cada vez mais iluminada — ao mesmo tempo, porém, que surgiam novas interrogações. Tais viagens permitiam, por exemplo, a ampliação dos conhecimentos sobre o interior dos continentes. Sob a influência da continentalidade, observava ele, a adaptação de plantas, animais e mesmo grupos humanos se tornava mais difícil (Vidal de la Blache, 1899:105).

Classificada por Vidal como *ciência da terra* (1899:107), cabia à Geografia explicar essa diversidade. Nesse sentido, novamente ele lança mão da mirada de conjunto, dos encadeamentos, do "parentesco que une as regiões terrestres" (1899:106). Além disso, surge um "novo" elemento: a comparação.

> *O que surpreende, depois que pudemos comparar sobre uma escala maior os fenômenos da superfície terrestre, é a maravilhosa variedade de combinações que eles apresentam. Em todos os lugares, tais fenômenos se mostram regidos por leis gerais, mas igualmente*

modificados por circunstâncias locais de solo, relevo, clima e pelo cruzamento entre todas as causas que concorrem a determinar a fisionomia das regiões. A gama de diferenças se estende. O clima desértico não se imprime da mesma forma sobre o Saara e sobre os desertos da Austrália e da América. Encadeamentos diferentes de fenômenos diversificam regiões que, em certos aspectos, são análogas. Cada região é a expressão de uma série particular de causas e efeitos. (1899:107-108)

Em 1902, os *Annales de Géographie* publicam "Les conditions géographiques des faits sociaux", conferência proferida na École des Hautes Études Sociales. Mais específico que os trabalhos anteriores, sua importância, no entanto, reside na interdisciplinaridade enquanto instrumento metodológico de aperfeiçoamento da compreensão da realidade. Retomando o que já havia anunciado no "Préface" de 1894, isto é, a necessidade do "empréstimo às ciências vizinhas" (Vidal de la Blache, 1894:1), o diálogo com outros campos de conhecimento perpassa toda a obra vidaliana. Numa conjuntura em que as ciências estavam muito preocupadas em definir seus respectivos objetos, Vidal também o fez para a Geografia. Contudo, sua clareza de que as ciências expressavam pontos de vista distintos, devendo prevalecer não estes mas sim o entendimento dos fenômenos como um todo, o levava a crer que

as ciências da terra, e mesmo certas ciências do homem, acusam uma tendência a se desenvolver em um sentido mais geográfico. Esta tendência é derivada das próprias necessidades de sua evolução. Em seu avanço, elas têm reencontrado a Geografia em seu caminho. Tudo isso é, na realidade, a expressão da unidade fundamental que as religa. A relação entre elas não consiste em simples transferência de resultados, mas no fato de que estão mutuamente impregnadas em seus métodos. (Vidal de la Blache, 1899:107, destaque nosso)

Pensando assim, estabelecerá permanente contato com a Geologia (no *Tableau de la géographie de la France*, por exemplo [Vidal de la Blache, 1903a]), a História (*La Péninsule Européene. L'Océan et la Méditerranée e La France de L'Est* [Vidal de la Blache, 1873, 1917, respectivamente]) e a Sociologia. Com esta, dois anos depois de "Les conditions géographiques des faits sociaux", retomará um rico debate[3] (vide Rapports de la Sociologie avec la Géographie [Vidal de la Blache, 1904]).

O título do artigo em questão já é bem representativo. Quando Vidal escreve que existem "condições geográficas" a integrar "fatos sociais", significa que, mesmo a Geografia não sendo, como a Sociologia e a História, uma ciência "puramente humana" (Vidal de la Blache, 1905:240) — afinal, ela parte da terra para o homem, e não o inverso (Vidal de la Blache, 1903:240, 1904:313), e é "ciência dos lugares, e não dos homens" (Vidal de la Blache, 1913:229) —, isso não significa que não tenha seu papel no entendimento da sociedade. Pelo contrário. Se fosse assim, ele não faria questão de explorar a novidade denominada, exatamente, *géographie humaine*.

Destarte, seriam pelo menos três as condições geográficas: *posição*, *aspectos físicos* e *extensão*. Cada qual à sua maneira, tais aspectos denotam a tentativa vidaliana de fazer com que a Sociologia percebesse que a

---

[3] Um dos auges deste debate ocorreu por conta das críticas teórico-metodológicas do durkheimiano François Simiand às monografias regionais de Demangeon, Blanchard, Vallaux, Vacher e Sion. Aliás, esse é um texto muito interessante, pois uma simples comparação seria suficiente para revelar o quanto sua concepção de ciência, que o impelia à interlocução permanente com as demais disciplinas, estava bem à frente do praticado na época. De todo modo, independentemente de certas simplificações sobre o que seria um fato geográfico, no geral o tom reprobatório de Simiand, focado na construção do objeto geográfico e sua relevância explicativa para a vida social, nos parece pertinente (Simiand, 1906-1909). Antes os geógrafos tivessem discutido a fundo com ele do que "acatado" a interpretação do historiador Lucien Febvre (que ele próprio classificou como de defesa!) em *La Terre et l'évolution humaine. Introduction géographique à l'histoire* (Febvre, 1922).

Geografia interfere e constitui traços específicos das sociedades. Entretanto, não estamos diante de uma abordagem unilateral — algo que contrariaria seu *corpus* científico. Reconhecendo o impacto do regime social nas condições geográficas, condena a escravidão nos Estados Unidos e no Brasil sublinhando a má utilização do solo nas *plantations,* que, segundo ele, deveriam servir para alimentar a população (Vidal de la Blache, 1902:21). Igualmente o faz com relação ao porto de Santos, considerado insalubre e distante — dois fatores que, evidentemente, o descredenciariam. Todavia, este é o porto mais aproveitado para o escoamento da produção de café, "verdadeiro paradoxo geográfico explicado pela utilidade comercial" (1902:22).

Do ponto de vista do que seria a Geografia Humana vidaliana, "Les conditions géographiques des faits sociaux" explicita também o interesse pela variedade de tipos e manifestações sociais. Hábitos, instrumentos, vestimentas e alimentação de tribos africanas, rizicultores chineses, pastores argelinos e cidadãos urbanos norte-americanos despertam sua atenção, posto que demonstram *como o homem é capaz de, através das mais diferentes técnicas, lidar com as adversidades do meio.*

> *O estudo, do qual esbocei alguns traços, poderia ser assim formulado: tradução da vida geográfica do globo na vida social dos homens. Reencontramos nestas formas de civilização a expressão de causas gerais que atuam sobre toda a superfície da terra: posição, extensão, clima etc. Elas engendram condições sociais que, sem dúvida, apresentam diversidades locais, mas que, entretanto, são comparáveis em zonas análogas. Trata-se, portanto, de uma geografia: geografia humana ou geografia das civilizações. Contudo, o homem não está para a natureza ambiente em uma relação de dependência equiparável à dos animais e plantas. Todavia, como ele fez para que as condições de existência, contraídas em certos ambientes, adquirissem consistência e fixidez suficientes para tornarem-se formas*

de civilização, verdadeiras entidades que podem, mesmo em certas circunstâncias, serem transportadas para outras partes? (1902:22)

No âmago de uma tessitura epistemológica elaborada e aperfeiçoada paulatinamente, talvez não fosse exagero sustentar que "La Géographie Humaine. Ses rapports avec la Géographie de la vie", de 1905, ocupa lugar central. Ainda que não nos pareça adequado canonizar este ou aquele trabalho numa escala hierárquica — que, na maioria das vezes, mais confunde do que esclarece, sendo Vidal um caso deveras emblemático desse tipo de recorte —, no artigo em tela Vidal lançar-se-ia numa empreitada nada simples: a definição e delimitação de um "novo" ramo da ciência geográfica: a Geografia Humana. Nos limites assaz estreitos de que dispomos, não faremos senão anotar três tópicos que nos parecem capitais.[4]

Primeiro, uma observação de cunho aparentemente "editorial" mas que, ao nosso ver, ajuda a revelar parte das intenções do autor. "La Géographie Humaine" apareceu na *Revue de Synthèse Historique*, periódico criado pelo filósofo-historiador Henri Berr em 1900 e que desfrutava de considerável prestígio no ambiente intelectual francês de então. Por que publicá-lo numa revista voltada menos para geógrafos e mais para historiadores? Sugeriríamos que, como se tratava de um esforço teórico-metodológico voltado para o esclarecimento do que seria a "novidade" "Geografia Humana", se acrescente a isso o imperativo vidaliano da *interdisciplinaridade* e pode-se perceber que seria uma boa estratégia de divulgação publi-

---

[4] Para aqueles que se dispuserem a pesquisar a obra vidaliana, fica a sugestão da enorme semelhança entre esse artigo e o já citado "Sur le sens et l'objet de la géographie humaine". Publicado sete anos depois, praticamente como se fosse uma continuação (tamanhas são as semelhanças entre ambos), Vidal parece querer ratificar as premissas epistemológicas que norteavam suas investigações. Coincidência ou não, "Sur le sens et l'objet de la géographie humaine" também surgiu num periódico não geográfico: a *Revue politique et littéraire* (Vidal de la Blache, 1912).

car o referido texto numa revista dessa natureza. Além disso, como a *Revue de Synthèse* foi concebida visando a renovação epistemológica dos estudos históricos, faria pleno sentido que um artigo pensado também para a renovação da Geografia surgisse, precisamente, nela. Afinal, para Vidal — não podemos jamais esquecer que ele é historiador *de formação* —, a Geografia era uma ciência histórica. Ele sempre explorou a historicidade dos eventos geográficos (conforme veremos no comentário do artigo seguinte).

Um segundo tópico: novamente fazendo referências elogiosas a Humboldt, Ritter e, desta vez, a Ratzel (embora faça questão de demarcar que o elemento político não é o principal da Geografia Humana [Vidal de la Blache, 1903:231], traço distintivo face à *Antropogeographie*), Vidal não se faz de rogado e assevera que esse novo ramo não advém de outro lugar senão da Geografia Botânica e da Geografia Zoológica. O que ele quer dizer com isso? Que, além de tomar de empréstimo o método das Ciências Naturais — vide porém a crucial ressalva presente na citação logo a seguir —, caberá à Geografia Humana a análise dos temas *adaptação*, *distribuição* e *migração* dos homens. Porém, não como o fazem as outras ciências afins, mas no indissolúvel laço com o solo que tais temas admitem. Portanto, para a Geografia Humana, tudo o que diz respeito ao homem está ligado ao meio em que ele vive — meio esse determinado tanto pelas condições gerais quanto pelas circunstâncias locais.

Esclarecendo as razões pelas quais a Geografia Humana é digna desse nome, ela

> *estuda a fisionomia terrestre modificada pelo homem; nisso ela é geografia. Ela não encara os fatos humanos senão em sua relação com a superfície onde se desenvolve o drama múltiplo da concorrência dos seres vivos. Há, portanto, fatos sociais e políticos que não entram em sua competência, que se ligam a ela apenas indiretamente e, assim, não há por que ela se ocupar deles. A despeito desta restrição, ela mantém inúmeros pontos de contato com essa ordem de fatos. No entanto,* este ramo da geografia tem a mesma

origem que a geografia botânica e zoológica. É delas que ela extrai sua perspectiva. O método é análogo, porém bem mais delicado na manipulação — como em toda ciência onde a inteligência e a vontade humanas estão em jogo. (1903:223-224, destaque nosso, exceto a palavra "geografia" no começo do parágrafo)

Em terceiro, uma feição epistemológica fundamental atravessa esse texto: a total inexistência da dicotomia homem-natureza. Ora, estamos diante de algo absolutamente central — sobretudo quando sabemos que a *fragmentação* é um dos aspectos mais característicos do *modus operandi* da Ciência Moderna. Tal feição tem seu peso redobrado quando nos damos conta de que estamos no seio de uma disciplina que, não naquela ocasião, mas sobretudo no decorrer da segunda metade do século XX, mostrou-se por demais inapta em articular de modo satisfatório o *homem* e o *meio*. Eis uma lição vidaliana essencial — que os descaminhos da história do pensamento geográfico trataram de apagar. Mesmo que não se concorde com o plano mais geral em que Vidal a inscreve, é mister recuperá-la.

> *Tanto nos procedimentos quanto nos resultados, a obra geográfica é, essencialmente, biológica. Velhos hábitos de linguagem fazem com que, frequentemente, consideremos a natureza e o homem como dois termos opostos, dois adversários em duelo. Entretanto, o homem não é "como um império num império"; ele faz parte da criação vivente, seu colaborador mais ativo. Ele não age sobre a natureza senão nela e por ela. É entrando na disputa da concorrência dos seres, tomando partido, que ele afirma suas intenções.* (1903:222)

Passemos agora à cidade de Genebra, sede do IX Congresso Internacional de Geografia onde, em 1908, o autor apresentou "De l'interpretation géographique des paysages". De evidente valor didático, encontra-se aqui a preocupação conceitual com a *paisagem*. À luz de uma abordagem ancorada na historicidade e no par homem-meio, tal conceito levava os geógrafos ao contato direto com a natureza e com as intervenções humanas nela operadas. Chamando atenção para a prática dos trabalhos de campo (Vidal de la Blache, 1908:59), para ele a paisagem, verdadeiro documento "vivo", representava a chance de visualizar e, no momento seguinte, analisar as metamorfoses que incidiam sobre o meio e o homem. Era imperioso que o geógrafo conhecesse a composição físico-química e a biologia terrestres, cujas expressões aparentes eram solo, relevo, vegetação, hidrografia etc. Essa estrutura ia, aos poucos, assumindo outros contornos, visto que, sujeita ao homem, a natureza exercia seu poder de adaptação; sujeito à natureza, o homem exercia seu poder de transformação. Seja quando fixava estabelecimentos, seja quando, num plano mais complexo, edificava indústrias, homem e natureza costuravam laços densos e multifacetados.

> *Por suas obras e pela influência que exerce sobre ele mesmo e o mundo vivente, o homem é parte integrante da paisagem. Ele a humaniza e a modifica de alguma forma. Por isso, o estudo de seus estabelecimentos fixos é particularmente sugestivo, visto que é de acordo com eles que se ordenam cultivos, jardins, vias de comunicação; eles são os pontos de apoio das modificações que o homem produz sobre a terra. Não posso desenvolver aqui os argumentos exigidos por este novo aspecto da questão. Limitemo-nos a observar que os estabelecimentos humanos introduzem um elemento de fixidez nas relações geográficas. O próprio fato de eles existirem já é uma forma de sobrevivência, pois representam um depósito que as gerações anteriores deixam às seguintes, um fundo de valor que dispensa começar (do zero) tudo de novo. Além disso, a rede de estradas e a formação de relações assegura, em todo caso, novas razões de ser.* (1908:63)

Em 1911, nosso investigado redigiria um texto que se tornaria célebre dentro e fora da Geografia: "*Les genres de vie dans la géographie humaine*". Publicado em duas partes nos *Annales de Géographie*, ele é assaz representativo de como Vidal concebia as relações homem-natureza. Estamos falando de um jogo, cujos principais atores são os homens, os animais e as plantas, onde, no processo de distribuição pela superfície terrestre, os recursos disponíveis adquirem papel fulcral. Sim, trata-se precisamente da disputa pela sobrevivência. Não por acaso, os argumentos são tecidos com o auxílio de vocábulos bastante sintomáticos como *adaptação, concorrência, evolução, equilíbrio, ação* e, máxime, *luta*. Nessa vereda, reverberam com clareza meridiana o debate envolvendo Lamarck e Darwin. Independentemente do alcance da influência de ambos em sua obra (Berdoulay e Soubeyran, 1991; Robic, 1993; Claval, 2001), o fato é que ambos conformam-se em matrizes de sua Geografia Humana — e, *lato sensu*, da Geografia Moderna (Livingstone, 1992).

Do ponto de vista humano, ora a natureza é inimiga, ora cúmplice. A domesticação de animais e plantas, por exemplo, foi essencial para a alimentação. Igualmente, o milho teria facilitado a colonização da América (Vidal de la Blache, 1911a:294). Seguindo esse raciocínio,

> *(...) a ação do homem se exerce às expensas de associações preexistentes, que lhe opõem uma resistência desigual. Se ele conseguiu transformar a seu favor uma grande parte da Terra, não lhe faltam áreas onde foi derrotado. Nas porções da Terra que conseguiu humanizar, o sucesso só foi obtido ao preço de uma ofensiva na qual, aliás, encontrou aliados; sua intervenção, por assim dizer, desencadeou forças que estavam em suspensão. Para constituir gêneros de vida que o tornassem independente das chances de alimentação cotidiana, o homem teve que destruir certas associações de seres vivos para formar outras. Teve que agrupar, por meio de elementos reunidos de diversos lados, sua clientela de animais e plantas, fazendo-se assim ao mesmo tempo destruidor e criador,*

> *quer dizer, realizando simultaneamente os dois atos nos quais se resume a noção de vida.* (1911:200)

Se, em qualquer ocasião, o homem não pode escapar das necessidades básicas de comer, beber, reproduzir e habitar, há um determinado quadro natural que impõe certas condições para que isso ocorra. Como existem vários quadros, existem também diferentes formas de adaptação ao meio: eis os gêneros de vida. Caçadores, pastores, agricultores e pescadores (os gêneros de vida são comunidades rurais), dotados de técnicas específicas e exercendo pressões distintas num dado meio, conformarão, numa escala de tempo multissecular (seu foco é nas *permanências*, e não nas mudanças breves e rápidas), um mosaico de riquíssimo conteúdo social, cultural e paisagístico. É dessa forma que o homem se situa diante do meio.

> *Um gênero de vida constituído implica uma ação metódica e contínua que age fortemente sobre a natureza ou, para falar como geógrafo, sobre a fisionomia das áreas. Sem dúvida, a ação do homem se fez sentir sobre seu "ambiente" desde o dia em que sua mão armou-se de um instrumento; pode-se dizer que, desde os primórdios das civilizações, essa ação não foi negligenciável. Mas totalmente diferente é o efeito de hábitos organizados e sistemáticos que esculpem cada vez mais profundamente seus sulcos, impondo-se pela força adquirida por gerações sucessivas, imprimindo suas marcas nos espíritos, direcionando em um sentido determinado todas as forças do progresso.* (1911:194)

A despeito de controvérsias, "Les genres de vie dans la géographie humaine" reforça outro aspecto importante do método vidaliano: a integração, a leitura não dissociativa entre o homem e a natureza. Nesse sentido, a Geografia se apresenta como uma estratégia, uma mirada científica a explicar como a diversidade de ambientes deve ser explorada de maneira a beneficiar o homem o máximo possível.

Gostaríamos de levantar uma hipótese. Para nós, a questão de fundo perseguida por Vidal é a seguinte: como o homem, ao mesmo tempo tão tributário da natureza, foi capaz de superá-la (não totalmente, decerto), tornando habitável (e conhecida) boa parte da superfície terrestre?

Enfim, estamos diante de um geógrafo que aperfeiçoou um método de investigação bastante rico para a época, contemplando sobremaneira os seguintes pontos:

i *correlação, encadeamento e articulação entre as partes e o todo*, reconhecendo aspectos particulares porém sempre atrelados à *unidade terrestre* — principal item metodológico de Vidal;
ii. comparações sociológicas, culturais, geográficas e históricas, o que significa também intensa exploração do par passado-presente;
iii. trabalhos de campo/observação direta, cartografia e pesquisas em arquivos, ao mesmo tempo que se apropriava dos saberes geográficos populares;
iv. a natureza como fonte de inspiração em termos de totalidade, dinamismo, coordenação e estabilidade/mudança (no que tange à temporalidade); ênfase nos métodos das Ciências Naturais;
v. interdisciplinaridade de vanguarda, transitando com habilidade pela Ecologia, Geologia, Etnografia, Sociologia e História, numa abordagem que pregava a *unidade* das ciências e, portanto, rejeitava a fragmentação típica da Ciência Moderna;
vi. presença recorrente da tradição alemã de Humboldt, Ritter, Ratzel e, em menor medida, Peschel.

A título de síntese do que representa a *epistemologia geográfica vidaliana*, sugeriríamos que se trata de um *tipo original de démarche* que, indo do território [*sol*] (em sua acepção mais física) ao homem e retornando ao território (já modificado), admite um triplo movimento, capaz de distinguir a Geografia das demais ciências: o *epistemológico*, concernente à relação homem-meio e seus desdobramentos; o *histórico*, atinente à transformação humana da natureza através da técnica e da cultura; e o *político*, incidindo nas disputas espaciais promovidas notadamente por Estados Nacionais e Impérios.

Trazendo suas contribuições para nossos dias, parece que a globalização acabou por lhe dar razão, visto que, como exposto, defendia a unidade terrestre e o encadeamento dos fenômenos como pilares epistemológicos da Geografia. Atualmente, quem, em sã consciência, pretende explicar o mundo fora dessa perspectiva? Porém, não é só isso: face a um pensamento que jamais dicotomizou homem e natureza; que destacou a *paisagem* como reveladora das dinâmicas presente e pretérita de um dado lugar; que sempre refletiu a Geografia a partir da interlocução com as demais ciências; e que grifou o papel das técnicas e da circulação nas mudanças do meio e na organização do espaço, não restam dúvidas de que Vidal influenciou as gerações posteriores muito mais do que elas mesmas admitiram — cuja ânsia de ruptura nem sempre era acompanhada de avanços teórico-metodológicos vigorosos, tal como pode-se constatar a propósito da *New Geography* e de uma certa marxificação dos conteúdos geográficos levada adiante por alguns representantes da chamada Geografia Crítica.

Não obstante, sua herança epistemológica nos parece plenamente atual, e, guardadas as devidas proporções, mantém certa correspondência com determinadas orientações da pesquisa contemporânea.

Referências

BERDOULAY, Vincent, SOUBEYRAN, Olivier (1991). Lamarck, Darwin et Vidal: aux fondements naturalistes de l'école française de géographie. *Annales de Géographie*, vol. 100, n. 561-562.

CHRISTOFOLETTI, Antonio (org.) (1982). *Perspectivas da Geografia*. São Paulo: Difel.

CLAVAL, Paul (2001). *Épistémologie de la Géographie*. Paris: Nathan.

FEBVRE, Lucien (1922). *La terre et l'évolution humaine*. Paris: La Renaissance du Livre.

LIVINGSTONE, David (1992). *The geographical tradition*. Oxford: Blackwell.

RIBEIRO, Guilherme (2010b). Interrogando a ciência: a concepção vidaliana de Geografia. *Confins* [On line], 8. URL: http://confins.revues.org/6295

ROBIC, Marie-Claire (1993). L'invention de la "Géographie Humaine" au tournant des années 1900: les vidaliens et l'écologie. In: CLAVAL, Paul (dir.). *Autour de Vidal de la Blache. La formation de l'école française de Géographie*. Paris: Éditions du CNRS.

SIMIAND, François (1906-1909). Bases géographiques de la vie sociale. *L'Année Sociologique*, vol. XI.

VIDAL DE LA BLACHE, Paul (1922). *Principes de géographie humaine*. Paris: Armand Colin.

_____ (1917). *La France de l'Est (Lorraine-Alsace)*. Paris: Armand Colin.

_____ (1913). Des caractères distinctifs de la géographie. *Annales de Géographie*, ano XXII, n. 124.

_____ (1912). Sur le sens et l'objet de la géographie humaine. *Revue politique et littéraire*, n. 17, ano L, abril.

_____ (1911). Les genres de vie dans la géographie humaine. Premier article. *Annales de Géographie*, ano XX, n. 111.

_____ (1911a). Les genres de vie dans la géographie humaine. Deuxième article. *Annales de Géographie*, ano XX, n. 112.

_____ (1908). De l'interprétation géographique des paysages. *Neuvième Congrès International de Géographie*, Genebra.

_____ (1904). Rapports de la Sociologie avec la Géographie. *Revue Internacional de Sociologie*, ano XII, n. 5, maio.

_____ (1903). La géographie humaine. Ses rapports avec la géographie de la vie. *Revue de synthèse historique,* vol. 7, agosto-dezembro.

_____ (1903a). *Tableau de la géographique de la France.* Paris: Hachette.

_____ (1902). Les conditions géographiques des faits sociaux. *Annales de Géographie,* ano XI, n. 55.

_____ (1899). Leçon d'ouverture du cours de Géographie. *Annales de Géographie,* ano VIII, n. 38.

_____ (1896). Le principe de la géographie générale. *Annales de Géographie,* ano V, n. 20.

_____ (1894). Préface. In: VIDAL-LABLACHE, Paul. *Histoire et Géographie. Atlas général.* Paris: Armand Colin.

_____ (1873). *La Péninsule européenne. L'Océan et la Méditerranée.* Leçon d'ouverture du cours d'histoire et géographie à la faculté de lettres de Nancy. Paris et Nancy: Berger-Levrault.

I.1. "PREFÁCIO" AO ATLAS GERAL VIDAL-LABLACHE: HISTÓRIA E GEOGRAFIA*
[1894]

Ao término deste trabalho, devo voltar meus agradecimentos aos editores que, generosamente, puseram à minha disposição os meios para realizá-lo, assim como aos colaboradores que me confiaram seu apoio. Agrada-me tal dever e o fato de poder citar aqui os nomes dos Srs. Lucien Gallois, *maître de conférences* na Sorbonne; Pierre Camena d'Almeida, *maître de conférences* na Faculdade de Caen; e Louis Raveneau e Paul Dupuy, *agrégés* de história e geografia. Devo particular agradecimento aos Srs. Jules Welsch, professor na Faculdade de Ciências de Poitiers que, com boa vontade, ocupou-se das cartas geológicas, e Charles Seignobos, *maître de conférences* na Sorbonne, que me forneceu preciosa ajuda na seção desse Atlas relativo à História da Idade Média e dos Tempos Modernos.[1]

---

* *Atlas général Vidal-Lablache. Histoire et Géographie*. Paris: Armand Colin, 1895. Tradução: Guilherme Ribeiro. Revisão: Roberta Ceva.
[1] Os mapas que foram feitos em colaboração com outros portam, no fim da informação, as iniciais do colaborador cuja contribuição foi bem aproveitada. Entre tais

Assim, consentindo em acrescentar algo de suas ciências e de suas personalidades numa obra cuja iniciativa devia, entretanto (sob o risco de romper a unidade necessária), conformar-se a um plano e a disposições já estabelecidas, tais colaboradores, mestres experimentados, conferiram-me a marca da mais delicada simpatia — e um encorajamento sem o qual meu ardor talvez tivesse falhado, dadas a lentidão e a complexidade da tarefa.

Também encontrei no Sr. Eugène Létot, desenhista-geógrafo, um auxiliar dos mais devotados. Pesquisa e interpretação de documentos, trabalho de execução sob meu controle, repetidas revisões e correções: durante mais de dez anos, estes foram objetos de uma intensa comunhão de trabalho e combinação de esforços, por intermédio dos quais pude apreciar os conhecimentos desse excelente colaborador. Sabe-se lá o que exige de paciência e atenção uma elaboração que, por níveis, vai do esboço primário à condição do mapa pronto para ser entregue ao compilador? Sem dúvida, um trabalho carregado de satisfação, à medida que o modelo assume expressiva fisionomia; porém, um trabalho misturado à decepção, quando a execução vem trair intenções que nos eram valiosas!

Queria que este Atlas parecesse digno das boas intenções nele aplicadas. Numa obra de tamanho fôlego, é bem difícil evitar por completo os equívocos. Espero que revisões atentas venham a eliminá-los. Serão levadas em consideração observações que algumas pessoas complacentes quiserem, por bem, me enviar. Talvez seja possível aprimorar os mapas cuja execução deixou a desejar. Se em relação aos detalhes posso esperar indulgência por parte do público, este não é o caso para o método seguido na composição e no desenho da obra. Sobre isso, o julgamento não comporta *sursis* algum; eis por que talvez não seja inútil acrescentar algumas breves explicações àquelas que já figuram, a título de informação, abaixo de cada mapa.

---

mapas, existe ao menos um onde tudo pertence ao signatário: *Paris sob a Revolução* (n. 46), trabalho absolutamente pessoal do Sr. Paul Dupuy.

"PREFÁCIO"

Nesta compilação, procurei reunir sobre cada região [*contrée*] o conjunto das indicações necessárias para se obter uma visão lógica. O mapa político do país a ser estudado é acompanhado de um mapa físico; ambos se esclarecem mutuamente, encontrando complemento em mapas ou figuras esquemáticas nos quais a geologia, a climatologia e a estatística fornecem os temas. Essa espécie de dossiê — se me permitem a expressão — constituído, de acordo com o caso, de modo mais ou menos completo, tem por objetivo situar sob o olhar o conjunto dos traços que compõem uma região [*contrée*], a fim de permitir que o pensamento estabeleça, entre estes, uma ligação.

De fato, é nessa ligação que consiste a explicação geográfica de uma região [*contrée*]. Vistos isoladamente, os traços que formam a fisionomia de um *pays* têm valor de um fato; contudo, só adquirem valor de noção científica quando reposicionados no encadeamento do qual fazem parte. Apenas esse encadeamento é capaz de conferir-lhes significado pleno. Para torná-lo visível, é preciso esforçar-se por reconstituir, até o ponto que o estado geral dos conhecimentos permitir, todos os anéis da cadeia. Essa não é uma preocupação supérflua; ao contrário, é condição indispensável para a clareza buscar, na geologia e no clima, as chaves do relevo e da hidrografia, bem como nas condições físicas as razões da distribuição dos habitantes e da posição das cidades. Não se negligencia impunemente os níveis intermediários, que permitem recuperar a série de causas e efeitos.

Assim, tentando mostrar uma região [*contrée*] sob diferentes aspectos — tal como se submete a ângulos distintos as diversas faces do objeto que se quer conhecer —, não tive outro objetivo senão iluminar o princípio de conexão que une os fenômenos geográficos. Se fiz empréstimos a ciências vizinhas, não foi apenas para levar o pensamento a temas diferentes, mas para deles retirar testemunhos úteis. Por exemplo, não foi a estatística que tentei exprimir em alguns mapas, e sim a geografia através das estatísticas. Não procurei repetir o sábio que segue passo a passo e número a número a evolução de um fenômeno econômico ou social, mas somente extrair desses números os meios através dos quais a geografia pode fundar uma noção. Quer se trate de fatos climáticos, botânicos ou econômicos, foi a relação com o lugar que procurei observar. Onde se localizam determinados fenômenos do clima, formas de vegetação ou agrupamentos de produtos, eis o elemento geográfico: aquele que permite capturar uma relação com o solo.

Assim, a *característica* de uma região [*contrée*] é algo complexo, resultado do conjunto de um grande número de aspectos e da maneira como eles se combinam e se modificam mutuamente. É preciso ir além e reconhecer que nenhuma parte da Terra contém em si mesma sua explicação. Só se descobre o jogo das condições locais com alguma clareza quando a observação se eleva para além de tais condições, quando se é capaz de apreender as analogias naturalmente conduzidas pela generalidade das leis terrestres. O estudo dos Alpes não avança sem o estudo de outros dobramentos da era recente; o estudo do Saara não ocorre satisfatoriamente sem o de outros desertos do globo. Na realidade, a Terra é um todo, cujas diferentes partes se esclarecem mutuamente. Seria colocar uma venda nos olhos estudar uma região [*contrée*] isoladamente, como se ela não fizesse parte de um conjunto.

Como fazer para responder a essa necessidade metodológica, numa coleção cujas exigências me impediam de multiplicar excessivamente as cartas gerais da Terra? Essa dificuldade me preocupou e, no emprego frequente de cartas, figuras e distintos meios de evocação, veremos meu desejo de manter o espírito sempre atento ao conjunto, uma advertência para não se separar o caso particular dos fatos gerais. No entanto, não posso iludir-me sobre o valor desses procedimentos; o leitor terá que, quase sempre, recorrer às cartas gerais para encontrar um comentário sobre as cartas particulares.

Portanto, a geografia tem diante de si um belo e difícil problema: extrair, do conjunto dos traços que compõem a fisionomia de uma região, o encadeamento que os une e, nesse encadeamento, uma expressão das leis gerais do organismo terrestre. Problema que, a cada dia — é preciso admitir —, aumenta de complexidade, dada a crescente exigência de análises mais exatas e a percepção, cada vez mais clara, da intervenção de causas que remontam a um passado longínquo quanto ao atual estado terrestre.

Tais ideias — que só parecerão novidade àqueles que tenham esquecido as lições dos principais geógrafos de nosso século — me serviram de base e guiaram este trabalho. Não é preciso considerá-las como uma espécie de filosofia planando acima dos estudos geográficos sem a eles se incorporar; ao contrário, deve-se fazer um esforço para que elas se unam intimamente às descrições das diferentes regiões [*contrées*], de modo que a geografia não se divida em duas partes verdadeiramente desiguais em valor: um estudo geral, que seria a ciência da Terra, e uma série de descrições sem método e sem sentido. Para isso, a cartografia é, seguramente, o instrumento mais apropriado. Onde encontrar meio de expressão tão capaz de concentrar as relações que devemos apresentar, em conjunto, ao pensamento? Sobre isso, é fato significativo que Karl Ritter,[2] no período de sua vida em que fermentavam as ideias que, mais tarde, inspirariam a *Erdkunde*, tenha começado por conferir-lhes uma forma cartográfica. A série coordenada de seis mapas por ele publicada de 1804 a 1806 sobre orografia e hipsometria, flora, cultivos, fauna e população da Europa foi o primeiro ensaio de aplicação dos princípios metodológicos que a ciência geográfica deveria assimilar. Sabemos o desenvolvimento que esse tipo de cartografia recebeu na pátria de Ritter.

Agora, é com prazer que deixo, à própria obra, a responsabilidade de defender sua causa. É um instrumento de trabalho, um ensaio de coorde-

---

[2] Mesmo na época em que o autor viveu, seu nome era grafado ora com "C" (por exemplo, nas citações de Ratzel), ora com "K" (como fazia o próprio Ritter no início do século XX). Mudanças ortográficas na língua alemã nos levaram a optar pelo uso de "Karl" nestas traduções, tal como hoje é utilizado na Alemanha. Agradecemos a Leonardo Arantes por estas informações. (N.T.)

nação metódica; frequentemente, a experiência me fazia sentir sua necessidade. Eu a dedicaria de bom grado a esses jovens mestres, entre os quais vi despertar o gosto por esses estudos e com os quais — sobretudo — se retoma a preocupação em conferir à geografia o lugar científico que lhe convém.

Contudo, não esqueci que uma compilação desse gênero devia ser uma obra de informações — e não apenas de doutrina —, cabendo a ela fornecer de modo rápido e fácil todas as indicações que se tem o direito de lhe indagar. Desejo ter logrado tal objetivo. Porém, devo admitir, queria que as pessoas que folheassem essa coleção se sentissem tentadas a estudá-la, a seguir o fio que as religa, a se interessar pelas relações que ela procura sugerir. Assim, tais cartas, inanimadas em aparência, assumiriam vida diante de seus olhos. No século XVI, os cartógrafos apraziam-se ao escrever, no frontispício de suas obras, os títulos pomposos de "Teatro do Mundo", "Espelho do Mundo". Foi-se o tempo dessas qualificações. Todavia, por que um atlas atual — quando, certamente, as relações entre as coisas aparecem em maior quantidade e com maior clareza — não pode pretender estimular a curiosidade e oferecer matéria à reflexão?

I.2. O PRINCÍPIO DA GEOGRAFIA GERAL*
[1896]

A ideia de que a Terra é um todo, no qual as partes estão coordenadas, proporciona à Geografia um princípio de método cuja fecundidade aparece melhor à medida que se amplia a sua aplicação. Se nada existe isoladamente no organismo terrestre, se em todo lugar repercutem as leis gerais, de modo que não se possa tocar uma parte sem provocar todo um encadeamento de causas e de efeitos, a tarefa do geógrafo toma um caráter diferente daquele que às vezes lhe é atribuído. Qualquer que seja a fração da Terra que estude, ele não pode nela se fechar. Um elemento geral se introduz em todo estudo local. Não há de fato área em que a fisionomia

---

* Versão original: "Le principe de la Géographie Générale". *Annales de Géographie,* vol. V, out. 1895 a set. 1896. Paris: Armand Colin Editores. Tradução: Rogério Haesbaert e Sylvain Souchaud. As citações e notas de rodapé (com exceção da numeração) foram mantidas tais como no texto original de La Blache; expressões repetidas pelo autor na sua escritura original grega não foram aqui reproduzidas por restrições tipográficas, sendo substituídas pelo símbolo [*].

não dependa de influências múltiplas e longínquas das quais importa determinar o local de origem. Cada área age imediatamente sobre sua vizinha e é influenciada por ela. Fora mesmo de toda relação de vizinhança, a ação cada vez melhor reconhecida de leis gerais se traduz por afinidades de formas ou de climas que, sem alterar a individualidade própria de cada área, marca-a com características análogas. Estas analogias ou "conformidades", seguindo o termo muito conhecido de Bacon, desde que o homem começou a dominar o conjunto dos fenômenos terrestres, chamaram a sua atenção. Muitas podem ser apenas aparentes, mas outras são reais; elas são fundadas não sobre puros encontros exteriores, mas sobre relações de origem e de causas. Entre estas a aproximação se impõe, pois cada uma proporciona à outra seu tributo de explicação. O geógrafo é levado assim a projetar, sobre o tema que estuda, todo o esclarecimento fornecido pela comparação de casos análogos.

É nesse espírito que cada vez mais são tratadas nos nossos dias as questões geográficas. Teríamos apenas que escolher os exemplos. Esse ponto de vista supõe, com certeza, uma ciência suficientemente avançada para ser capaz de apreender o que há de regular no mecanismo dos agentes físicos, e para seguir a sua ação sobre a maior parte, se não sobre a totalidade, do globo. Contudo, o princípio sobre o qual ele repousa, e que poderíamos formular recorrendo à ideia da unidade terrestre, está longe de ser novo na ciência geográfica. Essa ideia se manifestou primeiro de um modo que se poderia, de certa forma, denominar prematuro, já que o estado real do conhecimento estava longe de lhe corresponder; ela, contudo, existe, frutifica, e depois vai sendo retificada e se desenvolve pelos próprios progressos da ciência.

Talvez seja interessante retraçar a evolução dessa ideia, em que é incontestável seu papel capital no transcurso do método geográfico. É o que irei tentar fazer nesta rápida apreciação.

O PRINCÍPIO DA GEOGRAFIA GERAL

I

A ideia da unidade terrestre não foi estranha à antiguidade grega. Confusa entre os primeiros teóricos da geografia (penso aqui nos sábios jônicos que, mais de seis séculos antes da nossa era, raciocinavam sobre as causas físicas dos fenômenos), a concepção de um conjunto ordenado, em que as coisas devem seu caráter ao lugar que ocupam, torna-se mais exata no momento em que a noção de esfericidade da Terra introduz-se na ciência. Aparece então a divisão do globo em zonas, cada uma delas supostamente comunicando sua marca ao clima, à vegetação, à fauna e às raças humanas. Muito cedo, como demonstrou Hugo Berger na sua recente *Histoire de la Géographie scientifique chez les Grecs*,[1] vê-se desenhar o antagonismo entre duas concepções diferentes da geografia. Uns estudam a Terra como um todo, na sua unidade; para outros, a geografia é um repertório de informações ou descrições, onde, por uma inclinação natural, acumula-se tudo o que pode almejar a curiosidade, mas com o risco de perder de vista o objeto essencial, a própria Terra.

O grande mérito das escolas de Eratóstenes e de Ptolomeu foi o de manter aberta a via científica, através do estudo geral da Terra.[2] Mas como é fácil perceber a razão, o organismo terrestre apareceu-lhes como uma unidade puramente matemática. A ideia que faziam das zonas terrestres foi, para eles, uma espécie de postulado que permitia por antecipação abarcar a totalidade do globo, como se já fosse ele realmente conhecido. Para Ptolomeu, por exemplo, as mesmas latitudes implicam os mesmos climas, as mesmas plantas, os mesmos animais. É sobre esse princípio que a sua crítica se apoia para coordenar e retificar as relações dos viajantes. A presença numerosa [*] de elefantes, rinocerontes, a cor negra dos habitantes,

---

[1] *Geschichte der wissenschaftlichen Erdkunde der Griechen*. Leipzig, 1887-1893.

[2] É em nome da unidade terrestre que Eratóstenes critica severamente as divisões tradicionais de partes do mundo.

são para ele indícios que devem se reproduzir até as mesmas distâncias do equador e não além, de conformidade com as analogias do meio [*]. Ele deduz a posição das áreas a partir dos aspectos de sua vegetação e de sua fauna, com uma segurança que não permite duvidar do valor absoluto que se costumava então prestar ao *criterium* matemático.[3]

Munidos das melhores determinações astronômicas, os antigos não teriam caído nesta confusão. Até mesmo no campo que lhes era mais familiar, o do Mediterrâneo, há anomalias singulares que com certeza lhes teriam chamado a atenção. Se, por exemplo, tivessem conseguido determinar as latitudes das margens do mar Negro e da Crimeia, do mesmo modo como determinaram as do vale do Ródano, teriam sido levados às causas que podem introduzir tais diferenças de natureza e de clima entre as regiões situadas no mesmo paralelo; teriam percebido pelo menos a distância que existe entre as zonas matemáticas e as divisões infinitamente mais complexas que resultam da combinação de causas físicas.

A imperfeição dos métodos de observação foi para a Geografia dos antigos um princípio de fraqueza, ainda mais perceptível do que aquele que provinha do espaço restrito no qual se estendiam os seus conhecimentos. Na realidade, os geógrafos dos dois primeiros séculos da nossa era dispunham de informações que iam do Báltico ao Sudão, do Atlântico aos mares da China; mas, apesar de terem aplicado suas observações a fenômenos tais como as marés, as monções e as chuvas tropicais, a maior parte dessas informações carecia de precisão para dar bons resultados.[4] É sobretudo do ponto de vista do Mediterrâneo que eles enfocaram as ciências da Terra. Domínio admirável para o estudo dos fenômenos que modificam a superfície terrestre e mostram a crosta do globo sob um aspecto de permanente instabilidade. Não menos instrutivo sobre as relações da natureza com o

---

[3] Ptol., *Géographie*, I, 9, 4 — cf. Aristóteles, *Tratado do Céu*, II,14.

[4] Eles conheceram a monção de verão entre a África e a Índia, mas não houve nenhum indício de que tenham percebido a influência desta monção sobre o clima da Índia.

homem, o mundo do Mediterrâneo não é, em si mesmo, propício à percepção de relações gerais. A fragmentação dos contornos, que é um dos encantos dos horizontes greco-latinos, é também uma causa de obscuridade. Nenhum mar é tão extenso, nenhuma forma de superfície é tão desenvolvida para que os fenômenos físicos aí se apresentem com a amplitude e a simplicidade que as superfícies do Oceano ou das vastas planícies da Ásia ou da América lhes imprimem. Cada compartimento do Mediterrâneo tem o seu regime de ventos e de correntes. Cada área ribeirinha tem o seu clima. As causas locais dominam, pelo menos em aparência, e a influência das causas gerais, às quais pertencem todas as partes do organismo terrestre, não se deixa facilmente entrever.

As grandes expedições marítimas dos séculos XV e XVI romperam o encantamento que a ciência geográfica mantivera ao redor do Mediterrâneo. Descobriu-se então o que a exiguidade das dimensões e a complicação das formas não havia permitido discernir: o espetáculo de fatos gerais de ordem física, simples nos seus efeitos, grandiosos no seu desenvolvimento, dotados de um caráter de permanência e de periodicidade.

As observações tornaram-se mais precisas porque a necessidade de se orientar longe das costas obrigou os navegantes a aperfeiçoar seus instrumentos. E, a partir do momento em que os navegantes foram capazes de determinar com precisão a sua posição em termos de longitude e latitude, as desvios involuntários de rota começaram a abrir-lhes os olhos sobre as correntes desconhecidas que cruzam a massa oceânica. O regime dos ventos revelou, longe das costas, um caráter de regularidade que não era conhecido. Começou-se a dar conta dos traços gerais dessa circulação que aciona a massa líquida e aérea do globo e que joga um papel tão importante na economia dos climas. Toda essa parte da vida terrestre havia escapado à ciência antiga.

Na verdade, parece que os espaços marítimos tiveram a virtude de iniciação para todas as descobertas fundamentais da Geografia. Foi a linha curva dos mares que sugeriu ao homem a ideia da esfericidade da

Terra. Foram as navegações da Grécia ao Egito que, chamando-lhe a atenção sobre a diferença que aparece na posição dos astros durante esse trajeto, sugeriram a ideia das dimensões relativamente restritas da esfera terrestre.[5] São as viagens do século XVI que mostram os movimentos dos ventos e das águas.

Já Cristóvão Colombo, na sua terceira travessia (1498), reconhece que as águas do mar "se movem, como o céu", do Oriente ao Ocidente: *Las aguas van con los cielos*. Pouco importa que ele tenha se enganado sobre o sentido real do movimento do céu; sua observação introduzia na ciência a primeira noção desse amplo e grandioso movimento que, dos dois lados do equador, arrasta juntas, no mesmo sentido, a massa líquida e a massa de ar, lançadas uma e outra para trás pelo aumento de rapidez da rotação terrestre. Quando, uns trinta anos depois, o fenômeno constatado no Atlântico foi constatado também no Pacífico, ele surgiu no seu pleno caráter de generalidade que Colombo parecia ter adivinhado. Viu-se, além das terras americanas, as mesmas correntes se reproduzirem nas mesmas zonas, os mesmos movimentos fazendo oscilar em massa os ares e as águas. Sabe-se quanta utilidade prática teve o conhecimento[6] dessa importante característica da circulação, igualmente relevante para os teóricos da Terra. Buffon, dois séculos depois, acreditou ter encontrado nesse afluxo das águas

---

[5] "Resulta da observação dos astros, não somente que a Terra é uma esfera, mas também que essa esfera não é grande." (Aristóteles, *Traité du Ciel*, II, 14)

[6] "Os navios que vão de Acapulco às Filipinas", escreve Varenius, "navegam durante sessenta dias sem nenhuma troca de vela, apesar de os marujos poderem dormir em paz sem se preocupar com o navio, que o próprio vento trata de conduzir ao porto." Estas viagens espanholas do México às Filipinas, com retorno pelo México, se efetivaram durante dois séculos (a partir de 1571) com uma regularidade automática: era recomendado permanecer na zona dos alíseos para o trajeto de Acapulco a Manila e, para o retorno, subir até os 35 graus de latitude norte, onde se encontrariam os ventos de oeste.

contra as costas orientais do antigo e novo continente uma das causas que determinaram a sua configuração.[7]

Quando os navegantes espanhóis começaram a frequentar as costas da Flórida, não tardaram em perceber que, subindo em latitude, encontravam-se ventos de oeste, que foram chamados *ventos de retorno*. Após se estabelecerem nas Filipinas, procuraram no Pacífico a repetição daquela zona de ventos de oeste, de que necessitavam para suas relações com o México. Depois de vinte anos de sondagens, acabaram por encontrá-la. É interessante constatar nesse exemplo a aplicação à Geografia de um método igual àquele do astrônomo, que descobre um planeta previamente determinado pelos seus cálculos.

Desejo apenas, com esses exemplos, mostrar a mudança de perspectiva que então se introduziu no estudo do globo. Segundo a passagem muitas vezes citada do *Novum Organum*,[8] em que Bacon indica, como um importante exemplo de conformidade, a analogia de formas entre a África e a América do Sul, pode-se perceber o quão naturalmente se manifestava, ao simples aspecto dos novos mapas, o sentido da generalidade dos fatos terrestres. Muitos outros depois dele, e a partir de novos indícios, notaram formas menores no mesmo sentido, repetindo-se em menor ou maior intensidade, reproduzindo-se quase em todo lugar na configuração dos continentes, e repetiram a palavra, *quod non temere accidit*. Existe aí, de fato, a expressão[9] "de um certo sistema natural de ordenamento terrestre"; ou, como ainda foi sugerido pela indicação exterior do nosso planeta, a silhueta que chamaria a atenção de um observador ideal, supostamente ob-

---

[7] *Théorie de la Terre*, I, p. 50, p. 205 etc. (ed. Flourens).

[8] Livro II, aforismo 27 (1620).

[9] K. Ritter, *Uber geographische Stellung und horizontale Ausbreitung der Erdtheile* (1826). (*Einleitung zur allgemeinen vergleichenden Geographie und Abhandlungen.*, Berlim, 1852.)

servando o disco terrestre no espaço, se o olhar dele pudesse atravessar a zona de nuvens que turva a nossa atmosfera.[10]

II

A obra teórica que melhor traduziu o efeito dessa ampliação de horizontes foi o trabalho publicado em 1650, sob o significativo título de *Géographie générale*, por um alemão do norte estabelecido na Holanda, Bernard Varenius. Ele era um médico, fortemente influenciado por estudos matemáticos, ao qual a permanência em Amsterdã inspirou o gosto pela geografia. Desde que os ingleses renunciaram às suas buscas de passagem pelo noroeste, a Holanda era o único país da Europa que, com os Van Diemen e os Tasman, ainda continuava a tradição das grandes viagens marítimas. Em Paris, onde mais tarde seria instalado o centro da ciência geográfica, não existia ainda nem a Academia de Ciências, nem o Observatório, e era para Amsterdã que convergiam as novas informações. O livro de Varenius é rico em observações precisas provenientes dos navegadores. Suas ideias sobre as divisões dos mares, os movimentos do Oceano, as ilhas, testemunham uma precisão de conhecimentos e grande segurança de generalização. Resumindo os movimentos da massa líquida em uma fórmula que outros, mais tarde, poderão aplicar à massa de ar, ele diz: "Quando uma parte do Oceano se move, todo o Oceano se move."[11] Um amplo sentido da conexão dos fenômenos terrestres se faz presente em toda a sua obra. Ele explica, com perfeita consciência do seu método, o objeto da ciência: "A geografia é dupla. Há uma geografia geral — quase totalmente negligenciada ainda hoje — e uma especial. A primeira considera a Terra em seu conjunto, explicando as diferentes partes e os fenômenos gerais; a segunda, *guiando-se*

---

[10] Ed. Suess, *Das Antlitz der Erde*, t. I, p. 1.

[11] *Quum pars Oceani movetur, totus movetur.* (C. 14, § 2)

sobre as regras gerais, estuda cada área etc." Poderíamos a partir daí afirmar que o dualismo indicado por Varenius é apenas aparente, pois a relação entre as leis gerais e as descrições particulares, que são a sua aplicação, constitui a unidade íntima da geografia. Mas ninguém ainda havia formulado com tal nitidez a questão da geografia científica. Seu livro é uma série de análises, apresentadas sob a forma de proposições seguidas de respostas, e, apesar desta aparência escolástica, é de espírito bastante moderno.

O tratado de Varenius contribuiu muito para fixar o pensamento geográfico. Basta dizer que Isaac Newton lhe consagra, em 1681, uma edição revista e aumentada.[12] Mais tarde ainda, Buffon o cita com frequência, e muitos indícios permitem perceber que este livro não deixou de exercer influência sobre suas ideias. Sabe-se que, na concepção que ele fazia da história natural dos animais, o estudo da Terra é a base, pois, diz ele, "a história geral da Terra deve preceder a história particular de suas produções".[13] Esta história, que ele procurava reconstituir de forma audaciosa no passado, era estudada também sob seu aspecto presente e, nesta parte de sua obra, em que ele se mostra um geógrafo muito atento às explorações contemporâneas, Buffon segue nitidamente a tradição de Varenius. O que ele chama de estudo "da natureza em escala ampla"[14] não é, qualquer que seja a leitura, o desprezo do detalhe, mas a justa subordinação do detalhe ao conjunto. Profundamente imbuído do sentimento de ordem e de encadeamento dos fenômenos, ele não pretende estudar a natureza com olhos de míope; ele não quer fracionar os traços que, se forem isolados, lembram as sílabas que uma criança soletra sem a consciência da palavra à qual elas pertencem.

---

[12] *Bernhardi Vareni Geographie generalis*, etc., *summa cura quam plurimis in locis emendata... ab Isaaco Neston. Cantabrigiae, ex officina Joannis Hayes cele berrimae Academiae Typographi...* MDCLXXXI.

[13] *Histoire et Théorie de la Terre*, vol. I, p. 33.

[14] *Histoire et Théorie de la Terre*. São as próprias expressões do *Cosmos* de Humboldt (trad. Faye, princip. p. II, introd. p. 34).

Faltava às generalizações da ciência de então a base de uma soma suficiente de observações precisas. Mas o século XVIII, seguindo neste sentido a obra do XVII, trabalhava, justamente, para colocar à disposição da ciência uma massa de dados seguros como ela nunca havia obtido, pelo aperfeiçoamento dos instrumentos de observação e pela precisão enfim introduzida nos mapas. O que havia sido o grande e antigo *desideratum* da Geografia, a constituição do mapa do mundo, de um quadro fixo onde pudessem ser registrados os fatos novos, se encontra em grande parte realizado pelo trabalho de Delisle, de d'Anville, de Cassini, no momento em que iria começar a atividade do autor de *Cosmos* e do autor de *Allgemeine Vergleichende Geographie*.[15]

A ideia, em si, de uma Geografia geral fundada sobre o encadeamento dos fenômenos não podia passar por nova; observamo-la emergir naturalmente da revelação progressiva das grandes características do globo. Não havia mesmo nada, como já salientamos, no sentido que Karl Ritter emprestava à palavra *Geografia comparada*, que implicasse uma ordem de pesquisas nova, que alcançasse o modo de transformação dos fenômenos: a comparação era, para ele, sobretudo, um instrumento apropriado para provocar a manifestação, por oposição, da individualidade de cada ser. Para Humboldt, que também a empregava, a comparação era o meio de discernir entre os fatos aquilo que eles ofereciam de comum em relação às leis terrestres.[16] A originalidade está inteiramente nos desenvolvimentos e nas aplicações pelas quais esses dois grandes espíritos fecundaram um princípio já inserido na ciência.

Humboldt se dedica, especialmente, à coordenação e à classificação dos fatos. Apesar de observador infatigável, ele próprio confessa que "pre-

---

[15] Humboldt (1769-1859); Ritter (1779-1859).

[16] Ver no *Cosmos* (trad. Faye, p. 82) a interessante passagem sobre a determinação numérica dos valores médios, "que representam o que há de constante nos fenômenos variáveis, e que constituem a expressão das leis físicas".

fere a ligação de fatos já anteriormente observados ao conhecimento de fatos isolados, mesmo quando eles são fatos novos"[17] — expressão que pode apenas explicar um estado de incoerência ainda muito grande entre as diversas partes da geografia. Ele combatia diretamente essa incoerência, pois o que procurava alcançar era, sobretudo, a conexidade dos fenômenos e as influências recíprocas que se intercambiam entre as diversas partes do organismo terrestre. Botânico apaixonado, como ele nos diz,[18] transmite à geografia o método de classificação das ciências naturais, mas o princípio sobre o qual ele funda seus tipos de fisionomia vegetal exprime a relação da planta com o meio físico.[19] A botânica se torna geografia ao estudar o que na fisionomia das formações vegetais reflete a altitude, o grau de umidade ou de sequidão do ar etc. Na multiplicidade de temas sobre os quais exercitou seu pensamento, procurava sempre constituir o quadro de conjunto dos fatos, convencido de que, uma vez conhecida sua repartição terrestre, as próprias relações se apresentaram ao espírito. É assim que, das observações de temperatura que era possível reunir, ele retirava o traçado das *linhas isotermas*. Será suficiente, mais tarde, estender o modo de representação a outros fenômenos para constituir o Atlas físico, cuja primeira edição a Berghaus faria aparecer em 1836, sob inspiração de Humboldt. Pois, acima de tudo, está o dom da expressão, da fórmula contundente que condensa em uma palavra, em uma frase[20] ou em uma cifra, uma soma considerável de observações. A influência que ele exerceu sobre a geografia, vista de bom grado como sendo muito fecunda, consiste sobretudo nos tipos que ele criou, nos quadros metódicos de observação que constituiu.

---

[17] *Rise in die Aequinoctial-Gegenden. — Eialeitung*, p. 3.
[18] "Ich liebte die Botanik mit Leidenschaft" (*Reise*, id. ib.).
[19] *Physionomie des plantes*, no *Tableaux de la nature* (1808).
[20] Muitas frases ficaram como formações clássicas; basta aqui que façamos alusão a elas.

Ele se destaca por mobilizar os fatos, convertê-los em fórmulas correntes e em dados comparáveis entre si.[21]

Há entre Ritter e Humboldt, como é natural entre dois homens cujas vidas científicas foram paralelas, um fundo de ideias comuns. Devemos considerar, diz Ritter, que "no objeto da geografia, como em todo organismo, a parte só pode ser alcançada pelo conjunto vivo".[22] Ele pretende que sua obra seja "um esforço para abarcar as energias naturais em sua conexidade".[23] Se existe uma diferença entre os dois, ela não se refere a uma concepção outra das relações entre a natureza e o homem. Humboldt não se expressou menos claramente que Ritter sobre a conexão íntima entre as duas ordens de fatos, físicos e humanos.[24] A ideia de excluir o elemento humano da geografia não estaria presente no espírito desta geração dos Humboldt e dos Cavier, animada por uma concepção tão elevada de ideal científico. Seria ainda menos verdadeiro atribuir a Ritter alguma concepção na qual a geografia não seria mais do que uma história sofisticada: "É a variedade das formas do solo que constitui a base de todas as outras."[25]

Mas a força da inspiração histórica é uma das originalidades de Ritter. As palavras "*Natur und Geschichte*" são dois termos perpetuamente associados, entre os quais, sem cessar, gravita o seu pensamento. É como parte

---

[21] Mesma preocupação em Ritter: ver *Bemerkungen über Veranschaulichungsmittel räum licher Verhältisse bei graphischen Darstellungen durch Form und Zahl (Einleitung... und Abhanlungen*, p. 129 e seguintes).

[22] *Uber das historische Element in der geographischen Wissenchaft* (1833) (*Einleitung... und Abhanlungen*, p. 181).

[23] "Streben nach Ubersicht der Naturwirkungen in ihrem Zusammenhange". (*Einleitung zu dem Versuche einer allgemeinen vergleichenden Geographie*, 1818. Em *Einleitung... und Abhanlungen*, p. 7).

[24] "Tudo o que faz nascer uma variedade qualquer de formas (...) imprime um modo particular ao estado social". (*Cosmos*, p. 350, trad. francesa)

[25] *Erdkunde*, v. II, p. 71 (1832).

integrante, e não como anexo, que a obra histórica da humanidade encontra lugar na sua concepção da vida terrestre, como o mais ativo e o mais poderoso dos elementos de transformação e de vida que aí se manifestam.[26] Não é em vão que as pesquisas do orientalismo tenham conseguido em sua época recuar no passado os limites da história: a Ásia se torna para ele não apenas a mais grandiosa expressão dos contrastes físicos que a terra oferece, mas também o berço de nossas civilizações. E, combinando essas duas ideias, ele mostra como, das montanhas de Cabul até as extremidades ocidentais do Mediterrâneo, uma corrente geral, que tem seu princípio nas próprias bases da natureza física das áreas, levou rumo ao oeste raças humanas e plantas, e fez desta parte da Ásia o *Oriente do mundo* do ponto de vista da natureza e da história.[27]

Levado pela natureza de sua obra a efetuar sucessivamente a aplicação de suas visões gerais a áreas particulares, o autor de *Erdkunde* deu-lhes uma forma concreta que aguça o sentido. Seria difícil compreender tudo o que encerra a ideia de posição geográfica (*Weltstellung*) se Ritter não houvesse mostrado, colocando-se do ponto de vista de cada área, uma após a outra, através de fatos e de exemplos, a profunda significação que a ela está vinculada. É pelo fato de ele ter descrito analiticamente a Índia, o Irã, a Palestina etc. que não é mais permitido considerar as diversas partes da Terra como uma justaposição inanimada,[28] mas como um lugar recíproco de forças atuantes.

Na verdade, o princípio das reações que as diferentes partes terrestres exercem umas sobre as outras encontra-se na sua natureza física. Daí essas análises pacientes em que Ritter passa minuciosamente em revista todos os

---

[26] *Uber das historische Element* etc. (1832 *Einleitung... und Abhanlungen*, p. 180).

[27] *Erdkunde*, v. VII, p. 237.

[28] "Das loblose statt des lebendigen ergreifen". (*Uber das hist. Element... Em Einleitung... und Abhandlungen*, p. 180) Cf. o desenvolvimento de algumas dessas ideias na *Anthropogeographie* de Fr. Ratzel (v. II, *Einleitung*; ib. cap. 19 e *passim*).

traços físicos próprios que irão imprimir uma certa impulsão à atividade da natureza e do homem.[29] Toda variedade, toda desigualdade e, com maior razão, todo contraste são os pretextos de intercâmbios, de relações e de penetração recíprocas. Eles põem em marcha todas as forças pelas quais, na natureza, o equilíbrio rompido tende a se restabelecer, ou pelas quais, na ordem dos fenômenos humanos, um desejo é despertado, uma necessidade é satisfeita, uma ação exterior é solicitada. Pois seria difícil encontrar uma palavra capaz de traduzir tudo o que implica de significação ampla e variada a palavra *Ausgleichung*, que aparece com tanta frequência na terminologia de Karl Ritter. Variedade para ele é sinônimo de vida. Os contrastes, no contato dos quais os fenômenos brotam em profusão, são como pontos luminosos para os quais é atraída a sua atenção. Alguns ele caracterizou com traços magistrais: o contraste entre a planície e a montanha, entre as áreas de cultivos e os desertos e, sobretudo, o maior de todos, aquele que é um núcleo intenso de energias físicas e de relações humanas, a zona de encontro entre as terras e os mares. As zonas em que eles se combinam em poder e em número são incomparáveis centros de ação. É o caso da Grécia, da Palestina e daquela parte da Ásia em que as planícies do Turã e da Índia se aproximam, no sopé das mais altas montanhas do globo.[30]

* * *

Somos levados a evocar essas ideias e a reconstituir tanto quanto possível sua formação e seu encadeamento. Primeiro, porque sua fecundidade está longe de ser esgotada e porque haveria ainda benefícios para a ciência atual se fortalecer. Além disso, elas apresentam um interesse histórico: trazem

---

[29] "Naturimpulsen."
[30] Ver entre tantas outras passagens, *Erdk.*, v. II, p. 74, id., v. VII, p. 353, p. 237 etc. Cf. *Uber räumliche Anordnungen auf der Aussenseite des Erdballs*, etc. (*Einleitung... und Abhanlungen*, p. 240).

a marca de um momento raro, aquele em que o feixe de conhecimentos diversos que constitui uma ciência permanece ainda muito estreito para que seja possível abarcar todo o conjunto. Até mesmo na linguagem falada pela ciência, reflete-se a impressão das grandes perspectivas que o espírito abarca. É por vezes com tons de revelação que Humboldt e Ritter falam das leis terrestres e da correspondência íntima entre os fenômenos.

A ciência se especializou infinitamente nos nossos dias. É por caminhos diferentes, e muitas vezes sem ligação entre as diversas disciplinas que contribuem para a formação da Geografia, que prosseguiu a investigação sobre o estudo da Terra. Muitos entre os estudiosos que aí se engajaram, partindo de especialidades diversas, eram estranhos às tradições da Geografia geral. Portanto, foi a própria força dos fatos que os reconduziu às ideias sobre as quais ela havia sido fundada.

Se fosse necessária uma demonstração contundente da ideia, por nós já reconhecida como tendo sido claramente expressa, da necessidade de ligar os fatos ao conjunto e da insuficiência do detalhe para explicar-se por si mesmo, não encontraríamos nada melhor do que a demonstração proporcionada pelos progressos da meteorologia. "Nos movimentos da atmosfera nenhum lugar pode ser isolado; cada um age sobre o seu vizinho, e este age novamente sobre ele" — aquele que fala dessa forma a linguagem de Karl Ritter é Dove,[31] e seu método é aquele em que ele logo introduziu de modo frutífero o estudo dos climas. A cada dia constata-se que este fenômeno, antes visto como produto de causas locais, é na verdade a repercussão de causas bem mais distantes e mais gerais do que se acreditava. Não conheço nada que dê um sentimento mais vivo da solidariedade das diferentes regiões da Terra do que os mapas do tempo, cuja iniciativa remonta a Leverrier e que colocam sob nossos olhos, dia a dia, o estado e a marcha

---

[31] Dove. *Die Klimatischen Verhältnisse des preussischen Staates*, v. III, p. 74.

das perturbações atmosféricas. Quando vemos uma tempestade formada sobre a zona da Gulfstream [Corrente do Golfo] ou sobre os grandes lagos da América chegar à Noruega ou à Irlanda, passar sobre o Báltico, repercutir sobre o golfo de Gênova e desencadear o mistral no vale do Ródano, parece que assistimos a uma experiência que torna sensível a conexidade das regiões terrestres, como a experiência de Foucault tornando possível o movimento da Terra.

Os geólogos não nos trazem testemunhos menos significativos. A ideia de um arranjo seguindo um plano geral nos traços de configuração do globo é expresso por Dana como uma espécie de conclusão de todas as suas pesquisas.[32] "Eu fui levado a constatar", diz ele alhures, "nas ilhas do Pacífico, em vez de um labirinto, um arranjo; a observar no aspecto das massas continentais, um sistema de analogias[33] assim se implantou no meu espírito a concepção da Terra como sendo uma unidade."[34] As analogias, há muito tempo apontadas como indicadoras de algum plano geral, parecem ressurgir sob a pena dos geólogos. "Nós observamos por todo o mundo", escreve M. J. Geikie, "que os traços da natureza bem-marcados são constantemente repetidos. Outros são marcados por um ar de semelhança geral que paira acima das diversidades locais."[35]

Não haveria espaço para lembrar a importância da expressão atual dessas ideias, se elas não fossem a repetição do que foi dito antes, às vezes quase nos mesmos termos. Porém, olhando mais de perto, percebemos que, se os

---

[32] *Deep troughs of the Oceanic depression.* Ele vê na disposição das ilhas e das profundezas, os vestígios de um sistema de traços em que o plano se estende ao conjunto da terra, *is worldwide in its scope.*

[33] *Origin of Coral reefs.*

[34] *Fragments of Earth love.*

[35] Wynne (citado por Penck, *Morphologie*, v. II, p. 20).

termos se parecem, os pontos de vista diferem. Os geógrafos da primeira metade do século procuravam definir e classificar os fatos segundo suas características presentes, sem que essas características fossem relacionadas com as causas que as produziram. Totalmente diferentes são as aproximações tentadas pelos geólogos ou pelos geógrafos contemporâneos. Quando, para compará-las, eles agrupam as margens, lacustres do Báltico e as paisagens de Minnesota, a Finlândia e o Labrador, os Alpes e o Himalaia,[36] a Grande Bacia Americana e a Ásia Central,[37] os fiordes da Noruega e os do Alasca, da Patagônia e da Nova Zelândia, eles são conduzidos a essas aproximações pelo estudo das causas das quais elas são a expressão. É o conhecimento aprofundado dos fenômenos próprios à ação glacial que fornece a chave de conformidades que se impõem por si mesmas à atenção, e que faz descobrir outras que de outro modo passariam despercebidas. A partir do momento em que o progresso da geologia permitiu uma apreciação mais exata dos efeitos que os agentes atmosféricos são capazes de exercer sobre a superfície do relevo, muitos traços comuns foram explicados, e muitos outros também foram revelados.

À luz das causas gerais em que o modo de ação se deixa apreender, as afinidades foram reconhecidas como sendo mais numerosas, ao mesmo tempo que mais bem-fundadas. As descobertas contemporâneas, na África e alhures, multiplicaram em muito a variedade dos fatos e mostram outras combinações da fisionomia terrestre: nada veio enfraquecer, muito ao contrário, a ideia de unidade. As linhas grandiosas de rugosidades que nos revelou a África Oriental acentuaram de forma mais nítida uma ordem de fatos que somente se conhecia numa pequena parte de sua área geográfica.

---

[36] Ver, por exemplo, em Oldham, *Geology of India*, a visão fotográfica, de aspecto alpestre, do monte Kinchindjinga.

[37] Richthofen, *Chine*, vol. 1, cap. 5.

O relevo das regiões áridas manifestou semelhanças íntimas na América, na África e na Ásia. Assim, quanto mais as páginas se multiplicam no estudo da Terra, mais se percebe que elas são as folhas de um mesmo livro.

Eu acrescentaria que, desse ponto de vista, toda uma ordem de relações novas se abre ao espírito. Pois a ação do tempo entra como coeficiente importante nas ações exercidas pelas causas naturais. Conforme sejam mais ou menos avançadas em sua evolução, as zonas atravessam uma série de mudanças que se ligam entre si por uma espécie de filiação. Umas ainda conservam traços que já foram abolidos em outras. Temos assim como se fossem exemplares vivos dos mesmos fenômenos, tomados em diversos estágios. Tal é, por exemplo, a relação entre a Escandinávia e a Groenlândia. Esta é como se fosse uma irmã distante que, quase enterrada sob seu *inlandsis*, não pode ainda se desvencilhar do envelope glacial, que só existe na Noruega por fragmentos ou no estado de formas derivadas.

O desenvolvimento dessas visões, nas quais poder-se-ia dizer que se resume uma grande parte do movimento geográfico deste último quarto de século, sairia do quadro que traçamos. Meu único objetivo era o de mostrar, como na última etapa de suas aplicações, esta ideia de unidade terrestre. Encontra-se aí, de fato, uma dessas ideias muito gerais e muito fecundas, que se renovam sem cessar e que são suscetíveis de desenvolvimentos muito diferentes, mas das quais se pode dizer que transformam a ciência ao retificarem a perspectiva das observações. Historicamente, seu aparecimento representa o ponto de partida da tradição científica da Geografia; por meio dela, as noções de encadeamento, causas e leis foram implantadas.

Uma necessidade do espírito nos incita a restituir o detalhe isolado, por si mesmo inexplicável, a um conjunto que o esclarece. Os agrupamentos parciais, por regiões ou partes do mundo, têm seu sentido e sua razão de ser, mas refletem apenas de modo imperfeito a única unidade de ordem superior que tem uma existência sem fracionamento nem restrição. De todas as partes vemos manifestarem-se as afinidades que não estão de acordo com as divisões tradicionais: tipos de litorais que franqueiam os hemisférios, tipos de clima que se alternam a leste e a oeste dos continentes, desertos que reaparecem de um hemisfério ao outro segundo a correspondência das zonas. Dessa forma, a explicação pertence somente à Terra, tomada em seu conjunto. Os estudos locais, quando eles se inspiram nesse princípio de generalidade superior, adquirem um sentido e um alcance que ultrapassam em muito o caso particular que eles consideram. Para além das mil combinações que variam infinitamente a fisionomia das regiões [*contrées*], existem condições gerais de formas, movimentos, extensão, posição e intercâmbios que sem cessar restituem a imagem da Terra.

I.3. AULA INAUGURAL DO CURSO DE GEOGRAFIA*
[1899]

I

Minha primeira palavra abrindo este curso deve ser uma homenagem de gratidão em direção ao Conselho da Faculdade de Letras, pela honra que me foi feita ao designar-me, por suas eleições, ao Ministro da Instrução Pública. Agradeço ao senhor Ministro por ter bem abrigado e ratificado essa designação. Para mim, a acolhida que recebi desta ilustre casa é um encorajamento, pois foi dela que saí e experimentei, durante longo tempo, as alegrias de um ensino íntimo e familiar, cujas lembranças ainda me são caras.

Eu sinto uma apreensiva honra por substituir o mestre que vocês estavam habituados a escutar. Sua palavra ainda ressoa nesta sala. Ouvindo

---
* Conferência feita na Faculdade de Letras de Paris em 7 de fevereiro de 1899 e publicada nos *Annales de Géographie*, ano VIII, n. 38, 15 de março de 1899. Tradução: Guilherme Ribeiro. Revisão técnica: Rogério Haesbaert.

as aulas animadas por sua verve, não vinha à ideia de ninguém que o fim desses ensinamentos estava próximo. A cada ano, seus ouvintes o reencontravam nesta cadeira: sempre o mesmo, pleno de uma alegre energia. Por isso, é difícil para eles acreditar que o pensamento deste vigoroso espírito cedeu à tentação do repouso. E eis que, por quarenta anos, Himly aqui ensinou Geografia e, depois de quase meio século, seu nome está fixado, para permanecer inseparável, ao nome desta casa! Nesta magnífica carreira universitária, tudo se ordena com retidão em uma unidade admirável. Seu exemplo como intelectual nos oferece uma ciência precisa e rigorosa, armada de bom-senso, aguçada por uma crítica penetrante cuja veemência poderia se fazer temida caso não sentíssemos a escrupulosa justiça na qual seus julgamentos sempre se inspiravam. Como homem, por sua vez, inspirava confiança e respeito. Éramos tocados por sua cordialidade simples e forte que conferia tamanha autoridade a um conselho seu, bem como uma marca de estima e valor. Eu falava de respeito: que me seja permitido acrescentar aqui, entre aqueles que têm a honra de resgatá-lo, que este sentimento se ilumina e se anima de uma respeitosa afeição.

 Em seus livros, Himly condensou uma parte substancial de seu ensino. Nele, sentimos o pensamento de um historiador associado ao de um geógrafo. Uma das razões pelas quais o espírito histórico tem seu papel marcado na geografia é que ele é o único capaz de estabelecer aos fatos toda a sua significação e alcance. Assim entendia Himly quando retraçava as grandes épocas da conquista do globo, por exemplo. Como o homem se emancipou, bem lentamente, das condições locais onde estava cercado, para estender sua vida além disso? Como sobrepujou os obstáculos postos pela natureza ou criados pela sua imaginação? Por sua inclinação dramática, esta luta do homem contra o desconhecido liga-se a um interesse de ordem muito elevada. É um pouco uma história do espírito humano, que se liberta dos fantasmas e amplia suas visões e horizontes. Desejamos ainda que Himly ainda nos conte algumas páginas desta história!

Entre as regiões de estudo, foi sobretudo a Europa que atraiu sua atenção. Dizia ele em 1876: "Reconduzido continuamente pelo meu ensino a estudar a ação e reação incessantes da geografia sobre a história e da história sobre a geografia, tenho como empreitada escrever uma história da formação territorial da Europa moderna." Não saberíamos melhor definir a inspiração mestra de seus ensinamentos. Sem dúvida, a história política não é a única expressão das relações entre a natureza e o homem, mas ela a exprime em um de seus aspectos mais interessantes. A associação de palavras que Karl Ritter tinha inscrito no frontispício de sua *Erdkunde* — natureza e a história dos homens — não é uma fórmula vã. Ademais, pode-se dizer que a cadeia que vai da natureza ao homem é composta de uma longa série de elos que, talvez, os contemporâneos de Ritter não imaginassem.

Tomando a Europa como campo de um estudo parecido, Himly não podia esconder que abordava o problema das relações natureza-história no que ele possui de mais complexo. A ação da natureza não foi submersa e como que abafada sob a massa acumulada de fatos históricos? Há 2.500 anos — isso para falar apenas da Europa Central — que uma via histórica intensa não para de complicar as causas e os efeitos. Guerras, heranças, alianças e jogos de força e política entrelaçaram suas tramas. De tempos em tempos, bruscos relâmpagos têm atravessado esta história. Segundo a expressão de Himly, os homens estão se situando como "os grandes niveladores do começo do século", tal como indica o mapa atual da Alemanha.

Nesta extrema complicação, vê-se onde estaria o obstáculo. Comparações detalhadas entre a geografia física e uma determinada história correriam sério risco de ser superficiais. Não se trata de coincidências mais ou menos acidentais, mas de um amplo desenvolvimento humano a ser estudado em seu quadro.

A magistral obra de Himly instala o estudo político da Europa Central sobre uma base geográfica, mas trata a história historicamente. Após ter traçado um quadro pitoresco onde, em sua variedade de configuração e relevo, revê os países que se estendem dos Alpes ao mar, começa a desemaranhar o fio da meada dos fatos históricos. Assiste-se então ao longo trabalho pelo qual foram separadas as formas políticas que culminariam nos Estados Modernos. Quando o imenso esforço do Império Romano para fixar os povos definitivamente malogrou, o conflito de raças se desprendeu dos quadros (tornados muito estreitos) da Europa Central. No contato com os eslavos, escandinavos e magiares, o germanismo se contrai e se fortifica. Constituem-se mercados, núcleos de futuros Estados. Feito assim pela reação invasora, o germanismo desenha pelo Danúbio e pelo Báltico seu alcance em direção ao Leste. Porém, durante este tempo, a velha Germânia transforma-se num variado mosaico: os domínios da Igreja se estendem, presas designadas ao apetite dos Estados adultos; sobre os rios e ao longo das costas, o comércio faz florescer cidades que tentarão formar ligas entre si (criações brilhantes, mas efêmeras); nos vales dos Alpes, no limiar das grandes passagens, constituem-se fortes comunidades de camponeses; sobre os rochedos isolados da Suábia e da Francônia ergue-se o *burg* do "cavaleiro livre que depende apenas de Deus, de seu Imperador e dele mesmo". Entretanto, esta fragmentação não dura muito tempo. Vejam a Áustria, os Estados principescos e a Prússia que, nesta vida exuberante, dividem-se em partes. Assim, o mapa político é um testemunho que evoca o passado. Uns em seu benefício, outros para se fundir, todos esses fermentos trabalharam nestas associações chamadas grandes Estados Modernos — complexas combinações de geografia e de história, onde a análise distingue uma série de diversos componentes, tais como: regiões naturais, domínios étnicos, terras de colonização e países de conquista, antigas individualidades políticas que tiveram seus momentos de vida. E, se esta variedade de elementos pôde tornar-se uma força, isso se deve à condição de que um poderoso espírito nacional se inflamou e se conservou para manter sua coesão.

 Tais são alguns dos ensinamentos que Himly nos deu em suas lições e livros. Insistindo além disso, receio dar a impressão de esquecer que, se sua atividade docente se impôs um fim, felizmente este não é o caso de sua atividade científica. E que ela nos reserve novos e preciosos ensinamentos. Assim, ele continuará a ser, para nós, o mestre que conhecemos. Nesta sala onde tudo se seguia a ele, aquele que tem a honra de tomar a palavra não poderia começar este curso sem evocar, seguindo a antiga expressão, melhores auspícios.

II

Depois de alguns anos, assiste-se a um esforço de renovação dos estudos geográficos. Muito sensível não somente na Alemanha, mas na França, Inglaterra, Itália e outros países da Europa, não é menos marcado nos Estados Unidos. Ele desperta a atenção das universidades e ecoa entre o público. Afirma-se pelas próprias discussões que suscita. Dá lugar a trabalhos que, a despeito desta multidão enfadonha de escritos insignificantes que a geografia parece condenada a arrastar, atestam um esforço mais bem combinado e mais seguro.

Há toda aparência de que este movimento irá se acentuar, e podemos nos perguntar quais são suas características e alcance.

De início, é importante considerar as novas condições nas quais se exerce o trabalho geográfico. Elas se modificaram e ainda se modificam todos os dias. Por quê? Basta considerar o desenvolvimento das invenções que contribuíram para nos libertar dos velhos entraves de distância e de tempo. Sem dúvida, esta é a maior mudança já produzida nas relações entre a Terra e o homem. Sob nossos olhos, temos um mapa que, com as redes de comunicação nele indicadas, parecem dar uma imagem do domínio do homem sobre a Terra. Imaginemos, por exemplo, o telégrafo elétrico. Tal invenção tem feito mais pelo conhecimento da Terra que o fizeram, em seu tempo, o relógio de sol, a bússola e o astrolábio. Forneceu o meio mais simples e mais seguro de precisar as longitudes (pelo menos na Terra), trazendo assim a solução definitiva de um problema diante do qual a cartografia tinha se defrontado durante séculos. Criou o que chamamos, com razão, a geografia do ar, graças às mensagens que, centralizadas nos observatórios, permitiram preparar, a cada dia (pelas partes já conhecidas do globo), o mapa do tempo. Não podemos dizer que ele nos abriu o mundo dos mares? As primeiras séries coordenadas de sondagens que temos aprendido sobre o relevo dos oceanos vieram quando da instalação dos cabos submarinos.

Assim, o trabalho geográfico aproveita vantagens que não tinha conhecido. O homem exerce sobre o globo uma vigilância menos intermitente. Sem remontar ao tempo em que era necessário manter, em Lisboa, enviados especiais, ou espiões, para informar-se das descobertas do Novo Mundo — até nossos dias, esta era a realidade em Amsterdã, Paris, Londres e depois em algumas universidades alemãs que permaneceram concentradas em seus locais de trabalho. Hoje a enquete é múltipla, acontecendo ao mesmo tempo sobre os mais diferentes pontos do globo. Ela é servida por uma notoriedade científica que ainda está longe da perfeição, mas que já é suficiente para colocar os centros de estudo em comunicação mais rápida e mais direta. Certamente que há diferenças nas maneiras pelas quais a geografia é feita no continente europeu, na Inglaterra e nos Estados Unidos; porém, é possível sentir por todos os lados, graças à penetração mais livre dos métodos e resultados, o enfraquecimento do particularismo científico e do indesejável fechamento em escolas estreitas. O trabalho é mais fecundo, posto que é mais bem-combinado. Efetivamente, as regiões se explicam umas pelas outras. Para dar resultado, a pesquisa precisa ser feita em um certo número de regiões ao mesmo tempo. Para compreender as causas dos fatos, é necessário reunir o testemunho de fenômenos que podem estar separados e esparsos. Tomemos como exemplo uma das causas cuja ação ainda permanece diferentemente impressa sobre a fisionomia de certas regiões: os fenômenos glaciários. Por terem sido estudados não somente nos Alpes, mas no norte da Europa, na Groenlândia e na América, foi possível, pela via de indicações recíprocas, tocar o problema de perto. Foi na Suécia e na Groenlândia que encontraram explicações sobre o solo e a hidrografia da planície da Alemanha do Norte.[1]

Sob este impulso comum, multiplicam-se os grandes trabalhos. Refiro-me, sobretudo, a estes trabalhos coletivos e estas grandes associações que somente os Serviços de Estado podem empreender. No século XVIII, foi graças à Academia de Ciências, ao Observatório de Paris e à Sociedade Real de Londres que o mapa do mundo pôde ser fixado em suas grandes linhas. Foi necessário, em nossos dias, mais de cinquenta anos de trabalho e a colaboração de quase oitocentos empregados ou artistas, para o êxito das 273 folhas da carta topográfica da França.[2] Esta obra foi concluída com tanto esforço que estamos prontos a redobrar o sentido e o valor da preparação, na mesma escala, da carta geológica, cujo término (hoje próximo) será um título de honra para aqueles que asseguraram sua execução. Empreitadas semelhantes estão finalizadas ou em curso não somente nos principais países da Europa, mas na Índia inglesa, Java, Japão, Canadá e Estados Unidos. Na Rússia europeia, os nivelamentos de precisão, executados, sobretudo, depois de 1881, finalmente iluminaram a questão longamente debatida do relevo da planície oriental. O Observatório de São Petersburgo centralizou numerosos dados sobre o clima da parte europeia e asiática e, na Rússia asiática, cinco centros de operação geodésica e topográfica estão em obra — sem contar a Comissão da via férrea transiberiana. Assim, começamos a ver se desenhar, com precisão — quer dizer, com menos uniformidade e mais nuances —, a fisionomia de um império que compreende a sexta parte da terra firme.

---

[1] Otto TORELL, *Zeitschrift der deutschen geologischen Gesellschaft*, XXVII, 1875, p. 961.

[2] *Carte de l'État-Major*, à 1:80000. As operações geodésicas e topográficas começaram em 1º de abril de 1818; as geodésias de primeira e segunda ordem terminaram em 1854; a triangulação de 3ª ordem em 1863; os levantamentos topográficos em 1866; e a impressão em 1882.

É verdade que os Oceanos são menos conhecidos, e eles cobrem perto de 3/4 da superfície do globo. Mas o *Oceanografia* já pode reunir-se, às publicações surgidas na América, Escandinávia, Alemanha, Áustria, Itália e França, à imponente coleção de relatórios científicos provenientes da expedição que começou em 7 de dezembro de 1872 num navio, de hoje em diante, memorável: o *Challenger*.

Para observar os fenômenos da camada atmosférica, deste oceano fluido (seguindo a expressão de Humboldt) onde, na verdade, vivemos, e cujos movimentos transportam para longe a temperatura e a chuva, a rede de estações meteorológicas se estende. Grandes Serviços organizados na Europa, América, Japão e Índia constituem, pouco a pouco, suas publicações de arquivos para o estudo dos climas. Ultrapassada em 25 anos, a série das Relações do Serviço Meteorológico indiano constitui um ciclo de precisos ensinamentos sobre uma parte desta zona terrestre que ainda não conhecemos o suficiente e que é, junto com as regiões polares, um grande laboratório de fenômenos climáticos: a zona tropical.

Notemos também os documentos de Geografia humana entregues por estas grandes operações de recenseamento, tais como são entendidos nos Estados Unidos e na Índia inglesa: vastas enquetes não somente sobre o número de habitantes, mas sobre sua repartição e os variados fenômenos relacionados à população.

A formação desses repertórios de fatos, coleta de informações e obras cartográficas está para a Geografia assim como as grandes compilações estão para as ciências históricas e filosóficas, pacientemente construídas após três séculos. Partes significativas do globo ainda são imperfeitamente conhecidas, mas é um grande resultado que, desde agora, certas regiões situadas em condições de clima e de posição tão diferentes quanto Europa, América do Norte, Índia inglesa e Rússia asiática sejam campos de estudos suscetíveis de fornecer à ciência materiais de comprovada solidez. De tempos em tempos, obras de síntese e resumos substanciais saem destes ateliês científicos.³ A quantidade de campos de estudos não para de crescer. Desde já, sua existência é marcada pelo valor dos termos de comparação e de controle que eles nos fornecem e, por mais incompleto que seja o edifício, agora há pilares que asseguram sua solidez.

Eu não falei do movimento de explorações que, particularmente entre nós, atraiu numerosos e ferventes adeptos à Geografia. É, todavia, um dos traços mais particulares deste período recente. Mas a importância destes resultados diz respeito, precisamente, à melhor organização do trabalho. Nosso século XIX tinha visto, antes de seu último quartel, grandes viagens conduzidas pelo interior dos continentes; a de Barth é um tipo de exploração científica que jamais foi ultrapassada. Mas eram explorações mais ou menos isoladas. Por volta de 1870, os resultados se agilizaram e os esforços se combinaram. É praticamente nessa época que foram estimuladas as grandes séries de explorações testemunhadas por nossa geração: na África, onde Livingstone avançava, sem hesitar, em direção ao Congo; na Ásia Central, onde os viajantes ingleses e os *pundits* indianos formados pelo Estado-Maior indiano começavam a se engajar para além do Himalaia ao reencontro dos exploradores russos vindos do Norte; na Indochina, onde a expedição francesa do Mekong traçava suas vias a longas penas; e na América do Norte, onde abordava-se o estudo do Grande Oeste. Para as pessoas que começavam a se interessar pela ciência geográfica, abria-se então uma fonte de novidades e revelações que não permitia que a atenção se relaxasse nem por um instante. Em 1870, o que se sabia das grandes cadeias,

---

³ Citemos: WILD, *Die Temperaturverhültnisse des Russischen Reichs* (St-Petersburg. 1881) — *A Manual of the Geology of India*, conforme as observações do *Geological Survey* por MEDLICOTT et W.T. BLANFORD; 2ème édition par OLDHAM (1893). — H.F.BLANFORD, *A Practical Guide to the Climates and Weather of India* (1889). — Os Atlas dos Oceanos publicados de 1882 a 1896 pela *Deutsche seewarte* (Atlântico, 1882; Oceano Índico, 1891; Pacífico, 1896). — A. ANGOT, *Traité élémentaire de météorologie* (Paris, Gauthier-Villars, 1899).

vislumbradas com dificuldades, da Ásia Central, de sua extensão, estrutura e relações? Gradualmente, elas estão saindo das sombras. Vimos então, durante dezoito anos, Prjávalski, um *officier-naturaliste* incansavelmente ocupado a abrir de seus itinerários as solidões asiáticas; mas, ao mesmo tempo e depois dele, outros viajantes — russos e ingleses, mas também franceses, alemães, húngaros e suecos — concorriam à mesma empreitada. E, à medida que os precedentes iam sendo resolvidos, novos problemas nasciam sobre seus passos. É também uma obra coletiva — e ainda mais metodicamente levada adiante — aquela inaugurada em 1870 pelo *Geological Survey* dos Estados Unidos alguns meses após a abertura da primeira ferrovia transcontinental. No momento em que a locomotiva começou a perturbar, nos desertos e oásis, os mórmons que lá tinham fundado a *Nova-Jerusalém*, o interior das Montanhas Rochosas e mesmo seus acessos a um minuto do centésimo meridiano oeste ainda eram um mundo quase desconhecido. Há dez anos, uma missão enviada ao Colorado não tinha feito mais que entrever a estranheza desta "província de platôs", "acumulação de rochas nuas, de formas gigantescas superpostas e coloração intensa",[4] que rasgam os cânions cravados em até 1.800m de profundidade. Então começa a exploração do Grande Oeste e, por uma série de reconhecimentos sistemáticos, para além do alto Missouri e ao sul do Rio Verde, foi revelado em detalhes um dos tipos mais surpreendentes da região árida.

Se acrescentarmos a esses exemplos outros que se apresentam ao nosso espírito, veremos que o principal resultado desse período recente é o avanço do conhecimento sobre o interior dos continentes. Alexandre Humboldt tinha indicado essa aspiração da geografia e tentado, ele mesmo, supri-la parcialmente. Salvo exceções, até então os conhecimentos (e com eles as

---

[4] IVES AND NEWBERRY, *Report upon the Colorado of the West*, Washington, 1861. POWELL, *Exploration of the Colorado River of the West*, Washington, 1875.

ideias geográficas) tinham sido concentrados, sobretudo, nas partes periféricas das terras, sobre aquelas onde o contato ou a vizinhança dos mares atenua os contrastes e multiplica as relações. Elas têm, certamente, um grande interesse; entretanto, estas não são as regiões mais próprias a fazer sentir o que a superfície do globo guarda de mais original. Pelas conquistas científicas que penetraram no mais profundo dos continentes, estamos nos familiarizando mais com aspectos terrestres que, até então, escapavam à observação. Neles, os fenômenos continentais se destacam vigorosamente. Lá estão os mais fortes contrastes oferecidos pela superfície terrestre: enormes diferenças de temperatura entre as estações e mesmo entre as horas do dia; ação pujante exercida sobre o modelado do terreno pelo gelo e pelos ventos; acumulação de restos de destruição nas grandes bacias sem escoamento em direção ao mar; poder mágico da água nos pontos de eleição onde ela aparece na superfície. Nessas regiões, tudo porta as marcas de uma adaptação rigorosa às exigências do ambiente: plantas, animais e mesmo os grupos humanos, pois o isolamento dessas pequenas sociedades perdidas — descritas por alguns exploradores no interior dos continentes ou nas extremidades do mundo habitável — as tem desarmado diante da tirania das condições naturais.[5]

Por essas descobertas, parece que a fisionomia da Terra está sendo acentuada. Temos visto a obra de agentes físicos dos quais não suspeitávamos a importância. Temos sido postos na presença de energias terrestres nas quais não mensurávamos os efeitos. Não há exagero ao dizer que outros aspectos da natureza e da vida serão revelados.

---

[5] Ver, p.ex., os *Tedas* no relato de NACHTIGAL (*Sahara und Sudan*, tomo I); os ribeirinhos do *Lob nor* no relato da segunda viagem de PRJÉVALSKI; os *Iakoutes* de Lena na exploração do barão DE TOLL (1893).

III

Dessa compreensão mais ampla e complexa dos fatos resulta uma compreensão melhor de seu modo de repartição. Um sentimento mais correto da ordenação do *Cosmos* penetra na geografia. Coisas que pareciam exceção agora entram nas regras. Por exemplo, podemos destacar que as diferenças tão acentuadas de clima (que surpreenderam os primeiros observadores) entre a Europa e o lado americano defronte a ela estão longe de serem traduzidas intelectualmente da mesma forma, depois que conhecemos as analogias que lhes eram correspondentes. A Geografia sempre discernirá regiões que se distinguem por uma combinação de condições mais vantajosas, mas esses benefícios não comportam nenhuma ideia de exceção ou de privilégio absoluto.

Esses progressos ecoaram em todas as ciências que, sob os mais diversos nomes, se ocupam da Terra. Todos sabem a importância crescente assumida pela geografia do presente, depois que ela é mais bem conhecida, para reconstituir a Geografia do passado. Importância recíproca, pois as regiões cuja evolução geológica está em vias de ser retraçada são, para nós, um precioso ensinamento. Nessas regiões, é possível observar o tempo de preparação e as séries de destruição pelas quais as formas atuais foram esboçadas e, posteriormente moldadas, discernindo por meio dessas formas o que, no presente, é a herança de um estado anterior. Há, notadamente, nas direções seguidas por muitos rios e na repartição dos seres viventes, aparentes enigmas que não se explicam unicamente ao considerarmos os fatos da atualidade. Seria ingênuo ver, neles, exceções negligenciáveis. São indícios que provam que, no mundo físico como nas coisas humanas, o presente não se compreende sem o passado.

A meteorologia faz uma parte mais ampla do estudo dos climas. Suas observações tomam forma cartográfica. Ela se põe a retraçar, pelo menos em seus aspectos gerais, a repartição de certos grandes fenômenos, oferecendo-nos uma imagem de reações recíprocas exercidas pelas diferentes partes da Terra, oceanos e continentes. É, de modo resumido, a expressão do parentesco que une as regiões terrestres.

Devo passar rapidamente sobre essas considerações que me levarão facilmente para fora do meu objeto. Qual não é o interesse no desenvolvimento crescente das pesquisas de geografia botânica, beneficiando-se da experimentação e de uma enquete cada vez mais profunda sobre as relações das plantas com o clima e o solo! Limitemo-nos a destacar que as ciências que se ocupam do homem também encontrarão, nos fatos advindos dessas regiões escondidas na obscuridade dos continentes, fontes de ensinamentos. O simples material de civilização que nelas descobrimos — que se exprime nos modos de habitação, armas e roupas, e que se manifestam em nós pelas amostras e imagens que povoam os museus etnográficos — pode ter um novo sentido e um novo alcance. Um povo, seja ele primitivo (e, diremos voluntariamente, quando mais primitivo ele for), imprime sua marca sobre os objetos que fabrica, tomando emprestado da natureza ambiente sua substância e modelos. Tais objetos falam sobre esses povos. Por mais distantes que esses povos estejam do mar e das grandes vias de comunicação, mesmo em suas regiões existe um comércio elementar. Aqueles objetos passam de mão em mão e se propagam por imitação, de sorte que sua repartição (se ela for estudada criticamente) pode lançar luzes sobre relações que escapam à história, mas nem por isso tem menos interesse entre os grupos mal conhecidos da família humana.

Assim, as ciências da terra, e mesmo certas ciências do homem, acusam uma tendência a se desenvolver num sentido mais geográfico. Essa tendência surge das próprias necessidades de sua evolução. Ao avançar, elas têm reencontrado a geografia em seu caminho. Na realidade, tudo isso é apenas expressão da unidade fundamental que as religa. A relação entre elas não consiste apenas em simples transferências de resultados, mas no fato de estão mutuamente impregnadas em seus métodos. Que a geografia se aproveite da influência que ela repercute, nada mais natural. Para ela, certamente não é pouco importante iniciar-se no jogo de forças que modifica a superfície terrestre. A diferença não é pequena entre considerar os fatos como entidades fixas ou vê-los como a consequência de processos anteriores — processos tão lentos quanto o funcionamento de um relógio. Não é fato sem implicação a aquisição de perspectivas mais nítidas sobre as condições de concorrência e de luta que presidem a repartição dos seres, pois a inteligência do estado de equilíbrio instável que governa as relações da natureza vivente é a única que pode explicar as condições nas quais se exerce a atividade humana.

No grupo das ciências da terra, a Geografia sempre guardará seu papel específico que ela não deve perder de vista. Sem dúvida, o estudo da Terra, considerada em seu conjunto, responde à sua própria definição: ela persegue o conhecimento das leis gerais, mas pretende estudá-las em sua aplicação nos diversos ambientes. A Geografia se interroga sobre o meio de explicar as diferenças de fisionomia apresentadas pelas regiões. Eu acreditaria, de bom grado, que essas diferenças (provenientes do espetáculo que a Terra expõe a nossos olhos) são o princípio mesmo da curiosidade que despertou a origem do instinto geográfico. Desde que o homem, superando o círculo estreito em que toda a curiosidade se enfraquecia, pôde comparar outros lugares ao seu, sua atenção encontrou novo alimento; seu espírito, um objeto de interrogação. Essa arejada impressão de curiosidade não se manifesta quando lemos as narrativas desses velhos "contadores" de histórias que são Heródoto, Rubrouck e Marco Polo? É a sensação dessas diversidades que desperta, pode-se dizer, o geógrafo que dorme em cada um de nós.

Consequentemente, geógrafos não menos autorizados pensam que é em direção aos estudos regionais, consistindo em explicações descritivas e racionais ao mesmo tempo, que devem ser direcionados, hoje, os esforços do trabalho geográfico. Esta visão inspira-se num sentimento justo. Ela nos parece uma das lições que resultam dos fatos que aqui tentamos reunir. O que surpreende, depois que pudemos comparar sobre uma escala maior os fenômenos da superfície terrestre, é a maravilhosa variedade de combinações que eles apresentam. Em todos os lugares, tais fenômenos se mostram regidos por leis gerais, mas igualmente modificados por circunstâncias locais de solo, relevo, clima e pelo cruzamento entre todas as causas que concorrem a determinar a fisionomia das regiões. A gama de diferenças se amplia. O clima desértico não se imprime da mesma forma sobre o Saara e sobre os desertos da Austrália e da América. Encadeamentos diferentes de fenômenos diversificam regiões que, em certos aspectos, são análogas. Cada região é a expressão de uma série particular de causas e efeitos.

Uma vez que as observações estiveram mais ou menos confinadas às zonas temperadas, onde as influências do homem são atenuadas — e, além disso, são as partes da terra há muito tempo submetidas à ação do homem —, a relação que une os fenômenos entre si poderia ser menos aparente. Ela se mostra viva nas regiões sobre as quais o emprego pujante do clima excessivo torna-se um peso[6] ou nas regiões de climas com chuvas periódicas. Tenho por testemunho as expressões que escapam, em presença desses contrastes terrestres, da boca dos exploradores. Vejamos Barth ou Nachtigal no momento em que, depois da travessia do Saara, entraram na região de chuvas regulares do Sudão. Este último dizia que "Quando os primeiros clarões do dia iluminavam os arredores, nos sentimos transportados para um outro mundo".[7] Ele mostra então "a floresta clara, contínua, na qual as acácias espinhosas ainda dominam, é verdade, mas onde mostram árvores novas, porém altivas, mais ricas em sombras e em folhas..." Em circunstâncias parecidas, encontramos tal observação de cenas diferentes entre todos os viajantes atentos. Prjévalski não se exprime menos vivamente quando vê suceder, na solidão medonha do Tibet ocidental, as montanhas cobertas pelas chuvas de verão, onde nascem alguns dos grandes rios da China e

---

[6] Sobre essas regiões, ver as reflexões de MIDDENDORFF (*Reise in den äussersten Norden und Osten Sibiriens. — Sibirische Reise*. T. IV, parte II, p. 286).

[7] NACHTIGAL, *Sahara und Sudan*, I, p. 558.

da Indochina.[8] Os próprios *surveyors* americanos se surpreendem quando, para além do grau cem de longitude, entram nas regiões das estepes.[9]

Se examinamos mais de perto essas impressões nascidas do choque com os lugares em si, reconhecemos que há neles, sem dúvida, seguindo os hábitos de cada um, um aspecto particular no qual ele se mostra mais sensível. No naturalista Nachtigal, a vegetação; em Barth, geógrafo-historiador, o movimento da atividade humana. Mas, em todos, o que domina é uma impressão de conjunto, da fisionomia geral na qual contribuem o solo, o céu, as plantas, as obras humanas. Onde melhor procurar que nesses testemunhos espontâneos a indicação do método natural? Analisar esses elementos para desvendar sua ação recíproca, sem esquecer, contudo, que se tratam de realidades concretas: tal é a tarefa do geógrafo sobre o tema vivo e inesgotável que a natureza lhe oferece.

A Geografia é uma velha ciência, mas se rejuvenesce periodicamente à medida que mergulha em suas fontes vivas, ou seja, na diversidade dos espetáculos terrestres. Quando o mundo pareceu aumentar pelas descobertas do século XVI, viu-se constituir os alinhamentos da geografia geral. Foi com os materiais recolhidos pelos viajantes do século XVIII na América e na Ásia que Buffon lançou as bases da geografia zoológica. Do espetáculo das "regiões equinociais", Humboldt relaciona considerações fecundas sobre a fisionomia vegetal. Para ele, uma multidão de novos dados entra em circulação, se agrupa, se coordena e fornece matéria à Geografia comparada. Em nossos dias, quando o comodoro Maury abriu perspectivas sobre a geografia do mar e quando o mundo das altas montanhas começou a liberar seus segredos, Elisée Réclus retraçava em um belo livro a harmonia e a correspondência do organismo terrestre. Ao mesmo tempo, Oscar Peschel abordava o difícil problema da interpretação das formas do relevo e

---

[8] Quarta viagem (*Peterm. Mitteil.*, 1889).

[9] C. Thomas, 6th. *Annual Report. U.S. Geol. Survey of the Territories*, 1873.

dos continentes. Se essa tentativa era então prematura, logo deixou de sê-la, como provam os trabalhos que apareceram depois na Alemanha, Escócia, Estados Unidos e França. Assim, chegamos gradualmente em direção ao estudo das leis e das causas. Hoje, as condições de trabalho permitem proceder com mais segurança que outrora. Uma ciência que analisa e compara, que dispõe de um grande número de dados precisos para determinar tipos e tentar classificações, que esclarece, das realidades que estuda, o efeito combinado de leis gerais, porta as características da idade da maturidade. O caminho foi longo mas, no fundo, o desenvolvimento da ciência geográfica não foi senão regular e natural.

É neste espírito que me proponho estudar com vocês a geografia da França. Pela variedade e complexidade de questões que levanta, o tema é difícil. Quantos motivos, portanto, para tentar! Eu ficaria feliz se conseguisse retraçar uma imagem que não fosse muito imperfeita deste país que tanto viu, sofreu e consertou e que, depois de dois mil anos, exerce uma tal atração sobre os homens.

I.4. AS CONDIÇÕES GEOGRÁFICAS DOS FATOS SOCIAIS*
[1902]

O estudo das condições geográficas dos fatos sociais é uma questão cuja importância encontraria poucos contraditores. Mas eu não surpreenderia ninguém dizendo que tal importância é antes pressentida que conhecida. Tanto sobre o objeto preciso da pesquisa quanto sobre o método a seguir, as ideias prescindem de clareza; as provas de uma certa confusão se encontram frequentemente nas conversações e nos escritos. Portanto, partindo de exemplos muito simples, vou tentar explicar-me sobre estes dois pontos.

É seguramente fácil encontrar casos de correlação íntima entre um fato geográfico e um fato social. A contiguidade de duas regiões, planície e montanha, onde a ordem dos trabalhos não é a mesma e onde as colheitas amadurecem em datas diferentes, torna disponíveis os trabalhadores que alugarão periodicamente seus braços. A presença de uma grande cidade faz nascer à sua porta cultivos especiais, associados a

---

* Versão original: *Les conditions géographiques des faits sociaux* (conferência proferida na École des Hautes Études Sociales). *Annales de Géographie*, ano XI, nº 55, p. 13-23, 1902. Tradução: Guilherme Ribeiro. Revisão técnica: Rogério Haesbaert.

hábitos igualmente especiais, como o dos horticultores ou dos *hortillons*.[1] A ocorrência bem localizada de um produto de primeira necessidade pode engendrar consequências sociais e políticas. O mundo inteiro sabe a importância histórica que teve o comércio do sal na Baviera, na Lorena, na Frânconia e em outros lugares, a que movimentos de intercâmbio ele proporcionou em certos pontos do Saara. Fonte de riqueza e de poder para seus detentores, a posse deste bem provocava conflitos, criava relações e contribuía frequentemente para a formação de cidades.

Essas relações são interessantes; o historiador e o economista gostam de assinalá-las. Contudo, por mais curioso que possa ser reunir fatos desse gênero, podemos nos perguntar se eles constituem objeto de ciência, se é possível fundar sobre eles uma pesquisa sistemática e metódica. Sem dúvida não, se os encararmos isoladamente, como incidentes e particularidades. Mas não será diferente se os elevarmos a uma noção mais compreensiva e mais ampla? Não há um plano geral no qual estão inseridos esses exemplos (ou outros semelhantes) dos fenômenos sociais?

Antes de responder a essas questões, creio ser útil lembrar que, nessa ordem de fatos, nossos meios de pesquisa se incrementaram notavelmente depois de meio século. Os progressos do conhecimento do globo e a colonização nos puseram em relação com um número cada vez maior de sociedades humanas em níveis muito desiguais de desenvolvimento. Estudamos seus gêneros de vida: de forma metódica, direcionamos a atenção aos meios de alimentação, vestuário, habitação, instrumentos, armas; numa palavra, sobre o conjunto de objetos no qual se exprimem os hábitos, as disposições e as preferências de cada grupo.

---

[1] *Hortillons* (do francês antigo "orteil", jardim [latim: "hortus"]): que plantam em *hortillonnage*, cultivo praticado em terrenos alagáveis (especialmente na Picardia) entrecortados de canais que, com o uso intensivo de adubação, utiliza-se para a horticultura (segundo o *Dictionnaire Larousse de la langue française*). (N.T.).

AS CONDIÇÕES GEOGRÁFICAS DOS FATOS SOCIAIS

Constatamos assim as diversidades, cujo princípio, como podemos nos convencer, reside sobretudo nas diferenças de materiais fornecidos pela natureza ambiente. Mas, por comparação, chegamos também à constatação de que, para além das variantes locais, existem formas de existência e modos de civilização abraçando grandes extensões e numerosos conjuntos de seres humanos.

Essas diversas formas de civilização se manifestam de forma concreta pelos objetos criados para seu uso — o que costumamos chamar de material etnográfico. Involuntariamente, a palavra nos faz imaginar as vitrines dos museus onde estão reunidas armas, adornos, despojos e utensílios de tribos selvagens. E não há por que lamentar esta associação de ideias, pois ela tem por efeito incutir em nós a noção de que tanto a mais rudimentar quanto a mais refinada das civilizações são dignas de atenção; que, por mais modesto que seja, elas têm seu lugar nos arquivos da humanidade. Mas a palavra, no que ela implica de sinalização característica, também é aplicável aos grandes tipos de civilização. Na alimentação, no vestuário, no mobiliário, nas construções e na arte médica da qual os chineses fazem uso há, tomado da natureza inorgânica ou vivente, um fundo comum sobre o qual sua engenhosidade é exercida e que permanece como sua assinatura de povo. Diria mesmo que essas docas, elevadores e máquinas poderosas com as quais o americano maneja as quantidades e as massas são, no gênero de documentos etnográficos, os signos característicos de sua civilização. Nisto, como nos objetos onde os negroides [*négritien*] ou os malaios adotaram a matéria e a forma a partir da natureza vegetal que os cerca, manifesta-se um esforço de invenção e de aperfeiçoamento em relação a um determinado ambiente.

É fácil julgar que precioso reforço essas diversas expressões da indústria humana trazem ao estudo geográfico dos fatos sociais. As instituições e os costumes não tem forma material; porém, são coisas diretamente ligadas aos objetos que o homem moldou, sob influência do regime social ao qual é adaptada sua vida. Estes objetos refletem hábitos que os inspiram ou que derivam de seu estado social. Assim, ganhamos para nossas pesquisas um nível que nos coloca no mesmo ponto que elas e, graças à universalidade dos documentos fornecidos, estamos em melhor situação para compreender como — não em um caso particular, mas de forma geral e coordenada — os fatos geográficos se imprimem sobre a vida social.

II

Para nós, a causa que introduz as maiores diferenças entre as sociedades é a posição. Conforme uma região seja voltada ao isolamento ou, ao contrário, aberta às correntes da vida em geral, as relações entre os homens são bem diferentes. É a eterna antítese que surpreendia Tucídides, quando ele opunha na Grécia os povos que alcançaram certo grau de civilização expresso pela palavra *polis*[2] e aqueles que ainda praticavam o modo de viver arcaico. Estas tribos que permaneceram primitivas ele ainda as encontraria lá onde as observou. Estas comunidades, encerradas em suas condições tradicionais de existência, têm, em geral, uma vida longa. Se pensarmos bem, é tanto motivo de reflexão quanto de surpresa ver, ao redor do nosso Mediterrâneo, tantos povos, dos quais muitos altamente dotados, cujos regimes sociais ainda portam a marca do isolamento. Aí se perpetua a vida do clã e da tribo, onde a autoridade política não excede o limite em que ela pode se exercer de forma material e direta, no qual persiste o hábito de andar armado e onde se eternizam as guerras de *vendetta* entre famílias ou tribos. A indiferença diante de tudo o que é estrangeiro é inerente a esta forma de sociedade. O estrangeiro é protegido apenas pelos ritos de hospitalidade, cuja eficácia termina na porta da estalagem, ou pelo uso de contratos pessoais.

A montanha, a floresta, sobretudo a floresta tropical, com suas impenetráveis redes de cipós e troncos apodrecidos, as grandes extensões a

---

[2] Em grego, no original. (N.T.)

transpor, seja através dos continentes, seja dos mares: eis o que tem mantido e o que ainda mantém um grande número de grupos humanos à distância uns dos outros. Há não mais que quarenta anos, existiam numerosas populações no centro da África entre as quais jamais havia penetrado nem um árabe ou um europeu. Na zona africana de florestas tropicais, a aldeia é a unidade, cada uma formando um mundo à parte na clareira que lhes coube cultivar. E, contudo, entre estes grupos que vivem num estado que parece tão rudimentar, existem os que souberam tirar engenhoso partido dos materiais fornecidos pela natureza ambiente, e cujo material etnográfico, tal como podemos estudá-lo no museu de Berlim, não falta nem em riqueza, nem em variedade. Tanto é verdade que estamos na presença de uma forma de sociedade decidida, desenvolvendo-se à sua maneira, dotada de uma impulsão própria! No Sudão, nossos oficiais puderam mesmo constatar que, ao longo do limite norte da floresta, este tipo de aldeia isolada prolifera como brotos: nas partes destacadas da floresta situam-se aldeias que têm o cuidado de erguer barricadas a fim de impedir o acesso às suas clareiras.

Contudo, é raro que o isolamento e o organismo social estritamente fechados em si mesmos seja absoluto. Uma tribo pode ter uma outra ou outras tribos em sua clientela. Os *sof* ou facções que dividem cada *ksar* no sudoeste da Argélia possuem amigos e inimigos nos outros *ksour*. Na própria África Central conhecemos, pelos relatos dos exploradores, este curioso exemplo de parasitismo social — lembrando certas sociedades animais — que se estabeleceu entre o pigmeu caçador e o aldeão agricultor da zona florestal tropical, no qual cada uma das partes encontra espaço para um proveitoso intercâmbio.

Acabamos de falar do isolamento que resulta das condições naturais; mas há também o isolamento desejado, metódico, cartesiano, poderíamos dizer. É aquele procurado pelos civilizados para se libertarem dos entraves de uma sociedade incômoda e realizar determinada forma social ou religiosa. Assim fizeram em 1847 os que iam buscar, na solidão do lago

Salgado[3], a liberdade de se organizar segundo suas vontades — algo que lhes era recusado nos estados do Leste. Nos vales mais retirados do Altai, sobre as fronteiras da China ou mesmo além do círculo polar, nos espaços abertos da grande floresta siberiana, colônias de *raskolniks* viviam assim, isoladas e ignoradas — somente bem tarde a colonização atual, que os leva hoje a bater em retirada, revelou sua existência. Poderíamos citar também pequenas vilas de anabatistas, que criaram uma existência à parte em alguns vales isolados ao redor do Donon? Não seria justo negar a estas escapatórias por liberdade todo seu alcance geral. A que outro sentimento obedeciam os puritanos que, no século XVI, aportaram no litoral de Massachusetts? Não bastaria folhear Heródoto para encontrar, na colonização antiga, exemplos análogos? Tocamos assim em uma série de fatos interessantes em que podemos dizer, é verdade, que os progressos das comunicações tornam sua renovação mais difícil a cada dia. Provavelmente não é sem inconvenientes que o campo disponível para estas experiências cesse de se restringir. Estes fenômenos de geografia social eram suscetíveis de engendrar uma série de consequências cuja originalidade, para o sociólogo, frequentemente não passa de um divertimento[4] mas que, em certos casos, puderam servir como fermento a sociedades nascentes.

Assim como a posição, os traços físicos de uma região [*contrée*] estão impressos profundamente em seu estado social. A contiguidade da estepe pastoril e das terras de cultivo, do oásis e do deserto, bem como a da planície e da montanha, é uma causa de relações cujo alcance político e econômico não poderia ser desconhecido sem inconvenientes. Temos aprendido isso às nossas próprias custas na Argélia. Habituados pelos livros e teorias dogmáticas a opor, isolando-os em seus respectivos domínios, o agricultor e o

---

[3] O autor refere-se aqui à migração dos mórmons para a região do Great Salt Lake em Utah, nos Estados Unidos. (N.T.)

[4] Ele utiliza a palavra *régal*, que pode significar festim ou algo que causa um grande prazer. (N.T.)

AS CONDIÇÕES GEOGRÁFICAS DOS FATOS SOCIAIS

pastor como duas formas de vida sem penetração recíproca, a verdadeira natureza de suas relações mútuas tem sido lentamente compreendida. Tal é, contudo, o caso que se apresenta não somente sobre os limites do Saara, mas numa grande parte da África e da Ásia. Citado há pouco, o exemplo da região dos *ksour* permite reproduzir fielmente essas relações. Em seu *ksar*, parecido com o velho *oppidum* italiota[5], entre suas muralhas atravessadas por raros acessos — cujo recinto já estreito frequentemente se subdivide, ele próprio, em setores fechados —, o agricultor sedentário abriga as colheitas das hortas que vicejam nos acessos imediatos aos pequenos canais de irrigação. Ele é agricultor e artesão: tecidos e instrumentos, a maior parte fabricados pelas mulheres, são vendidos com os grãos e as frutas no ksar onde, periodicamente, uma ou duas vezes por semana, estabelece-se um mercado. Num raio de alguns quilômetros em torno do *ksar* acampam sob tendas tribos que não apenas trocam sua lã e seus rebanhos com os produtos dos sedentários, mas que, elas próprias, depositam ou, seguindo o termo consagrado, ensilam[6] os grãos que puderam obter pelas semeaduras feitas à mão, ao acaso de uma chuva favorável. Sua existência mais ou menos nômade, entretanto, está ligada àquela do oásis. Seus movimentos gravitam em torno dele sem se afastar. Mas isso não é tudo. Neste emaranhado de relações fundadas sobre necessidades recíprocas, temos que levar em conta também outras tribos, que constituem a clientela longínqua porém igualmente atraída. Sabe-se que na Argélia as tribos vizinhas do Tell executam migrações periódicas em direção ao Sul, para trocar seus produtos pastoris pelas tâmaras que compõem parte de sua alimentação. Cada uma está em relação com um ksar particular onde, em virtude de um contrato fielmente observado por ambas as partes, está em condições de vender e de comprar. É motivo de guerra se outras tribos tentarem suplantá-lo.

---

[5] Nome dado aos colonos gregos estabelecidos na Itália meridional. (N.T.)

[6] *Ensilotent*: conservam em silos. (N.T.)

Pode-se afirmar que este sistema de relações é ininteligível sem o conhecimento da fisionomia do país. Somente ela, mostrando a mescla de terras irrigadas e áridas e as nuances intermediárias que existem de um domínio a outro, retifica as concepções absolutas e restabelece a verdadeira perspectiva. Notemos bem que não se trata de um caso isolado. O modo de existência que descrevemos repousa sobre uma combinação que se repete em toda zona árida da África, bem como na Arábia[7] — com a única diferença de ser, ora o sedentário, ora o nômade, ora o agricultor, ora o pastor — frequentemente mais este que aquele — que, nesta associação, faz a parte do patrão.

Este seria o momento de falar destes oásis, eles próprios tipos tão curiosos de organização social. A própria base do edifício social muda pelo fato que a ideia de propriedade se transporta da terra para a água, tal como ocorre nas regiões [contrées] onde a existência de vida vegetal depende da irrigação. Esta questão já foi abordada nesse periódico pelo nosso colaborador Jean Brunhes[8] que, pelos trabalhos que possui sobre este importante objeto, sem dúvida logo nos dará a oportunidade de retomá-lo. Contentemo-nos em lembrar que o que chamamos regiões áridas abarca, na América e no antigo continente, na África austral, na Austrália e no norte do Equador, uma extensão da qual não se fazia ideia há menos de meio século. Que partido o homem saberá tirar daí? Particularmente, como conseguirá utilizar os recursos da circulação de águas subterrâneas? A questão se coloca com mais urgência na medida em que as regiões facilmente cultivá-

---

[7] Isto é bem explicado em BLUNT, Lady Anne (1881). *A pilgrimage in Nejd, the Cradle of the Arab Race*. Londres: Murray.

[8] BRUNHES, J. (1894-1895). "Les irrigations dans la 'région aride' des États-Unis", *Ann. de Géog.*, IV, p.12-29; "Les irrigations en Egypte" (ibid., IV, 1897, p.456-460); "Les grands travaux en cours d'éxecution dans la valée du Nil" (ibid., VIII, 1899, p.242-251); a segunda edição de "Egyptian Irrigation", de M. W. Willcox (ibid., IX, 1900, p.265-269).

veis, hoje, estão quase inteiramente ocupadas: este é o nó da colonização no futuro.

Tomemos um outro exemplo, escolhido segundo condições opostas de clima. No sudeste da Ásia há regiões de chuvas abundantes onde periodicamente os rios inundam suas imediações e, ao se retirarem, deixam espaços onde a água permanece por algum tempo após o fim das cheias. O arroz foi encontrado crescendo em estado natural nas partes desse modo submersas. Creio que a fartura de peixes e a facilidade de pescá-los nos charcos abandonados pelas cheias foi a primeira causa de atração dos grupos humanos nesses deltas ou vales fluviais. Em todo caso, a segunda causa foi a presença daquela preciosa gramínea, o arroz. Fez-se aí a educação: com que cuidado minucioso e com que sucesso as numerosas variedades de espécies cultivadas a testemunham. Este foi o princípio de um cultivo que, pela abundância de alimentação fornecida em um pequeno espaço, bem como pela atenção repetida que exige, exerceu uma grande influência social. A rigor, uma família de rizicultores no Camboja pode viver em 1 hectare. A propriedade é muito dividida. Contudo, para manter as taipas dos arrozais, regular a distribuição de água, transplantar as mudas, ceifar, triar e descascar o arroz, é preciso uma mão de obra numerosa e sempre presente. Trata-se de uma série de operações que duram mais de seis meses; trabalho miúdo, de habilidade mais que de força, onde a mulher tem um grande papel. É um trabalho feito em família ou entre vizinhos. Todas as mulheres de uma aldeia se deslocam por turno a cada agricultor para proceder rapidamente e em tempo útil estas múltiplas operações. A iconografia chinesa ou japonesa nos familiarizou com estas cenas, encontrando simpáticos observadores entre alguns de nossos residentes europeus[9]. O ciclo tradicional traz consigo festa e comemorações periódicas; ele é o quadro no qual uma multidão

---

[9] Ver: LECLÈRE, Adhémar. "La culture du riz au Cambodge". *Revue Scientifique*, 4ème série, XIII, p.11-109, *passim*.

de gente miúda, pululando entre arrozais e paliçadas de bambus, projetam suas alegrias, superstições e esperanças.

Evitarei generalizar demais. Mas se é verdade que, nessas sociedades do Extremo-Oriente que gravitam em torno da China, seu centro e motor, a forte constituição da família e da aldeia é sua pedra angular, vê-se a relação de causa e efeito entre o modo de cultivo inspirado nas condições geográficas e a única forma verdadeiramente popular de organização social que aí se encontra. A importância deste fato, entretanto, custou a ser percebida. Os ingleses teriam poupado graves dissabores no início de sua dominação na Índia quando quiseram organizar Bengala e Bahar seguindo o princípio da grande propriedade, que lhes era caro, se tivessem tido um sentimento mais exato das condições naturais.

Pode-se objetar que os exemplos precedentes trataram apenas de sociedades pouco desenvolvidas ou parecendo fixadas em seus hábitos. A própria civilização chinesa guarda, na verdade, um aspecto patriarcal e familiar, marcado por um certo caráter de arcaísmo.

Seguramente, em nossas sociedades extremamente complicadas, a ligação é mais difícil de perceber, mas nem por isso ela deixa de existir. Por exemplo: em seus belos estudos sobre os Estados Unidos da América, o Sr. Ratzel, autor de *Antropogeografia*, destaca a característica original que a extensão das superfícies sobre as quais opera o americano conferiu à sua civilização. Outras observações insistiram igualmente sobre este ponto de vista.[10] Com efeito, não há nada que desconcerte mais o europeu e que se imponha mais às suas reflexões. A escala das proporções não é a mesma nem para eles nem para nós. Nossos quadros habituais estão, geralmente, circunscritos entre o Mediterrâneo e o mar do Norte — ou seja, num intervalo cinco a seis vezes menor que aquele que o americano abarca entre seus dois oceanos. Convém acrescentar à extensão uma outra circunstância não menos importante: a frágil densidade da população. Se compararmos os

---

[10] OPPEL, A. (1900). "Amérique et Américains", *Ann. de Géog.*, VIII, 1899, p. 438-459; IX, p. 56-64.

AS CONDIÇÕES GEOGRÁFICAS DOS FATOS SOCIAIS

Estados Unidos à província chinesa de Sichuan, uma das mais ricas porém uma das mais afastadas onde, segundo o relatório de nossa Missão Lionesa, o salário diário médio de um trabalhador gira em torno de trinta e cinco centavos, temos sob nossos olhos os antípodas do mundo econômico. Para o americano, tratar-se-ia então de transportar economicamente, numa distância de dois mil quilômetros, os produtos das pradarias aos portos do Atlântico, de tornar móveis e circulantes massas enormes de minerais e carvão: é pelo triunfo do maquinismo que ele o conseguiu. O desenvolvimento da força mecânica, sob todas as suas formas (vapor ou força hidráulica) e em todos os níveis (do elevador gigantesco às aplicações mais minuciosas e delicadas), tornou-se a marca do americanismo. A existência de um instrumental de transporte incomparável não podia deixar de influenciar a mentalidade americana. A estas facilidades de locomoção foram adaptados hábitos de vida que contrastam com os nossos. Os focos de produção e os grandes portos nos quais seus produtos são centralizados; a região [*pays*] do trigo, do ferro e dos metais preciosos; as próprias paisagens que os americanos, cansados de suas monótonas planícies, podem opor aos nossos Pireneus e Alpes, tudo se encontra separado por grandes distâncias. Contudo, estes pontos afastados retornam ao círculo de suas atividades e especulações habituais; para os americanos, eles se combinam tão naturalmente como para nós os cenários concentrados da Bretanha aos Vosges, de Flandres à Côte d'Azur. Daí as associações de ideias que aproximam, nesses espíritos, objetos para nós díspares ou muito distantes. Esta disposição os leva, nas artes, a sintetizar todos os estilos. Ela os inspira, em suas relações com a velha Europa, neste marcante ecletismo que, a despeito do alto sentimento que possuem deles mesmos, os impele a escolher, em diferentes países, o que julgam ser o melhor para incorporar à vida nacional. Deixo a outros o cuidado de dizer, finalmente, se este povo, melhor preparado que qualquer outro nas relações de grande distância, não devia alcançar uma política geral em relação a seus costumes, na qual não seria difícil acomodar suas objetivos.

III

Trocas recíprocas se operam em todos os níveis de civilização entre as condições geográficas e os fatos sociais. Como tudo é ação e reação, tanto no mundo moral quanto no físico, há casos onde, por sua vez, a repercussão de causas sociais atua amplamente sobre a geografia. Nesse caso, não é a geografia da região [*pays*] que se reflete no regime social, mas sim o inverso. Faltaria alguma coisa de essencial nessa exposição se eu não indicasse, ao menos sumariamente, este aspecto de fatos, que é, por assim dizer, a verificação do que já foi dito.

Lembremo-nos qual foi, do século XVI ao XVIII, a extensão nas Índias Ocidentais e ao Sul do futuro Estados Unidos, das chamadas *plantations*. Áreas [*contrées*] que poderiam ter alimentado numerosas populações se encontravam subtraídas de suas funções naturais. Sua fertilidade era confiscada em proveito de determinados produtos especiais de alto preço no mercado. E, como não é impunemente que se substituem as condições naturais pelas artificiais, este regime engendrou, entre outras consequências, o tráfico de negros, ou seja, uma das formas de escravidão mais odiosas e cruéis. Frequentemente, a história destes cultivos de *plantations* terminou em sangrentos episódios, tanto nos Estados Unidos quanto em Santo Domingo.

As mesmas causas, felizmente em outros lugares desprovidas destas consequências extremas, continuam a atuar em nossos dias. Sabe-se que o estado de São Paulo, no Brasil, tornou-se o principal centro produtor de café. As terras-roxas dos *Campos*, solo fértil que favoreceria uma agricultura alimentar, estão quase que exclusivamente voltadas para aquele produto. Todas as condições sociais estão subordinadas à necessidade de produzir e elaborar, de forma lucrativa, o grão requerido pelo consumo. É por meio de grande reforço em ferramentas e pessoal que se resolve o problema. A *fazenda* é, também, fábrica. Nela vivem, muitas vezes, mais de mil *colonos* assalariados — a maior parte italianos, por alguns anos atraídos por grandes promessas porém nenhuma delas capaz de lhes dar acesso à propriedade.

AS CONDIÇÕES GEOGRÁFICAS DOS FATOS SOCIAIS

Além disso, o extraordinariamente alto custo do crédito e da subsistência tornava impossível a existência de pequenos proprietários. Para fazer frente a estas condições, é necessário um manejo de capitais que pertence apenas a alguns fazendeiros mais importantes. Produzido em massa, manipulado no próprio lugar e transportado em direção ao ponto menos longínquo para diminuir o frete, o café regula toda a existência da população. O porto de Santos, em direção a qual ele é encaminhado, tem um dos litorais do mundo mais nocivos à saúde, um local tomado pela febre amarela. É este lugar, entretanto, do qual os homens deveriam fugir tal como se foge de um cemitério, o preferido frente a outros portos menos insalubres, porém um pouco mais distantes; eis o escolhido, aquele que é frequentado: verdadeiro paradoxo geográfico explicado pela utilidade comercial.

O estudo do qual esbocei alguns traços poderia ser assim formulado: tradução da vida geográfica do globo na vida social dos homens. Reencontramos nestas formas de civilização a expressão de causas gerais que atuam sobre toda a superfície da Terra: posição, extensão, clima etc. Elas engendram condições sociais que, sem dúvida, apresentam diversidades locais, mas que, entretanto, são comparáveis em zonas análogas. Trata-se, portanto, de uma geografia: geografia humana ou geografia das civilizações.

Contudo, o homem não está para a natureza ambiente em uma relação de dependência equiparável à dos animais e plantas. Todavia, como ele fez para que as condições de existência, contraídas em certos ambientes, adquirissem consistência e fixidez suficientes para tornarem-se formas de civilização, verdadeiras entidades que podem mesmo, em certas circunstâncias, serem transportadas para qualquer outra parte? É necessário lembrar que a força do hábito joga um grande papel na natureza social do homem. Se em seu desejo de aperfeiçoamento ele mostra-se essencialmente progressista, é sobretudo na via que ele já traçou para si, quer dizer, no sentido das qualidades técnicas e especiais que os hábitos, cimentados pela hereditariedade, desenvolveram nele. Determinado instrumento de uma tribo selvagem denota uma engenhosidade cuja aplicação a outros objetos teria sido o princípio de uma civilização superior. Este progresso não ocorreu. Com efeito, o homem não se deixa facilmente afastar de sua vida tradicional e, a menos que agitações violentas e repetidas o arranquem de seu lugar, ele está disposto a se encerrar no gênero de existência que criou. Ele se fecha durante muito tempo numa prisão que ele mesmo construiu. Seus hábitos provém dos ritos, reforçados pelas crenças ou superstições que ele forja como apoio.

Eis aqui uma consideração à qual não saberiam se mostrar muito atentos todos aqueles que refletem sobre as complexas questões das relações entre a terra e o homem. Sua natureza explica certas anomalias das quais podemos, seguidamente, inferir algumas objeções. É frequente que, entre as possibilidades geográficas de uma área [contrée], algumas, que parecem evidentes, tenham permanecido estéreis ou tenham sido seguidas apenas por efeitos tardios. É preciso se perguntar, em casos semelhantes, se elas estavam em correspondência com o gênero de vida que outras qualidades ou propriedades do solo haviam aí, anteriormente, enraizado. A China, que maravilhosamente tirou partido de seu solo, nega-se, precisamente em respeito ao sustento que ela lhe deve, a explorar as riquezas, contudo enormes, de seu subsolo. Portugal tinha uma posição marítima admirável: a vantagem, até o século XV, permaneceu quase nula para este povo de pastores e de horticultores.

Sempre ocorre que, pelo nível de fixação que realizam, estas formas de civilização constituem tipos que podemos repartir geograficamente. É possível agrupá-las, classificá-las e subdividi-las. Tal trabalho é aquele praticado pelas Ciências Naturais: como não inspirar também a geografia humana? É no plano da geografia geral que se inscreve esta forma de geografia. Sem dúvida, podemos objetar a esta concepção que ela corre o risco de induzir a generalizações prematuras. Se devemos temer este perigo, é preciso então recorrer ao caminho da precaução. Eu não saberia dar melhor conselho que a composição de estudos analíticos, monografias onde as relações entre as condições geográficas e os fatos sociais seriam encarados de perto, sobre um campo bem escolhido e limitado.

I.5. A GEOGRAFIA HUMANA: SUAS RELAÇÕES COM A GEOGRAFIA DA VIDA*
[1903]

I. O ponto de vista da Geografia Humana

A expressão [*nom*] Geografia humana parece aclimatar-se na França há algum tempo, designando um conjunto de noções expressas insuficientemente por expressões mais conhecidas como Geografia política ou econômica. Ela corresponde ao que os alemães chamam de *Antropogeografia*. Um novo nome nem sempre exprime uma coisa nova — no entanto, este é o caso aqui. Veremos — assim espero — nas explicações a seguir que, sob esse título, convém compreender uma ordem de pesquisas procedente de certos princípios de método.

Na realidade, o que queremos com essa nova expressão? Poder-se-ia crer — como ocorre — que ela não foi emitida senão a título enfático, a

---

* Publicado originalmente na *Revue de Synthèse Historique*, 7, out.-dez., pp. 219-240, 1903. Tradução: Guilherme Ribeiro.

fim de celebrar os progressos que o conhecimento dos povos e das relações comerciais do globo têm alcançado — sobretudo nos últimos 25 anos. De fato, nosso horizonte se ampliou. Na esfera de nossas preocupações políticas e econômicas inserem-se hoje em dia áreas [*contrées*] que, há cinquenta anos, no máximo suscitavam um nome. Palavras como, por exemplo, Turquestão, Coreia, Manchúria, Congo etc. correspondiam a um vivo interesse de nossa parte? Graças a uma compreensão mais ampla do globo, o espírito geográfico saiu fortalecido do período de colonização e de descobertas que marcou o final do século XIX. Os traços deste progresso manifestam-se pelo modo mais geográfico com que os melhores entre os atuais escritores políticos e econômicos promovem a discussão dos problemas coloniais ou comerciais. Cada vez mais, seus escritos são fundados em observações e pesquisas executadas nos lugares, nos vastos quadros oferecidos pela *Greater Britain*, pelas sociedades anglo-saxãs, pelo mundo chinês ou pelo mundo russo.

Naturalmente que, neles, o ponto de vista dominante é a ideia política ou econômica, com a geografia intervindo apenas a título auxiliar. Ela se impõe porque a visão direta das coisas gera cada vez mais a sensação de que seu testemunho é necessário ao esclarecimento das questões múltiplas e complexas da política moderna. Julgar-se-ia particularmente antiquado o diplomata para quem o mundo se limitaria ao conjunto da Europa, ou o comerciante cuja visão não ultrapassaria certos portos, sem se preocupar com o que está situado mais além. Justo progresso, o qual deve ser festejado! Os geógrafos profissionais devem não somente aplaudi-lo, mas favorecê-lo e servi-lo na medida de suas forças.

Todavia, seria enganar-se acreditar que essa concepção de Geografia corresponde ao que se entende por Geografia humana.

Sua origem e seu nome derivam das mesmas causas que originaram as ciências denominadas Geografia botânica e Geografia zoológica. Desde o momento em que pudemos nos dar conta do modo como as espécies vegetais estão distribuídas na superfície terrestre, uma série de problemas se apresentou ao espírito. Diversas floras foram comparadas, constatando-se grandes desigualdades segundo as regiões. Foram percebidas certas características impressas pelo clima, mas também diversidades que só podem ser resultado de um desenvolvimento anterior: lacunas interrompem a continuidade de certas áreas vegetais; *reliques* ou heranças de climas desaparecidos persistem em alguns pontos graças à tenacidade e à força de adaptação de determinadas plantas. A composição de certas floras regionais — as bordas do Mediterrâneo são o melhor exemplo — revela uma mistura de elementos heterogêneos; ao analisá-las, constatam-se novos hóspedes coabitando com os mais antigos ocupantes do solo.

O estudo comparado da distribuição das espécies animais não conduziu a resultados menos significativos — sobretudo o dos grandes mamíferos, cujas diferenças tão nítidas entre as faunas insulares e continentais nos permitiu seguir os progressos das conquistas animais na superfície terrestre. Tais conquistas parecem uma antecipação daquelas que, a seu turno, o homem devia perpetrar; em parte, elas são exercidas como a nossa, ou seja, às custas de espécies preexistentes; algumas espécies foram exterminadas, outras caçadas e outras ainda se associaram em *simbiose*.

Esse método de comparação e análise encontra sua aplicação no estudo geográfico da espécie humana. Como nas Geografias botânica e zoológica, o ponto de partida aqui é o conhecimento — no mínimo, aproximativo — dos fatos gerais de distribuição. Sobre esse tema, a história das descobertas fornece, como veremos, um testemunho particularmente comprobatório. Retornaremos mais tarde a este ponto.

As condições que presidiram a distribuição da espécie humana, a composição dos principais grupos e sua adaptação aos diferentes ambientes são análogas àquelas reveladas pela flora e pela fauna. Se para o homem as causas não remontam a um passado tão longínquo quanto para os animais e plantas, elas não se distanciam menos, com uma grande diferença, daquilo que se convencionou chamar período histórico. As oscilações de clima da época quaternária exerceram particular influência sobre as primeiras formações societárias. Na composição atual das populações humanas, pode-se apreender os sinais de correntes muito longínquas e diversas, sobre as quais não se pode esperar outro testemunho senão aquele fornecido pela configuração das terras e pelas relações naturais entre as áreas [contrées].

No esforço retrospectivo que se impõe, desse modo, tal como imposto ao estudo geográfico dos animais e das plantas, a atenção sempre é conduzida aos fatos biológicos. Se a atividade humana pôde, em parte, renovar a fisionomia da Terra, foi graças à composição já assaz variada do mundo vivente, engendrada por uma enorme evolução anterior. A inteligência humana foi fortalecida pela variedade disseminada ao seu redor. Um patrimônio lentamente acumulado forneceu-lhe o material e serviu como estímulo. De fato, por toda a parte onde é possível seguir *in loco* a marcha das civilizações nativas, observa-se uma relação entre as condições locais da vida e o grau de desenvolvimento alcançado por essas sociedades. Houve áreas [contrées] do globo em que um isolamento precoce impediu, desde a época terciária, a livre propagação de espécies animais e vegetais. Num caso parecido, o exemplo da Austrália está aí para mostrar o pouco que o homem é capaz de realizar quando inúmeros recursos auxiliares fornecidos pela natureza vivente estão ausentes. Em muito menor grau, é verdade, parece também que a inferioridade da fauna americana — ou, ao menos, a penúria de animais suscetíveis de serem domesticados — tenha sido um dos motivos do atraso das civilizações nativas deste continente. Por outro lado, quanto à Ásia Ocidental, berço das mais antigas sociedades, contribui para essas regiões [contrées] do ponto de vista biogeográfico! Assim, vantagens geográficas reais — que o futuro devia iluminar — foram por muito tempo paralisadas por motivos imputáveis, unicamente, ao modo de distribuição da vida.

Tanto nos procedimentos quanto nos resultados, a obra geográfica do homem é, essencialmente, biológica. Frequentemente, velhos hábitos de linguagem fazem com que consideremos a natureza e o homem como dois termos opostos, dois adversários em duelo. Entretanto, o homem não é "como um império dentro de um império"; ele faz parte da criação vivente, é seu colaborador mais ativo. Ele não age sobre a natureza senão nela e por seu intermédio. É entrando na disputa da concorrência dos seres, tomando partido, que ele assegura seus propósitos.

Por suas próprias forças, espécies animais e vegetais podem se disseminar, transpor mais ou menos os limites de seu habitat primitivo e, graças à vitória sobre outras espécies, transformar a fisionomia da natureza vivente ao seu redor. Dessa forma, há plantas sociais que tornam a existência das outras tão difícil que não tardam em se apoderar de grandes superfícies, tolerando consigo apenas algumas espécies parasitas. Guardadas as devidas proporções, a ação geográfica do homem é exercida da mesma maneira. Sua intervenção consiste em abrir as portas para novas combinações da natureza vivente. Se ele desmata a floresta, abre caminho para novas plantas. Se cria prados, substitui novas associações vegetais por aquelas que, espontaneamente, tenham ocupado as margens dos rios. Nada mais significativo a esse respeito que os resultados obtidos pela Geografia botânica em relação às plantas cultiváveis: originalmente, a maior parte dos cereais que hoje cobrem imensas superfícies ocupava não mais que uma área restrita. Alguns, como o milho, eram muito mal organizados para se propagarem para longe. Estendendo seus domínios ou preservando-os da extinção, as escolhas do homem modificaram o conjunto da fisionomia vegetal.

Contudo, essa obra humana na terra encontra seus limites. Diante disso, fomos levados a conceber uma distinção importante nas partes da superfície terrestre por ele habitadas — ou, como diziam os antigos, no *Ecúmeno*. Indubitavelmente, a determinação da superfície habitada é a primeira questão que se coloca à geografia humana. Sobre isso, não há nada a acrescentar às considerações desenvolvidas pelo Sr. Ratzel nos primeiros capítulos do tomo II de sua *Anthropogeographie*. Porém, na terra habitada, há áreas [*contrées*] onde o homem é, de alguma forma, apenas tolerado pela natureza ambiente. Nelas, ele vive do butim aleatório trazido pela pesca ou pela caça, ou sua existência depende de uma ressumação de água em meio ao deserto. Delas o homem extrai certos produtos, ele os faz circular: a isso se limita seu papel na economia do globo. Não são em nada áreas [*contrées*] humanizadas nem, sem dúvida, humanizáveis. Não há áreas [*contrées*] merecedoras desse nome senão aquelas em que o homem deixou sua marca, modificando as condições da natureza vivente.[1] Contudo, até o presente, esse resultado somente pôde ser plenamente alcançado em certas partes da superfície habitável, partes nas quais o equilíbrio das condições naturais podia ser facilmente modificado pela intervenção humana; onde a luta entre o pasto e a floresta estava indefinida; onde o pântano se defendia debilmente contra a campina; onde, caso faltasse água na superfície, as raízes das árvores podiam facilmente alcançá-la. Em uma palavra, estamos falando das regiões temperadas.

Na zona tropical permanecem vastas extensões sobre as quais a dominação humana ainda aparece instável, precária ou, mesmo, inexistente. O interesse atual é o de ver qual poderá ser, nessas regiões em que a natureza parece proteger-se em sua exuberância, a influência das poderosas civilizações contemporâneas — com as quais tais regiões apenas começam a entrar em contato.

Portanto, a Geografia humana merece esse nome porque estuda a fisionomia terrestre modificada pelo homem; nisso ela é *geografia*. Ela não considera os fatos humanos senão em sua relação com a superfície onde se desenvolve o variado drama da concorrência dos seres vivos. Há, portanto, fatos sociais e políticos que não entram em sua competência ou que a ela se ligam muito indiretamente; não há espaço para incorporá-los. A despeito dessa restrição, ela mantém inúmeros pontos de contato com essa ordem de fatos. No entanto, esse ramo da geografia possui a mesma origem que a

---

[1] Neste trabalho, opto por enfocar sobretudo as relações biológicas, já que, de outro modo, seria necessário mostrar que o equilíbrio da natureza inorgânica (através do desmatamento, da irrigação etc.) também é, incessantemente, modificado pelo homem.

Geografia botânica e zoológica. É delas que extrai sua perspectiva. O método é análogo; porém, bem mais delicado a manipular — como em toda ciência na qual a inteligência e a vontade humanas estão em jogo.

II. Origem e desenvolvimento

Para uma ciência da observação, a primeira condição de existência é adquirir uma visão de conjunto dos fatos que lhe dizem respeito; é fazer, segundo a expressão cartesiana, enumerações completas. Agrupar, classificar e comparar vêm em seguida. O que podíamos saber da geografia do homem enquanto 2/3 ou a metade do globo ainda eram desconhecidos? A história nos ensina quais hipóteses os sábios da Antiguidade levantaram sobre estas questões: uns excluíam da parte habitável certas zonas de calor ou de frio, outros estavam dispostos a admitir a existência de vários *Ecúmenos* sobre a superfície terrestre e, consequentemente, era mister conceber os habitantes tão distanciados uns dos outros como se tivessem povoado planetas diferentes. Pouco a pouco, pelo progresso das descobertas, passou-se a conceber uma imagem geográfica real da humanidade, ao mesmo tempo que do mundo vegetal e animal. Entretanto, foi somente no século XVIII que uma visão de conjunto foi plenamente realizada; somente então pudemos nos dar conta dos grandes traços da configuração do globo; conhecer a proximidade entre a Ásia e a América; saber ao certo quantas regiões temperadas se encontravam no hemisfério austral; e discernir o papel do imenso domínio do oceano Pacífico na distribuição da humanidade. Ainda hoje, nos reportamos de bom grado às antigas narrativas de Cook, Forster e Bougainville, que dizem respeito tanto a descobertas de civilizações quanto de novas terras. Nesses relatos, há um acento filosófico; neles, recolhemos impressões espontâneas e diretas da vida, dos costumes e de imagens — elucidando, com um novo olhar, a fisionomia da humanidade.

Ao mesmo tempo, pôde-se então constatar a extrema difusão geográfica da espécie humana e sua repartição assaz desigual. À exceção de algumas ilhas, todas as partes da superfície terrestre atualmente habitadas já tinham sido alcançadas pelas invasões humanas. Imigrações malaias já se haviam propagado sobre o imenso espaço do globo que se estende das Ilhas Sandwich à Ilha de Páscoa e a Madagascar. Desde tempos imemoriais, as raças pastoris da Ásia afluíam para a África. Esquimós tinham se dispersado da Groenlândia para além do estreito de Bering. Porém, enquanto populações humanas se acumulavam em massas compactas sobre algumas partes da Terra (Índia, China e certas áreas [*contrées*] da Europa), em outras elas formavam camadas muito finas; algo como uma fina poeira que um vento epidêmico poderia levar consigo. Em algumas partes do Velho Continente, o espaço estava rigorosamente distribuído e cuidadosamente utilizado, enquanto em outras parecia um valor inútil, do qual o homem podia dispor livremente para a caça e a vida nômade. Frequentemente, esta desigualdade não podia ser explicada por nenhuma razão intrínseca aos próprios lugares, pois tal penúria de habitantes também se verificava em áreas [*contrées*] naturalmente férteis e dotadas de climas favoráveis.

Os escritos de Buffon mostram o quanto tais anomalias e contrastes chamaram a atenção dos naturalistas contemporâneos. Após as diferenças de fauna — que ele descreveu magistralmente — nada o surpreendeu mais do que a desigualdade do povoamento humano entre o Antigo e o Novo Mundo: o criador da Geografia zoológica mostrou-se um precursor em Geografia humana. Conhecendo as grandes populações da Ásia e considerando o povoamento da África "muito antigo e muito abundante" — afirmação que, com certas reservas, permanece verdadeira — ele se espantava que a população fosse tão rara em certas regiões [*contrées*] temperadas, "férteis em tudo, exceto em habitantes". Assim, Buffon foi levado a conceber a distribuição das populações humanas como expressão de um fenômeno em curso: à maneira das espécies orgânicas, partindo de um centro de expansão para, gradualmente, progredir. Certas regiões terrestres estavam atrasadas em relação a outras. É dessa forma que a fragilidade do povoamento americano poderia ser explicada. Dizia ele: "Se atentarmos para o pequeno número de homens encontrados nesta imensa extensão de terras da América setentrional (...), não podemos nos recusar a crer que todas estas nações selvagens sejam *novos povoamentos*, produzidos por alguns indivíduos que escaparam de um povo mais numeroso."[2]

Após mais de um século de descobertas terrestres e de especulações científicas, hoje em dia é fácil observar que tal concepção abria caminho a uma série de novas questões. Como seguir a marcha, as etapas desta ocupação progressiva? Até então, não nos ocupávamos dos hábitos e costumes de diversos habitantes do globo senão para constatar singularidades mais ou menos curiosas; e tais escritos podiam multiplicar-se sem grande proveito para o conhecimento filosófico da humanidade. Porém, se reconhecêssemos naqueles hábitos indícios da expansão de certos grupos humanos, tornar-se-ia muito interessante determinar sua distribuição, seguir os rastros e os vestígios que traçaram sobre o globo. Uma forma de civilização se exprime através de determinadas maneiras preferenciais — pelas quais, em detrimento de outras, ela lança mão para a satisfação de suas necessidades. Há como um *leitmotiv* no qual ela se inspira no uso que faz, sucessivamente, dos recursos que os diversos ambientes locais colocam à sua disposição. Assim, um significado importante pode estar ligado à extensão geográfica de certo tipo particular de arma, instrumento doméstico ou objeto, compondo o patrimônio específico a certas civilizações. Estes são indícios de afinidades, de comunicações recíprocas. E, se o povoamento desigual do globo deve-se às correntes que se enfraqueceram à medida que se afastaram de seus centros de origem, com a ajuda desses testemunhos podemos tentar determinar as direções e as gradações desse processo.

---

[2] *Histoire naturelle*, tomo II. Variedade da espécie humana (edição Geoffroy Saint-Hilaire, pp. 605, 635, 641, 675 etc.).

Há mais: sabe-se qual perspectiva sobre o passado a geografia zoológica e botânica extraem da ausência de certas espécies — em Madagascar ou na Austrália, por exemplo. É por meio de argumentos análogos a esses que a Geografia humana raciocina. Ao testemunho dos fatos positivos acrescenta-se aquele dos fatos negativos. O fato de que a rena, domesticada na Ásia Setentrional, não o tenha sido no norte da América é um sinal a apoiar uma marcha civilizacional procedente da Ásia na América. A importância que a indústria das rochas assumiu e manteve, em detrimento dos metais, nas antigas civilizações da América, é um traço que tem seu equivalente nas civilizações da Polinésia — e do qual se deve inferir que tanto umas quanto outras se desenvolveram em relação decrescente em comparação às grandes civilizações metalúrgicas do mundo antigo. A África Oriental admite observações semelhantes. Sob o estímulo das grandes raças pastoris das partes vizinhas da Ásia, a vida da criação propagou-se para longe, bem além do Equador, ao longo dos planaltos que se estendem no leste do continente africano. Ela deixou sua marca na maior parte dos povos dessas áreas [*contrées*]. Dela procedem armas, alimentação, modo de acampamento ou de habitação, estado social. Contudo, à medida que a distância tornou mais raras as comunicações entre civilizações análogas, se observa, na distribuição do material etnográfico, sucessivos vestígios de empobrecimento.

Segue daí que a posição de uma área [*contrée*] deve ser apreciada não somente em suas condições físicas e matemáticas, mas em relação às correntes de populações humanas. A Índia deve em parte seu destino à porta que se abre, em direção ao norte, às migrações vindas da Ásia Central. Irã, Ásia Menor e Europa Oriental são o destino de diversas rotas de invasões. Ao contrário de áreas [*contrées*] onde tais movimentos expiram ou ocorrem apenas em raros intervalos, Palestina e Egito estão situados no cruzamento da Ásia, da África e do mundo mediterrâneo. Dessas desigualdades resultam diferenças geográficas na composição das populações. Sob repetida pressão dos invasores, acontecia de os grupos preexistentes serem ora fragmentados (como se vê no interior da África), ora expulsos. Em outras ocasiões, ocorria também — era o caso mais frequente — a associação desses grupos aos recém-chegados para formarem raças mistas. Nessas variadas combinações, a configuração e o relevo das áreas [*contrées*] desempenharam seus papéis. Planícies, montanhas, ilhas e penínsulas se comportaram diferentemente, e foi assim que, com o tempo, tipos demográficos especiais, refletindo a forma e o relevo das áreas [*contrées*], puderam se formar. Porém, foi um princípio de movimento que presidiu tais transformações: elas foram produzidas porque a conquista humana do espaço é um fato em curso.

Assim se aplica à geografia humana a teoria darwiniana sobre os efeitos resultantes das migrações de organismos. Tal como formulada por Moritz Wagner, ela pode ser resumida nestes termos: a formação de novos tipos depende não apenas da soma das diferenças de ambiente (*milieu*) com as quais os seres emigrantes estão em luta, mas do grau de isolamento no qual eles se encontram em relação aos seus antigos congêneres.

III. De Ritter a Ratzel

Representa-se, de bom grado, a Geografia humana como um retorno à concepção geográfica de Karl Ritter. A despeito das reservas que, evidentemente, resultam do que acaba ser dito, há uma parcela de verdade nessa opinião. Nele, como em Alexandre Humboldt, a ideia de Geografia humana associa-se àquela do *Cosmos*; ela entra no plano dos fenômenos terrestres, unidos por uma íntima cadeia de causas. Abrangendo o problema geográfico em toda a sua amplitude, Ritter considerava cada parte da Terra como digna de igual atenção.[3] De fato, cada parte lhe parecia necessária

---

[3] *Erdkunde...*, Band I. Einleitung, p. 21 (1822).

ao entendimento do conjunto, e é ao conjunto — como ele mesmo dizia — que é necessário aspirar (*streben nach der Universalität*). Quando o Sr. Ratzel insiste sobre a característica "hologeica"[4] que a Geografia humana deve ter, ele exprime, portanto — numa fórmula um pouco árida —, um pensamento caro a Ritter. Remete-se também ao velho mestre o mérito de ter plenamente iluminado a ideia de posição: sob a palavra *Weltstellung* (que ele emprega de bom grado), permanece subentendida a noção de uma humanidade em marcha. A *posição* é considerada em relação às migrações dos povos, e é como uma espécie de instinto que lhe aparece essa perpétua inquietude, essa *Trieb*[5] que, nas direções determinadas pela geografia, põe em movimento as massas humanas.

Entretanto, após Ritter, a despeito da influência de seus ensinos e escritos, a geografia humana sofreu um eclipse. Seria ocasião de se mostrar surpreso, caso essa pausa não fosse um acidente costumeiro na história das ciências que repousam sobre a observação do mundo exterior. Para ver enriquecer em proporções inesperadas o conjunto de seus materiais e meios de trabalho, a geografia humana teve de esperar o progresso da cartografia de precisão e de detalhe, o dos recenseamentos e estatísticas; enfim, o desenvolvimento das explorações no interior dos continentes. Após o impulso assinalado no fim do século XVIII, esse concurso quase simultâneo de circunstâncias favoráveis se fez esperar por muito tempo. Foi somente no último quartel do século XIX que ele produziu todos os seus efeitos. Neste longo intervalo, embora guardando consciência de seu objetivo, a Geografia humana dispunha de meios insuficientes para dele se aproximar: formulação falsa, que explica como a Escola de Ritter pôde merecer as críticas de postular generalidades vagas e fazer mau uso de belos programas.

---

[4] Concepção integradora da Terra, derivada da mesma raiz grega (*holos*, i.e., completo) que holística. (N.T.)

[5] Pulsão, instinto. (N.T.)

Entretanto, a propósito de certas culturas interessantes à história das civilizações, Ritter havia traçado, particularmente, modelos de monografias capazes de encontrar imitadores cada vez mais raros.[6]

Quando a retomada das descobertas veio reanimar o fôlego geográfico, de início pareceu que isso ocorrera exclusivamente em prol da Geografia física, e faltou pouco para que, nesse novo *élan*, se rejeitasse como velharia a herança de Estrabão e de Karl Ritter. Por conta da diversidade de cooperações reivindicadas pela geografia (das quais, aliás, ela se felicita), há o risco de se perder o curso das tradições. Entre os adeptos vindos de diferentes domínios, ela não está segura de sempre encontrar o conhecimento e a justa apreciação dos métodos que consagraram seus maiores nomes. Na Alemanha, durante muitos anos, as revistas especializadas ressoaram controvérsias sobre o lugar que convinha destinar ao elemento humano na geografia. Algumas vozes radicais, em geral bastante raras, falavam em eliminá-lo, sem ver que este desmembramento — se, por acaso, viesse a ocorrer — acabaria apenas por tornar cada vez mais estrangeiras entre si, em detrimento recíproco, as diversas ciências que se ocupam da Terra.

Atualmente, tais discussões parecem obsoletas. O mérito de ter reconstituído a Geografia humana à luz do método biológico pertence ao Sr. Friedrich Ratzel. Num texto a que me permito remeter o leitor,[7] tentei resumir as ideias mais importantes contidas nas duas partes da *Antropogeographie* (1882 e 1891). Essa obra, tão notável pela riqueza de visões e pela amplidão do método, veio estreitar de uma vez por todas uma cadeia que ameaçava se romper. Nela, o pensamento de Ritter aparece modernizado, enriquecido de aquisições positivas, especialmente impregnado da ideia

---

[6] Entre essas felizes imitações, é mister citar: Th. Fischer, *Die Dattelpalme* (*Petermanns Mitteilugen*, Ergänzungsheft, n. 64, 1881).

[7] *Annales de Géographie*, tomo VII, 1898: *La géographie politique d'après les écrits de M. Ratzel*.

naturalista do século recém-findado. Para compreender adequadamente o seu alcance, é necessário aproximar dessa obra a já numerosa série de escritos de detalhe que, sob influência direta ou não do mestre, daí advêm. Nessas monografias, vê-se um emprego mais ou menos satisfatório — mas, em todo caso, instrutivo — dos instrumentos de trabalho fornecidos pela cartografia, pela estatística e pela etnografia à geografia humana. Esse uso do método de análise é a verificação obediente das ideias gerais da *Antropogeographie*.

Em seus escritos posteriores, a atenção do Sr. Ratzel voltou-se sobretudo às consequências políticas dos princípios da geografia humana. *Politische Geographie*[8] é um estudo do Estado, considerado em sua ligação com o solo [*sol*] e com as leis de seu desenvolvimento territorial. Nesse volume, há capítulos sobre a posição, o espaço, as fronteiras e o mar do ponto de vista político, que são aplicações diretas das ideias expostas na *Anthropogeographie*. Porém, a geografia política — e Ratzel o sabe melhor que ninguém — não saberia se limitar ao estudo do Estado. Ela só merece inteiramente esse nome se levar em conta mesmo as rudimentares formas políticas nascidas em diversos graus de civilização. Buscar por que, em determinadas condições de lugar, essas formas se perpetuaram é, essencialmente, geográfico. Convém reportar-se ao *Völkerkunde*, publicado alguns anos antes pelo Sr. Ratzel, para encontrar a expressão de suas ideias sobre esse aspecto. Nele, a humanidade é considerada como um todo no qual não há lacunas, mas apenas diferenças de níveis, de modo que, em virtude mesmo de sua concepção fundamental, *Völkerkunde* parece o complemento necessário de *Politische Geographie*.

---

[8] *Politische Geographie*, 1 vol., 715 p., Munich e Leipzig, 1897, 1ª ed. *Völkerkunde*, 2 vol., 748, 773 p., Leipzig e Vienne, 1894, 2ª ed. Muitas das monografias nas quais Ratzel faz alusão nestes trabalhos encontram-se nas "publicações científicas da Sociedade de Geografia de Leipzig": *Anthropo-geographische Beiträge*.

Nesta última obra, o que domina é uma teoria do crescimento dos Estados. É significativo que este seja o resultado de uma das principais aplicações do método biológico em geografia — todavia, isso não é surpreendente.

Na realidade, os fatos da Geografia humana apresentam-se sob um duplo aspecto: o político e o econômico, sendo que o primeiro não nos parece o principal. O frágil povoamento das Américas e da Austrália — que impressionava o espírito de Buffon — teve, seguramente, grandes efeitos políticos. Se imaginarmos que essas áreas [*contrées*] já alcançaram, atualmente, o mesmo estágio populacional que a China ou o Japão, o destino da Europa foi, provavelmente, selado em nossa pequena parte do mundo; essas sociedades políticas que, sob novas condições de espaço, puderam desenvolver as qualidades contraídas quando da concentração do continente europeu, jamais teriam sido formadas. No entanto, consideremos também quantas possibilidades geográficas inutilizadas representavam tais áreas [*contrées*]; quantas reservas, cuja valorização não esperava senão por batalhões mais densos de seres humanos! Por mais rápida que tenha sido a marcha de povoamento da América do Norte e das regiões temperadas do hemisfério austral, ainda hoje sua densidade de habitantes está longe de alcançar a da Europa: advém daí menos consumo local, produção agrícola exuberante, ampla disponibilidade (de toda espécie) voltada para o comércio. As zonas [*contrées*] europeizadas estão se tornando as fornecedoras da velha Europa. Consequentemente, as principais correntes comerciais foram para ela direcionadas. Pode-se dizer que os fenômenos econômicos de nosso tempo estão dominados pelas relações estabelecidas graças a essa desigual balança de populações igualmente civilizadas. O andamento das coisas nos ensina que essa condição não é senão um momento numa evolução que engendrará, não menos logicamente, outras relações — as quais se refletirão, talvez, também na política.

IV. Meios e instrumentos de trabalho

O progresso consumado no domínio da Geografia humana consiste numa visão mais clara do método e no aperfeiçoamento dos instrumentos de estudo. Se percorrermos a abundante literatura de monografias ou de ensaios antropogeográficos publicados atualmente não apenas na Alemanha, mas nos principais países da Europa e da América do Norte,[9] é impossível não ser surpreendido com a grande vantagem que os autores atuais possuem em relação àqueles de há cem ou mesmo cinquenta anos. Hoje, os fatos são mais fáceis de localizar. Pode-se, com maior exatidão, precisar as condições ambientais nas quais eles são produzidos. Seu valor geográfico aumentou infinitamente. Seu verdadeiro significado se revela melhor à análise e é, com efeito, por aplicações cada vez mais numerosas do método analítico que, de agora em diante, o progresso se manifestará.

Já fizemos alusão ao aperfeiçoamento de mapas, recenseamentos e estatísticas. Foram de grande efeito, sobretudo, os progressos gerais da cartografia. Quase todos os Estados da Europa e várias áreas [*contrées*] da América, África e Ásia têm, hoje em dia, mapas topográficos em escalas que vão de 1/100.000 a 1/25.000. Quase tão difundidas são as cartas geológicas detalhadas. Entre os franceses, esta obra, iniciada em 1875, está hoje quase no fim. São quadros nos quais se inscrevem, seguindo a expressão do Sr. Olinto Marinelli,[10] "os traços topográficos dos fenômenos humanos": casas isoladas ou agrupadas em lugarejos, aldeias ou cidades, cultivos, rotas,

---

[9] Na impossibilidade de citar tudo o que merecia ser citado, pude apenas remeter às Bibliografias Anuais que os *Annales de Géographie* (Paris, A. Colin, 1891-1903) publicam sob a direção do Sr. Raveneau. Nela encontram-se, assinalados em uma rubrica especial e brevemente analisados, os principais escritos originados pela geografia humana nesses últimos anos.

[10] "Alcune questioni relative Alemanha moderno indirizzo della geografia" (*Rivista geografica italiano*, ano IX, fascículo 4, 1902).

canais, toda essa rede tecida pela atividade humana e que modifica a fisionomia das superfícies. Para falar aqui apenas do povoamento, esta imagem detalhada oferece a vantagem de fornecer o *recenseamento completo*. Ela não se limita a representar os principais estabelecimentos humanos; ela mostra o conjunto do povoamento, em todos os seus níveis e sob formas diferentes, tornando-se assim um traço que completa a fisionomia geográfica da área [*contrée*] — da mesma maneira que o modelado das formas do relevo e o aspecto da vegetação. Aqui, é um tipo de disseminação que prevalece, e pode-se vê-la como uma pulverização de *métairies*[11] e de lugarejos cobrindo o país; lá, é o da concentração. Em um dado momento, a população é um mosaico cujas peças cerradas se encaixam mais ou menos regularmente sobre a superfície; em outro, ela é composta de grupos separados por intervalos vazios. Por vezes, observam-se verdadeiras fileiras: séries de aldeias ou de estabelecimentos parecem se ordenar seguindo linhas regulares. Todas essas características que não podiam se manifestar à observação direta senão de modo fragmentado são resumidas pela carta topográfica e, pelas comparações que ela sugere, lhes confere uma nova vida.

Sobre essa base pode-se, então, começar o trabalho de análise. Para o geógrafo, esse consiste em precisar as relações de distância ou de correspondência. A razão de ser da Geografia não é localizar? Ela procede da noção de lugar em direção à de causa; ela começa por *onde* para chegar ao *porquê*. Trata-se aqui — uma vez dados os aspectos principais do povoamento — de apreender quais relações podem ter com o solo, o relevo, o clima, a hidrografia. Que a estrutura da área [*contrée*] seja geologicamente fragmentada como na Bretanha, uniforme como na Picardia ou regularmente constituída de estratos diferentes como na Île-de-France, haverá de se determinar em quais níveis ou contatos as populações estão preferen-

---

[11] "Fazenda dada a cultivar [a "meeiros"] pelo proprietário com a condição de receber metade das colheitas que produzir", segundo o Grande Dicionário Francês/Português Domingos de Azevedo. (N.T.)

cialmente estabelecidas. Em *pays* de montanhas, as zonas de altitude e a orientação das vertentes — à beira do mar ou de um rio com linhas de equidistância convenientemente escolhidas — permitirão apreciar a relação desses diferentes traços físicos com o povoamento, as casas, as plantações, os espaços vazios. Uma linha de equidistância dos estabelecimentos humanos em relação ao Nilo traduz todo o Egito: é a expressão mais perfeita de um tipo de povoamento que poderia ser chamado de nilótico.

Esses exemplos explicam que tipo de apoio as estatísticas estão em condições de aportar à Geografia humana. Porém, é na realidade vivente que é necessário projetar suas indicações. Seus dados não assumem valor geográfico senão quando podemos localizá-los exatamente no mapa; quer dizer, não conforme as divisões administrativas, mas submetidos às diversas condições naturais às quais eles se adaptam. Para tanto, os progressos da cartografia e da estatística mostram-se solidários.

Esses documentos multiplicam-se e aperfeiçoam-se a cada dia. Se, para a análise dos fenômenos, as próprias áreas [*contrées*] dotadas de dados estatísticos ainda deixam frequentemente a desejar, não é menos verdade que, em precisão e em número, o conjunto dos testemunhos é infinitamente superior ao que existia há meio século. Citemos a Índia, a Argélia, o Egito e o Japão que, já há trinta anos, possuem recenseamentos detalhados e dignos de fé. Assim como a Alemanha e a França que, há algum tempo, fornecem dados sobre as profissões e as indústrias. A volumosa coleção dos 12 recenseamentos decenais americanos é uma série de quadros, cujo interesse aumenta à medida que nos mostram, para um período mais longo, as sucessivas transformações efetuadas pelo homem — com seus desdobramentos sobre a composição vegetal e animal e sobre os aspectos de conjunto da área [*contrée*]. Pela abundância, variedade de informações e comentários analíticos que os acompanham, eles merecem ser observados como uma das principais fontes da geografia humana.

Classificar os fatos que interessam à Geografia humana, determinando-lhes o sítio e a extensão topográficos e extraindo assim as relações: tal é o método aplicado hoje. Ele busca traduzir seus resultados sob a forma cartográfica que, como uma espécie de álgebra, os condensa, mobiliza e multiplica seu valor comparativo. Eu não poderia — sem exceder os limites deste artigo — estudar os inúmeros trabalhos que eclodem a cada ano, a despeito do interesse em seguir os autores desses ensaios nas discussões levantadas por essas novas aplicações da cartografia. De fato, a geografia humana recorre atualmente aos mesmos procedimentos de expressão que aqueles por intermédio dos quais, no passado, Alexandre Humboldt renovou a Geografia dos climas e constituiu a Geografia botânica.

V. Ecologia

Chego a uma questão que é o resultado natural das considerações precedentes.

Essa classificação dos fenômenos é condição prévia para se abordar metodicamente o capítulo mais delicado da Geografia humana: o estudo das influências que o meio ambiente exerce sobre o homem em termos físicos e morais. Vemos as plantas exprimirem a influência das condições do meio através de seu tamanho, do grau de espessura de seu tecido, das dimensões de suas folhas e de outras modificações de seus órgãos — tanto que, a partir do aspecto de algumas plantas, pode-se, sem muito receio, deduzir o clima. Ainda que menos estreitas, conformidades análogas nos surpreendem entre os animais: trepadores ou corredores, de acordo com a natureza das áreas [*contrées*], modificados em seus órgãos de locomoção, assimilam-se, por vezes, pela cor de sua pelagem, às superfícies sobre as quais disputam sua existência. Nessas modificações exprimem-se as relações que unem todos os organismos vivendo sobre um único e mesmo lugar, seus esforços para se adaptarem às condições comuns, assegurando para si a vantagem que é o preço de uma adaptação superior. Tais esforços são o início de mudanças fisiológicas, cujo estudo foi designado por vários naturalistas sob o nome de *Ecologia* (ciência do meio [*milieu*] local). Na introdução de sua grande obra sobre a Geografia das plantas,[12] um deles — Schimper — enfatiza que esta ordem de pesquisas passou para o primeiro plano desde que não mais nos limitamos a estudar os herbários da Europa, uma vez que se tornou possível estudar *in loco* a vegetação de regiões distantes. Há razões para se pensar que tal observação não é inaplicável ao objeto que nos ocupa.

Que o homem não escapa em nada à influência do meio [*milieu*] local, nem em sua constituição física e moral; que as obras que se originam de suas mãos contraem uma marca particular em conformidade com o solo, o clima e os seres vivos que o cercam: nada de mais generalizado e mais antigo a ser admitido. Tal área [*contrée*], tais homens, diz-se. E é assim que, aos antigos, parecia de todo natural atribuir a cor dos negros à zona terrestre onde viviam, bem como opor tantos tipos de climas a tantas civilizações diferentes — a Europa à Ásia, ou uma e outra à Etiópia. Porém, as coisas não são assim tão simples e, graças a algumas observações limitadas de Aristóteles e Hipócrates, este modo extremamente simples de considerar as relações do homem com o meio que ele habita nos valeu — e ainda nos vale — muitas generalizações prematuras e comparações imperfeitas.

Na verdade, em nossas grandes sociedades civilizadas, é bastante difícil distinguir a influência do meio [*milieu*] local. O naturalista que se limitasse a observar as plantas que ocupam a superfície de nossas planícies cultivadas recolheria, certamente, uma impressão *ecológica* menos nítida do que se observasse um conjunto de montanhas, desertos, bacias de sal e regiões polares. Trata-se da mesma coisa para os Estados e os povos de alta civilização, dos quais a antiga geografia política se ocupava preferencialmente. São resultados infinitamente complicados de um longo acúmulo de atividade humana. Neles, a influência do meio se traduzirá

---

[12] A.-F.-W. Schimper, *Pflanzengeographie auf physiologischer Grundlage*, Iena, 1898.

por sinais menos diretos do que se a observação recair sobre sociedades confinadas ao isolamento ou submetidas a condições de existência fortemente restritivas e imperiosas.

Entretanto, seria pouco científico, sob esta aparência, abstrair tal situação. Tais influências existem — por mais difícil que seja extraí-las, graças à complexidade de nossas sociedades. Elas existem, embora seja apropriado reconhecer que, nas sociedades superiores, não agem com o mesmo alcance do que nas demais. É que, de fato, às causas locais se acrescentam, aqui, uma gama de influências vindas de fora — influências que, após séculos, não cessaram de enriquecer o patrimônio de gerações; de introduzir, com novas necessidades, o germe de novas iniciativas.

Entre as contrapartidas que se opõem às influências locais, é mister levar em consideração o comércio e o espírito de imitação que ele suscita.

Mesmo nas sociedades pouco avançadas, frequentemente é bastante difícil dizer se tal invenção ou tal progresso é o resultado de uma inspiração local, ou se ela não foi transmitida por algumas dessas vias obscuras que religaram grandes grupos civilizacionais — sem que a história jamais tenha sabido de nada.

Desde que se passou a conhecer melhor a etnografia geral e que há condições de se apreciar a área de extensão de certos artifícios, como determinadas armas ou o trabalho com o ferro de um extremo a outro da África, a ideia de transmissão ou de imitação fortaleceu-se cada vez mais entre os *experts* [*savants*] mais competentes; pareceu pouco verossímil explicar, pelas invenções locais, a generalidade constatada na distribuição de certos produtos da indústria humana.

Assim, às causas que restringem a parte do ambiente local (comércio, relações, imitação), pode-se mesmo, em certos casos, acrescentar a hereditariedade. Ocorreu várias vezes que, por seu estado social, tribos adaptadas à vida pastoril tenham permanecido fiéis a seus hábitos ao se estabelecerem em áreas [*contrées*] agrícolas, em ambiente de agricultores. Assim fizeram os turcos na Ásia Menor, os *peul* no Sudão, os *masaï* nos confins de Uganda: dois gêneros de vida diferentes coexistindo nas mesmas regiões. Não é que a influência física do meio permaneça inativa. Ela age, ao menos, sobre alguns: os privilegiados, os ociosos. Na condição de médico, Nachtigal constatou as mudanças fisiológicas produzidas entre os nômades deslocados para o Sudão. Entretanto, eles persistiram com seu gênero de vida pastoril — principalmente se, pela emigração ou pelo contato (como é o caso no Sudão ou na Ásia Ocidental), eles conseguem se revigorar com novas fontes.

Assim, nas questões em que as influências locais e gerais se entrecruzam, em que a análise deve, sem cessar, apoiar-se em comparações, um campo muito limitado de observações não pode induzir senão ao erro. As relações entre diferentes civilizações devem ser levadas em consideração para corrigir a noção das influências do meio [*milieu*]. Não se trata de tal sociedade ou de tais grupos de sociedades, mas de uma imagem do conjunto da humanidade da qual é mister inspirar-se para a apreciação de casos múltiplos e diversos encontrados em nossos estudos.

Há poucos anos, tal ambição podia parecer excessiva. Certamente, a ideia segundo a qual o estudo comparativo do conjunto dos povos era a base de uma geografia humana já estava clara entre algumas mentes superiores. Ela se exprime de forma muito nítida no livro publicado por Oscar Peschel, em 1874, intitulado *Völkerkunde*. Porém, a despeito de todo o talento do autor, sente-se em seu livro o quanto a coleta de informações era frágil naquela época. Sobre quantas formas de civilização — sobretudo no interior dos continentes — ainda não se fazia nenhuma ideia! As principais pesquisas feitas sobre os povos da África Central, da América do Sul e da Ásia Central e Oriental são posteriores a essa época. Acrescentemos que, antigamente, as informações etnográficas permaneciam esparsas nos livros e relatos de viagens; atualmente, elas estão concentradas nos museus. Há trinta anos, foram fundados museus etnográficos nas principais cidades do mundo civilizado — e alguns deles são notavelmente organizados. A esse respeito, nada é mais instrutivo. Tudo está reunido para nos ajudar a compreender, simultaneamente, a natureza que forneceu os materiais e a inteligência que guiou a fabricação.

A influência dessas coleções é muito perceptível em vários livros recentes e em hipóteses neles expostas.[13] Pela aproximação de objetos de origens diversas, elas sugerem analogias e relações que podem ser apenas ilusórias, mas que, de fato, também podem iluminar as relações entre as civilizações. Elas constituem, sobretudo, uma eloquente lição de *ecologia*. Nelas encontramos, por meio dos objetos e das ferramentas usadas pelo homem, os seres vivos, animais e plantas com os quais ele se relaciona, que ele caça ou utiliza, que lhe fornecem aliados ou inimigos.

Aquele que queira se dar conta da íntima conexão entre as obras da indústria humana e o meio ambiente será surpreendido pelo papel desempenhado, por exemplo, pelas conchas e pelos dentes de peixes no material etnográfico dos polinésios; pelas peles e ossos de animais marinhos entre os esquimós; pelas fibras vegetais do bambu entre os malaios; pelas fibras do palmito e da *raphia*[14] entre os povos da África Central etc. Foi preciso ver como os materiais fornecidos pela natureza ambiente imprimiram uma forma, um estilo local às habitações e às vestimentas, instrumentos oriundos das mãos dos homens, para adquirir e fortalecer em si mesmos o sentimento exato do que é, verdadeiramente, a força do meio; para compreender a que ponto a natureza se enraíza no espírito e concluir que ela sempre subsiste, mesmo quando um grande número de influências externas intervêm para atenuar sua preponderância. Vê-se também como, mesmo de sociedades consideradas inferiores, pode-se extrair um ensinamento. As qualidades que fazem a civilização — engenhosidade, paciência para o aperfeiçoamento — encontram-se, às vezes, em certos procedimentos de caça ou de pesca.

---

[13] Por exemplo: Frobenius, *Ursprung der afrikanischen Kulturen*, Berlin, 1898.

[14] Gênero botânico pertencente à família *Aricaceae* (palmeira). (N.T.)

VI. Conclusão

É nessa aliança íntima com a Cartografia, a Estatística e a Etnografia, nessa perspectiva mais compreensiva do conjunto das relações entre os povos e numa concepção mais geográfica da humanidade que os progressos recentes da ciência à qual nos dedicamos extraem suas fontes. Após nos termos contentado em assinalar a importância desses progressos, seria oportuno acrescentar que *desiderata* eles sugerem. Tratar-se-ia, talvez, de um longo capítulo a acrescentar aos que o precederam. Não conhecemos toda a natureza vivente que nos enlaça em múltiplas ligações. No mundo dos seres que nos envolve, o papel dos infinitamente pequenos mal começa a ser imaginado.

Limitar-me-ei a assinalar, graças à sua utilidade ao mesmo tempo científica e prática, um estudo ainda bastante incipiente: o das relações apresentadas entre os climas, os solos, a vegetação, a fauna, os diversos fatores geográficos e as doenças. Eis que novas populações, de origem europeia, se constituíram nas diversas regiões temperadas do globo. A elas é interditado, pelas implacáveis leis naturais, enraizar-se na zona tropical, como no entanto fizeram o chinês, o árabe e, até certo ponto, o espanhol? Opiniões contraditórias foram emitidas. Fatos pouco explicados nos surpreendem: por exemplo, o da imunidade relativa que, nas montanhas da Ásia de Monções, na Indochina e na China do Sul, parece atribuída a certas raças e recusada a outras.

O que pensar também das causas dessa espécie de patologia das áreas [*contrées*], que têm suas fases de avanço, mas também, graças a Deus, seus recuos? Na Itália, a malária atormentou populações, obrigando cidades seculares a se deslocar; ela força, em algumas planícies ocupadas durante o dia, que suas populações se desloquem precipitadamente, à noite, para as regiões mais altas.

Outras influências geográficas, para além da altitude, atuam na distribuição das doenças. A zona tropical tem suas doenças especiais que se atenuam nas zonas temperadas. As ilhas, pelo menos as de dimensões reduzidas, parecem ter sua *nosografia*[15] particular — a julgar pelo grau de virulência assumido pelas epidemias quando lá surgem pela primeira vez ou após longos intervalos.

São muitas as questões que tocam de perto a Geografia humana, uma vez que se trata de dificuldades que tornam precária a ocupação do solo ou, mesmo, interditam ao homem uma parte de seu domínio.

Entretanto, a despeito do muito de desconhecido, esta ciência parece, doravante, prosseguir em um desenvolvimento regular.

Pode-se representar as etapas que ela seguiu. Ela constituiu-se quando foi possível ter uma ideia aproximadamente exata da distribuição da espécie humana sobre o globo. Seus progressos foram solidários com os da geografia botânica e zoológica e, em geral, da biogeografia. Todavia, não foi senão tarde que ela entrou no que poderíamos chamar o período das medidas de precisão, e esse atraso quase comprometeu seu início. Hoje, graças ao emprego da análise, do método comparativo e do auxílio prestado pela cartografia, ela progride numa via mais segura. Pode-se esperar que a consolidação de seus métodos terá, entre outros efeitos positivos, o de eliminar definitivamente seu pior inimigo: o diletantismo.

As diferenças entre a ciência geográfica e as ciências puramente humanas, como a Sociologia e a História, aparecem com nitidez nas explicações que temos apresentado, de modo que seria supérfluo insistir neste aspecto. Embora de ordens distintas, certamente elas são convocadas a prestar grandes serviços recíprocos. Contudo, é essencial por que cada uma guarde nítida consciência de seu objeto e de seu próprio método.

---

[15] Descrição e classificação metódica das doenças. (N.T.)

I.6. DA INTERPRETAÇÃO GEOGRÁFICA DAS PAISAGENS*
[1908]

Desde que a Geografia pedagógica saiu do gabinete onde frequentemente se fechava e pôs-se a observar diretamente a natureza, a interpretação das paisagens tornou-se um de seus principais temas. É uma arte delicada, sobre a qual talvez não seja inútil atrair sucintamente a atenção do Congresso. Nela, a análise e a síntese têm, cada uma, seu papel. A análise esforça-se por distinguir os aspectos heterogêneos que integram a composição de uma paisagem e, como as causas passada e presente se misturam nas formas do relevo, esse gênero de interpretação guarda um pouco de exegese. No entanto, por outro lado, essa paisagem forma um todo, cujos elementos se encadeiam e se coordenam; sua interpretação exige uma percepção lógica da síntese plena de vida que ela lança sob nossos olhos.

---

* "De l'interprétation géographique des paysages". Neuvième Congrès International de Géographie (1908). Compte rendu des travaux du Congrès, Genebra. Société général d'imprimerie (18), 1911, pp. 59-64. Tradução: Guilherme Ribeiro.

I

Desnecessário dizer que a maior parte dessa interpretação deve ser feita no estudo de campo. Ele é a arquitetura da paisagem; por vezes, a própria paisagem. Conforme se apresente unido ou acidentado, plástico ou contrastado, prevalece certo estilo. Porém, uma observação: chegará um momento em que determinada parte do espetáculo contemplado por nossos olhos se dispersará. O caso não ocorre apenas em regiões [*contrées*] muito acidentadas, como os Alpes. Basta que uma dada rocha friável suceda a certa rocha dura, ou que, como nos *pays* de Bray ou no Boulonnais, uma simples concavidade tenha exposto terrenos de texturas diferentes, ocasionando mais erosão. Um olhar treinado não se detém a esta modalidade geral. Na escultura à qual os diversos agentes de erosão, cada um com sua maneira própria de agir, se entregam incessantemente, há diferenças que dizem respeito não apenas à desigual resistência dos materiais, mas à erosão anterior a que já tinham sido submetidos. Prolongada tal erosão por muito tempo, daí em diante esses materiais tornam-se menos sensíveis aos agentes do modelado, menos capazes de sentir seus efeitos destruidores. Há tanto diferenças de idade quanto diferenças de rochas. Na Bretanha, por exemplo, a uniformidade geral das linhas é a expressão desse desgaste prolongado. Mas lá, como alhures, morros-testemunhos [*lambeaux-témoins*] permanecem proeminentes. Nos campos da Île-de-France, certa colina isolada, um pequeno morro, não se coordenam com uma linha de nível em parte atrofiada ou corroída? Um determinado vale atual não se inscreve em um vale maior, do qual subsistem alguns rudimentos? Diante dos lugares, tantas questões se colocam; tantas análises que, por si sós, se justificam, à medida que compreendemos melhor que a maioria das superfícies que visualizamos são superfícies que têm se submetido à ação do tempo — portando, assim, suas cicatrizes.

Há paisagens onde a linha domina; onde, como num templo grego, tudo é a ela subordinado. Como certas paisagens do Saara ou do Colorado, onde a cor não faz senão acentuar o desenho das linhas. Em geral, porém, a água (sob todas as formas e com os fenômenos climáticos que engendra), a vida vegetal (com suas associações, suas características hidrófilas ou xerófitas etc.) e as obras do homem combinam-se às feições elementares do relevo para compor a imagem enquadrada pelo horizonte. Contentemo-nos em indicar esses ricos temas de observações. Deixo aos fitogeógrafos a tarefa de mostrar as influências que a água, as diferenças de terreno e a proximidade com o mar exercem sobre a cobertura vegetal. Entretanto, seguindo seu rastro, proponho-me a procurar se algum traço desse encadeamento manifesta-se, também, nas obras do homem.

II

Sem cair num excesso de determinismo que não seria menos falacioso que o inverso, podemos afirmar que agrupamentos, cultivos, movimentos e relações humanas não escapam em nada a essa rede de causas e efeitos. Ainda que nem sempre o fizessem, os geógrafos do passado se preocupavam em explicar a posição das cidades mais importantes — embora não imaginassem voltar suas atenções às aldeias ou aos modos de agrupamento mais simples. Entretanto, são as formas mais elementares as que melhor revelam os motivos pelos quais o homem teve de escolher tal lugar, em detrimento de outro, para nele criar condições seguras de existência. Num dado momento, sua opção foi determinada pelo afloramento de camadas impermeáveis: nas vertentes da Île-de-France, álamos à meia-altura anunciam, seguramente, uma aldeia (ou, pelo menos, uma fazenda ou um castelo), bem como a presença de uma camada de argila. Num outro momento, o homem foi atraído pela contiguidade de uma longa extensão de terrenos diferentes, permitindo uma combinação de recursos tais como madeira, pradarias e campos cultiváveis — como observamos tão bem na Lorena no limite entre a argila arenosa e os calcários conquífero.[1] No *pays* em que estamos, não seria preciso insistir sobre a atração exercida por encostas bem determinadas, terraços ao abrigo das inundações e placas morâinicas,[2] oferecendo elementos variados de solo. Portanto, diríamos que há zonas de predileção onde os estabelecimentos humanos têm, por assim dizer, se cristalizado; onde, há muito tempo, formou-se uma densidade superior de habitantes. A região de castanhal, em Vivarais, e sobretudo na Córsega, entre 40 e 800 metros, oferece exemplos muito nítidos. É o que poderíamos chamar de tipos de povoamento.

É verdade que esses tipos estão sujeitos à modificação, como ocorre com todas as obras humanas. Aqui, as populações descem do alto em direção à planície. Em nossos dias, é o caso da Argélia, da Grécia e de muitas regiões do Mediterrâneo. Em outras partes, as populações que, sob a ação da necessidade, concentravam-se em aldeias, espalham-se em casas isoladas — tal como a mudança produzida em Scanie em finais do século XIX. Finalmente, a indústria moderna. Diferente da indústria anterior, que necessitava apenas de água corrente ou de um pedaço de bosque, ela ativa massas intensas de obras e de homens e, impelida pela concorrência a concentrar-se em determinados pontos, traz consigo uma vigorosa capacidade de perturbação aos agrupamentos humanos — perturbação confinada, entretanto, às regiões relativamente restritas onde a grande indústria fixou sua sede.

O que dizer senão que, na mobilidade perpétua dos fenômenos, certas causas novas entram em jogo? Aqui, a análise recupera seus direitos; é mister ordenar esses diferentes tipos de povoamento segundo as famílias às quais pertencem. O princípio de classificação, neste caso, é o gênero de

---

[1] Tipo de calcário não cristalino, formado por conglomerado de conchas. (N.T.)
[2] Morainas são amontoados de blocos e argilas carregados pelas geleiras. (N.T.)

vida adotado. A indústria agrupa os estabelecimentos humanos segundo leis distintas às da vida agrícola. Igualmente, a criação traz mudanças na repartição, no arranjo e no entorno das habitações. Assim, nos *pays* de Auge, a disseminação prevalece, e as fazendas dispersam-se entre os pastos e as árvores frutíferas. Os chalés alpinos disseminam-se sobre os flancos das montanhas e, mesmo em Vosges, onde o tipo de aldeias fechadas prevalece, chalés temporários e celeiros respondem às necessidades diferentes e sazonais da vida pastoril.

III

Por suas obras e pela influência que exerce sobre si mesmo e o mundo vivente, o homem é parte integrante da paisagem. Ele a humaniza e a modifica de algum modo. Por isso, o estudo de seus estabelecimentos fixos é particularmente sugestivo, visto que é de acordo com eles que se ordenam cultivos, jardins, vias de comunicação; eles são os pontos de apoio das alterações que o homem produz sobre a terra.

Não podemos desenvolver aqui os argumentos exigidos por esse novo aspecto da questão. Limitemo-nos a observar que os estabelecimentos humanos introduzem um elemento de fixidez nas relações geográficas. O próprio fato de existirem é uma prova de sobrevivência, pois representam um depósito que as gerações anteriores deixaram às seguintes, um fundo de valorização que dispensa recomeçar com novos encargos. Ademais, a rede de estradas e a formação de relações lhes assegura, em muitos casos, novas razões de existência. É uma planta que estende suas raízes; contudo, pode, também, definhar e morrer. No entanto, é raro que, em nossos países de construções sólidas, desapareçam sem deixar traços. Vejam os tradicionais países das bordas do Mediterrâneo ou, mesmo, o México e o Yucatán. Como dizia Ratzel, há uma geografia das ruínas, e sua persistência nas áreas [*contrées*] de pedra e de areia é, por si só, um fato geográfico. Os autores antigos acreditavam expressar o auge da destruição quando diziam: *Etiam periere ruinae!*[3] Todavia, existem áreas [*contrées*] onde as próprias ruínas desapareceram, aquelas cuja fragilidade dos materiais não resistiu à investida dos agentes naturais, aos golpes de uma natureza tão poderosa para a destruição quanto para a criação; aquelas onde os estabelecimentos humanos, não tendo feito crescer ao seu redor raízes fortes que contribuiriam para assegurar sua perpetuidade, se deslocaram e se transportaram como a tenda de um nômade. Destas, restam pouco mais do que traços, parecidos com os que os botânicos reencontraram na floresta, quando ela desapareceu: simples plantas. E, no caso que nos ocupa, alguns vegetais e legumes trazidos pelo homem que continuaram a viver após sua partida. Os viajantes têm nos descrito esse espetáculo inúmeras vezes nas regiões cultiváveis da África Central.

Tal é o campo de observações, em parte inexplorado, oferecido pelo estudo dos estabelecimentos humanos — um dos temas fecundos da ciência geográfica. Limitei-me aqui a falar de observações que podem ser feitas em nossas regiões [*contrées*], ao redor de nossos centros universitários, em excursões de estudantes e professores. Entretanto, se estendermos esse gênero de observações não a áreas [*contrées*] restritas, mas ao conjunto da terra habitada, quantos assuntos para preciosas reflexões! Estepes, florestas tropicais, margens e aluviões dos rios, confins da floresta ártica e da tundra oferecem modos de estabelecimento (quer permanentes, quer temporários) adaptados às condições do meio [*milieu*] e, particularmente, ao gênero de vida que neles se desenvolveram. Aqui, a cana, a palmeira e o cipó; lá, o tijolo e a terra; alhures, a madeira ou mesmo flocos de neve, fornecem os materiais. Recordo essas grandes variedades apenas para mostrar o quanto os fatos observados ao nosso redor estão ligados às causas gerais que agem sobre o conjunto terrestre. Pois a ideia de unidade terrestre, em qualquer manifestação estudada e em qualquer região localizada, é a inspiração e o princípio originais de toda geografia.

---

[3] Até as ruínas pereceram! (N.T.)

I.7. OS GÊNEROS DE VIDA NA GEOGRAFIA HUMANA
Primeiro Artigo*
[1911]

I

Sabe-se que a fisionomia de uma área é suscetível de mudar bastante segundo o gênero de vida que nela praticam seus habitantes. Essas mudanças nos surpreendem muito pouco na Europa, pois as condições de existência aí são, por assim dizer, estereotipadas, fixadas há muitos séculos. Entretanto, elas não escapam à observação atenta; podemos constatar, por exemplo, que o desenvolvimento crescente da vida urbana já começou a exercer modificações que não são insensíveis sobre os cultivos, os agrupamentos humanos e a fisionomia das regiões [*contrées*].

É suficiente, porém, considerar os chamados países novos, Pradarias da América, Pampas e mesmo a Puszta, as estepes russas ou enfim a

---

* "Les genres de vie dans la Géographie Humaine — premier article." Publicado em *Annales de Géographie*, n. 111, ano XX, tomo 20, 1911. Tradução: Regina Sader e Simone Batista. Revisão técnica: Rogério Haesbaert.

Mitidja e outras partes da Argélia, para apreciar as mudanças geográficas trazidas pela substituição de um gênero de vida por outro. Assistimos nessas áreas a transformações que não consistem apenas na introdução de elementos novos, mas que perturbam todo o equilíbrio anterior da natureza viva, causam um abalo profundo, que se estende até a natureza inorgânica. A vegetação se modifica em torno das pastagens onde são instalados os rebanhos, árvores aparecem onde sua presença fora excluída, e certas plantas não convocadas surgem espontaneamente, atraídas pelos cultivos. A contrapartida deste espetáculo nos é oferecida nas zonas muito numerosas onde dominam, entre outras chagas, os abusos de criatório. Em torno do Mediterrâneo, sobretudo, e na Ásia Ocidental, não faltam exemplos de semidesertos que se sucederam a uma agricultura semipastoril ou de irrigação.

Estamos, efetivamente, na presença de um fator geográfico de que não soubemos apreciar o valor ou, pelo menos, de que não estudamos o funcionamento, sem dúvida pela ausência de termos de comparação em quantidade suficiente. Um gênero de vida constituído implica uma ação metódica e contínua, que age fortemente sobre a natureza ou, para falar como geógrafo, sobre a fisionomia das áreas. Sem dúvida, a ação do homem se faz sentir sobre seu meio desde o dia em que sua mão se armou de um instrumento; pode-se dizer que, desde os primórdios das civilizações, essa ação não foi negligenciável. Mas totalmente diferente é o efeito de hábitos organizados e sistemáticos que esculpem cada vez mais profundamente seus sulcos, impondo-se pela força adquirida por gerações sucessivas, imprimindo suas marcas nos espíritos, direcionando em um sentido determinado todas as forças do progresso.

Essa ação é tão forte que corremos o risco de ser enganados por ela. As categorias que se apresentam ao nosso espírito de forma tão clara, como o estado pastoril, o estado agrícola e outras classificações sociológicas, estão longe de corresponder a contrastes tão claros na natureza. Esses contrastes devem-se ao fato de que pastor e agricultor, para nos atermos somente aos dois gêneros de vida mais evoluídos, são dois seres que se tornaram socialmente muito diferentes por um conjunto de hábitos e concepções nascidos precisamente da diferença de gêneros de vida que praticam. Há discordâncias irremediáveis na ideia que cada um desses seres sociais faz da propriedade, dos laços de família, de raça e do direito. O direito, para um, é territorial; para outro, é essencialmente familiar. Mas essas oposições apenas muito indiretamente são fatos da natureza. Seria um abuso de linguagem ver nelas a tradução do meio físico. A natureza é mais diversa, menos absoluta, bem mais maleável que esses contrastes permitiriam supor. Ela possui em reserva possibilidades em número superior ao que nossas classificações abstratas permitem crer. Teremos melhores condições de julgamento na medida em que nossos conhecimentos se estendam a um número maior de áreas, com graus desiguais de desenvolvimento. Vemos áreas que, com climas semelhantes, oferecem grandes diferenças de gêneros de vida. A colonização moderna nos ensina a medir até onde se estende sobre as áreas o poder de modificação do qual dispõe o homem; é preciso convir, por outro lado, que se este poder estivesse restrito a quadros muito rígidos, esta obra de colonização que desperta um interesse tão legítimo não teria nem sentido e nem alcance.

II

Creio que, para se ter uma ideia justa, é preciso, antes de mais nada, considerar que a ação do homem sobre a natureza, ou da natureza sobre o homem, se exerce principalmente por intermédio do mundo vegetal e animal, isto é, por esse algo infinitamente maleável e tenaz que se chama vida. As influências do clima e do solo, que regem todas as coisas, nos atingem ao mesmo tempo que todo este mundo animado com o qual se desdobra nossa existência. Ora, é um mundo de composição muito complexa, onde entram espécies de épocas geológicas diversas, umas em regressão, outras em progresso. Um estado de luta e concorrência reina, seja entre animais que se entredestroem, entre plantas que disputam espaços ou entre micróbios e parasitas que vivem às suas custas. Ao lado de plantas que tiveram sucesso em ampliar sua área, há outras que, reprimidas, aguardam uma circunstância propícia para se lançar fora do asilo em que se refugiaram. De tudo isso resulta um equilíbrio instável, onde nenhum lugar está definitivamente garantido. No duelo que se trava entre formações vegetais como a árvore e a erva, a floresta e a pradaria, ou entre espécies como as árvores latifoliadas e as coníferas, o carvalho e a faia etc., a intervenção humana tem poder para modificar as oportunidades e desempenhar um papel decisivo na balança. Foi o que aconteceu: o homem tomou partido. Mas por ter a necessidade, para agir como mestre, de mobilizar a seu favor uma parte das forças vivas, ele se expõe a deparar-se com chances bastante desiguais segundo os seus campos de batalha.

 Se essa natureza viva é empobrecida, tornada anêmica pelas condições restritivas do clima, o próprio homem fica paralisado ou constrangido na escolha de seus meios de existência. Uma epizootia, que destruiu o rebanho de renas das tribos tchuktche ou samoieda (rebanho que constituía suas riquezas), forçou-as a se dispersarem. Um canal de irrigação que para de funcionar na região do Sind transforma o grupo de cultivadores em uma turba de saqueadores ou de bandoleiros. Em tais regiões, um gênero de vida é algo precário. É por esta razão que nos admiramos quando vemos o grau relativamente sólido de organização ao qual souberam se elevar, uns pelo pastoreio, outros pela caça e pesca, povos tais como os lapões e os esquimós. Esses povos árticos conseguiram criar um tipo social durável, dispondo de um instrumental apropriado, em condições seguramente mais rigorosas que aquelas em que, na extremidade do outro hemisfério, vegetam miseravelmente as tribos fueguinas. Diante disso, é difícil escapar à ideia de que esses gêneros de vida se constituíram não exatamente na região relativamente restrita onde subsistem na condição de testemunhos, mas numa escala maior, nos espaços continentais que correspondem às latitudes médias de nosso hemisfério.

Em todo caso, os gêneros de vida fundados sobre combinações tão simples, como a que une a rena ao homem que a domesticou e ao líquen que lhe serve de alimento, não conseguiram modificar sensivelmente a fisionomia de uma área. É diferente nas regiões da Terra onde atualmente a vida atinge seu ápice. As relações não se estabelecem entre simples unidades, mas entre associações mais ou menos poderosas, mais ou menos compactas e fechadas. Essas associações vegetais e animais vivem juntas sob os mesmos lugares "como os habitantes de uma mesma cidade".[1] Esses habitantes são unidos por um elo de interesses recíprocos, uns beneficiando-se da presença dos outros, dosando reciprocamente, na posição comum, a parte de abrigo e de luz, de umidade, de calor e de substâncias químicas, às quais se adapta a existência de cada um dos coassociados.

Esse conjunto de existências solidárias não está naturalmente a salvo de perturbações; há associações menos fortes, mais abertas. Basta que algumas partes se soltem para que o conjunto se dissolva. Mas há também associações fechadas e resistentes: é o caso quando umidade e temperatura se unem para imprimir um impulso impetuoso à vegetação, concentrando sobre um espaço muito pequeno um número extraordinário de seres vivos.

A selva tropical é o exemplo mais marcante de associação fechada, defendendo-se pela solidez de sua organização, apesar dos ataques múltiplos dos quais, não mais do que outras, ela não escapou. Os indivíduos extraordinariamente variados que a compõem (plantas lenhosas e herbáceas, epífitas, lianas e sub-bosques, répteis e animais trepadores, mundo pululante de insetos, glossinas etc.) são unidos por elos quase inextricáveis de dependência recíproca. O domínio florestal, entretanto, foi reduzido, como prova a sobrevivência de testemunhos vegetais, sobretudo

---

[1] Flahaut, C. 1906. *Les progrès de la géographie botanique depuis 1884, son état actuel, ses problèmes (Progressus rei botanicae)*. Jena: I. Heft 1 (p. 307).

grandes árvores e lianas, que subsistem mais ou menos transformadas nas regiões contíguas. Mas a floresta tropical é uma força agressiva, que tende a retomar rapidamente aquilo que os desmatamentos lhe roubam; e, apesar de tudo, ela permanece uma zona imensa, seja na África Central, seja na *montaña*[2] americana, onde o homem não conseguiu prevalecer contra esta superposição de seres coligados. As pesquisas recentes dos biólogos nos mostram a estreita correlação de habitat fixo que existe entre a vegetação cerrada das margens dos rios e este mundo de insetos, onde se recrutam agentes de transmissão epidêmica: *Glossina palpalis*[3] ou, mais genericamente, moscas tsé-tsé. É aí, no abrigo fornecido pelas plantas, que elas encontram as condições determinadas de umidade e de calor necessárias à sua existência. A força temível do meio atinge assim o seu ápice; a proliferação vegetal tem por corolário uma proliferação animal que, pelo parasitismo ao qual está sujeita, multiplica seus ataques e duplica seus efeitos perniciosos. O homem não é a única vítima, porém mais ainda os animais que poderiam lhe servir de auxiliares. Essas legiões de insetos, moscas, aracnídeos, mosquitos etc. estão em estreita dependência em relação à vegetação que lhes serve de amparo e da qual não se distanciam muito; a vida da maior parte dessas espécies se concentra entre os lençóis de água, onde passam sua existência larval, e os matagais, de onde, adultos, espreitam suas presas. Essas associações vegetais estão sempre prontas a se efetivar, mesmo fora das regiões tropicais, assim que as condições convenientes de temperatura e umidade se combinem. É também o que ocorre nos matorrais em que, nas planícies do sul da Europa afetadas pela malária, o *Anopheles* se refugia dos raios do sol, durante o dia, e à noite sai, em prejuízo das áreas circunvizinhas.

---

[2] Em espanhol no original. (N.T.)

[3] Ver: Gustave Martin, Leboeuf, Roubaud, *Rapport de la Mission d'études de la Maladie du Sommeil au Congo français 1906-1908*, Paris, 1909; ver principalmente o mapa: *Distribution de la maladie du sommeil et des mouches tsé-tsé*.

A enfermidade das populações ditas selváticas tem como causa principal a estreita coesão que reúne em torno dela os outros seres vivos. Elas enfrentam um poder da vida que, levado a este grau de intensidade, torna-se o pior dos obstáculos, e que tem sua raiz nestas múltiplas afinidades do meio que a *Oecologie* começa a desembaraçar. Desmembrar esse conjunto confuso de formas vegetais, separar e isolar as plantas úteis, agrupar as espécies de qualidade e defendê-las contra a invasão de outras, garantir, enfim, a existência de animais que, como o boi e o cavalo, possam lhe emprestar força e rapidez: tal é, em geral, o plano de operações que o homem conseguiu atingir; ele não pôde completá-lo aqui senão de forma imperfeita, salvo nas margens onde a selva, menos impenetrável, lhe permitiu a entrada.

Compreende-se, então, o que é para o homem, nessas regiões tropicais, a interposição de uma estação seca um pouco prolongada: um descanso, uma espécie de trégua que o liberta desse poder opressivo. As altas temperaturas desprovidas de umidade são contrárias ao desenvolvimento de insetos nocivos. A ventilação dispersa os miasmas. A erva seca fornece material inflamável. Em geral, tudo o que modifica, mesmo temporariamente, as condições fisiológicas dos seres, abre possibilidades à ação do homem.

Efetivamente, observou-se inúmeras vezes a relação que se estabelece entre a sucessão regular de ocupações que constitui um gênero de vida e a ordem das estações. A apropriação de uma terra, o corte de uma árvore ou arbusto, são operações ligadas a um estado passageiro ou a uma suspensão de funções vitais, a uma espécie de crise da qual o homem tira partido, se ele é agricultor, viticultor ou horticultor. O pastor em busca de pastagens segue, nas suas peregrinações periódicas, a ordem que lhe é traçada pelo avanço devorador da seca e vai, com um movimento rítmico, da planície à montanha e vice-versa. O mesmo se passa com a pesca e a caça. O momento em que os rebanhos deixam o abrigo invernal nas florestas é o sinal das caçadas para as populações das regiões árticas. Para as tribos de pescadores das mais diversas latitudes, há também momentos que retornam periodicamente: os do salmão remontando os rios, ou aquele das vazantes dos rios tropicais transformados em viveiros naturais. A pesca marítima regula-se pelas migrações periódicas do arenque, do bacalhau e da sardinha. É assim, ao sabor dos acontecimentos sazonais ou dos movimentos que se produzem no mundo animal, eles próprios condicionados pelas estações, que o homem contrai hábitos de existência em vista dos quais ele se organiza, fabrica instrumentos, cria estabelecimentos temporários ou fixos.

É o ponto de partida de grandes diferenças. Não temos que buscar, no momento, como essas diferenças se acentuam e vão aumentando à medida que os gêneros de vida se especializam. Que os mesmos homens sejam alternadamente, segundo as estações, caçadores e agricultores, agricultores e pastores, é um fato que, mesmo nas civilizações rudimentares, é raro. Eles coexistem sem se misturar. Há entre o pigmeu caçador e o negro cultivador das selvas africanas uma divisão de atribuições. É um fato naturalmente mais raro ainda nas civilizações avançadas.

Tratou-se até o momento apenas de mudanças periódicas, provocadas pelas estações à medida que nos distanciamos do Equador. Há outras mudanças, menos claras, mas que, pelas repercussões que exercem sobre a vida dos seres, influenciam também a constituição dos modos de existência. Creio que podemos considerar como causas dessas mudanças os progressos marcantes nos últimos séculos, da valorização das áreas setentrionais da Europa e da América, cujos relevo e hidrografia foram transformados pelas últimas invasões glaciais. A seu turno, essas condições físicas se modificam. As cavidades lacustres, invadidas pela vegetação, transformam-se em turfeiras e aproximam-se assim de um estágio em que o cultivo domina. Um regime fluvial tende a substituir um regime lacustre, e a água concentrada em um leito adquire força para erodir o solo. Escavando as massas móveis do *drift*, cujo manto recobre superfícies previamente desbastadas, ela constrói ravinas, esboça novos vales ou prepara a reconstituição dos antigos. O solo ganha assim em variedade, os produtos se diversificam e as árvores podem, graças aos abrigos assim construídos, tomar ou retomar em parte a posse da superfície. É então, mais uma vez, em função de circunstâncias mutáveis, modificadoras do equilíbrio dos seres, que o homem encontra meios para instalar novos gêneros de vida. Sua ação deve sua eficácia ao fato de ser exercida no sentido de uma evolução natural. A tendência, nítida em Minnesota e alhures, de suceder à cultura exclusiva de alguns cereais um sistema de cultivos mais variados (*mixed farming*) confirma essa observação.[4]

Sem antecipar o que virá adiante, cabe chamar a atenção para o fato de que um campo, um prado, uma plantação, são exemplos típicos de associações possíveis criadas para a conveniência do homem. Sobre um terreno preparado pelo arado, podemos encontrar uma espécie, retirada do seu meio natural e da associação à qual pertencia, que se instala sozinha, para, em alguns meses, ceder o lugar a uma outra. Sobre este solo arenoso, onde a erva se misturava aos matagais, a foice eliminou os arbustos e as plantas frutíferas em benefício de algumas gramíneas de qualidade. À sombra da tamareira agrupou-se uma população compósita e heterogênea de árvores frutíferas, cereais e leguminosas. Por outro lado, por toda parte onde o homem criou um centro de vida, acorrem convivas que não foram convidados, plantas e animais. Observem, a alguns centímetros abaixo de uma haste de trigo, a proliferação da floração vermelha ou azul que parece ter calculado matematicamente o grau de luz que lhe convém. Os roedores e os pássaros granívoros assombram em bandos as nossas campinas. "A floresta", diz Kobelt, "parece silenciosa e vazia em comparação com o terreno cultivado. A fauna florestal se comprime ali onde ela pode tirar mais facilmente a sua parte na mesa ricamente servida que o homem, involuntariamente, lhe prepara [...] Sobre as bordas da floresta, no campo e

---

[4] Hyde, John. 1907. Geographical Concentration. An historic feature of American agriculture. *Bulletin de l'Institut International de Statistique*. VIII, fascículo 1, n. 23. Roma. (p. 91)

mesmo nos jardins, se acumulam infinitamente mais formas animais que na própria floresta."⁵ O homem se compraz também com esta vizinhança, que facilmente se transforma em familiaridade. A separação de vida entre o homem e o animal é menos nítida nas sociedades primitivas, onde o animal figura em lugar de destaque na árvore genealógica. Os viajantes nos descrevem as cabanas de certos indígenas do Brasil como verdadeiros estábulos, onde coabita toda sorte de animais díspares. É preciso não perder de vista esses fatos de atração recíproca para compreender o processo que permanece, em suma, bastante misterioso, pelo qual se fez, em épocas muito antigas, a domesticação de certas espécies animais.

Em resumo, a ação do homem se exerce às expensas de associações preexistentes, que lhe opõem uma resistência desigual. Se ele conseguiu transformar a seu favor uma grande parte da Terra, não lhe faltam áreas onde foi derrotado. O sucesso, nas porções da Terra que ele conseguiu humanizar, só foi obtido ao preço de uma ofensiva na qual, aliás, encontrou aliados; sua intervenção, por assim dizer, desencadeou forças que estavam em suspensão. Para constituir gêneros de vida que o tornassem independente das chances de alimentação cotidiana, o homem teve que destruir certas associações de seres vivos para formar outras. Teve que agrupar, por meio de elementos reunidos de diversos lados, sua clientela de animais e plantas, fazendo-se assim ao mesmo tempo destruidor e criador, quer dizer, realizando simultaneamente os dois atos nos quais se resume a noção de vida.

III

Os espaços que puderam, no início, ser apreendidos pelo homem e fornecer-lhe um terreno de ataque eram necessariamente restritos. Entre as

---

⁵ Kobelt, W. 1902. *Die Verbreitung der Tierwelt...* Leipzig. (p. 110)

florestas, os pântanos e todas as forças adversas unidas que detinham uma grande parte da superfície, o espaço tornou-se exíguo a partir do momento em que as sociedades humanas tenderam a engrossar suas fileiras; era necessário, entretanto, para reunir auxiliares, agrupá-los em associações duráveis, fundir de alguma forma império contra império. É interessante determinar, se for possível, os pontos pelos quais começou essa conquista, aliás inacabada, do globo: os primórdios podem explicar o que vem em seguida; as circunstâncias iniciais regeram, na maioria das vezes, o sentido da evolução ulterior. A primeira questão que encontra o estudo geográfico dos gêneros de vida é, pois, a seguinte: onde e como nasceram, e de quais germens? Colocar a questão tem já sua utilidade; se quisermos ir um pouco mais longe, é preciso recorrer à análise escolhendo alguns casos concretos e determinados.

Exemplos retirados das regiões tropicais — Dissemos por que a selva tropical tinha prejudicado a ação humana. Entretanto, entre as dificuldades que ela lhe opõe, uma das mais graves, que é a de circular, pode ser superada ao longo dos grandes rios que cortam essas regiões. O Congo, o Amazonas e seus principais afluentes mantiveram, através da espessura desse mundo fechado e fracionado, correntes de ventilação e de vida. A grande quantidade de braços laterais, refúgios contra a violência da corrente, favorece a navegação, ao permitir-lhe adentrar os *igarapés* (caminhos de canoas, em língua tupi). No Congo existiam tribos que possuíam verdadeiras frotas. Sem as relações interfluviais não se pode explicar o rico e original material etnográfico que nos revelou a África Central. Havia ao longo do Amazonas uma série de tribos aparentadas que foram empurradas para o interior pela ação perniciosa dos europeus. Suas frotas dispunham de grandes canoas com dois mastros e velas duplas ainda em uso. O belo desenvolvimento da cerâmica na Guiana permanece como um testemunho dessa civilização indígena, cujas relações fluviais e a construção de barcos parecem ter sido seus principais motores.

Se a interposição de uma estação seca é uma circunstância favorável à ação do homem, isso se aplica não só à caça e mesmo à pesca, mas também à agricultura. Os antigos caminhos reaparecem na erva ressecada. A erva tenra nascida sobre as cinzas atrai os antílopes e o caçador.[6] Os instrumentos de caça inventados pelos indígenas nada ficam a dever, em engenhosidade e aperfeiçoamento, ao bastão munido de ponta que permaneceu como utensílio arcaico de cultivo. A alimentação preferida parece se ressentir desses hábitos. O negro do Sudão e o nosso soldado senegalês[7] alimentam-se com carne, bem mais que o berbere ou o árabe. Entretanto, a agricultura, mesmo rudimentar, não tarda a adquirir uma superioridade sobre os outros gêneros de vida, graças aos procedimentos de conservação e de armazenamento que ela envolve e que aumentam seu patrimônio. A agricultura que praticam os africanos da zona intertropical não fugiu à regra. A adoção do milho, da mandioca e de outras plantas de origem americana que os europeus levaram para a África, mas que os indígenas, por sua vez, aclimataram e propagaram, não é uma prova menor de vitalidade e de iniciativa.

Hoje já superamos certas ilusões a propósito da fertilidade dos solos tropicais. Sabe-se que as superfícies propícias aos cultivos são aí relativamente restritas. No Brasil, como na África, enquanto há dorsos de planaltos recobertos por silte vermelho, constituindo solos férteis, onde geralmente se concentram aldeias, há também extensões de areias graníticas, areias ferruginosas e argilas lateríticas que não permitem a atividade agrícola. A lavagem intensa e repetida a que está submetido o solo pelas chuvas tropicais tira dele substâncias fertilizantes, de modo que o esgotamento rá-

---

[6] Missão Chari-Lago Tchad, 1902-1904. *L'Afrique Centrale Française*, por Auguste Chevalier. Paris, 1907 (p. 118).

[7] *Tirailleur sénégalais*, no original, soldado de infantaria recrutado entre as populações nativas dos antigos territórios coloniais franceses. (N.T.)

pido é a pedra no caminho da agricultura tropical. Reside aí, sem dúvida, a principal causa que perpetuou, sobretudo nessas regiões, o uso bárbaro do cultivo sobre queimadas,[8] paliativo temporário que, pela necessidade de nomadismo relativo que implica, priva a agricultura da principal vantagem social que a distingue.

Os terrenos de aluviões, onde a renovação do solo se opera automaticamente pelo aporte das águas correntes, escapam a esse inconveniente. Eles também exerceram uma atração particular sobre os homens, tanto nas regiões tropicais úmidas quanto nas regiões de monções. Enquanto as partículas químicas e mecânicas, retiradas a montante e se sucedendo ao longo das margens, depositam-se em camadas incessantemente renovadas nas planícies a jusante, e sobretudo nos deltas, o solo permanece de tal forma impregnado de umidade que não se teme a saturação salina. É por essa condição que as cavidades lacustres em Madagascar e os deltas fluviais da Índia, da Indochina e da China devem a sua propriedade de utilização imediata. Frequentemente descreveu-se a avidez e a prontidão com as quais, nas embocaduras do Yang-Tsé ou dos rios de Tonquim, o sedimento, anualmente trazido pelos rios, é, por assim dizer, agarrado pelos ribeirinhos e costurado nas faixas litorâneas. Essa prática é a consequência extrema de um gênero de vida arraigado e provocado pelo superpovoamento até os últimos limites que ele pode atingir. Nos lençóis (*jihils* de Bengala) abandonados pelas cheias periódicas do Ganges e do Brahmaputra a água se espalha e, entre as plantas aquáticas vindas para suas margens, há uma, o arroz, que se sobressai pela fecundidade em grãos nutritivos. Foi o arroz que, junto com a atração dos recursos piscosos fornecidos por esses viveiros naturais, chamou a atenção dos homens. Eles foram incitados a repro-

---

[8] A queima da vegetação é um dos processos primitivos de preparo do solo, praticado não somente na África, mas na Índia (onde é designado por cinco ou seis nomes diferentes) e mesmo de forma disseminada, esporadicamente, desde Formosa até o Brasil, e desde o Sudão até a Finlândia.

duzir artificialmente a combinação que a cada ano era trazida pelo decorrer das estações. Qualquer que tenha sido posteriormente o desenvolvimento desse cultivo, as circunstâncias iniciais se reportam a um fenômeno caracterizado de forma bastante especial pelo momento e pelo lugar.

Assim, o emprego da água é tão ativamente praticado nas regiões tropicais úmidas quanto nas regiões secas — mas há diferenças. Ele tornou-se, tanto num caso como no outro, um princípio superior de gênero de vida; porém, o manejo difere, do mesmo modo que o aspecto marcado na paisagem. No primeiro caso, a água se espalha em lençóis ou em degraus nas regiões acidentadas; é dispersada em largura; ela estanca, pois não se teme que a intensidade da evaporação, nem mesmo o estado de saturação do solo, prejudiquem suas qualidades fertilizantes. No segundo caso, ao contrário, é preciso que ela passe rapidamente para não se impregnar de substâncias salinas; é mantendo uma corrente perpétua, por meio de canaletas estreitas e inclinadas, que o homem faz com que a água sirva a seus fins. Nas regiões tropicais úmidas a água é um elemento com o qual o homem vive em contínua familiaridade; nas regiões secas, ela é um tesouro fugitivo que é preciso arrancar. Nem um instrumental técnico, nem a escolha de plantas, nem a alimentação e os hábitos se assemelham. Há diferenças essenciais de gêneros de vida, ainda que ambos resultem num mesmo tipo de pequena comunidade rural, fundada sobre uma harmonia[9] e serviços recíprocos, supondo a existência de planos cadastrais ou de medidas geométricas.

O caso das regiões secas — Nas regiões com secas de verão, são outros os fenômenos que estimularam as iniciativas humanas. A presença de um rio exerce nessas áreas uma concentração bem mais marcante sobre todas as formas de vida, vegetal e animal. Tudo desabrocha em contato com o rio. Na dieta que compunha a alimentação dos antigos egípcios havia uma variedade surpreendente de plantas aquáticas, e nas representações figuradas que

---

[9] *Entente* no original. (N.T.)

retratavam as ocupações favoritas dos ribeirinhos do Nilo ou do Eufrates, as cenas de caça são pelo menos tão frequentes quanto as cenas agrícolas. Uma civilização agrícola predominou, todavia, definitivamente sobre o Nilo, mas não inteiramente sobre os rios da Mesopotâmia e do Punjab; ela prevaleceu graças a uma adaptação exata às regularidades dos fenômenos. O retorno rápido das águas após as cheias permitiu, no Nilo, assegurar um escoamento quase imediato para que elas não se impregnassem de sal. Uma solidariedade estabeleceu-se entre os habitantes ribeirinhos a jusante e a montante, pois a tentação de confiscar a água em seu próprio benefício cedeu à necessidade de restituí-la prontamente após a sua utilização. Os sedimentos vulcânicos do Nilo e os sedimentos calcários do Tigre e do Eufrates serviram para a aclimatação sistemática de plantas cada vez mais numerosas. Apesar de tudo, a vitória da agricultura não é nem completa, nem definitiva. A vinte ou trinta quilômetros do mar, no clássico delta do Nilo, a inclinação quase nula dificulta o escoamento: as águas deixam que o sal remonte à superfície por capilaridade. As terras salinas chamadas *bararis* sucedem-se ao deserto.[10] Nesse domínio, o pescador das lagunas e o beduíno nômade substituem o felá.[11] O mesmo fato ocorre em torno dos alagadiços vizinhos de Kerbela, onde se perde hoje o antigo braço ocidental do Eufrates, em consequência da negligência dos homens.

Os gêneros de vida sofrem, assim, todas as peripécias da própria vida do rio. Sven Hedin nos dá, em síntese, uma imagem expressiva dessa correspondência entre a degradação dos modos de existência e as fases anormais dos cursos-d'água em região árida.[12] Nos grandes oásis de Yarkand e Kashgar aparece uma população esparsa de pastores que percorrem os bosques de salgueiros e álamos que margeiam o Tarim no seu percurso através

---

[10] Brunhes, Jean. 1902. *L'Irrigation*. Paris (p. 323 e seguintes).

[11] Camponês ou lavrador egípcio. (N.T.)

[12] Hedin, Sven. 1905. *Scientific Results of a Journey in Central Asia 1899-1902*. Vol. II. Lop-Nor, Estocolmo, Londres, Leipzig (p. 609 e seguintes e carta p. 63).

das areias. Tudo termina, enfim, em imensos bambuzais, em cujas clareiras algumas tribos vivem da pesca. Quase que de forma idêntica, pode-se aplicar esta mesma história ao rio Chari, no seu caminho rumo ao lago Chade.

Outras combinações naturais, não menos sugestivas para o homem, nasceram das alternâncias periódicas de seca e chuva. Inúmeras vezes descreveu-se a eclosão maravilhosa de plantas anuais que, de repente, as chuvas de primavera fazem brotar do solo. O verão faz secar suas hastes e amadurecer seus grãos, mas parece que todas as energias latentes explodem ao mesmo tempo, nestes solos ainda não esgotados e que guardam de reserva todos os seus tesouros de substâncias férteis. Se o homem recrutou, entre essas legiões vegetais, alguns de seus principais cereais, por seu lado os animais herbívoros, como bisões, antílopes e carneiros, encontraram aí o meio de se multiplicar em proporções surpreendentes. Mas o esgotamento sucessivo das áreas de pastagens e a repartição esparsa das terras férteis obrigaram a uma vida gregária de deslocamentos periódicos em grandes grupos. As regiões polares também conhecem essas grandes reuniões de rebanhos migratórios com a mudança das estações, mas com uma hinterlândia[13] completamente distinta. No lugar da estéril *taiga* siberiana aparece a estepe ou o aluvião cultivável, as terras das oleaginosas e do trigo, os *Tell*, os *Canaã* e as *Mesopotâmias*, que aparecem em contiguidade ou em vizinhança. O homem, desde as épocas mais remotas, tornou seu, entre esses bandos errantes, um animal precioso que não suporta nem os grandes frios, nem os verões úmidos, mas que tem extraordinárias faculdades de locomoção, unidas a um temperamento sóbrio que convém particularmente ao ar seco e à vegetação aromática das estepes. Há, por excelência, uma *região do carneiro*,[14] proporcionando o *optimum* das suas condições de existência. Situada na periferia indecisa dos cul-

---

[13] *Arrière-pays* no original. (N.T.)

[14] *Pays du mouton* no original. (N.T.)

tivos e das estepes, esta região se caracteriza por ter as mesmas condições físicas, seja no *Far West* americano, na Austrália, ou nos planaltos da Argélia e da Síria. Essa área apresenta-se na origem como uma espécie de fronteira[15] e de anexo das terras de cultivo, e é desse modo que ela entrou na economia doméstica dos povos.

Uma agricultura que exige atenção apenas em alguns meses do ano combinou-se com uma forma de criação que pode se contentar com pastagens periódicas. O rebanho tornou-se riqueza, o próprio signo e a moeda dessa riqueza. A troca de produtos e de meios de alimentação entre o produtor de cevada ou de trigo e o criador de carneiros ou de cabras fez surgir entre eles uma solidariedade que é o fundamento da vida na Antiguidade, descrita tanto na Bíblia quanto em Homero.

O sedentarismo não é uma consequência necessária dessas relações: ele só pode ser realizado, pelo menos de uma forma regular e permanente, se o modo especial de cultivo, essencialmente ligado também a essas condições de clima, for favorável. Não foi o campo, mas a horta que se tornou aqui o ponto-chave da vida sedentária.

É provável que a multiplicidade de árvores frutíferas, que marca as zonas temperadas quentes com verões secos, seja responsável pela sobrevivência de numerosas espécies da era terciária. Mas é ao clima atual que algumas dessas árvores devem o fato de terem sido transformadas e educadas pelo cultivo. A árvore, este ponto de referência dos pássaros saqueadores, que nosso camponês trata como inimiga, é, pelo contrário, a benfeitora em regiões de agricultura esporádica, onde busca, com suas raízes subterrâneas, a umidade que foge da superfície. Ela alimenta uma folhagem que filtra os raios ardentes do sol, em benefício de plantas mais delicadas. A estação em que a vegetação parece atingida pela morte é justamente aquela que permite o acúmulo de açúcar nos frutos da videira, da tamareira, da fi-

---

[15] *Marche-frontière* no original. (N.T.)

gueira; é também aquela que permite ao damasco e ao pêssego a concentração do seu sabor, em que a polpa da oliva se impregna lentamente de óleo aromático. É por esses dons preciosos, mais ainda que por sua beleza, que uma espécie de consagração nos velhos cultos do Irã e da Grécia prende-se à árvore como a uma pessoa. O enxerto, a poda e outros cuidados que ela exige atingiram o nível de uma arte que se transmitiu, se propagou progressivamente e que, pelo valor inestimável que comunica aos solos propícios, criou uma espécie de aristocracia do cultivo, um tipo superior observado com razão por Tucídides como um estágio recente de civilização.[16] Sua ausência na China, país de verões chuvosos, fornece a contrapartida dessas observações. O chinês, tão hábil em outros gêneros, é apenas um medíocre arboricultor.

As clareiras nas florestas da Europa — O estudo dos incidentes a que foi submetida a floresta nas regiões temperadas deveria ser um capítulo da história comparada das civilizações; entendo por regiões temperadas aquelas em que o período de vegetação compreende pelo menos cinco meses do ano. Essa história se resumiria quase a uma luta, na qual o homem usou de todos os meios de destruição: o fogo, que suprime, da árvore os vermes e micro-organismos que fazem a areação do solo; o machado, que deixa lamentavelmente uma parte do tronco mutilada; a extração de vegetais do sub-bosque (*soutrage*), que sorrateiramente, mas de forma segura, priva a árvore de órgãos auxiliares, sem falar nos dentes das cabras e dos carneiros. Temos sob nossos olhos os resultados dessas destruições, tanto sob a forma de maqui ou *garigues*[17] quanto de matagais, como nos platôs calcários da

---

[16] Tucídides (I, 2) diz, falando dos gregos antigos: "Vivia-se ao sabor dos dias, sem possuir supérfluos, sem fazer cultivos."

[17] *Maquis*, em francês, refere-se a vegetação espessa (arbustos, urzes etc.), em terrenos siliciosos, característica de certas regiões mediterrâneas. (N.T.)

França, de charnecas[18] na Alemanha do Norte, de *touya* no Béarn, de *hara* ou bambuzais no Japão. Dessas degenerescências florestais nasceram formas novas de associações vegetais. Quando a luta do homem e da floresta não culminou com a supressão pura e simples desta última, ela deu lugar a compromissos diferentes. Chegou a vez, hoje, de os Estados Unidos se preocuparem em encontrar uma forma de acordo nessa luta.

    Limitar-me-ei a retraçar aqui, de forma bastante sumária, as relações que se estabeleceram entre o homem e a floresta na porção da Europa que está aproximadamente compreendida entre 50 e 55 graus de latitude, zona esta que, hoje, em virtude de causas diversas, é uma das que evoluem mais rapidamente. Ela confina-se ao sudeste com uma região que guardou em parte o caráter da estepe; ao norte com uma outra que conserva ainda vivamente os traços que as últimas invasões glaciais lhe imprimiram. Ela conservou algo das duas, apesar de ter seu caráter e sua fisionomia próprios, pois está provado, de um lado, que a flora e a fauna das estepes avançaram recentemente através da Europa Ocidental, e, de outro, é provável que pelo menos uma parte dos sedimentos ou depósitos móveis que se estendem sobre as planícies, entre cerca de 100 e 200 metros, devem sua origem a causas relacionadas aos antigos glaciares.

    O clima, salvo exceções, é eminentemente favorável às florestas. Em nenhum outro lugar elas exibem, no verão, vegetação mais bela, conjunto mais imponente. Mas é preciso, para isso, que elas tenham em toda parte o mesmo domínio sobre o solo: os vales sujeitos às inundações lhes são adversos; sobre a convexidade dos planaltos sedimentares a natureza móvel do solo favorece mais a erva do que a árvore; a sobrevivência de várias gramíneas rígidas, representantes da flora das estepes, mostra que esses testemunhos de outro clima encontraram espaços propícios para se manter. Somos levados, assim, a admitir que, por mais extensas que tenham sido as

---

[18] *Landes* no original. (N.T.)

conquistas da vegetação florestal, ela não invadiu todos os lugares[19] — restaram clareiras, interstícios, pelos quais se introduziu a ação humana.

Uma outra circunstância a considerar é a composição da floresta. Parece que ela foi bastante variada desde tempos históricos. Sabe-se, em todo caso, que a influência edáfica é considerável: na época romana, as coníferas ocupam em massa as areias da média Francônia, enquanto as florestas de folhas caducas dominam os calcários da Suábia.[20] Contudo, o clima é em geral propício às árvores latifoliadas. Aquelas que constituem a marca das nossas florestas — o carvalho com a nogueira, frequentes nas turfeiras dinamarquesas, a faia na porção ocidental e com eles o freixo, a tília, o sicômoro etc. — são, desde há muito, nossos familiares e nossos auxiliares. Essas árvores com ramagens elevadas, folhagens leves e móveis que deixam penetrar mais livremente a luz por entre seus troncos, permitem o desenvolvimento de uma vegetação herbácea; algumas delas têm frutos, como os carvalhos e as faias, que servem de alimento aos porcos. A criação de porcos cessa, na Rússia, no limite do carvalho. A variedade de essências presta-se a diversas aplicações, como marcenaria, construção de carroças etc., uma série de vantagens relativas que, no passado, lhes valeu a preferência do homem sobre outras, que atualmente são exploradas intensamente para extração de pasta de celulose ou fabricação de postes para a sustentação de túneis e minas.

Não há dúvida, contudo, que a floresta foi, aqui como alhures, o obstáculo, o limite, o próprio inimigo. É preciso lembrar que nas épocas primiti-

---

[19] A.F.W. Shimper exprime, sem dúvida, uma posição intermediária ao dizer: "O clima da Europa não é um clima marcado por bosques nem por pradarias, mas igualmente favorável às duas formações." (*Pflanzen-Geographie*..., Jena, 1898, p. 624)

[20] Ver: Gradmann, R. 1901. *Das Mitteleuropöische Landschaftsbild nasch seiner geschichtlichen Entwickelung* (Geog. Zeitschr., VII, p. 361-377, 435-447). Ver também: Petermanns Mitt., XLV, 1899, p. 57-66.

vas ela não oferecia o aspecto ordenado[21] que se deve aos nossos habitantes da floresta. Os desmatamentos consistiam em uma tarefa dura e penosa. Contam-se os períodos em que eles foram empreendidos. No século VI e no século IX foram atingidas, sobretudo, as florestas das localidades secas; posteriormente os monges cistercienses e *prémontrés*[22] especializaram-se no saneamento de bosques alagadiços; o século XIII, sobretudo, foi um período de desmatamentos. Nos intervalos desses períodos, a floresta foi silenciosamente consumida por toda parte, pois que, como veremos, ela foi aos poucos incluída na órbita da economia rural.

Hoje é difícil fazermos uma ideia concreta do início dessas civilizações agrícolas que discernimos, mesmo antes da era histórica, na Gália Setentrional e na Germânia. Talvez seja necessário observar, para termos uma ideia, o que se faz na Rússia na zona florestal que se limita com as estepes. Em 1769, o naturalista Pallas surpreendeu-se ao ver a leste de Samara, nas "*Landes* elevadas", herbáceas, "um único homem com dois cavalos lavrar, semear e gradar ao mesmo tempo".[23] Ainda hoje os finlandeses do Volga (*Tcheremisses*) parecem estar exatamente no ponto em que permaneceu, durante longo tempo, a agricultura gaulesa ou germânica: eles praticam exclusivamente os cultivos nas terras elevadas, enquanto que as baixas planícies alagadiças permanecem atrasadas e selvagens.[24] É assim que ensina a cronologia dos estabelecimentos humanos nas porções da Europa Central em que é possível construí-la: as mais antigas camadas se encontram sobre os planaltos e os espaços abertos. É sobretudo nestes sítios que parecem ter sido formadas as associações de culturas homogêneas

---

[21] A*ménagé* no original. (N.T.)

[22] De *Prémontre* (comuna do Aisne), religiosos da ordem dos canônicos regulares de Prémontré. (N.T.)

[23] Viagens de Pallas (trad. fr., Paris, 1788), I, p. 249 e seguintes.

[24] Smirnov, Jean N. 1898. *Les populations Finnoises des bassins de la Volga et de la Kama*, trad. Paul Boyer, primeira parte. Paris, p. 81.

e contíguas que, mais tarde, deram lugar aos tipos de aldeias estudadas por A. Meitzen (*Gewanndorf*).[25]

Voltemos, porém, às condições que traçamos anteriormente. Planícies ou baixos-platôs de *loess* ou de silte escalonam-se, senão em continuidade, pelo menos em proximidade, da Rússia até a França do Norte. A floresta não tem aí um domínio tenaz; alguns vestígios lembram a estepe que o homem, quase por toda parte, parece ter colhido como herança. A uniformidade do relevo e a homogeneidade do solo prestam-se à organização de um trabalho combinado e coletivo; elas exigem mesmo uma cooperação permanente e, como nas zonas irrigadas, comportam um princípio de fortalecimento social. O que repele o agricultor na floresta é a luta obstinada contra as raízes, espinheiros e matagais: a vegetação herbácea não tem essas formações ofensivas. Após o intervalo obrigatório dos pousios, o lavrador não corria o risco de encontrar o solo com espinheiros, tornando árdua qualquer retomada do trabalho agrícola. O gado, após a colheita, permanecia senhor do terreno, avançando naturalmente até o limiar da floresta limítrofe.

É assim que esse gênero de existência agrícola trava relações com a floresta vizinha. Cada comunidade é cercada de uma porção de floresta, que ela explora lentamente nas bordas e com a qual se funde.[26] Os direitos de pastagem e de uso são aí fundados não sobre tolerâncias vagas, mas sobre um estatuto legal.[27] Ela é aproveitada, sobretudo, para a criação de porcos, algo essencial, muito caro aos nossos camponeses, e que lhes fornece a parte

---

[25] Gradmann, R. 1910-1. *Die Ländlichen Siedlungsformen Württembergs* (*Petermanns Mitteilungen*, LVI, p. 247).

[26] *Ostgermanen, der Kelen, Römer, Finnen und Slawen,* Berlin A.Meitzen, *Wanderungen, Anbau und Agrarrecht der Volker Europas nórdlich der Alpen Abth. 1.Siedelung und Agrarwesen der Westgermanen und,* 1895, I, p. 122 e seguintes.

[27] Delisle, Leopold. 1851. *Études sur la condition de la classe agricole et l'état de l'agriculture en Normandie au moyen âge.* Évreus, p. 155.

principal de sua alimentação de origem animal; mas ela é também utilizada para outras espécies de gado (*animalia*). De fato, as pradarias ainda são raras, e sabemos que a introdução das pradarias artificiais é bastante recente.

Basta lembrar, para avaliar o quanto esses usos se incorporavam na economia rural, a oposição às tentativas de sua supressão. A floresta, é verdade, corrompeu-se gradativamente em suas margens; mas já tinha contribuído para formar essa combinação de agricultura e pecuária, que é o traço principal que diferencia a agricultura europeia da chinesa e japonesa.

O intervalo entre as florestas e os litorais — Notemos, a título subsidiário, que os litorais expostos à violência úmida e ventosa do clima oceânico, como os do noroeste da Europa, mantêm a floresta a distância. É nesses espaços descobertos que se instala essa civilização primitiva, da qual os *Kiökkenmoddings* dinamarqueses conservaram os traços. Enquanto as camadas mais antigas desses restos de cozinha contêm apenas ossos de renas e de cães associados a ossos de peixes e de pássaros, encontramos, nas mais recentes, restos de carneiros, cabras, cavalos e porcos. Houve, então, uma evolução contínua de gênero de vida sobre o mesmo lugar, num quadro fixo, formado pelo mar e a inóspita floresta interior. É, sem dúvida, pelas mesmas razões que, no litoral do Noroeste da América, os indígenas conseguiram, desde cedo, estabelecer um gênero de vida estável[28] no intervalo entre o litoral piscoso e a barreira florestal. Lá, como no Japão, onde um vigésimo da população dedica-se à pesca, a floresta manteve ou fez refluir as ocupações humanas em direção ao mar.

Exemplos provenientes das montanhas — Em virtude de terem as montanhas a característica bem conhecida de aproximar zonas diferentes do

---

[28] "A grande abundância de peixes e de moluscos não dava motivo a mudanças sazonais de permanência", diz J.W. Powell (*Seventh Annual Report of the Bureau of Ethnology*, 1885-1886, Washington, 1891, p. 30 e seguintes).

ponto de vista climático, somos levados a buscar as combinações de gêneros de vida que nasceram dessas diferenças. Nesse campo, apesar de algumas tentativas interessantes, existe ainda amplo material para ser observado. Qualquer consideração a esse respeito deve levar em conta o fato primordial de que as influências sucessivas exercidas pela altitude sobre a temperatura, insolação e precipitações, somente a partir de um certo nível tornam-se pronunciadas e acumuladas o suficiente para mudar os hábitos e os gêneros de vida. Este nível, tanto quanto é possível supor, oscila entre 800 e 1.000 metros. É mais ou menos até esta altitude que se prolonga o que podemos chamar de zona de base, onde, segundo as regiões, a floresta tropical, a estepe e os cultivos continuam, sem grandes modificações, a fisionomia das planícies vizinhas. O homem, com sua tenacidade na manutenção de seus modos de existência, estende tanto quanto pode, em altura, as práticas que lhe são familiares; em muitos casos, ele desafia as leis naturais em detrimento de si próprio.

É acima dessa zona inferior que se desenvolvem plenamente as diferenças características que a montanha introduz na vida dos homens. Para nos limitarmos aqui a alguns tipos, representamos nos dois gráficos esquematizados adiante (figura 1), a ordem em que se sucedem as zonas de vegetação sobre os flancos de duas cadeias de montanhas da Europa e da Ásia, ambas notáveis pelo desenvolvimento da vida pastoril, ainda que em uma seja a criação de bois que domina e, na outra, a de carneiros.

A zona de cultivos, que nos Alpes Ocidentais da Suíça e da Savoia segue-se à planície, nas cadeias de Tian-Shan e nas do Irã, ao contrário, sucede-se à estepe. Essa zona é bastante importante, um fator essencial na vida da montanha. A um milhar de metros, pelo menos, é que podemos avaliar a extensão sobre a qual os montanheses da Pérsia e as velhas populações iranianas da Ásia Central praticam, graças às maravilhas da irrigação combinada com uma insolação intensa, suas culturas de grãos, de árvores, de melões. Essa intercalação de plantas nutritivas entre regiões de gramíneas ou de florestas enriquece a montanha com um elemento precioso de habitabilidade e de troca.

OS GÊNEROS DE VIDA NA GEOGRAFIA HUMANA

A floresta começa nos montes Tian-Shan, mais ou menos na altura onde ela termina nos Alpes. Um manto sombrio de pinheiros corresponde ao anel de nuvens que, no inverno, estaciona sobre os flancos, sem ultrapassar 3 mil metros. Acima dessa altura, as condições invernais são completamente diferentes: aí reina, em permanência, um regime anticiclônico, mantendo a insolação e a seca. Assim, produz-se nos *Pamirs* e nos *Dchilgas* dos montes Tian-Shan um fenômeno singular, se bem que intimamente ligado às características dos climas de altitude: é a possibilidade de manter no inverno, beneficiando-se da orientação e dos abrigos, a vida pastoril na altitude, algo que, nos Alpes, a neve torna impraticável.

Se o homem busca assim se manter, ao preço de privações e entre temperaturas extremas nessas altitudes, é porque o verão proporciona-lhe ricas compensações. A oscilação sazonal eleva, no verão, o nível das nuvens. Graças ao movimento ascensional devido à elevação da temperatura, o vapor-d'água somente se condensa em altitudes superiores a 3.000 metros, isto é, acima do nível da vegetação florestal. As pastagens que, no inverno, recebiam uma pequena quantidade de neve, recebem agora uma taxa de umidade que as reaviva e que alimenta essa vegetação herbácea e frutescente, e esta rica fauna que deixa maravilhados todos os observadores, a exemplo do que sucedeu outrora com Marco Polo. "Lá no alto", diz esse veneziano, "cresce a melhor pastagem do mundo, pois um jumento magro ali se tornaria bem gordo em dez dias. Há grande abundância de pássaros." No verão, então, para este domínio pastoril afluem, por seu lado, os rebanhos que hibernaram nas regiões inferiores. As solidões animam-se, e diz P. Semenov, "os dias que os quirguizes passam nas pastagens de verão são os mais belos de suas vidas".[29] Há, com efeito, nesses lugares altos, uma atração fisiológica devida à luz, à pureza transparente do ar, cuja alegria se comunica tanto aos animais como aos homens.

Essas pastagens de verão foram chamadas, entre nós, pelas antigas populações, de "alpes" por excelência, por serem as únicas porções da

---

[29] Semenov, P. 1900. *La Russie Extra-Européene et Polaire*. Paris (p. 105).

montanha que elas frequentavam e que designavam por nomes especiais. O mesmo sucede com as montanhas pastoris da Ásia. As espessas nuvens que se veem nas tardes de verão, coladas obstinadamente nos flancos dos Alpes, escondendo os cumes, são reservatórios de umidade que impregnam as pastagens elevadas acima de 1.900 metros. As neblinas ou chuvas reverdecem várias vezes a vegetação, apesar da intensa evaporação dos climas de altitude;[30] elas dão lugar, em agosto, a uma renovação que permite aos homens retornar às pastagens.

Não vamos descrever aqui a organização da economia que pouco a pouco se constituiu e se propagou nos Alpes, nem o desenvolvimento assumido pelo nomadismo pastoril na Ásia: basta a indicação que se fez das características iniciais. Elas se resumem, em ambos os casos, à combinação de certas condições físicas, graças às quais o homem encontrou a possibilidade de permanecer mais tempo nos lugares altos, e de aí fazer instalações para morar e estabelecer um costume. Um criatório fundado sobre amplas bases encontrava nas planícies de estepe, na Ásia, todo o complemento de recursos necessários; mas foi preciso, nos vales suíços, multiplicar as pradarias para ficar em consonância com a extensão das altas pastagens.

Essa série de exemplos não parecerá incoerente se buscarmos extrair seu sentido geral. Tentamos fazê-lo a partir da origem de certos gêneros de vida. Estes nasceram de circunstâncias locais diversas, cuja contribuição tinha dado lugar a combinações naturais, antes que o homem tivesse podido, por sua vez, acrescentar as suas. Nada se parece menos com categorias ou compartimentos nos quais a natureza teria desenhado quadros de civilização. Assiste-se aqui e ali a atos de iniciativa que aumentaram gradualmente, e por oportunidades diversas, seu campo de aplicação e o teatro de seus sucessos. Os impulsos que provocaram essas energias foram produzidos graças à mobilidade perpétua dos seres, a favor das peripécias da concorrência vital. As modificações periódicas que as diferenças de estação produzem

---

[30] Christ, H. 1879. *Das pflanzenleben der Schweiz*. Basel (p. 264, 308).

na natureza viva forneceram ao homem, particularmente, possibilidades múltiplas de intervenção e ocasiões de iniciativa. Elas serviram de norma à organização dos gêneros de vida. Numa terra submetida a um clima uniforme, esses estímulos teriam feito falta. Se é verdade que a diversidade dos climas não cessou de se acentuar nos períodos geológicos mais próximos da época atual, somos levados a dizer que, ao crescer em variedade, o mundo cresceu em inteligência.

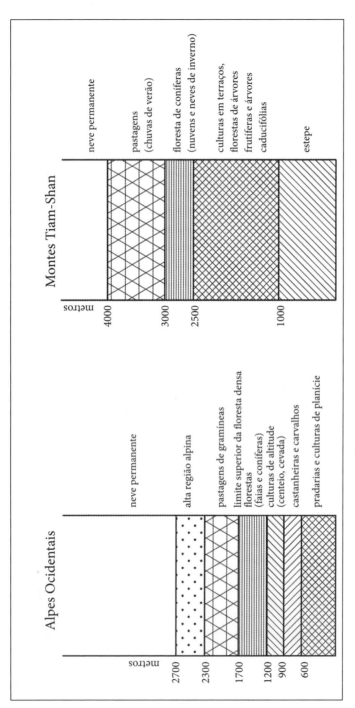

Figura 1 - Zonas de vegetação dos Alpes Ocidentais (Suíça e Savoia) e dos montes Tian-Shan.

I.8. OS GÊNEROS DE VIDA NA GEOGRAFIA HUMANA
Segundo Artigo*
[1911]

Como toda célula tem seu núcleo, todo gênero de vida tem seu lugar de nascimento. Mas, para que ele se enraíze e se fortaleça, é necessário um espaço favorável, assim como a planta precisa de um para se expandir e fazer frutificar suas sementes. Desse modo, o desenvolvimento de um gênero de vida é uma questão essencialmente geográfica, e só podemos compreender bem as diferenças assaz importantes que ele introduz entre as regiões [*contrées*] e os homens remontando a essas origens.

Evolução dos gêneros de vida — Neste sucinto esboço, podemos deixar de lado a caça e a pesca. Esses gêneros de vida também têm sua evolução: o princípio comercial, sendo aí introduzido, transformou seus comportamentos e, até certo ponto, a característica e a vida dos que a eles se dedicam.

---

* "Les genres de vie dans la Géographie humaine — Second article". Publicado em *Annales de Géographie*, n. 112, t. 20, 1911, p. 289-304. Tradução: Guilherme Ribeiro. Revisão: Eloisa Araújo Ribeiro e Sergio Nunes Pereira.

A caça em busca de peles e as grandes pescarias não se parecem nem um pouco com as expedições de caça dos índios nas pradarias americanas e nem com a vida das tribos ictiófagas[1] — apontadas desdenhosamente pelos geógrafos antigos. Tais gêneros de vida, porém, tendem a se confinar e a se restringir. A agricultura e a pecuária, ao contrário, não pararam de estender seus domínios, de dar lugar a variedades e a subgêneros cujas diversas ramificações penetram até as partes mais inóspitas dos continentes. Desde os estágios primitivos — onde a diferença se traduzia apenas por uma divisão de atribuições entre o homem caçador e a mulher dedicada a alguns cultivos ao redor das cabanas —, o progresso desses dois gêneros de vida foi tão grande que eles praticamente conseguiram concentrar, pela divisão do trabalho, todas as forças da coletividade, empregando-as em qualquer época do ano. Desse modo, eles realizam plenamente o que Ratzel denomina muito bem "formas de vida nas quais toda atividade e todo esforço recebem uma direção particular".[2]

Escolha das plantas cultiváveis — O progresso da agricultura está ligado à propagação de certas plantas, sobretudo cereais, que o homem, conforme as regiões, particularmente adotou. Essa escolha ocorreu através de várias tentativas. O hábito de semear diferentes cereais no mesmo campo — que ainda persiste em certas partes afastadas da península dos Bálcãs — é um anacronismo que se reporta aos períodos mais antigos. A favor dos homens, certas plantas suplantaram outras. Da mesma forma que hoje a aveia substitui o centeio entre os habitantes do Noroeste europeu, a cevada precedeu o trigo como cultivo preponderante entre os povos do Mediterrâneo. Como explica Ptolomeu, o nome sânscrito de Java significa "ilha da cevada"[3] (ou

---

[1] Praticantes da ictiofagia, sistema alimentar em que o peixe é o principal alimento. (N.T.)

[2] F. Ratzel, *Politische Geographie*, p. 65.

[3] *Java-diva*. Ptolomeu, VII, 29.

do milhete?) e mostra que outros cereais dominavam ali antes da introdução do arroz pelos hindus. A escolha, por eliminação, de plantas sobre as quais o homem teve de concentrar seus cuidados e observar minuciosamente as fases de existência para acompanhar sua evolução já foi um progresso memorável. A sabedoria chinesa consagrou a fórmula desse progresso na enumeração de cinco grãos para semear, que figuram na famosa cerimônia anual como símbolo civilizacional: arroz, frumento,[4] sorgo, milhete e soja.[5]

Tratava-se de substituir a área primitivamente restrita onde tiveram lugar as primeiras tentativas de cultivo, por uma área muito mais extensa, suscetível de ser vitoriosamente protegida contra a concorrência das plantas rivais e de atingir, com o tempo, os limites onde outras condições de clima mudam profundamente a composição do mundo vegetal. Reduzidos apenas às suas próprias forças, nem o trigo, nem o arroz, nem o milho, de grão tão pesado, teriam conseguido conquistar o enorme espaço de que tomaram posse.[6] Por outro lado, a ação necessariamente hesitante, local e não sistemática das primeiras sociedades humanas, não teria sido coroada de sucesso se não tivesse encontrado, no solo e na fisiologia da planta, elementos de êxito. Houve, então, colaboração íntima da natureza e do homem.

Propagação dos principais cereais — Diminui-se muito a influência do solo sobre as áreas vegetais quando ela é considerada principalmente local, mais topográfica do que geográfica: esse não é o caso se o solo se mostra uniforme em extensões consideráveis. A facilidade de disseminação das espécies vegetais num ambiente homogêneo é um dos fatos que a geografia botânica melhor esclarece; prova disso é a ubiquidade de um número muito grande de plantas aquáticas. As plantas terrestres com mais capaci-

---

[4] A melhor espécie de trigo, também denominada trigo candial. (N.T.)
[5] A. de Candolle, *Origine des plantes cultivées*, 4ª. ed. Paris, 1896, p. 285 (apud Bretschneider).
[6] Ver: *Atlas Vidal-Lablache,* mapa 65, *Principales cultures d'alimentation.*

dade de expansão são também as que, encontrando continuamente diante de si terrenos relativamente homogêneos, puderam acomodar-se neles sem esforço, sem a necessidade de adaptar-se sucessivamente a condições muito específicas de relevo e de solo.

Pode-se citar inúmeras regiões que apresentam, de um único golpe, grandes extensões de solos semelhantes. Se possuíssemos em maior número mapas como os de Dokutchaev e seus colaboradores para a Rússia europeia, seríamos sem dúvida surpreendidos com o papel que a repartição zonal de certos tipos de solos desempenhou na propagação de espécies úteis. A extensão do *Tchernozion* através da Rússia e da Sibéria meridional é o exemplo clássico disso. O acúmulo de produtos de decomposição mecânica e química no sopé das cadeias de dobramentos recentes também fornece entre eles solos análogos, que se sucedem em amplas zonas ao longo do Irã e mais longe ainda. As ramificações dos Andes encerram, da Colômbia ao Peru, sobre quase 3 mil quilômetros de largura, uma série de planaltos formados por detritos móveis, areias, cascalhos e lodo. Inversamente, parece que essa sustentada continuidade seja um fato raro na África Tropical. Nesta, as áreas agrícolas são fragmentadas pela interposição de rochas de quartzito ou de granito e pela esterilidade congênita a esses desgastados peneplanos. Uma vez que a expansão agrícola é detida por um obstáculo, a população retomará seu trabalho a distância: essa é a observação que frequentemente reaparece entre os exploradores e que bem parece manifestar um defeito inerente a essas terras africanas.

Diz um provérbio turco relembrado por Muchketov: "Por todos os lugares onde há *loess*[7] e água, existe a Sarda."[8] A despeito de tantas vicissitudes, ele exprime bem a notável persistência das velhas tradições de cultivo iraniano, ao longo dessas faixas [*bandes*] montanhosas onde não

---

[7] Tipo de solo formado por sedimentos eólicos, muito bom para uso agrícola. (N.T.)
[8] I.V. Mouchketov, *Tourkestan*, I, St. Peterbourg, 1886, p. 24 [Sarda é um peixe da família do atum, abundante na costa do Mediterrâneo e de carne muito saborosa. (N.T.)]

se conhece outra distinção de solo que aquela do solo irrigado (*lalmi*) ou somente fertilizado pelas chuvas (*bogara*). A planície indo-gangética, com seus *doab* — ou penínsulas fluviais —, dividida entre aluviões antigos (*bangar*) e recentes (*khadar*), é um magnífico exemplo de continuidade na extensão. Perceptível na nomenclatura rural, nos provérbios, nas divisões sazonais e na organização das aldeias, essa continuidade se mantém, mais ou menos alterada, em direção ao Leste até os confins de Bengala. Tudo muda, então, tanto os tipos étnicos quanto os tipos sociais, quando o domínio onde ainda se realizam colheitas de trigo e de leguminosas[9] cede lugar ao domínio onde o arroz reina soberano.[10]

Na extensão dos enormes deltas da Ásia das Monções, esta planta aquática encontrou condições propícias para tornar-se uma das grandes plantas cultiváveis. Ao norte da China, porém, de onde o arroz é excluído pelo clima, outros elementos do solo também agiram pelo poder da extensão. Sob a ação mais frequente das chuvas, o momento onde as massas de partículas acumuladas pelos ventos começam a perder seu sal, a se repartir grão a grão segundo as leis do escoamento fluvial, corresponde a uma das maiores regiões de continuidade agrícola existente. As camadas uniformes de *loess* que cobrem os planaltos do Chen-si distribuem-se nas bordas ao longo dos vales, fornecendo ao rio Amarelo os materiais de seu imenso talude aluvional.

Em nossa Europa Ocidental não há nada que se compare a essas vastas formações. Entretanto, aqui, como na América do Norte, as bordas das antigas extensões glaciais são assinaladas por zonas mais ou menos contínuas de terrenos de transporte. Na Europa, tais terrenos deram lugar, bem cedo, a uma agricultura surgida no local, cujos procedimentos e instrumental (margagem, carroça com rodas) surpreenderam, por sua originalidade, os

---

[9] *Rabi* (trigo etc.), colheita de inverno. *Kharif* (arroz etc.), colheita de verão.

[10] P. Vidal de la Blache, *Le peuple de l'Inde d'après la série des recensements* (*Annales de Géographie*, XV, 1906, p. 363 e seguintes).

agrônomos romanos.[11] Na América, foram as *Prairies-States* (Ohio, Indiana, Illinois, Iowa) que, quando cultivadas por volta de 1860, inauguraram, por necessidade — sobre um território quase igual ao conjunto da França —, um grande emprego de máquinas. Lá se constituiu, pelo maquinismo e pelo uso de instrumentos mais leves do que na Europa, um novo tipo agrícola, transportado desde então para o Canadá e para o Oeste e em vias, talvez (ao menos na medida em que os solos se prestem a isso), de dar a volta ao mundo. A planta alimentar das velhas civilizações da América, o milho, encontrou aí um campo de expansão onde, tanto por ela mesma quanto por seus produtos secundários, atende a um comércio mundial.

Plasticidade das espécies cultivadas — As espécies vegetais que tiveram essa sorte não se diferenciavam somente pelas qualidades nutritivas, mas também por sua plasticidade, pela aptidão a se distinguir, contraída talvez graças à própria extensão da qual já tinham se apossado. Tal como os vemos hoje, esses grandes cereais são espécies, em sua maioria formadas por seleção, de criação em parte humana. Por empirismo ou de outro modo, o homem soube aproveitar a preciosa faculdade, que as espécies tinham reservado, de engendrar espontaneamente novas variedades. Assim, com uma notável flexibilidade de adaptação, o trigo pôde acomodar-se tanto ao clima de Flandres como ao do Irã — e substituir por espigas mais tenras as espigas filamentosas —, bem como ao grão mais rico em glúten das regiões secas. Os agrônomos americanos contam perto de duzentas variações de milho, e sabe-se que, entre os franceses, o laboratório conseguiu recentemente aumentar esse número. O arroz não dá lugar a um grupo menor de variedades, graças às quais ele pôde se adaptar não somente a diversas épocas do ano, mas a regiões de relevo acidentado e mesmo montanhoso. Essa mesma característica de plasticidade natural e de variedades adquiridas

---

[11] Varron, *De re rustica* I, 7. Plínio, o Velho, XVII, 4,1; XVIII, 72, 1.

encontra-se entre a maior parte das plantas sobre as quais a atenção do homem se detém há tempos imemoriais: a vinha, a macieira, a pereira e até a nogueira do Sudão africano são exemplos disso. É uma das marcas mais características da impressão humana sobre o reino vegetal.

Essa associação de trabalho e inteligência humanas com a vida de certas plantas escolhidas; a observação de suas funções fisiológicas e dos diferentes *optima* que, sucessivamente, lhes convêm; a atenção e, geralmente, a ansiedade diante das intempéries das quais dependem. De tudo isso se formou uma alma rural que, com analogias particulares e alguns traços comuns, encontramos entre os camponeses cambojanos,[12] chineses, hindus e europeus. Antigamente, vinculava-se uma ideia de invenção e de sabedoria sobre-humanas à origem desses principais cultivos — e não sem razão. Uma grande parte da inteligência foi assim incorporada à natureza. Todo um conjunto de ritos, crenças e ditados está ligado a tais ocupações agrícolas. Para muitos homens, ainda, essa série de cuidados preenche a existência, compõe o programa das ocupações do ano. Tradições e usos resistem ao tempo. Em *pueblos* ou aldeias indígenas do Novo México, quando a chuva demora, ainda hoje se pode ver danças religiosas onde, com um gesto rítmico, homens e mulheres manejam espigas de milho — o que lembra as cenas que retraçam, em suas pinturas, certos mapas do século XVI.

II

Meios de alimentação — Combinação é o outro termo pelo qual se exprime a intervenção humana no mundo vivente, particularmente no das plantas. O conjunto de substâncias azotadas e carboidratadas exigido por nossa alimentação não pode ser obtido senão por uma certa variedade de

---

[12] Ver: Adhémard Leclère, *La culture du riz au Cambodge* (*Revue Scientifique*, 4ème sér., XIII, 1900, p. 11-15, 109-114).

pratos. Diferentes combinações foram realizadas para prover essa necessidade; é mister dizer algo sobre isso, pois elas são o próprio fundamento dos gêneros de vida. Não há, com efeito, diferenças que os homens estejam mais dispostos a identificar entre eles, para fazer delas um objeto de curiosidade, de brincadeira ou de maledicência, do que a dos meios de alimentação. Para os antigos gregos, o uso da farinha de frumento, do vinho e do óleo era um critério de alta civilização. Ainda que os botânicos diferenciem uma planta principal como servindo de tipo a uma associação vegetal, pode-se encarar o trigo como o tipo de associação de plantas alimentícias formadas pelo homem na região mediterrânea. A vinha, a oliveira, a figueira etc. não têm a mesma origem nem a mesma constituição física, mas se relacionam entre si e com o frumento por afinidades fisiológicas: a capacidade de extrair profundamente a umidade no solo e a de elaborar, graças aos verões secos, o glúten no grão, o açúcar ou as substâncias aromáticas no fruto.

Se o milho (*indian corn*) não tivesse tido apenas a vantagem de seu crescimento e maturidade rápidas, bem como a de uma grande comodidade alimentar,[13] ele poderia, sem dúvida, como o fez, ter facilitado a colonização da América. Porém, não teria assumido a importância que teve na economia rural e até mesmo na vida social. Devido à sua riqueza em glicose, amido e substâncias carboidratadas, ele possui um poder de engorda utilizado, tanto na Europa como na América, na criação de frangos e porcos e, de modo geral, de gado. "*Corn, cow, hog*":[14] essas três palavras, que se combinam bem são a máxima de um dos Estados do "*Corn surplus*", o Iowa. Além disso, a separação do caule com largas folhas dá lugar, na Europa, à intercalação de outras plantas — amigas, como ele, de verões luminosos e úmidos, tais como abóboras, feijões, tomates e girassóis con-

---

[13] A espiga, verde ou madura, come-se grelhada (*hominy*). Conhece-se a papa de milho (*polenta, mamaliga*).

[14] "Milho, vaca, porco."

forme as regiões. E, em certos países (Valáquia[15] e Bulgária), a pequena propriedade encontra um precioso auxiliar nesses cultivos subsidiários.

Algumas dessas combinações de meios alimentícios não são tão remotas, posto que o milho nos veio da América: a mais recente, quase contemporânea, é a que resulta da extensão dos cultivos de batata e de aveia, combinadas com a produção de laticínios. O clima oceânico do norte da Europa é particularmente favorável ao pasto — assim como à aveia, cereal por excelência dos *marschen* e dos *polders*,[16] que pode cumprir em quatro ou cinco meses, entre os períodos de geleiras, seu ciclo vegetativo. Mas foi o complemento desta solanácea robusta,[17] presente dos planaltos americanos, acomodando-se aos mais diversos climas, que permitiu constituir um tipo de economia rural capaz de prover as necessidades de nossas aglomerações industriais e urbanas. O intensivo povoamento do norte da Europa — amanhã do Canadá e da Sibéria ocidental e depois de amanhã do Chile meridional — está ligado a esse fenômeno. Se o trigo e o milho fazem novas conquistas, elas estão longe de igualar as que o leite e seus derivados, concorrendo com a aveia, realizam a cada ano nas regiões outrora voltadas à cevada e ao centeio.

Conviria acrescentar a esses exemplos de combinações formadas localmente as que, há muito tempo, o comércio fez entre produtos distantes porém associados a um mesmo regime de vida. São sobretudo as bebidas excitantes que dão lugar a essas combinações. Longe de serem acessórios, pode-se afirmar que elas são destaque na questão que nos ocupa. Quem

---

[15] Província da Romênia situada próxima aos limites deste país com o Império Otomano. (N.T.)

[16] Th. H. Engelbrecht, *Die Landbauzonen der aussertropischen Länder*, I, Berlim, 1889, p. 27; III, 1899, mapa 7 [*Marschen* e *polders* são designações alemãs e holandesas, respectivamente, para áreas próximas ao mar cercadas por diques, a fim de se evitar inundações. (N.T.)]

[17] Vidal refere-se à batata. (N.T.)

dirá o bastante sobre o papel que desempenham, para a criação de necessidades comuns e fixação dos gêneros de vida, o chá entre as raças amarelas, o café na Europa, a noz-de-cola no Sudão etc.? O fino perfume oriundo da repetida renovação dos gomos e das folhas da árvore de chá depende, definitivamente, assim como o arroz com o qual ele está associado, do clima de monções. Mas o chá viaja para longe: ele circula pelas rotas terrestres da Ásia, e o chinês do Norte faz com que ele venha das províncias do Sul que o têm como privilégio, tal como os muçulmanos do Sudão vão procurar suas nozes-de-cola na extremidade da zona selvática. Quando, numa data um pouco posterior ao século IX, o chá começou a penetrar no Japão, sua introdução nos hábitos da boa sociedade se manifestou pela invenção de um material especial, pelo advento de novos ritos, de fórmulas, de todo um cerimonial protocolar. Esse foi um refinamento social, um desses supérfluos que, como disse Tucídides, são a própria essência da civilização.

Sítios de estabelecimento — Assim, os hábitos rurais, as exigências de mão de obra e as colheitas secundárias se agruparam em torno de certos cultivos que dão o tom; que fixam, por assim dizer, a fórmula dos gêneros de vida. O *habitat* é uma das expressões visíveis dessas combinações. Entre as causas que influem na escolha dos sítios, dos modos e das disposições dos agrupamentos, uma das mais evidentes é a preocupação de reunir ao alcance o máximo de recursos possíveis; de combinar, numa coordenação cômoda, as diversas possibilidades de posicionamento. No sudeste da Ásia, onde o arroz e o peixe compõem o regime corriqueiro, a casa posta sobre pilotis à beira do rio nele continua através da jangada ou do junco. Em nossas regiões [*contrées*] europeias, são os níveis das nascentes e os contatos dos solos que traçam as linhas das aldeias. Em muitos casos, as estradas de nada adiantam; a aldeia as precedeu. O contato do Lias e do Oolithe nas encostas lorenas e borgonhesas; do calcário conquífero e dos quartzitos à beira do planalto loreno; do Gault e da Craie no Bray e das argilas e dos basaltos em Auvergne são, entre outros exemplos, sítios naturalmente designados para acrescentar ao cultivo dos campos o complemento de pomares, pradarias, bosques ou pastagens. As fazendas se escalonam segundo as mesmas leis que as aldeias: na Bresse, as vemos se sucederem muito regularmente sobre os picos das colinas onde estão os campos, enquanto que embaixo se estendem os prados.

Um dos sinais duráveis da presença do homem é a concentração artificial de formas vegetais e culturais: um cinturão de jardins assinala a aldeia picarda; uma cerca de árvores rodeia a fazenda normanda; o "*courtil*"[18] no Oeste, o "pomar" no Morvan e o "prado atrás da fazenda" em Auvergne revelam a vizinhança do habitat. Nas aldeias do centro da África descritas por A. Chevalier,[19] uma grande variedade de vegetais bizarramente reunidos — abóboras, pimentões, pés de algodão, caules de milho, cabaças etc. — se amontoam nas imediações das cabanas, enquanto que num raio mais extenso se dispersam cultivos mais gerais e mais antigos como milhete, sorgo ou *eleusine*.[20]

Formas de habitat — Por suas dimensões e dispositivos, construções se adaptam a essas diversidades por si próprias. Aqui, o celeiro domina e tem o lugar principal na cerca quadrangular por onde o povo da fazenda se move. Lá, as casas são agrupadas, porém separadas. Em outra parte, a habitação, em um único corpo, expõe na fachada compartimentos abertos onde pimentões e espigas de milho pendem em cachos. Ao redor das estreitas aldeias cabilas, vê-se frequentemente pequenos celeiros cilíndricos de telhados cônicos. Às vezes, nas encostas calcárias que margeiam nossos rios franceses, os celeiros ou as granjas são talhados na rocha, pois as antigas formas de habitat foram conservadas, de preferência, nas partes

---

[18] Pequeno jardim junto à casa de um lavrador. (N.T.)

[19] Auguste Chevalier, *L'Afrique Centrale Française*, Paris, 1907, p. 219, 266.

[20] Designação comum às plantas do gênero *Eleusine*, da família das gramíneas. (N.T.)

que, hoje, tornaram-se dependências secundárias. As choças redondas, as grutas e as pirâmides circulares semelhantes aos *trulli* da Apúlia[21] perpetuam-se nesses hábitos subalternos. Essa sobrevivência de formas rudimentares permite julgar como, de simples abrigo, a concepção de habitat elevou-se à de um conjunto organizado, onde o homem concentra seus meios de ação.

Quanto mais se avança para o sul em direção às regiões áridas, mais o jardim se fecha em torno das aldeias, mais os intervalos vazios se estendem entre os cultivos. A aldeia-jardim, a *horta*, a *vega*, a *huerta*, formam um conjunto cada vez mais compacto, transição em direção ao oásis. Para além desse círculo verdejante, através das moitas de *Kermès* e das ramagens aromáticas de *Labiées*, circulam o gado, a cabra e o carneiro que, à noite, reúnem-se no cercado da aldeia. Um gênero de vida semipastoril, semiagrícola corresponde a um agravamento do clima. Nas planícies ardentes da Cilícia, os habitantes saem no verão de suas aldeias para viver nos planaltos, *yaila*, com seus rebanhos. Assim, temporariamente, a aldeia perde o aspecto de lugar habitado para assumir a característica de lugar de depósito. Percebe-se o ponto onde se confinam dois gêneros de vida. Mais ao longe, enfim, o dualismo se afirma: de um lado, o habitante do oásis ou dos *ksour*, o mais sedentário, o mais enclausurado dos homens; do outro, o pastor nômade, geralmente coproprietário de hortas. Pode até haver solidariedade de interesses, mas entre esses dois homens há uma inata oposição.

A agricultura nos mostra, portanto, um dos modos pelos quais o homem enraizou-se no território [*sol*] e nele encravou seu rastro: a incorporação a uma parte da terra, a *Einwürzelung*, tão bem descrita por Peschel e Ratzel. A persistência dos domínios rurais é um fato que se pode observar entre nós, franceses, através de antigos mapas. Mas as leis da evolução

---

[21] É. Berteaux, *Étude d'un type d'habitation primitive: Trulli, Caselle et Specchie des Pouilles* (Annales de Géographie, VIII, 1899, p. 207-230, fig. et pl.).

dominam tudo e são capazes de retorcer juízos e aforismos que parecem tão bem estabelecidos. A agricultura rudimentar, tal como a praticam as tribos primitivas da África e da Índia, é essencialmente nômade. A agricultura industrializada, último termo da evolução, parece tender a uma nova espécie de nomadismo. Os Estados Unidos nos fazem conhecer esse tipo de fazendeiro-especulador que, após desbastar um domínio, passa a outra operação semelhante; e vemos, na Europa, uma mão de obra polonesa, flamenga e espanhola deslocar-se temporariamente — seja para os campos de beterraba da Saxônia ou de Brie, seja para os vinhedos do Sul da França.

III

A forma mais acabada e mais grandiosa da vida pastoril é aquela que se desdobra através dos continentes asiático e africano, da Mongólia ao mundo árabe, do *pays* dos massais ao dos zulus. Esse imenso domínio não contém apenas estepes cobertas de pastos, mas rios e montanhas que foram berços de antigas culturas — bem como zonas [*contrées*] de metalurgia. Entretanto, com raras exceções, nele domina a vida pastoril, vida que repele ou subordina os outros gêneros de vida. Um peregrino muçulmano que vai do Magreb ou do Turquestão a Meca ou um peregrino budista que vai da Mongólia a Lhasa, não podem imaginar o mundo senão como uma vasta região de percursos, entrecortada de oásis; eles devem sentir a mesma dificuldade em imaginar nossos países de agricultura contínua que um camponês do interior sente ao imaginar o mar.

Expansão da vida pastoril — Que uma parte desse domínio tenha sido conquistada sobre outros gêneros de vida, muitos indícios históricos o atestam. A construção da grande muralha da China (século III a.C.) foi uma defesa contra as tribos de pastores. Do século IV ao século XV de nossa era, uma enxurrada quase ininterrupta de invasões turcas afluiu do Altaï e, reforçada pelos estabelecimentos militares que seguiriam as expedições de Gengis Khan e de Timur, deu um tom pastoril à Ásia Ocidental. No mesmo sentido, as incursões hilalianas[22] do século XI modificaram o Magreb. Se remontarmos mais longe no passado, podemos entrever a existência de uma espécie de civilização metalúrgica entre os Urais, o Altaï e as montanhas da Ásia Central:[23] ela deu lugar a um gênero de vida que ignora tudo sobre a exploração de minas. Enfim, segundo a analogia dos cultivos e dos instrumentos, parece mesmo que outrora tenha existido uma certa ligação entre os mundos caldeu, iraniano e a China do norte, e que houve algo diferente na Ásia Central do que o que vemos hoje: uma gama de sociedades agrícolas.

Essas substituições foram feitas, às vezes, sob a forma de crises súbitas. Não vimos, em 1636, os calmucos se transportarem em massa de Dzungaria para as margens do Volga, e em 1732, os quirguizes, impelidos da Ásia Central, avançarem até o rio Ural? A expansão da vida pastoril em detrimento de outros gêneros de vida assumiu, mais de uma vez, um aspecto catastrófico. A imagem de "nuvens de gafanhotos", tomada pelo berbere Ibn-Khaldun a propósito dos invasores do século XI, vem à mente. Diante desses súbitos fenômenos, de certo modo espasmódicos, alheios à vida agrícola, sente-se uma diferença de comportamento que mostra que

---

[22] Denominação das invasões árabes no período referido, por terem como base as tribos nômades do Banu Hilal. (N.T.)

[23] Pallas notou os traços de uma civilização metalúrgica comum, do Ural meridional ao Eniseï, atestada pelas descobertas de couro e de ouro e vestígios de exploração que serviram de guia aos russos (*Voyages...*, trad. fr., I, p. 384; II, p. 160; III, p. 193 etc.). Heródoto (III, 116) já tinha sido surpreendido pelas grandes quantidades de ouro provenientes do norte, nas costas de Pont-Euxin. Groum-Grjimaïlo se expressa favoravelmente sobre as faculdades metalúrgicas do Alto Gobi (citado por Futterer, *Durch Asien*, I, Berlim, 1901, p. 211).

outras forças naturais entraram em jogo. Tais forças são aquelas que a animalidade tirou das extensões herbáceas, daquilo que os turcos e mongóis denominam, significativamente, "o vazio, o espaço".[24]

Faunas de estepes — Prjevalski qualifica como fabulosa a multidão de animais herbívoros que existem no nordeste do Tibete, sobretudo nas proximidades de Tsaïdam. Outros viajantes extasiam-se com as imensas tropas de antílopes errantes nas estepes da África Tropical. Antigamente, o bisão americano era o mestre das pradarias, e é sabido o quanto os cavalos introduzidos pelos espanhóis multiplicaram-se espontaneamente nos pampas. Todavia, mesmo na Ásia, esta fauna é mais notável pelo número de indivíduos do que pelo de espécies. Na realidade, resta apenas um pequeno número de sobreviventes dessa fauna grandiosa de mamíferos herbívoros — mamutes, cervos, bisão da Europa etc. –, que assinalam a época quaternária. Por assim dizer, o homem não fez senão recolher as migalhas dessa rica criação vivente ou, antes, ele reconstituiu, em seu proveito, seus elementos em espécies parcialmente artificiais. Porém, os animais que ele domesticou — carneiros, cabras, ruminantes, camelos — eram organizados, por adaptação, para se deslocar em bandos, para se acomodar em ambientes diferentes,[25] para se multiplicar facilmente nos domínios onde o pasto era abundante e o homem ainda raro. Em contrapartida, essas enormes multiplicações têm, é verdade, as terríveis *epizootias*[26] — cujo principal foco é a Ásia Central.

Entre as espécies adaptadas igualmente à estepe e à alta montanha, é mister citar principalmente os ovinos, cuja ligação ligeiramente desunida

---

[24] Sentido das palavras *Kip-tchak, Kobi* (Léon Cahun, *Introduction à l'histoire de l'Asie...*, Paris, 1896, p. 15).

[25] O camelo selvagem aparece no Altyn-tagh até 3 mil metros, vizinho do carneiro *argali*.

[26] Epizootia: doença epidêmica ou contagiosa de uma classe de animais. (N.T.)

prolonga-se da Espanha à Mongólia sob a forma de variedades selvagens separadas por frágeis diferenças.[27] Essa difusão e as facilidades de cruzamento explicam que a domesticação do carneiro tenha sido um fato muito antigo, geral e realizado localmente. Karl Vogt diz que o carneiro "é um dos animais mais manipuláveis nas mãos do homem". Com efeito, o homem soube tirar dele inúmeras variedades, fazer crescer seu pelo e expandir o volume de seu rabo. Fez dele sua moeda, sua alimentação, um de seus instrumentos de colonização, seu auxiliar para aumentar o domínio pastoril. Pois o carneiro é, com a cabra, sua cúmplice, um poderoso agente geográfico. Esses dois seres trabalharam para manter e estender a natureza das estepes.

Meios de transporte — A manutenção dessa riqueza exige grandes espaços por causa do esgotamento dos pastos. Tal condição é realizada seja por parques imensos (os *runs* da Austrália[28] ou os *corrales* da América), seja por deslocamentos periódicos, uns confiados a pastores especiais, outros aos quais a tribo inteira está associada. Esses êxodos coletivos são a forma que prevaleceu na Ásia e na África do Norte. Com uma flexibilidade singular, a tribo se divide e se reconstitui. Se por necessidade Abraão e Lot iam pastar seus rebanhos nas duas extremidades do horizonte, em certos momentos eles não deixaram de se reunir. Pois esse nomadismo tem sua geografia, quer dizer, marcos, "terras de Gessen", lugares conhecidos e designados por visitas periódicas.[29] As necessidades climáticas forçam a tribo a se disseminar em aduares,[30] em pequenos grupos; porém, se raramente ela pode se

---

[27] *Ovis musimon, mouflon* [espécie de carneiro montês (N.T.)] (Córsega); *Ovis tragelaplus* (Marrocos); *Ovis Poli* (Pamir); *Ovis argali* (Altaï, Mongólia) etc.

[28] 50 mil hectares em média, na Divisão Ocidental da Nova Gales do Sul (Paul Privat-Deschanel, *L'Australie pastorile* em *La Géographie*, XVIII, 1908, p. 135).

[29] Os *tuaregue horass* dão nomes aos pastos que frequentam (Tenente M. Cortier, *D'une Rive à l'autre du Sahara*, Paris, 1908, p. 267).

[30] Aduar: aldeia ou lugar que os pastores árabes formam temporariamente, alinhando em ruas as suas tendas ou barracas. (N.T.)

dedicar ao espetáculo de sua unidade, tal sentimento, mantido pelas histórias, persiste — e a reunião das tendas é uma festa.

Transportar material e pessoal sem interrupção é um problema que as tribos quirguizes ou mongóis, árabes ou berberes, resolveram. Como não se tratava de simples transportes sobre o solo unido da estepe, e sim de deslocamentos verticais e horizontais, é o animal de sela e de carga, e não a charrete, o instrumento da vida pastoril. A fauna herbívora forneceu o estoque necessário: desde o carneiro e a cabra, usados como carregadores através do Himalaia; desde o *bos grunniens* (iaque) — que empresta às escaladas o sólido equilíbrio de seu corpo calçado sobre patas curtas — até o asno, vindo do Sudão; o camelo, originário do Nedjed e da Ásia Central; e o cavalo, vindo de regiões muito diversas. Porém, todos esses animais, oriundos de pontos opostos da periferia das estepes, convergiram em direção ao centro desse domínio. Nas caravanas periódicas, tão bem-representadas pela pena dos viajantes e o pincel dos pintores, são essas reuniões heterogêneas de animais que, pondo a serviço do homem suas diversas aptidões, emprestando mutuamente proteção e defesa, compõem, com guerreiros armados, mulheres e crianças, uma das mais originais combinações cujo espetáculo as associações de seres vivos podem oferecer.

Sobre essas necessidades de transporte, outras aplicações da força animal são implantadas. Já na Antiguidade os nabateus, povo do norte da Arábia, conseguiram obter, por adestramento, o dromedário — *méhari* —, que lhes permitia ser os caravaneiros do tráfego terrestre entre o Egito e a Ásia Ocidental.[31] Naquela época, o dromedário ainda não era usado na África; depois que foi introduzido, os *chaambas* se tornaram os especialistas do trajeto, dos comboieiros à moda dos nabateus de outrora.

Foi sobretudo o cavalo que contribuiu para revolucionar o mundo. Ele não se limitou ao papel pacífico de animal de carga na economia da vida

---

[31] Estrabão, XVI, 4, 2; XVI, 4, 26.

pastoril (o *kumis* — leite fermentado — não é o principal serviço que essas tropas de cavalos prestaram ao nômade); seus jarretes cheios de nervos, seu casco duro e suas poderosas narinas adaptadas a rápidos trajetos fizeram deles um temível instrumento de surpresa e de guerra. "Eles vieram e saquearam, e queimaram, e mataram, e carregaram, e desapareceram", diz um poeta persa[32] falando dos turcos. Essas séries de operações rápidas só podiam ser realizadas a cavalo. A associação cavalo-cavaleiro, que aparece pela primeira vez como uma coisa fantástica entre os índios do Novo Mundo, é uma proeza difícil que, outrora, aconteceu nas estepes por uma intenção belicosa. Se fosse necessária uma explicação, a história da América a ofereceria. Por volta do início do século XVIII, o povo chamado pelos canadenses de "Pés Negros", que habitavam o sopé das Montanhas Rochosas, se apossou do cavalo. Esse foi o sinal de incursões que, em poucos anos, fizeram desse povo senhor (senhorio efêmero, aliás) de um imenso domínio de estepes, que iam de Saskatchewan a Yellowstone.

Em suma, a vida pastoril mostrou-se mais fecunda e mais criativa na Ásia do que em todos os outros lugares. Lá ela deu lugar a múltiplas invenções e aperfeiçoamentos. O esforço humano concentrou-se no emprego da força animal com mais energia e êxito do que na América. A adaptação estendeu-se desde certos animais mais bem dotados até espécies menos apropriadas a esse gênero de serviço (como a rena ou o elefante); na América, em contrapartida, a ausência de vida pastoril deixou improdutivas forças animais como o bisão, o caribu e o carneiro selvagem das Montanhas Rochosas, cujos congêneres tinham sido utilizados no Velho Mundo. De certo modo, a vida pastoril soube criar um tipo social superior e — apesar do nomadismo que lhe é inerente — verdadeiramente aristocrático, separado, em todo caso, por um abismo, do nomadismo rudimentar com o qual ele tem em comum apenas uma confusão de palavras criada por nossos hábitos de linguagem.

---

[32] Citado por Léon Cahun, obra citada, p. 52.

As formas superiores da vida pastoril cresceram perto dos próprios lugares onde elas surgiram, a saber, nas zonas onde uma excepcional riqueza de pastos fazia desse gênero de existência não o que se aceita por falta de opção, mas uma sedução. Elas ampliaram ora bruscamente, ora gradualmente, sua esfera de ação. Enquanto os percursos de certas tribos se limitavam a 40 quilômetros e quase não se separavam dos confins do Khorassan ou do Tell argelino, outros abarcavam uma extensão bastante considerável. Há, entre os pontos que os larbas[33] visitam anualmente, mais de 500 quilômetros de distância; entre os pontos frequentados pelos quirguizes do Turquestão meridional, mais de 800 quilômetros. Portanto, não se pode deixar de pensar que alguma alteração do clima, alguma alteração de seca forçou os nômades a ampliar seus percursos em proporções anormais, bem como, por sua vez, os cultivadores do oásis a prolongar, para além de toda previsão, suas canalizações de *foggaras*.[34]

Concorrência dos gêneros de vida — Avalia-se em 260 mil o número de carneiros que os quirguizes levam anualmente das planícies de Ferghana aos montes Tian-Shan.[35] Os larbas argelinos deslocam, em média, 100 mil carneiros entre o Tell e o Mzab. Movimentos dessa envergadura somente são possíveis quando se apoiam em regiões assaz abundantes a ponto de compensar a insuficiência das outras. É na periferia das bacias áridas ou no sopé das montanhas que a maior presença das águas aumenta o valor dos pastos, resultando daí que os territórios onde a vida pastoril se desenvolve com maior abrangência são precisamente aqueles onde, a seu turno, a agricultura procura criar raízes.

---

[33] Originários da cidade argelina de Larba. (N.T.)

[34] Canais subterrâneos usados para extrair água do subsolo, com fins agrícolas. (N.T.)

[35] P. de Semenof, *La Russie Extra-Européenne et Polaire*, Paris, 1900, p. 160.

É essa a causa imanente que, em todos os tempos, criou nas zonas fronteiriças [*marches-frontières*] um estado de dissensão e, por vezes, de guerras. A questão é apresentada de forma muito simplória quando nos contentamos com a oposição entre os gêneros de vida; há tipos de agricultura que não têm muito menos exigência de espaço do que certos tipos de vida pastoril. A oposição secular e que renasce continuamente entre o pastor e o agricultor vem do fato de que ambos reivindicam, para subsistir em boas condições, as mesmas vantagens. Não é o Saara que o agricultor deseja do pastor, e sim a região intermediária onde ainda existem fontes, poços e pastos, dos quais o pastor não pode ser privado, sob pena de ficar anêmico e, mais cedo ou mais tarde, morrer. Eterno processo, debatido atualmente na Argélia, nos Estados Unidos[36] e na Austrália entre os *squatters* e os *farmers*.

É mister destacar *en passant* que essa contiguidade dos dois gêneros de vida representa uma linha de intensidade de fenômenos geográficos. Fortalezas ou mercados, órgãos de defesa ou de troca balizam essa zona de contato. Não se poderia imaginar nada tão hermeticamente fechado quanto os *ksour* do sul oranês em seus cercados de terra — a não ser as aldeias do Khorassan próximas aos turcomenos. O Saara está circundado por uma linha de mercados onde se trocam tâmaras, gado e grãos. Se hoje Merv renasce, é sob a forma de um grande mercado de gado etc.

Um dos méritos do interessante volume consagrado por A. Bernard e N. Lacroix a *L'Évolution du nomadisme en Algérie*[37] consiste na análise dos níveis que unem, por uma espécie de cadeia contínua, as diversas formas de vida agrícola com formas não menos diversas da vida pastoril. Entre os êxodos regulares dos grandes nômades e as errâncias de grupos nas partes

---

[36] Lutas provocadas em Wyoming e Montana pelo sistema do *open range*.
[37] Augustin Bernard e N. Lacroix, *L'Évolution du nomadisme en Algérie*, Alger e Paris, 1906. Igualmente, ver o artigo dos mesmos autores nos *Annales de Géographie*, XV, 1906, p. 152-165.

desérticas, há tantas diferenças quanto entre as multidões de herbívoros da "terra de pastos"[38] e os cavalos selvagens que, em pequenas tropas de seis ou sete miseráveis, encontramos nos lugares mais inóspitos da Ásia. Mesma distância ocorre entre os cultivos do Tell e os dos pobres oásis perdidos em pleno Saara. E, no entanto, os dois gêneros de vida coexistem; eles se penetram através de trocas. Todavia, qualquer que seja sua solidariedade, a aproximação entre eles é apenas material. Seja quando o predomínio pertence ao agricultor (como no Egito), seja quando pertence ao pastor (como em geral na Ásia e na África), os dois tipos não se misturam. São duas correntes que permanecem distintas no leito do mesmo rio.

IV

Os gêneros de vida se inscrevem nos quadros gerais que são as grandes regiões naturais das quais trataremos em outra ocasião; eles representam algo diferente. Têm uma autonomia que se vincula à pessoa humana e a segue. Não são apenas o beduíno e o felá que se consideram de temperamentos diferentes; são o pastor válaco[39] e o cultivador búlgaro. São, até na costa francesa, o marinheiro e o camponês. A alma de uns parece forjada por um metal diferente do metal da alma do outros.

É que, tais como prevaleceram nas grandes extensões terrestres, os gêneros de vida são formas altamente evoluídas que, sem assegurarem a fixação das sociedades animais, representam também uma série de esforços acumulados e hoje consolidados. Mais ainda que de iniciativas, o homem é

---

[38] No original, "*Terre aux herbes*". Para Robert Louzon (*Introduction à la Chine*, 1954), o que permite ao mongol ter o cavalo é o fato de a Mongólia não ser uma estepe desértica como o Oriente Próximo, mas uma estepe herbácea semelhante à pradaria, que os chineses chamam "terre aux herbes." (N.T.)

[39] Natural da Valáquia, Romênia. (N.T.)

um ser de hábitos. Progressista sobretudo na via alcançada pelos progressos anteriores, ele se fecha, de bom grado, se não for abalado por algum choque exterior, no gênero de vida onde nasceu. Seus hábitos tradicionais se reforçam com superstições e ritos que ele mesmo forjou como apoio. Seu gênero de vida torna-se, assim, o meio [*milieu*] quase exclusivo no qual se exerce o que lhe resta de dons de invenção e de iniciativa.

Às vezes, nos admiramos com a esterilidade em que certas propriedades geográficas de uma região [*contrée*] permanecem, já que elas não correspondem ao gênero de vida adotado pela maioria dos habitantes. A China, que aproveitou bem seu solo, negligenciou seu subsolo. Tal povo, dispondo de uma posição marítima vantajosa, deu as costas ao mar, tornando-se marinheiro apenas por uma educação imposta — como os portugueses no século XV. O japonês, tão hábil agricultor de planícies, quase não tirou nenhum partido do pasto de suas montanhas. Essas anomalias são mais bem-explicadas se remontarmos aos níveis de evolução de onde advêm as realidades presentes. É necessário ver de qual caule o fruto é formado.

Poderosos fatores geográficos, os gêneros de vida são, portanto, também agentes de formação humana. Eles criam e mantêm entre os homens — frequentemente na mesma região [*contrée*] — diferenças sociais tais que, no estado de mistura em que cada vez mais as nações civilizadas mergulham, elas oscilam e terminarão por dominar as diferenças étnicas.

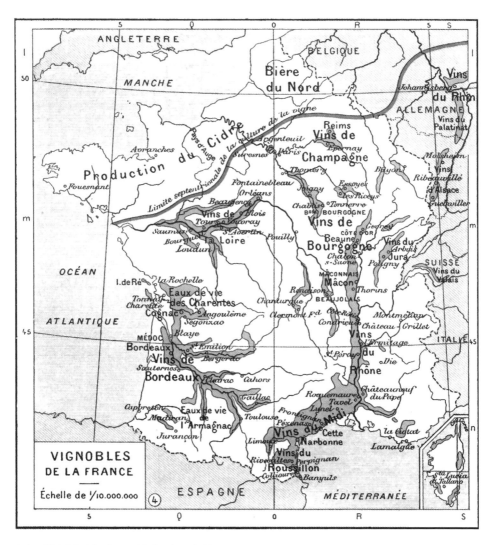

Atlas Vidal-Lablache — Vinhedos da França
Fonte: www.cosmovisions.com/cartes/VL/065g.htm

II. GEOGRAFIA REGIONAL

Atlas Vidal-Lablache — Arredores do Rio de Janeiro
Fonte: http://www.cosmovisions.com/cartes/VL/130c.htm

VIDAL E A MULTIPLICIDADE DE ABORDAGENS REGIONAIS

Rogério Haesbaert

> *"Decifra-me ou te devoro!", escrevia Proudhon no frontispício de um livro sobre a Revolução. Por menos apreço que possamos ter por fórmulas dramáticas, é um pouco o sentimento que se experimenta diante dessa grandiosa força que procede por concentração e acumulação e que parece impossibilitada de diminuir sua marcha sobre o trilho em que desliza. Há nessa civilização uma potência agressiva, um instinto ou, melhor dizendo, uma necessidade de invasão.*
> (VIDAL DE LA BLACHE, "Regiões Francesas", 1910)

Um autor se torna um clássico quando, entre outras coisas, permite leituras renovadas, sempre enriquecedoras, de modo que sua obra se caracterize como múltipla e interdisciplinar, e quando possibilita alimentar polêmicas que extravasam os restritos limites de seu tempo. Certamente Paul Vidal de la Blache é um clássico porque alimentou muitas leituras, extrapolou os circuitos da Geografia (especialmente no seu diálogo com a História e a Sociologia) e gerou polêmicas, como o famoso debate — em cujos termos, diretamente, ele nunca se pronunciou — entre "possibilismo" e "determinismo", invenções do historiador francês Lucien Febvre.

Assim como a célebre dicotomia forjada por Febvre entre um Vidal possibilista e um Ratzel determinista (Febvre, 1970[1922]), podemos considerar que a famosa "região lablacheana" foi também uma grande invenção que, se não tem claramente um "inventor", foi muito explicitamente evocada através de uma série de trabalhos — especialmente as famosas "monografias regionais" — que se disseram pautados no conceito e na metodologia vidaliana de região.

Um grande autor, poderíamos dizer, é também aquele em nome de cuja obra traduzem-se múltiplos caminhos, uns marcados por uma fidelidade quase milimétrica, outros totalmente infiéis, mas ainda assim enaltecedores de sua fonte. Um autor clássico, portanto, permite que sua obra seja "seguida", desdobrada, tanto através de "falsos" quanto de "verdadeiros" profetas — sabendo-se que, nesse jogo entre "falso" e "verdadeiro", as fronteiras são bastante precárias e mesmo nem sempre desejáveis.

A Geografia Regional, provavelmente, foi a seara geográfica que contou com o maior número de autores que, para o bem ou para o mal, se disseram ou foram tidos como "seguidores" de Paul Vidal de la Blache — aliás, a própria alcunha de "geógrafo regional" com muita frequência lhe foi imputada (equivocadamente, como fica evidente na primeira parte deste livro). Talvez com muito mais razão, ainda, do que no debate entre possibilismo e determinismo (que, independentemente da posição vidaliana aí inserida, permite amplos e interessantes debates), a discussão sobre a "região lablacheana", como posição una e coerente, precisa ser abandonada. Deveríamos mesmo decretar o fim da "região lablacheana" na medida em que, como mostram claramente os textos aqui reproduzidos, não existe "uma" região que possamos denominar de "a" região lablacheana — ou, se preferirmos, vidaliana — na Geografia do autor.

Muitos, entretanto, são os que, ainda hoje, propõem considerar como "região lablacheana" aquele conceito de região representado sobretudo pelas chamadas relações homem-meio, na "harmonia" de um "gênero de vida" tradicional — de preferência com fortes bases físico-rurais.[1] Reduz-se, assim, a rica e complexa visão lablacheana de região a apenas uma de suas múltiplas faces, aquela centralizada num certo ajuste entre características ou dinâmicas da natureza e propriedades ou processos sociais/culturais.

Muitos, portanto, foram os autores que contribuíram para esse brutal empobrecimento da região em Vidal de la Blache. Yves Lacoste, por exemplo, especialmente em sua primeira edição de *La Géographie, ça sert, d'abord, à faire la guerre* (Lacoste, 1976), foi um dos autores que mais simplificou e estigmatizou a região "lablacheana", tratada por ele como "conceito-obstáculo", por ser escalarmente restritiva e não permitir a compreensão do jogo de escalas através do qual se desdobram os fenômenos geográficos, caracterizado por ele, de forma mais complexa, como "espacialidade diferencial".

Inicialmente, Lacoste escrevera um capítulo denominado "A colocação de um poderoso conceito-obstáculo: a 'região'", tratando a região em Vidal de forma genérica como se ela fosse identificada numa única escala e se tornasse, ainda, a "única maneira de dividir o espaço". Em versão posterior, correspondente à terceira edição, que foi aquela traduzida para o português (Lacoste, 1988), esse capítulo recebeu como complemento o termo "região-personagem", subentendendo que se tratava, de forma mais restrita, de *uma* perspectiva vidaliana, especialmente aquela do "Tableau de la Géographie de la France" (embora, mesmo nesse caso, ele esteja

---

[1] Vidal, no entanto, também considerava a indústria um "gênero de vida", como fica evidente na afirmação: "Um novo gênero de vida, o dos agrupamentos industriais especializados e vinculados à fábrica, erguia-se diante de gêneros de vida semi-agrícolas, semi-industriais [...]", referente à industrialização da Alsácia-Lorena no fim do século XIX (trecho extraído de "Evolução da população na Alsácia-Lorena e nos departamentos limítrofes", aqui traduzido).

equivocado, principalmente se considerarmos a análise sobre o "Tableau" feita por Marie Claire Robic [Robic, 2000]).

Nessa mesma edição brasileira, baseado fundamentalmente no livro *A França do Leste*, que ele afirma ter redescoberto, Lacoste acrescenta um capítulo com o título "Concepções mais ou menos amplas da *geograficidade*: um outro Vidal de la Blache". Aí, mesmo reconhecendo que Vidal teria proposto em um artigo de 1910 uma divisão regional baseada nas áreas de influência das cidades, textos como este, reagrupados depois na obra póstuma *Princípios de Geografia Humana*, apenas

> ... *testemunham uma geografia restrita e mostram que, no seu discurso de geógrafo universitário, Vidal não demonstrava qualquer interesse pelas cidades, pela indústria e, menos ainda, pelos problemas políticos e militares.* (Lacoste, 1988:116)

Enquanto na primeira edição Lacoste acusa unilateralmente a região lablacheana de ter se tornado "um poderoso conceito-obstáculo que impediu a consideração de outras representações espaciais e o exame de suas relações" (Lacoste, 1988:64), na edição revisada, fazendo explicitamente um mea-culpa (p. 115), ele acaba, no capítulo sobre região, acrescentando dois importantes parágrafos:

> *Antes de falar logo adiante do papel de Vidal de la Blache, é preciso sublinhar que na verdade a corporação dos geógrafos universitários só reteve um aspecto do seu pensamento, o* Quadro da Geografia da França, *e que ela esqueceu, sistematicamente, o outro grande livro de Vidal,* A França do Leste *(1916), porque ali ele dá uma enorme importância aos fenômenos políticos. Trata-se, com efeito, de um livro de geopolítica.*
> *Nessas páginas bastante críticas a respeito do pensamento "vidaliano" só se trata do primeiro aspecto da obra de Vidal de La Blache, aquele que a corporação privilegiou: o outro Vidal, que ela ignora*

completamente, só será lembrado ulteriormente, pois só recentemente ele foi redescoberto. (Lacoste, 1988:60)

A verdade, no entanto, é bem mais complexa, como demonstra a releitura da questão da regionalização em toda a obra vidaliana, bem representada através da seleção de textos reproduzida neste livro. Ainda que continuemos, muitas vezes, reproduzindo a visão de um Vidal "passadista-ruralista", mais tradicional, enfatizado inclusive por geógrafos renomados como, por exemplo, Nigel Thrift (1996) e Jacques Lévy (1999), trabalhos de fôlego na área de história do pensamento geográfico, como o das geógrafas francesas Marie-Vic Ozouf-Marignier e Marie-Claire Robic, têm contribuído, já há algum tempo, para superar todas essas simplificações e abordagens preconcebidas.[2] Ao percorrerem a maior parte dos trabalhos de Vidal, essas autoras identificaram não apenas as reflexões sobre a questão regional contidas no *Tableau* e em *La France de l'Est*, mas um conjunto que perpassa quase todas as conceituações até aqui trabalhadas sobre região na Geografia, o que revela o impressionante papel precursor de Paul Vidal de la Blache.

Bem ao contrário da interpretação de Lacoste, Robic (2002) enfatiza o caráter multiescalar da abordagem geográfica de Vidal, a começar pelo *Atlas général Vidal-Lablache: histoire et géographie*, publicado originalmente em 1894.[3] Nessa obra, segundo a autora, La Blache propõe "uma

---

[2] Paul Claval já em 1964 ressaltava que "a ideia de totalidade adquire sem dúvida uma importância nova em Vidal de la Blache, já que ele a aplica à divisão regional. Por meio do 'Tableau' [...], de 'États et Nations...' e de 'La France de l'Est', Vidal de la Blache domina seus contemporâneos e realiza uma obra inovadora." (Claval, 1974 [1964]: 74) Corroborando referência de David Grigg (citada em nota a seguir), deve ser destacado o trabalho inovador de Wrigley (1965) — Segundo Paul Claval, em relato pessoal, foi Wrigley quem primeiro atentou para as concepções de região que Vidal desenvolve na etapa final de sua carreira, após 1910.

[3] Disponível on-line em www.cosmovisions.com/atlasVL.htm.

estrutura complexa, multiescalar e polimórfica", coerente com sua epistemologia que privilegia "espaços de referência" distintos de acordo com a área ou região representada, já que cada uma delas apresenta sua própria articulação geográfica. Como é possível observar no Prefácio dessa obra, reproduzido na primeira parte deste livro, Vidal (1895) afirma que "seria colocar uma venda nos olhos estudar uma região isoladamente como se ela não fizesse parte de um conjunto" e, defendendo a indissociabilidade entre uma Geografia Geral e uma Geografia Regional, ele propõe que "a geografia não se divida em duas partes verdadeiramente desiguais em valor — um estudo geral que seria a ciência da Terra e uma série de descrições sem método e sem lugar".

Apesar do que afirmam muitos de seus críticos, que enfatizam sua preferência pelas permanências e pelos "quadros regionais" fechados (infranacionais e até mesmo "locais", como no caso dos *pays*), já no "Tableau" Vidal demonstrava que analisar uma região da França ou a França no seu conjunto demandava claramente abordar contextos mais amplos, na escala da Europa, por exemplo. Através dos próprios recortes de seu "Atlas" de 1895 ele já revelava, igualmente, esta preocupação com um tratamento multiescalar. Na verdade, Vidal também antevia claramente a necessidade de se trabalhar — e mesmo de se priorizar — a Terra como um todo, nunca existindo processos exclusivamente "locais" ou "regionais", todos sempre em uma interação de múltiplas influências, conjugada em múltiplas escalas.

Em "A relatividade das divisões regionais" Vidal (1911) é enfático: a partir da ampliação da circulação, das trocas e das relações que ela implica, novas configurações regionais se desenham. Baseado nessas relações comerciais, ele afirma que elas começam por ser alimentadas pelas diferenças entre regiões vizinhas, ampliando-se gradativamente de modo que "o princípio de agrupamento [regional] não é mais fundado sobre a homogeneidade regional, mas sobre a solidariedade entre regiões diversas", centralizadas por cidades que pouco têm a ver com as condições naturais (encontrando-se mesmo, em geral, na periferia ou nas áreas de

VIDAL E A MULTIPLICIDADE DE ABORDAGENS REGIONAIS

contato das regiões naturais) e que devem seu desenvolvimento sobretudo ao comércio, pois seu sítio "corresponde a um lugar de troca" de alcance mais ou menos definido em função de suas relações de "crédito", "mercado" e "comunicações". Finalmente, ele conclui: "as divisões regionais se desfazem e se recriam segundo as mudanças produzidas nas relações humanas".

Desse modo, a "visão estática" e o "localismo" vidalianos, tão comuns nas leituras apressadas que se fizeram de sua obra, são colocados em xeque:

> *A imensidão de massas, homens e coisas colocadas em movimento, com os instrumentos e capitais que elas exigem, não se acomodam mais nos restritos quadros de outrora. Aos portos, faz-se necessário um vasto interior; aos centros industriais, obcecados pelas exigências de uma produção cujo ritmo é estimulado pela importância dos capitais envolvidos, são necessários amplos escoadouros. Tamanha é a multiplicidade dos concorrentes aos quais está aberto o acesso dos mesmos mercados, que em todos os lugares o localismo foi abalado.* (Vidal de la Blache, 1911:9)

Um trabalho específico sobre a questão regional em Vidal de la Blache, de Ozouf-Marignier e Robic (1995 [versão brasileira: 2007]), resgata a complexidade do pensamento regional vidaliano, relendo minuciosamente seu trabalho e identificando uma série de momentos (a partir da seleção de oito obras principais) através dos quais o conceito de região foi sendo reelaborado. Propomos reagrupar esses diferentes momentos em três grandes fases, correspondentes aproximadamente a três concepções distintas de região:

a) Uma primeira fase, inspirada no trabalho dos geólogos, ainda pautada num certo determinismo físico-natural, que rejeita as divisões político-administrativas como base para a regionalização e propõe a valorização das unidades fisiográficas (mas cujo elemento dominante pode variar de uma escala regional para outra; por exemplo, numa [continental] o clima, noutra [a França] a geologia) visível sobretudo na obra "As divisões fundamentais do território francês", aqui reproduzida (Vidal de la Blache, 1888).[4]

b) Uma segunda fase, em que podemos identificar uma espécie de transição de uma região prioritariamente de bases naturais para uma região definida sobretudo pela ação humana ou, pelo menos, resultante da "relação homem-meio"; representada, especialmente, por sua obra clássica *Tableau de la Géographie de la France* (Vidal de la Blache, 1903)[5] e também pela conferência "Os *pays* da França" (de 1904), aqui traduzida.[6]

c) Uma terceira fase, em que aparece, de forma mais enfática (pois já estava presente, por exemplo, na "região lionesa" abordada no *Tableau*), a concepção de região econômica (a partir da própria ideia de divisão do trabalho) e, de forma mais explícita, o que mais tarde passou a ser conhecido como região funcional, através

---

[4] Nesse trabalho ele faz afirmações como a de que as divisões regionais "dependem quase sempre da constituição geológica do terreno". Ao mesmo tempo, porém, não devemos esquecer, já aqui ele elabora uma concepção de *pays* a partir da relação homem-meio que, ainda que primordialmente ditada pelo ambiente físico-natural, é reconhecida pelos próprios habitantes, pela percepção do senso comum.

[5] Embora não tenhamos traduzido neste livro nenhum trecho do *Tableau*, indicamos a tradução de sua introdução, publicada na revista GEOgraphia n. 1 (disponível on-line em: www.uff.br/geographia).

[6] Na mudança dessa segunda para a terceira fase, devemos lembrar a importância dada por Claval (2011) às viagens de Vidal aos Estados Unidos (1904 e 1912), decisivas na mudança de seu pensamento, especialmente em relação ao papel do comércio e das grandes cidades, pois "Vidal nunca faz menção ao papel das ferrovias e raramente fala do papel das grandes metrópoles antes de sua primeira viagem aos Estados Unidos." (Claval, 2011:35)

da concepção de "nodalidade",[7] afirmada com ênfase em trabalhos de 1910 e de 1917 (respectivamente, "Regiões Francesas" e "A renovação da vida regional", ambos integralmente traduzidos nesta coletânea), quando considera que os limites regionais são fluidos[8] e a industrialização é a principal responsável pela configuração regional.[9]

---

[7] "[...] um fenômeno em íntima relação com o desenvolvimento urbano, sem que, entretanto, seja necessariamente absorvido por uma cidade. Não saberia defini-lo melhor senão tomando por empréstimo de um geógrafo inglês, o Sr. Mackinder, uma expressão da qual faz afortunado uso: a de nodalidade. Toda cidade representa um nó de relações, mas há nodalidades de nível superior que ultrapassam o perímetro [*cercle*] da própria cidade, tomando aí seu ponto de partida e estendendo progressivamente seu raio" (Vidal de la Blache, 1910), ou: "Hoje, a *nodalidade*, entendendo por esta nova expressão a reunião de todos os auxiliares demandados pela vida comercial e industrial, se sobrepõe a qualquer outra consideração" (Vidal de la Blache, 1911). Ele fala ainda em "funções regionais" das maiores cidades, que, "em relação à sua massa", exercem atração sobre as demais. Esta inovação no pensamento vidaliano não foi, contudo, completamente ignorada. Grigg (1974[1967]), por exemplo, se reporta a Wrigley (1965) para lembrar que Vidal, "tão intimamente associado ao conceito de *pays*, sugeriu em 1917 [na verdade antes, em 1910] que a maneira mais útil de estudar a geografia regional no futuro poderia ser o [sic] de considerar o *hinterland* de uma cidade importante e suas relações com as aldeias tributárias". (p. 31)

[8] "Quando se trata de região, não é preciso procurar muito os limites. É preciso conceber a região como uma espécie de auréola que se estende sem limites bem determinados, que encerra e que avança" (Vidal de la Blache, 1917, apud Ozouf-Marignier e Robic, 1995:52).

[9] "A ideia regional, sob sua forma moderna, é uma concepção da indústria: ela se associa àquela de metrópole industrial"] (Vidal de la Blache, 1917, apud Ozouf-Marignier e Robic, 1995:52) Ver especialmente, nesta coletânea, a análise da evolução da população da Alsácia-Lorena (publicada em 1916) feita a partir do processo de industrialização. Ele conclui esse trabalho defendendo "uma espécie de continuidade regional", pela economia (e, mais propriamente, pela industrialização), para além da "separação política", que dividiu a Alsácia-Lorena entre França e Alemanha — ademais, um forte argumento "geográfico" para sua reincorporação pela França.

É claro que essa sistematização incorre em muitas simplificações, mas ela tem o mérito de evidenciar, em seu sentido mais amplo, a multiplicidade de posições que contestam qualquer leitura simplista de uma única região "lablacheana". A verdade é que, como na maioria dos autores, não existe um percurso linear na obra de Vidal. Esse trajeto é marcado por idas e vindas em torno desses conceitos, e outros também podem ser agregados ao longo de sua trajetória.

Se considerarmos como principais conceitos de região trabalhados até hoje pela Geografia os de região natural, região a partir da relação homem-meio (hoje relacionado, por alguns, com "biorregião"), região funcional (nodal ou polarizada), região como produto da divisão territorial do trabalho (numa perspectiva que pode ser mais conservadora, de base durkheimniana, ou mais crítica, de base marxista), região a partir dos regionalismos políticos e região como "espaço vivido", vinculada às identidades regionais, é impressionante verificar como Paul Vidal de la Blache, de alguma maneira, acabou transitando um pouco por todas elas ou, pelo menos, indicando algum elemento para o retrabalhar da abordagem regional em cada uma dessas perspectivas.

Embora tenhamos enfatizado acima as concepções natural, da relação homem-meio e funcional ou nodal de região ao longo de sua obra, sem dúvida também podemos identificar um Vidal que reconhecia, ao lado do crescente papel das cidades e dos transportes, a importância da divisão do trabalho na construção regional. O contato entre regiões distintas, cada vez "mais contínuo e mais íntimo":

> *Faz nascer a necessidade de estradas, mercados permanentes, depósitos; criações que se imprimem no solo e fixam as correntes de circulação. Destes elementos se constitui, pouco a pouco, pela divisão do trabalho, pela reunião de recursos e o concurso de aptidões diversas, algo que se tornará um órgão essencial na evolução posterior das sociedades: a cidade. (...) De fato, o desenvolvimento das cida-*

des é, sobretudo, obra do comércio: um sítio urbano corresponde a um lugar de troca. (Vidal de la Blache, 1911:6-7)

"Os interesses de cada produtor" se estendem para "arenas" cada vez mais amplas e "só podem ser servidos por meio de uma coordenação de esforços, de uma organização coletiva que, em todo lugar em que se produzem, ultrapassam nossas atuais divisões administrativas" (p. 9). Algumas cidades, especialmente as de maior acessibilidade ao crédito, ao mercado e às redes de comunicação, destacam-se no sistema produtivo e, "visto que as indústrias complementares tendem a utilizar os subprodutos da indústria principal, o ponto de concentração natural é a cidade" (p. 9-10). Para além da produção (industrial) e do comércio, Vidal ainda considera a relevância dos serviços e, especialmente, da informação e da ciência:

(...) a necessidade de informação precisa e ampla, a exigência de formar, através de instrução apropriada, pessoal de trabalho superior; e a necessidade, não menos importante, de recorrer à ciência para colaborar com os aperfeiçoamentos e os progressos da indústria, vemos que causas tanto mais potentes quanto de origem mais distante, atuam de modo a aumentar a importância das cidades. (Vidal de la Blache: 1911:10)

Para completar, em "A renovação da vida regional" ele dá claro destaque ao sistema bancário e, a partir de sua área "fluida" de atuação, propõe que os limites regionais nunca podem ser determinados de forma clara. Vale a pena, neste ponto, a reprodução de um trecho mais longo:

Quando os negócios crescem, é preciso o apoio do dinheiro. Para as empresas nascidas nos lugares, nutridas por eles próprios, o auxílio financeiro só pode provir de bancos situados de modo a sustentar as oportunidades, a seguir as flutuações, a conhecer o valor das pessoas: o crédito deve estar disponível, no próprio local. Daí o notável desenvolvimento assumido em certas regiões pelos bancos locais, os bancos de negócios. Isso não é novo. Como Mulhouse cresceu? Porque Basileia e Estrasburgo estavam ao lado para fornecer capitais. Porque Lyon ampliou sua influência e irradiou todo o seu entorno? É também porque seus capitais foram empregados nas indústrias mais diversas que ocupam a região lionesa.

Esse é o papel que, há cerca de trinta anos, jogaram os bancos locais de Roubaix e Nancy. Parece ter sido também o caso, em outro contexto, da importância comercial dos bancos lorenos. Note que sua ação financeira se estende até a Alsácia, as Ardenas e Franche-Comté. Pois, quando se trata de região, não é preciso procurar muito por limites. É preciso conceber a região como uma espécie de auréola que se estende sem limites bem determinados, que encerra e avança. (Vidal de la Blache, 1917:105-106)

Se destacarmos, ainda, como fez Yves Lacoste, o caráter geopolítico de sua última grande obra, *La France de l'Est* (Vidal de la Blache, 1994[1917]) — e não apenas dela, como ficará evidente na terceira parte deste livro — podemos dizer que está explícita, também, aí, a relevância do tratamento regional a partir da formação dos regionalismos, ou seja, a região tomada sobretudo em sua dimensão política. Emblemática, aqui, é a defesa que Vidal faz da descentralização e da formação de assembleias regionais (especialmente para o caso francês), valorizando a escala entre o departamento e o Estado, encerrando seu artigo "Regiões Francesas" de modo enfático:

O poder do Estado, exercendo-se sem intermediário sobre o departamento, é um contrassenso na vida moderna. Frente a um formalismo administrativo, para o qual toda iniciativa regional é uma usurpação, ergue-se um espírito chauvinista que tudo sujeita à sua medida. Foi-se o tempo de procurar na centralização política o segredo da força. Seria muito prudente substituir um mecanismo tenso e rígido por um organismo mais flexível, que emprestasse à vida algo da força de resistência que ela concede a todas as suas criações. (Vidal de la Blache, 1910:31)

Para completar, se considerarmos que a questão da identidade regional já estava presente também no tratamento dado por Vidal aos *pays* franceses e a regiões de outros países europeus (desde sua obra "États et Nations de l'Europe autour de la France", de 1889, como se percebe claramente nos excertos traduzidos na última parte deste livro),[10] o autor acaba, de alguma forma, percorrendo todas as grandes dimensões abordadas pelas concepções geográficas básicas de região, e que ainda hoje são discutidas.

Em trabalho recente (Haesbaert, 2010) enfatizamos os processos de regionalização a partir da centralidade nos sujeitos sociais que os constroem e das múltiplas formas de articulação sociedade-espaço aí desdobradas. De alguma forma, podemos perceber agora, numa leitura mais acurada, em especial do artigo "A renovação da vida regional" (aqui traduzido), que Vidal também já estava atento às "articulações regionais", notadamente aquelas de caráter econômico e político. Assim, ele enaltece o papel das cooperativas, das diversas formas de associação (onde também se insere o papel do Estado) e do sistema bancário.

Em síntese, em relação à abordagem regional, Vidal é muito mais do que o Vidal "localista" do *pays* (aliás, ele chega a afirmar que *pays* não é o mesmo que região, e não recomenda o estudo geográfico centrado nessas unidades, pois elas ocultariam as relações mais gerais), da região

---

[10] Nesse trabalho Vidal alude a diferentes regionalismos e traços ou identidades regionais, como a basca, a galega, a de Castela, a alsaciana, e enaltece a nacionalidade suíça pelo modo com que, de forma descentralizada, lida com a diversidade cultural de seus múltiplos cantões.

de limites bem definidos (pois apela até mesmo à área de influência bancária para sustentar a relatividade dos limites regionais), restrita a uma determinada escala (por diversas vezes ele indica que um Estado ou um continente podem ser vistos como regiões) e fundada sobre pressupostos naturais ou agrários.

Controvérsias também estão presentes em algumas de suas posições políticas, pois ainda que muitos destaquem sua perspectiva conservadora, enaltecendo o Estado e as raízes da nacionalidade francesa, podemos encontrar evidências de um pensamento profundamente liberal, defensor da descentralização e do modelo suíço de democracia, por exemplo (como ficará evidente na Parte III deste livro). Em "Regiões Francesas" ele faz afirmações como a de que "a associação é a arma do fraco", mas também do forte, do que advêm conflitos de difícil solução. Citando Proudhon, conforme reproduzido na epígrafe deste artigo, ele chega a afirmar que, mesmo não tendo apreço por "soluções dramáticas" (revolucionárias), reconhece que o capitalismo (ele prefere usar o termo mais amplo, "civilização") está imerso numa "grandiosa força que procede por concentração e acumulação" e que não consegue diminuir seu ritmo expansionista: "Há nessa civilização uma potência agressiva, um instinto ou, melhor dizendo, uma necessidade de invasão." Especialmente em países (economicamente) "desarmados", condena o "papel passivo" do "rentista", que se resigna "antecipadamente a uma vassalidade econômica que, diante da violência com a qual atinge a indústria nativa, é uma das piores formas de abdicação".

Ainda que possamos afirmar que Vidal só pode ser apreendido numa grande diversidade de posições conceituais em relação à região, reveladora de uma incrível versatilidade e de idas e vindas ao longo de toda a sua obra, não devemos cair em mais um debate tantas vezes estéril sobre o "verdadeiro" ou o "falso" Vidal. Essa multiplicidade de posições presente em seu trabalho demonstra, em primeiro lugar, que não há apenas "um" Vidal, e que ele se desdobra em vários "geógrafos regionais" — sem, obviamente, reduzir-se a este qualificativo. Por outro lado, mesmo que, como propusemos no início, evitemos a partir de agora falar em "região lablacheana" (devendo apenas nos referir a "regiões lablacheanas", no plural), o que importa não é encontrar um Vidal "verdadeiro", mas sim explorar o enorme potencial que sua diversificada obra nos propõe, mesmo com — ou justamente por — suas contradições e ambiguidades.

Tudo isso sem jamais esquecer que, através de um conceito, mais do que encontrar respostas através de representações "fiéis" à realidade, buscamos um instrumento ou uma ferramenta que nos ajude a destrinchar relações e desvendar novos caminhos. Assim, mais do que um simples retrato do seu tempo, a região — ou melhor, as múltiplas regiões — em Vidal de la Blache são a evidência de um mundo em transformação, que coloca permanentemente novos desafios à nossa forma de interpretá-lo e, ao interpretá-lo, propõe novas formas de agir e de viver. Pois Vidal, ao mesmo tempo que era um intérprete desse mundo, no reconhecimento do próprio espaço vivido de seus habitantes, também estava preocupado em aplicar seus conhecimentos, inspirando, já àquela época, iniciativas de planejamento e descentralização territorial/regional por parte do Estado francês.

Referências

CLAVAL, P. 1974 (1964). *Evolución de la Geografía humana*. Barcelona: Oikos - Tau.

_____ 2011. Les voyages américains de Vidal de la Blache et de Demangeon: l'évolution de leur vision de la Géographie et du monde. *Cahiers du Géographie du Québec*, vol. 55, n. 155.

FEBVRE, L. 1970 (1922). *La Terre et l'évolution humaine*. Paris: Albin Michel.

GOMES, P. 1996. *Geografia e modernidade*. Rio de Janeiro: Bertrand Brasil.

GRIGG, D. 1974 (1967). Regiões, modelos e classes. In: Chorley, R. e Haggett, P. (orgs.). *Modelos integrados em Geografia*. São Paulo: Edusp; Rio de Janeiro: Livros Técnicos e Científicos S.A.

HAESBAERT, R. 2010. *Regional-Global: dilemas da região e da regionalização na Geografia contemporânea*. Rio de Janeiro: Bertrand Brasil.

LACOSTE, Y. 1976. *La Géographie, ça sert, d'abord, à faire la guerre*. Paris: François Maspero.

_____ 1988. *A Geografia — Isso serve, em primeiro lugar, para fazer a guerra*. Campinas: Papirus.

LÉVY, J. 1999. *Le tournant géographique: penser l'espace pour lire le monde*. Paris: Belin.

OZOUF-MARIGNIER, M. e ROBIC, M. 1995. La France au seuil des temps nouveaux: Paul Vidal de La Blache et la régionalisation. *L'Information Géographique*, vol. 59. (versão brasileira: 2007. A França no limiar de novos tempos: Paul Vidal de la Blache e a regionalização. *GEOgraphia*, n. 18).

ROBIC, M. C. 2002. Un système multi-scalaire, ses espaces de référence et ses mondes. *L'Atlas Vidal-Lablache*. www.cybergeo.eu/index3944.html (acessado em 30.03.2008)

ROBIC, M. C. (org.) 2000. *Le* Tableau de la Géographie de la France *de Paul Vidal de la Blache: dans le labyrinthe des formes*. Paris: CTHS.

THRIFT, N. 1996 (1994). Visando o âmago da região. In: Gregory, D.; Martin, R. e Smith, G. (orgs.). *Geografia Humana: Sociedade, Espaço e Ciência Social*. Rio de Janeiro: Jorge Zahar Editor.

VIDAL DE LA BLACHE, P. 2002 (1896). O princípio da Geografia Geral. *GEOgraphia*, n. 6. Niterói: Pós-Graduação em Geografia.

_____ 1994 (1903). *Tableau de la Géographie de la France*. Paris: La Table Ronde.

_____ 1994 (1917). *La France de l'Est: Lorraine-Alsace*. Paris: La Découverte.

_____ 1917. La rénovation de la vie régionale. *Foi et Vie: les questions du temps présent*, n. 9, caderno B.

_____ 1911. La relativité des divisions régionales. In: *Athena* (conferência na École des hautes études sociales). Paris. (reeditada como Introdução em "Les divisions régionales de la France", em 1913, Paris: Félix Alcan)

_____ 1910. Régions françaises. *Revue de Paris*, dez. (reeditado parcialmente em Sanguin, A.L. 1993. *Vidal de La Blache: un génie de la géographie*. Paris: Belin e publicado em português nesta coletânea)

_____ 1895. *Atlas general Vidal-Lablache. Histoire et géographie.* Paris: A. Colin.

_____ 1888. Les divisions fondamentales du sol français. *Bulletin Littéraire.* (reeditado em espanhol em: Mendoza, J. et al. 1982. *El pensamiento geográfico*. Madri: Alianza)

II.1. AS DIVISÕES FUNDAMENTAIS DO TERRITÓRIO FRANCÊS*
(Partes I, II E IV)
[1888]

Uma das dificuldades que frequentemente fazem vacilar o ensino geográfico é a incerteza sobre as divisões que convém adotar na descrição das regiões [*contrées*]. A questão tem um alcance maior do que, a princípio, se poderia acreditar; na realidade, ela se refere à própria concepção que se faz da Geografia. Se por esse ensino entende-se uma nomenclatura a ser acrescentada a outros conhecimentos práticos do mesmo tipo, a pesquisa das divisões convenientes torna-se muito simples. O melhor método será

---

* Publicado originalmente no *Bulletin Littéraire*, out-nov, 1888. A fonte desta tradução é: Camena d'Almeida, P. e Vidal de la Blache, P. 1897. *La France.* Paris: Armand Colin. Tradução: Guilherme Ribeiro e Rogério Haesbaert. O termo "sol", traduzido neste título por "território", será utilizado ao longo do texto ora como solo, ora como terreno e, mais raramente, como território, neste caso aparecendo sempre entre parênteses a expressão original "sol".

o melhor memorando.[1] Mas, para quem, ao contrário, pretende tratar a Geografia como uma ciência, a questão muda de figura. Os fatos se esclarecem de acordo com a ordem pela qual os agrupamos. Se separamos o que deve ser aproximado, e unimos o que deve ser separado, toda ligação natural é rompida; é impossível reconhecer o encadeamento que, contudo, conecta os fenômenos dos quais a Geografia se ocupa e que constitui a sua *raison d'être* científica.

Admitamos considerar como um dado, em princípio, que a Geografia deve ser tratada, no ensino, como uma ciência e não como uma simples nomenclatura. Assim, procuraremos menos discutir os procedimentos do que esclarecer uma questão de método. Em tal matéria, o melhor e mais seguro é tomar um exemplo — o da França se oferece naturalmente.

I

Os programas concedem, com razão, uma grande importância ao estudo da França. Nosso país é uma região suficientemente variada para servir de tema a estudos muito fecundos. Aquele que tivesse penetrado a fundo na geografia da França possuiria, sem dúvida, dados insuficientes, porém muito preciosos e suscetíveis de aplicação às leis gerais da vida terrestre. Às vezes, os professores terão que recorrer à geografia dos países vizinhos para explicar certos traços do nosso. Em geral, contudo, eles, sem arrependimento, poderão limitar-se ao estudo dessa região que, ainda que sendo aproximadamente a 965ª parte da superfície terrestre, nem por isso oferece menos riqueza para suas observações. Antes de tudo, podemos nos perguntar se é necessário dividir em regiões o país que desejamos estudar e se não seria mais simples examinar separada e sucessivamente os principais

---

[1] "Aide-mémoire", no original, significando, segundo o Dicionário Larousse, "resumo destinado a indicar, em algumas páginas, os fatos importantes, os dados essenciais ou as fórmulas principais de uma ciência, em função da preparação para um exame". (N.T.)

aspectos — costas, relevo, hidrografia, cidades etc. É fácil mostrar que tal sistema iria diretamente contra o objetivo a que se propõe a Geografia. Ela vê nos fenômenos sua correlação, seu encadeamento, ela procura nesse encadeamento sua explicação: não é preciso, portanto, começar por isolá-los. É possível descrever de modo inteligível o litoral sem o interior? As falésias da Normandia sem os platôs calcários dos quais são a borda? Os promontórios e os estuários bretões sem as rochas de tipo distinto e dureza desigual que constituem a península? Ocorre o mesmo com a hidrografia e a rede fluvial, que dependem estreitamente da natureza do solo. Por que aqui as águas se concentram em alguns canais pouco numerosos, enquanto em outras áreas se dispersam em inúmeras redes e jorram de toda parte? Por que o mesmo rio, durante seu curso, muda de aspecto e de ritmo — ora encaixado, ora ramificado, claro ou turvo, desigual ou regular — adotando sucessivamente, em síntese, as características das áreas [*contrées*] que atravessa? O geógrafo estuda na hidrografia uma das expressões pelas quais uma região [*contrée*] se manifesta, e atua do mesmo modo com a vegetação, as habitações e os habitantes. Não é nem como botânico, nem como economista que ele vai se ocupar desses diversos temas de estudo, mas ele sabe que a fisionomia de uma região é composta por esses diferentes aspectos, ou seja, esse algo vivo que o geógrafo deve pretender reproduzir. Assim, a natureza nos adverte contra as divisões artificiais. Ela nos indica que não é preciso fragmentar a descrição mas que, ao contrário, é preciso concentrar-se sobre a região que se quer descrever e que se deve, então, delimitar adequadamente todos os traços próprios para caracterizá-la. Karl Ritter diz que a natureza "*ist keine todte Maschinerei*".[2] A França, diríamos a partir dele, não é um mecanismo que se possa desmontar e expor peça por peça.

É necessário, porém, escolher bem essas divisões regionais; ei-nos aqui de retorno ao tema. Em termos geográficos, seria pouco razoável tomar como guia divisões históricas ou administrativas. Não falo de nossas

---

[2] Em alemão e em itálico no original. (N.T.)

86 unidades departamentais, que não poderiam ser tomadas seriamente como quadros de uma descrição geográfica. Alegou-se, porém, algumas vezes, que as antigas províncias ofereciam um sistema de divisões em conformidade com as regiões naturais. É preciso observar que essa opinião foi emitida principalmente por geólogos; talvez os historiadores tivessem dificuldade em compartilhá-la. Quando se repassam mentalmente os incidentes históricos, os acasos sucessivos e as necessidades circunstanciais que influenciaram a formação desses agrupamentos territoriais, surge certa dúvida sobre a concordância que pode existir entre uma província e uma região natural. Contudo, até certo ponto, essa concordância existe em algumas províncias: a Champagne e, sobretudo, a Bretanha podem servir de exemplos. Porém, o mais frequente é que as províncias nos ofereçam um amálgama heterogêneo de regiões muito diversas; a composição territorial da Normandia ou do Languedoc não corresponde em absoluto a uma divisão natural do solo.

As divisões geográficas não podem ser tomadas senão da própria Geografia. Isso ficou claro. Mas foi imaginada, então, essa divisão por bacias hidrográficas, à qual, apesar das justas críticas que acarreta, não estamos seguros de que o ensino lhe tenha renunciado por completo, pois não se abandona de um dia para outro hábitos arraigados que livros e mapas ditos geográficos difundiram, rivalizando assim com essa renúncia. Esse sistema de divisões é aparentemente simples, mas tem apenas a aparência de simplicidade. Na realidade, não há nada de mais obscuro. O que é artificial [*factice*] não pode ser claro, pois, destruindo as relações naturais das coisas, estamos condenados a não nos dar conta de nada. Colocamo-nos em contradição com as realidades que saltam à vista. Aplicada à França, a divisão por bacias fluviais separa regiões [*contrées*] que a natureza uniu, como os *pays* do médio curso do Loire e os do Sena. Destrói a unidade do Maciço Central. Um geólogo, em certa ocasião, disse que a existência do Maciço Central, particularidade muito importante do território [*sol*] francês, havia passado despercebido pelos geógrafos! Para alguns geógrafos, pelo menos, essas palavras não eram demasiado severas. Era plenamente justificável diante dos mapas onde, para uso das escolas, era representado não sei qual esqueleto imaginário cujas articulações se prolongavam até as extremidades do território [*sol*]. Todos nós conhecemos, em nossa infância, essas imagens singulares que recortavam a França em certo número de compartimentos distintos, desconhecidos para os geólogos e topógrafos. Daí resultava uma fisionomia inteiramente falsa do território [*sol*] francês.

II

Tentemos dar conta, então, do que se deve entender por uma região natural. Para isso, o melhor meio será liberar-se de toda rotina escolástica e colocar-se, tanto quanto possível, diante de realidades. A Geografia não é precisamente uma ciência de livros; ela necessita a contribuição da observação pessoal. Jamais haverá um bom professor se ele não envolver o interesse da observação pessoal pelas coisas que deve descrever. A natureza, em sua inesgotável variedade, põe ao alcance de cada um os objetos de observação, e àqueles que aí se dedicam pode-se garantir menos esforço que prazer.

Entre Étampes e Orléans, atravessamos em trem um *pays* chamado La Beauce e, sem mesmo sair da portinhola do vagão, distinguimos certas características da paisagem: um terreno [*sol*] indefinidamente aplainado sobre o qual se desenvolvem campos cultivados sobre longas faixas; muito poucas árvores, muito poucos rios (durante 65 quilômetros não se atravessa nenhum); ausência de casas isoladas; todas as habitações estão agrupadas em burgos[3] ou aldeias.

Se atravessamos o Loire, encontramos, ao sul, um *pays* de mesma planura, mas cujo solo tem uma cor diferente, onde abundam bosques e lagunas: é a Sologne. A oeste de Beauce, entre as nascentes do Loire e do Eure, surge um *pays* acidentado, verdejante, cortado por cercas e sebes de árvo-

---

[3] *Bourgs* no original, significando burgo, vila, povoado onde há mercado. (N.T.)

res, com habitações disseminadas por toda parte: é o Perche. Entremos na Normandia. Se, no departamento do Sena-Inferior, examinarmos os dois distritos [*arrondissements*] contíguos de Yvetot e de Neufchâtel, quanta diferença! No primeiro, tudo é planície, campos de cereais, granjas contornadas por grandes quadrados de árvores, amplos horizontes. No segundo, veem-se apenas pequenos vales, cercas vivas e pastagens. Passemos do *pays* de Caux ao *pays* de Bray. O modo de existência dos habitantes mudou com o terreno [*sol*]. Se no departamento de Calvados deixamos a campanha de Caen para entrar no Bocage, contrastes distintos mas não menos pronunciados nos rodeiam. Os homens diferem como o solo, e não é de hoje que o instinto popular distingue as populações dos dois *pays*. O velho poeta normando do *Roman de Rou*[4] já sabia muito bem discernir:

> *Cil des bocages et cil des plains*
> [*Aquele dos* bocages *e aquele das planícies*]

Às vezes, não é só um *pays*, mas uma série contínua de *pays* designada pelos habitantes por um nome que indica, ao observador, a analogia de seus caracteres. É assim que, entre Caen e Le Mans, se estende, de norte a sul, uma *campanha*[5] de Caen, uma *campanha* de Alençon, uma *campanha* Mancelle. Para o geólogo, essa sucessão de campos representa uma zona de terrenos de calcário oolítico formando uma borda ao longo dos xistos e dos granitos que se sucedem de Cotentin a Anjou. Ela se apresenta aos olhos como uma superfície levemente acidentada, cultivada por cereais, que as estradas e as ferrovias escolhem, preferencialmente, em relação aos *pays* mais acidentados que a margeiam tanto a leste quanto a oeste.

---

[4] Epopeia normanda contada na forma de crônica em versos, escrita no século XII por Wace. (N.T.)

[5] *Campagne*, em itálico no original. (N.T.)

AS DIVISÕES FUNDAMENTAIS DO TERRITÓRIO FRANCÊS

Volta-se a encontrar o nome *Campagne* ou *Champagne*[6] sobre o limite norte do Maciço Central: ali também designa uma cobertura uniforme de planície margeando um *pays* completamente distinto: a *Champagne de Châteauroux* confinada a La Marche, entrecortada por numerosos acidentes de terreno e cultivada por pequenos campos aos quais se misturam pradarias, bosques e charnecas [*landes*].

As denominações características quase nunca faltam no ponto de contato entre regiões claramente distintas. Mas as circunstâncias que chamam atenção variam e se expressam de modo diferente no vocabulário local. Na extremidade ocidental do Maciço Central, o nome *Terras frias*[7] designa o *pays* de Confolens, enquanto o *pays* de Ruffec, também situado no departamento de La Charente, é chamado de *Terras quentes*. O primeiro *pays*, pertencente ao Maciço Central, tira seu nome da impermeabilidade do terreno [*sol*], em cuja superfície a permanência prolongada da água provoca umidade e neblina. No outro, os calcários fissurados mantêm a superfície seca, enquanto as águas se infiltram no subsolo.

Não temamos em multiplicar os exemplos. Em outra parte da França, onde os terrenos calcários também se apresentam contíguos aos granitos, encontramos uma distinção claramente estabelecida entre o Morvan e o Auxois — este, um *pays* de terras fortes e férteis que nenhum camponês irá confundir com o frio e estéril *pays* que lhe é limítrofe a sudoeste.

Assim, basta olharmos ao nosso redor para recolher exemplos de divisões naturais. De fato, esses nomes não são termos administrativos ou escolares; são de uso cotidiano, o próprio camponês conhece e emprega. Enquanto produtos da observação local, não poderiam abarcar grandes extensões; eles são restritos como o horizonte dos que os utilizam. São *pays* antes que regiões Mas nem por isso têm menos valor para o geógrafo. A expressão *pays* tem como característica ser aplicada aos habitantes quase tanto quanto ao terreno

---

[6] Grifos nossos. (N.T.)

[7] Em itálico no original. (N.T.)

[*sol*]. Quando tentamos penetrar no significado desses termos, vimos que eles expressam não uma simples particularidade, mas um conjunto de características extraídas ao mesmo tempo do solo, das águas, dos cultivos e das formas de habitação. Eis, portanto, apreendido em seu estado natural, este encadeamento de relações que parte do solo e desemboca no homem e que, falávamos no início, deveria formar o objeto próprio do estudo geográfico! Instintivamente adivinhado pela observação popular, esse encadeamento se precisa e se coordena através da observação científica. Para compreender o que o ensino geográfico lhe exige, um professor não poderia encontrar melhor exercício e melhor guia que esses nomes de *pays*. Aqui está, de fato, o que eu chamaria de as fontes vivas da geografia. Seria muito surpreendente se este estudo não repelisse para sempre as más divisões artificiais, que servem apenas para desconcertar os olhos e o espírito.

Mas então, dir-se-ia, como aplicar uma divisão por *pays* ao ensino geográfico da França, de modo que possa ser praticada nas escolas? Não recomendamos, de fato, sua aplicação direta. Além das dificuldades muitas vezes inextricáveis que sua delimitação provocaria, na própria exiguidade dessas divisões há uma razão peremptória. Em um ensino voltado aos alunos, o estudo do terreno [*sol*] fragmentar-se-ia para além de toda medida admissível. As relações gerais correriam o risco de desaparecer na análise muito fragmentária do detalhe.

Contudo, aconselhamos aos professores que apliquem essas divisões, oferecidas pelos próprios habitantes, de uma forma indireta, quer dizer, que nelas se inspirem para chegar até os agrupamentos mais gerais que lhes são necessários. O princípio dessas divisões mais gerais deve ser buscado na própria ordem dos fatos naturais. Em suma, sobre o que se baseiam essas divisões de *pays*? Elas resumem um conjunto de fenômenos que dependem quase sempre da constituição geológica do terreno [*sol*]. A Geologia e a Geografia são, de fato, duas ciências distintas, mas estreitamente relacionadas. Ao estudar os terrenos [*terrains*], o geólogo se propõe a determinar as condições nas quais eles se formaram; busca reconstituir, camada por camada, a história do solo. Para o geógrafo, o ponto de partida é o mesmo, mas o objetivo é diferente. Ele busca, na constituição geológica do terreno, a explicação de seu aspecto, de suas formas exteriores, o princípio das influências diversas que o solo exerce tanto sobre a natureza inorgânica quanto sobre os seres vivos. Outras causas, sem dúvida, também concorrem para determinar a fisionomia das regiões [*contrées*]. Se, ao invés de estudar uma região [*contrée*] restrita como a França, estudássemos vastas superfícies continentais, seria necessário atentar, primeiro, para o clima; na fisionomia das grandes zonas terrestres, as considerações procedentes do clima são mais importantes que as causas geológicas. Pela influência exercida sobre a vegetação, o regime de chuvas pode, independentemente de qualquer diferença geológica, modificar a fisionomia das regiões [*contrées*].

Entretanto, sem renunciar a beber em outras fontes, a Geografia nunca perde de vista a Geologia. Mesmo quando as duas ciências gêmeas parecem divergir, elas não permanecem estranhas entre si. Só se compreende perfeitamente o terreno [*sol*] quando se está em condições de remontar até às origens de sua formação. É assim tanto para a história da Terra quanto para a história dos homens; o presente está muito estreitamente ligado ao passado para que possa ser totalmente explicado sem ele.

III

(Esta parte analisa [quanto à Geografia física, sobretudo] as cinco grandes regiões francesas: Bacia de Paris, Maciço Central, Oeste, Midi, Vale do Ródano e Saône.)[8]

---

[8] Optamos por não traduzir a parte III (p. XV a XXIX) por seu caráter basicamente empírico-descritivo dessas regiões da França.

IV

No conjunto do território [*sol*] francês, há outros grupos regionais que eu denominaria periféricos. De fato, eles se estendem como *glacis*[9] ao longo de nossas fronteiras. Porém, as grandes regiões das quais acabamos de traçar esse rápido esboço são as divisões fundamentais do solo francês. É à sua correspondência que se deve seu caráter de harmonia.

Não por acaso elas se aproximam das divisões geológicas, a ponto de quase coincidir com elas. Todavia, é preciso reconhecer que elas também se justificam por razões provenientes do aspecto do terreno [*sol*], do caráter da vegetação e do agrupamento dos habitantes, isto é, por razões de ordem essencialmente geográfica. Tal é, de fato, a concordância íntima e profunda entre as duas ciências. Certamente, é nessa concordância que os professores devem buscar os únicos princípios de método que, em nossa opinião, são capazes de conferir ao ensino de Geografia um caráter de precisão e de verdade.

---

[9] Termo francês utilizado em geomorfologia, significando "taludes [escarpas] de fraco declive", que podem ser resultantes de processos erosivos ("glacis" de erosão) ou de acumulação de sedimentos ("glacis" de sedimentação). (*Dicionário geológico-geomorfológico*. Rio de Janeiro: IBGE, 1969, 3ª ed., p. 219) (N.T.)

II.2. ESTRADAS E CAMINHOS DA ANTIGA FRANÇA*
[1902]

Senhores,
Somos frequentemente levados a nos lamentar, quando tentamos penetrar no passado da França, que não possuímos sobre ela um número muito grande deste gênero de documentos que chamamos de itinerários, ancestrais mais ou menos longínquos dos nossos guias de viagem. São livros cujo objeto prático força a sermos precisos, e que, quando não consentem em ser demasiado áridos, são férteis em ensinamentos instrutivos. Alguns foram bem-conservados, mas não o bastante para satisfazer nossa curiosi-

---

* Versão original: "Routes et chemins de l'ancienne France". Palestra proferida em 1902 na Sorbonne, por ocasião do Congresso Nacional das Sociedades de Cientistas [Savants]. Publicada no ano seguinte no Bulletin de Géographie Historique et Descriptive, pp. 115-126, e republicada em Strates [on line: http://strates.revues.org/document620.html], n. 9, 1996-97 (Crises et mutations des territoires). Tradução: Guilherme Ribeiro e Rogério Haesbaert. Agradecemos a Sylvain Souchaud pelo auxílio na tradução de algumas expressões.

dade. Como seria interessante seguir o peregrino sobre a estrada onde, de santuário em santuário, de relíquia em relíquia, exalta-se o caminho exercendo sua piedade, à espera de que alcance o objetivo de sua devoção! O comerciante nos falaria, à maneira de Balducci Pegolotti, dos hábitos dos países que ele frequenta, dos perigos, das precauções a tomar para garantir sua segurança. Seguiríamos de bom grado os curiosos à espreita das "singularidades", monumentos, curiosidades naturais que, na França, se oferecem em grande número pela estrada. Esse seria um aspecto precioso sobre um ângulo da vida de outrora, um aspecto cuja compreensão é dificultada pelos nossos hábitos: os modos de viagem; as diversas mobilidades[1] que, seguindo os tempos e os lugares, impulsionam os homens a ultrapassar seus horizontes; o espírito que os inspira na observação do mundo exterior.

Sob o nome de Gália ou França, nosso país foi sempre uma zona [*contrée*] de grande circulação. Nesse sentido, um fato que não pode deixar de ter significado é que a Gália tinha sua própria medida itinerária, a légua, que servia, mesmo diante da milha romana. Lembrar-nos-ia desta impressão de um escritor grego que descreve os habitantes reunidos na estrada, à espreita, para inteirar-se e comunicar as novidades? É permitido acreditar que as qualidades de curiosidade e de sociabilidade que nossos ancestrais experimentavam se ligavam aos hábitos que, eles próprios, não existiriam sem relação com as condições geográficas da região [contrée]. Tal é, em substância, a ideia que eu queria propor à reflexão do sábio auditório diante do qual me é concedida a arriscada honra de falar.

Havia — é o que importa constatar de início — grandes vias que atravessavam a região de uma extremidade a outra. Se combinarmos com as informações fornecidas pelos guias ou itinerários o que podemos tirar de textos não menos dignos de fé, distinguiremos bem quais eram as principais direções segundo as quais circulavam, através da França, as correntes

---

[1] *Mobiles* em francês. (N.T.)

de vida geral. Elas são conforme às linhas fundamentais da estrutura da região e não mudaram muito no decorrer dos séculos.

Uma dessas vias é aquela que, do Mediterrâneo ou dos Alpes, dirige-se para a *Champagne* e o mar do Norte. É a via comercial por excelência. Desde que um primeiro raio de história brilha sobre nosso país, vemos pelo vale do Ródano e do Saône encaminharem-se os comerciantes, organizar-se a corporação dos barqueiros e dos serviços de transporte, cobrar-se o pedágio e, consequência natural, eclodirem disputas. Feiras famosas se repartem sobre esta via de trânsito: elas se instalam em Beaucaire, sobre as pradarias à beira do Ródano, na desembocadura do Languedoc; elas começam a fortuna de Lyon; animam as cidades ribeirinhas do Saône. Conhecemos, enfim, estes célebres encontros de Troyes, Arcis-sur-Aube, Provins, Lagny, onde se mantinham, nos séculos XII e XIII, os principais pilares do comércio da Europa.

Mas Paris, por sua vez, exerce uma atração que vai crescendo. Ao norte da cidade, pelas planícies descobertas que parecem estender-se sem fim e que permitem evitar o máximo possível a vizinhança suspeita das florestas, corta a estrada de Flandres. Ela dirige-se para Crépy-en-Valois, Roye, Péronne, Bapaume. É uma via tanto política quanto comercial. Por ela circula uma corrente muito intensa que, no século XIV, aproximou as turbulentas comunas flamengas à "boa cidade" [*bonne ville*] de nossos reis.

Em direção ao sudoeste revela-se um outro aspecto do passado. Tours, Poitiers, Saintes, Blaye são as etapas de uma espécie de via sagrada. Ao longo dessa estrada sucedem-se os mais antigos santuários da Gália: Saint-Martin, Saint-Hilaire, Saint-Eutrope. É o itinerário que seguem os peregrinos que vão a Santiago de Compostela, "o caminho de Santiago" [*le chemin de Saint-Jacques*], como ainda é denominado o trecho entre Poitiers e Saintes. Temos a vantagem de possuir sobre essa rota um guia bem-desenvolvido, redigido, sem dúvida, no século XII. Como foi um *Poitevin* que o escreveu, temos a impressão de surpresa que um francês de língua *d'oil* experimentaria nesta época após ter passado o Gironda. Já em Saintonge o dialeto parecia ter "algo de rústico": em Bordéus, a mudança é bem mais sensível. Mas ele encontra os epítetos de sua escolha para apreciar "o pão branco" e o "vinho tinto" da terra gascã.

Lendo tais escritos e vendo esse fluxo regular que conduzia sem cessar ao longo das mesmas rotas os viajantes que partilhavam a mesma imaginação, compreendemos como certos nomes famosos aí se localizaram: Charles Martel, Carlos Magno, Roland. A estrada estava semeada por seus vestígios. Sua lembrança materializava-se em tal objeto ou em tal relíquia. Assim compunha-se uma espécie de geografia legendária, cujas maravilhas, passadas de boca em boca, espalhavam-se longe. Teriam penetrado assim até Domrémy, às margens do rio Meuse? O certo é que entre Tours e Poitiers se encontra o santuário de Santa Catarina, onde Joana D'Arc procurara a espada de Charles Martel.

Temos prazer, então, em evocar, sobre estas velhas rotas, os sentimentos daqueles que as percorreriam. Elas personificam-se, assim, em nosso espírito. Sobre elas paira um rastro de lembranças que vão, é verdade, se apagando, e que em breve existirão apenas na alma dos historiadores arqueólogos, ou no eco agonizante de alguma tradição popular. Contudo, desse passado do qual se esquece muito rápido, as estradas são um dos traços mais vívidos. Mesmo quando seu tempo já passou e o mato as invadiu, seus nomes sobrevivem sob um dos diversos rótulos com que a imaginação popular as tem designado. Elas continuam a servir de limite entre propriedades ou comunas, e é nestas ínfimas funções que, como um gigante destronado, elas prolongam de maneira obscura suas existências através da topografia atual.

Mas, ao redor desses caminhos de povos, dessas grandes vias históricas das quais desenvolvemos apenas algumas de suas feições, restava a maior parte do território da França. É uma minoria dos *pays*[2] da França que via

---

[2] Preferimos não traduzir "pays", pois "país" ou "região", as palavras mais próximas em português, não têm a conotação específica de "pequena região" empregada por

passar os bandos de peregrinos, mensageiros, comerciantes. Qual seria a condição daqueles cuja situação os colocava à margem das grandes correntes de circulação geral? Como eles participavam do movimento e da vida?

O que nos impressiona hoje, quando, com a ajuda de textos ou de mapas antigos, conseguimos reconstituir de modo aproximado a antiga fisionomia de nossos velhos *pays*, é o quanto, na sua maior parte, revela-se fortemente a marca local. Doravante, nossos olhos, habituados à uniformidade geral que acaba por não mais nos incomodar nem surpreender, reencontram ali, em todos os hábitos da vida, a expressão de um ambiente especial. Não há casas de pedra onde a pedra para construção não é mais encontrada localmente. Na rudeza informe de seus modelos, muito frequentemente a casa mostra sua subordinação aos materiais do solo. Mobiliário, linho, vestimentas, sem falar no penteado das mulheres — este último vestígio de originalidade cujo desaparecimento marca o fim dos antigos costumes, tudo manifesta o caráter do *pays*. Em todo lugar se exprime a preocupação de produzir localmente tudo o que é necessário, e isto implica muitos esforços para dominar a natureza. Sem dúvida, o camponês necessita apenas abrir passagens nas linhas de floresta que originalmente limitavam seu horizonte por quase todo lado. Entretanto, mesmo após os desmatamentos do século XII, essas parcelas desmatadas ainda são suficientemente extensas para parecerem isolá-lo do mundo exterior.

Pergunta-se então como, quando a influência do mundo exterior parece ausente dos objetos, ela poderia mostrar-se nos espíritos. Ou, quem sabe, ela penetraria somente sob a forma de uma noção vaga despertando apenas indiferença ou hostilidade? Esse sentimento que existe ao nosso redor e, longe de nós, nas populações com as quais temos interesses comuns, cujas necessidades estão ligadas às nossas e cujos perigos podem nos alcançar, não é daqueles fáceis de fazer germinar no espírito dos homens

---

La Blache e já legitimada na linguagem geográfica. (N.T.)

quando a natureza não lhe abriu caminho. Esse sentimento resiste à coação, e resulta apenas de experiências múltiplas e familiares que, sem esforço e quase inconscientemente, dão-lhe crédito e o enraízam.

Estaríamos certamente expostos a desnaturalizar a verdade se, na ideia que fazemos da antiga França, não levássemos em conta a força do ambiente local. Mas não seria menos errôneo imaginar essas populações como que paralisadas em seus ambientes. Há no solo francês uma grande quantidade de impulsos naturais estimulando as relações entre os homens. Os textos outrora citados não são diretamente confiáveis, mas se considerarmos os testemunhos tirados da própria vida, e sobretudo aquele que envolve todos os outros, o testemunho dos lugares, descobrimos um animado espetáculo. Uma série de correntes locais coexistem com as correntes gerais que abordamos há pouco. É assim que vemos, em um rio, os redemoinhos, os turbilhões e os movimentos se entrecruzarem em diversos sentidos e se combinarem com a corrente que põe em movimento o conjunto.

Os transportes, é verdade, encontrariam dificuldades em que se acomodariam mal nossos hábitos modernos. Mas os homens se mobilizam mais cedo e mais rapidamente que as coisas. O homem é, por sua natureza, um ser imaginativo, que o próprio arado não fixa imutavelmente ao solo. A satisfação que os pastores experimentam ao se deslocarem e os montanheses ao retornarem, no verão, às altas pastagens, o camponês experimenta, à sua maneira, ao frequentar feiras, mercados, encontros periódicos dedicados às suas necessidades de sociabilidade e comércio.

Todavia, convém mesmo retificar aqui nosso ponto de vista. Os meios de transporte dos quais nos dotou a vida moderna nos fazem depreciar demais aqueles que outrora permitiam a circulação. Para compreender o passado, é preciso observar os *pays* onde eles ainda se mantêm: as montanhas, por exemplo, último refúgio onde subsistem os vestígios do arcaísmo ao qual nosso tempo foi, em todos os outros lugares, mortal. Aí, pode-se julgar os serviços possibilitados pelos modestos caminhos de antigamente. Sem dúvida, belas estradas carroçáveis atravessam nossos Alpes e nossos

Pireneus mas, nas malhas razoavelmente espaçadas desta rede, que importante papel continuam a desempenhar, para os deslocamentos frequentes exigidos pela vida montanhesa, esses numerosos caminhos de tropas que não descartam nenhum declive, que ousadamente coroam as alturas e às vezes margeiam os precipícios! Entre as vilas perdidas junto ao limite dos cultivos, entre esses cultivos e as pastagens vizinhas aos cumes, são eles que asseguram as comunicações. E, por mais íngremes e ásperos que possam parecer para nossos pés de citadinos, não se pode percorrê-los sem experimentar um sentimento de admiração pela ação industriosa desses montanheses que, por eles próprios, souberam criar, para seu uso, essa múltipla rede.

Não eram de modo algum caminhos mais fáceis que aqueles que sulcavam nossos *pays* xistosos ou graníticos do oeste e do centro. Nesses caminhos encaixados ou *escavados*,[3] arborizados, cobertos de *chirons* ou saliências pedregosas, cavados pelas rodas dos carros onde se arrisca a "ficar atolado",[4] segundo a velha expressão do Oeste, seria necessária e bem-vinda a carga de cal ou de terra, trazida pelos animais, destinada a corrigir o solo muito pobre! As marcas cobertas de ervas e viscosas dos terrenos de argila, os caminhos enlameados dos siltes da Picardia ou do Lauraguais languedociano, tais eram, entre outras, as dificuldades com as quais se deparavam as operações quase cotidianas da vida agrícola, e que nem por isso a descartava.

Entretanto, além da frequência habitual, esses caminhos eram animados periodicamente pelo vaivém daqueles cujas necessidades da vida lançavam, a cada ano, de um *pays* a outro. O destino, naturalmente, eram os "bons *pays*", onde a ceifa e a vindima ofereciam aos habitantes das áreas de solo pobre ou de crescimento agrícola tardio, pessoas de Morvandiau,

---

[3] *Cavées*, grifado no original. (N.T.)

[4] *S'emmoler* no original (expressão popular da época). (N.T.)

bocainos, gente do Vôge, de Argonne e de Thiérache, uma oportunidade de salários e de lucros. O mês de agosto trazia regularmente os *aouteurs* ou *ousterons*.[5] E eles retornavam em seguida, "galhardos", como disse um poeta rústico do século XVI, para suas terras frias, onde as colheitas ainda os esperavam. Os felizes habitantes dos *bons pays* viam chegar periodicamente os miseráveis dos *"pays bocageux"*. Isso tinha o efeito de uma espécie de reconhecimento. Eles se afirmavam por esse contraste, no sentimento de superioridade satisfeita do homem que vive sem nada tomar de empréstimo ao outro, de um solo capaz de suprir todas as suas necessidades. Esse sentimento incrustava-se na psicologia do camponês. De resto, o fato de alguma expressão zombeteira aparecer em seus lábios era normal; proliferavam ditados entre esses antigos *pays* da França. Quando o *tourangeau*[6] Rabelais quer representar a miséria de Panurge, ele encontra facilmente expressões populares das quais toma a comparação expressiva de que necessita: "tão atrapalhado", diz ele, "que parecia um colhedor de maças do *pays* de Perche".

Muitos desses deslocamentos ainda ocorrem, mas adaptados aos novos modos de transporte, mergulhados, por assim dizer, nas correntes gerais que hoje misturam e agitam todas as nossas populações. Há uma diferença essencial entre os fenômenos atuais e esses movimentos de outrora; estes, mais individuais em seu modo de agir, intimamente associados, a título de complemento e de auxílio, às ocupações ordinárias da vida, colocam nitidamente em evidência a personalidade daqueles que põem em relação. Eles não eram desses que podemos acusar de destruir os laços com o solo; ao contrário, tendiam apenas a consolidá-los, combinando-se com a maneira local de viver. Quando o montanhês dos Vosges ocupava a *morte*

---

[5] Grifado no original. *Aouters* seria algo como "agosteiros", "aqueles do mês de agosto". *Ouste!*, por sua vez, de onde deve provir *ousterons*, significa "Fora!". (N.T.)

[6] Proveniente da Touraine ou da cidade de Tours. (N.T.)

saison[7] para tecer, seja com o cânhamo comprado, seja com aquele que pudera cultivar em um pedaço de boa terra bem-cuidado, ele esperava apenas que um raio de sol permitisse estender os tecidos sobre a relva e lavá-los em água corrente: então, tomava o caminho da planície para tirar proveito do trabalho no qual haviam colaborado todos os membros da família. Cabe-nos representar a cena, sob as arcadas desses mercados cobertos, como vemos em algumas pequenas cidades lorenas, no sopé dos Vosges.

Os deslocamentos de longa distância partiam dos *pays* de criação e de gado. Os obstáculos, aqui, não contavam, pois as mercadorias eram do tipo que se transportam por si mesmas. Sobre as encostas dos Alpes da Provença, de Cévennes, dos Pireneus, subsistem ainda os rastros impressos pelo pisoteio dos rebanhos de carneiros transumantes. "É preciso ver", diz o poeta de Mireille, "essa multidão se desdobrar no caminho pedregoso, *s'esperlunga dins la peirado!*"[8] Essas vias conservaram os antigos nomes que serviam para designá-las, *drailles*,[9] caminhos de *ramade*.[10] Seus trabalhos, senhores, serviram para fazer conhecer esses *passeries*[11] periódicos que, pelos contratos aos quais dão lugar, não têm contribuído pouco para colocar em relação os diferentes cantões dessas montanhas.

Mas as relações mais importantes, porque respondem mais diretamente a necessidades recíprocas, seriam aquelas intercambiadas entre o Maciço Central e as planícies que o margeiam ao sul e a oeste. O Auvergne cria raças bovinas; o Languedoc, o Poitou precisam delas para suas lavragens. Regularmente, assim, por volta de outubro, das pastagens de Salers nos limites de

---

[7] Estação durante a qual a terra não produz, ou tempo durante o qual há menos trabalho que o habitual. (N.T.)

[8] Grifado no original. (N.T.)

[9] Segundo o Dicionário Larousse, do franco-provençal "drayo", caminho, designando os caminhos utilizados pelos rebanhos durante a transumância. (N.T.)

[10] Segundo o Dicionário Larousse, reunião de várias centenas de carneiros (na região dos Pireneus). (N.T.)

[11] Grifado no texto. (N.T.)

Charente chegava o gado que a agricultura poitevina demandava, em função da impossibilidade de criá-los em seus secos planaltos calcários. Feiras eram organizadas para corresponder a essas "passagens" de auvérnios. Nem sempre era mesmo uma cidade ou uma vila que servia de ponto de encontro para essas transações. Uma ponte, uma encruzilhada de estradas, qualquer local designado e fixado pela tradição, reunia em um dia determinado vendedores e compradores. Isso explica a razão de ser de um certo número de *lieux-dits*[12] que, sem ser habitados, subsistem na nomenclatura geográfica. Habitualmente vazios, eles se animam quando chega a data conhecida e esperada nos arredores. Há aí, sem dúvida, para aqueles que estudam os diversos fenômenos de agrupamento humano, um tema de curiosidade e de pesquisas. Parece que encontramos, nessas relações intermitentes, alguma analogia com certos *pardons*[13] da Bretanha, ou *panégyries* da Grécia. De qualquer modo, o interesse a retirar desse gênero de *lieux-dits* merece receber a atenção dos estudiosos.

As montanhas e os *pays* de solo pobre forneciam seus principais contingentes ao exército ambulante que atravessava as estradas de nosso país. O exercício especial de algum ofício era um expediente a se invocar nas diversas regiões [*contrées*] onde esse talento poderia encontrar seu emprego. Mais de uma localidade conserva ainda, em um atributo incorporado ao seu nome, a lembrança da profissão que era outrora como sua assinatura. Do Jura partiam transportadores de mercadorias renomados por sua agilidade ou sua força; de Morvan, os carreteiros "seguiam *en galvache*"[14] em

---

[12] Lugar que tem um nome particular. (N.T.)

[13] Grifado no texto. Segundo o Dicionário Larousse, peregrinação religiosa e festa popular na Bretanha. (N.T.)

[14] Migração sazonal de carreteiros que saíam da região do maciço de Morvan em direção a áreas mais ricas e que durou do século XIX até a chegada dos tratores, por volta da Segunda Guerra Mundial. "Galvache", palavra de origem controversa, significa o ato de percorrer caminhos. (N.T.)

direção às fundições de Nivernais; muleteiros de trajes pitorescos desciam do Vivarais em direção ao vale do Ródano. O que mais sabemos? Le Bugey enviava os cardadores de cânhamo; Livradois, os velhos serradores; Bassigny, os ferreiros; o Bocage normando, os estanhadores etc. Eles se espalhavam muito longe, e é assim que o nome de muitas de nossas províncias, propagado por eles, associava-se à ideia de uma profissão característica das províncias favorecidas com suas visitas.

Não temos razão de exigir uma exatidão geográfica rigorosa aos termos auvérnios [*Auvergnards*], saboianos [*Savoyards*], lorenos [*Lorrains*], gascões [*Gascons*], que a linguagem popular utiliza meio ao acaso; eles designam aí a procedência aproximada daqueles cuja profissão conduzia periodicamente de uma extremidade a outra do reino. Mas são nomes muito vivos, aos quais se articula uma significação que podemos considerar mais ou menos amável e caridosa, mas que mostra que eles fazem sentido na mente das pessoas. Pode-se dizer o mesmo, em um círculo menos vasto, das máximas, dos apelidos e dos inúmeros provérbios trocados entre cidades, aldeias ou *pays*. As descrições geográficas da França que foram particularmente compostas em torno do começo do século XVII são matizadas de provérbios desse gênero. Sem conferir importância maior do que merece àquilo a que chamamos sabedoria das nações, é possível ver aí o indício de uma destacada familiaridade entre os que tinham o hábito de lançar essas características.

Todos esses fatos nos transportam a um ambiente econômico que perdurou e desapareceu levado pelas transformações modernas, e que pertence definitivamente ao passado. Mas sua marca ficou impressa nas relações, os costumes permanecendo sobre o caráter dos homens. Se nos limitamos, como convém aqui, a resumir os aspectos gerais, constatamos uma infinidade de relações de detalhe, nascidas de impulsos múltiplos, produzidas elas mesmas por contrastes geográficos. Vemos uma circulação menor que não se concentra em algumas vias principais, mas que penetra e se insinua por todas as partes. Com todos os seus delgados fios — onde, seguramente, muitos escapam —, formou-se uma trama que envolve quase todo o conjunto da região [*contrée*]. Essas viagens, essas migrações temporárias possuem o efeito de um vaivém de um vasto formigueiro. Mas deve-se notar que todos esses movimentos elementares retornam aos quadros de uma vida muito impregnada de influências locais, contra a qual a ação das cidades poderia lutar apenas fragilmente. O *pays,* no sentido estrito da palavra, restaria sempre, mesmo para aqueles que dele se afastavam, a unidade essencial, o termo de comparação a partir do qual eles julgariam os outros. A concepção de formas particulares de riqueza e de ganho aí obtidas os acompanhava nos lugares para os quais eles se dirigiam. A importância dos acontecimentos era medida pelo nível de transtornos que eles traziam aos seus hábitos. Essa circulação ativa que se desprende de uma base ainda marcadamente local não é uma das menores originalidades da França de outrora.

Sem dúvida, ao retraçar esse quadro, não podemos esquecer que ele só pode convir às épocas tranquilas e felizes — e nossa história, sabemos, conheceu outras! Mais de uma vez, Jacques Bonhomme precisou fugir das estradas entregues aos bandos armados. Não devemos desconhecer também que havia partes remotas do nosso território que não eram alcançadas, ou eram pouco, pelo movimento exterior. De algumas podemos dizer ainda que recém saíram de seu isolamento. Em um melancólico horizonte de *landes* e de bosques, suas populações permaneceram isoladas, vivendo como podiam e com muito pouco; reduzidas, muitas vezes, ao satisfazer às necessidades de existência, na manutenção das lagunas, recurso miserável que elas pagavam com a febre. Hoje, os cultivos puderam melhorar, as casas possuem um aspecto menos pobre; ainda encontramos certos vestígios do passado, aqui e ali, assinalados na aparência de arraigada desconfiança marcada na fisionomia dos habitantes.

Todavia, algumas restrições exigidas pela verdade não modificam a impressão de conjunto. A França é uma zona onde as partes estão naturalmente em relação, cujos habitantes aprenderam desde cedo a se frequentar e a se conhecer. E se relações cômodas se formaram entre eles, é porque as condições geográficas não apenas permitiram, mas também provocaram. Uma distribuição harmoniosa de planícies em torno de um maciço, uma feliz combinação de rios e de passagens: eis as vantagens que foram assinaladas desde que comentários foram feitos sobre nosso país. Mas existem outras que, pressentidas antes que conhecidas, não exerceram menos sua ação sobre as gerações que se sucederam. Por efeito de numerosas vicissitudes que marcaram sua evolução geológica, este país [*contrée*] oferece uma variedade de terrenos que é muito rara. Nossas planícies se desenvolvem, dos Vosges até o mar, por zonas concêntricas onde cada uma aporta, com sua constituição própria, uma nova inscrição na paisagem. Em uma longa contiguidade, terrenos dotados de propriedades diferentes, convenientes a outras ocupações e a outras distribuições de trabalho, se tocam, se relacionam, se combinam.

Existem também esses vales, os quais Karl Ritter já indicava como um dos mais afortunados privilégios de nosso país. Através dessa sucessão de terrenos variados, nossos rios, em geral, aprofundaram suficientemente seu leito para que os cortes de suas margens, as sinuosidades de seus meandros, seus aluviões, abrigassem cultivos e, por assim dizer, uma vida diferente daquela dos planaltos que os circundam.

Assim, por todo lugar, contrastes atenuados, mas cheios de vida. Essa justaposição seguida e repetida de *pays* diversos, planícies e montanhas, campo e *bocages*, planaltos e vales, parece aqui como um extraordinário princípio de influência sobre o homem. Em quase todo lugar podia estar ao alcance da vista um gênero de vida que não era de modo algum o seu. Obteve-se dessa proximidade uma lição e um proveito. Encontrava-se próximo o que outros eram obrigados a buscar longe, sem a mesma segurança, com maiores riscos.

Temos hoje sobre nossos antepassados a vantagem de conhecer cientificamente o que eles só podiam perceber de um modo incompleto e empírico. O relevo e o modelado do solo, a conformação geológica, estudados e representados sobre os mapas em grande escala, fornecem-nos a chave de muitas relações das quais sentíamos os efeitos sem perceber as causas. Consideremos, enfim, o que Fontenelle definia, em 1720, por uma perífrase singular: "Espécies de mapas geográficos elaborados segundo todas as maneiras com que os moluscos se enterram no solo." A química agrícola estabeleceu seus métodos, e isto, por uma feliz coincidência, ao mesmo tempo que a transformação dos meios de transporte liberava o solo da necessidade de se submeter a cultivos que pouco lhe convinham. Pode-se dizer sobre esses progressos que o que eles melhor elucidaram foi a vantagem que a França tira da formidável variedade de seu solo; vantagem que, se ela souber utilizar cientificamente, será seu melhor atributo na concorrência econômica que se divisa em nossos dias. Eles nos confirmaram na consciência desta verdade: que há algo de saudável e de equilibrado na constituição geográfica da França.

Existiu um homem, no século XVI, que parece ter intuído esses resultados futuros, e que vi-os, primeiro, nas variedades do solo francês. Não era um sábio de profissão; não era, dizia ele, "nem grego, nem latino": era um oleiro, um "inventor de rústicas cerâmicas"; mas havia neste artesão um filósofo e um artista. Entre as questões que apaixonaram a curiosidade de Bernard Palissy, uma das quais ele atribuía maior importância, era, segundo sua expressão, "a diferença das terras e seus diversos efeitos". "Eu não a conhecia", escrevia ele, "sem grande esforço e labor." Vemos efetivamente, de acordo com os exemplos que figuram em seus tratados especiais, que é através de pesquisas pessoais nas áreas em que residiu, isto é, em Saintouge, na Gasconha, em Poitou, na Île-de-France, nas Ardenas e no *pays* do Meuse, que ele recolheu suas observações. Em todo lugar, suas viagens e estadias se traduziam por observações tópicas, nas quais o sentimento da vida serve de guia à busca [*divination*] da verdade. Pensando em suas descobertas e nas consequências práticas que, ele sabia, eram grandes, o infatigável pesquisador lamentava, no fim de sua vida, por não ter podido estendê-las a outras províncias. "Se meu trabalho", dizia ele, "pudesse ser exercido peregrinando de uma parte a outra, eu poderia fornecer muitas observações sobre estas coisas, que muito serviriam à República."

Finalizarei de bom grado esta palestra com essas palavras de Bernard Palissy. Elas mostram o valor que esse grande homem atribuía à observação direta, tomada em seu estado natural [*sur le vif*] e se exercendo sobre os lugares. Essa forma de observação tem também seu emprego no estudo do passado. Provavelmente, em consideração a essa ideia, os senhores me perdoarão por tê-los envolvido um pouco longamente sobre os grandes e os pequenos caminhos da antiga França. Como todos os que muito viram, esses caminhos têm muito a nos dizer. Alguns nos contam, à sua maneira, a nossa história. Mas todos contribuem para nos darmos conta de um aspecto vivo do passado.

II.3. OS *PAYS* DA FRANÇA*
[1904]

Senhoras e senhores:
Para minha grande honra, quando a Sociedade de Economia Social convidou-me a lhes falar por alguns instantes sobre os *pays* da França, confesso que experimentei, de início, certo embaraço. A questão é geográfica, e fazer uma aula de Geografia conforme meus inveterados hábitos de professor me parecia pouco oportuno. Entretanto, o tema que me foi proposto despertou em mim tantas impressões — eu diria mesmo, tantas lembranças pessoais — que não tive dificuldade em ceder ao convite que me foi dirigido. Era uma tentação muito forte falar desses *pays* da França que gosto de estudar diretamente já há algum tempo e, quando posso, percorrendo a pé.

Aliás, para a reflexão, por mais geográfica que seja, essa questão está ligada em certos aspectos à questão maior, mas também muito delicada e muito complexa, que sua Sociedade tomou esse ano como objeto de suas

---

* Comunicação feita no XXIII Congresso da Sociedade de Economia Social, sessão geral de 30 de maio de 1904. Publicado na revista *La Réforme Sociale*, 48, 1º de setembro de 1904. Tradução: Guilherme Ribeiro e Rogério Haesbaert. Ao contrário do autor, manteremos "pays" em itálico ao longo de toda esta coletânea, pela dificuldade de tradução e pela sua tradição na linguagem geográfica. (N.T.)

deliberações. Sobre a vida local e as condições que lhe são propícias, o território [*sol*] tem muito a nos ensinar. Ele reserva muitas lições para aqueles que sabem interrogá-lo.

Essa palavra *pays* é uma palavra muito antiga, repetida com muita frequência em sua acepção popular. Não significa uma extensão, uma zona [*contrée*] qualquer. No pensamento daqueles que a empregam, há um significado que poderíamos chamar de social: ela exprime um gênero de vida ligado a uma zona [*contrée*] determinada. Se o povo da França conhece alguns *pays*, se sabe distingui-los e guarda uma impressão bastante duradoura a ponto de essas denominações tão populares se perpetuarem sem ser consagradas pelas divisões administrativas ou oficiais, é porque tais nomes se associam, em seu espírito, a modos de habitação, de alimentação, de vestuário, de linguagem. Em uma palavra, a formas de viver que, para ele, são inseparáveis. Surge em minha mente uma lembrança que, por mais insignificante que seja, permite esclarecer meu pensamento. Passeando pelos arredores de Péronne, nesses labirintos pantanosos que formam os braços do Somme, perguntei o caminho a um caçador que ali encontrei por acaso: "Vá por ali", ele me disse, "e entrarás logo em seguida no *pays*." O *pays*, para ele, era o lugar onde se encontram cultivos, jardins e aldeias, o que constitui uma sociedade estável; e esses lugares onde não nos estabelecemos, onde só se vai por aventura, por algum esporte, ao contrário, não eram para ele um *pays*.

Essa é mesmo a ideia que o camponês francês tem do *pays*. Se o habitante do *pays* de Caux, por exemplo, deixa de ver o que ele chama de suas *masures*, quer dizer, suas propriedades rurais cercadas de *fossos*[1] de árvores; se seu olho deixa de avistar livremente as ondulações de seus campos de trigo, ou, ainda, se certas locuções familiares, certas particularidades da pronúncia deixam de tocar seus ouvidos, ele não se sentirá mais em

---

[1] *Fosses*, em itálico no original. O autor explicará seu sentido mais à frente no texto, espécie de trincheira. (N.T.)

seu *pays*. Aqui — ele dirá — termina o *pays* de Caux. Da mesma forma o *Bocain*[2] ou habitante do *Bocage*[3] *poitevin*,[4] quando transportado para a *Plaine*[5] ou para o *Marais*, não encontra mais o meio social ao qual está acostumado, o mundo de impressões e de imagens concretas que povoam suas lembranças.

Aí está a razão profunda do apego, da própria emoção que, por vezes, despertam esses nomes de *pays*. Ao mesmo tempo que evocam a imagem de certas paisagens, de certos horizontes familiares, eles se incorporam aos usos e costumes dos quais o homem não se separa sem lamento e dos quais, às vezes, não se desenraiza sem perda. Por isso esses nomes têm vida longa; eles resistem ao tempo e, mesmo sem o apoio de uma consagração oficial, não deixam de apresentar uma ideia definida àqueles que os escutam.

Nesses últimos anos, essa noção de *pays*, outrora muito desprezada pela ciência, foi novamente exaltada pelos geólogos e geógrafos. Por conta do próprio progresso de suas investigações, foram levados a reabilitar o nome e a coisa. Devido a uma análise mais atenta das diferenças de solo, relevo e clima, conseguiram compreender a profunda razão de ser dessas designações populares. Nos livros científicos, elas receberam amplo direito de citação — a ponto mesmo de podermos nos perguntar se, em certos casos, seu uso não chega a ser abusivo. De qualquer forma, porém, abrem-se novos tempos em relação às profundas variedades apresentadas pelo território [*sol*] francês. De maneira geral, percebeu-se que na França não havia somente zonas [*contrées*] mostrando grandes diversidades e mesmo contrastes — o *Midi*, o Norte, o Leste, o Oeste —, mas uma gama de animada variedade e em número bem maior do que se suspeitava até então. Quanto

---

[2] Grifo do autor. (N.T.)

[3] Grifo do autor. (N.T.).

[4] Relativo à região de Poitou ou à cidade de Poitiers, grifo nosso. (N.T.)

[5] Planície ou baixada, em itálico no original. (N.T.)

mais prosseguimos o estudo atento do território [*sol*] francês e a análise das diversas combinações resultantes do meio físico, mais somos invadidos pela ideia de que, sob as aparências de uniformidade com as quais não devemos nos enganar — e que, aliás, entram nas condições de harmonia geral próprias da França —, essa inesgotável e maravilhosa variedade é talvez o que melhor caracteriza nosso país. E, vejam os senhores, sou levado a aplicar a palavra *pays* tanto à própria França quanto às pequenas regiões das quais ela é composta. Pois, como bem se disse aqui mesmo [nesta Sociedade], esse interesse pelas variedades locais não é outra coisa senão uma das formas de nosso apego ao próprio solo pátrio.

Essas variedades dizem respeito não somente à natureza do solo, aos rios que o sulcam, à presença de água sob a forma de fontes ou de cursos-d'água, mas, mais ainda — como indiquei há pouco — às causas extraídas da natureza humana, e são principalmente essas que explicam por que puderam se formar tantos meios sociais diferentes, capazes de conservar um conjunto de hábitos tradicionais cimentados pelo tempo. Na verdade, esses *pays* não se apresentam a nós como medalhas completamente intactas, como efígies que conservaram toda a sua forma. Isso, senhores, seria impossível. É inevitável que, no curso das transformações trazidas pelo tempo, algo dessas velhas marcas se apague. Porém, embora meio apagadas, tais efígies são ainda assim interessantes; em todo caso, sempre permanecerá — eu penso — a maleabilidade do metal com o qual essas medalhas foram cunhadas.

* * *

Tentarei ilustrar as considerações precedentes fazendo passar, sob seus olhos, um certo número de imagens que podem ajudar a compreender o que a ideia de um *pays* desperta de impressões concretas entre aqueles que pronunciam seu nome. A maior parte das citações que lhes apresentarei se devem à amável comunicação do Sr. Itier, professor do Instituto agronômico a quem tenho aqui a obrigação de agradecer.

De início, eis um *pays*-tipo, se ele assim o for: são as colinas[6] calcárias que se estendem um pouco ao norte de Valmy. Entre essas colinas mamelonadas, quase sem formas, escurecidas por algumas matas de pinhos, o que surpreende é a ausência de árvores e habitações. O que ocorre, de fato, é que esse solo é tão permeável que todas as águas são absorvidas em profundidade, e os homens são obrigados a se concentrar somente ali onde, através de poços difíceis de perfurar, podem atingir o lençol subterrâneo. Porém, em compensação, ao longo dos rios, veremos alongar-se, atrás de uma cortina quase contínua de álamos, uma linha de aldeias que se sucedem, às vezes, quase sem descontinuidade. Esse conjunto, expressão de um gênero de vida característico, tem um nome: é uma das *Champagnes* que, reunidas, compõem a célebre província histórica.

Pelo menos pela escassez de árvores, *Beauce* se parece com o *pays* anterior. Como na *Champagne*, ainda que a estrutura do solo seja diferente, as águas desaparecem da superfície. Porém, acima da carapaça calcária, encontra-se uma camada de argila bastante espessa para que ricas plantações ali possam crescer. No meio desses campos está agrupada uma aldeia, composta de casas rurais reunidas umas próximas às outras quase sem jardins e sem árvores, e uma grande estrada se alonga sem fim na planície amarelada.

Eis também uma planície. Esta, porém, diferente das precedentes, eleva-se em média a 900 metros acima do mar. Para o camponês que a habita, essa superfície que sobe lentamente de Saint-Flour até Cantal é a planície por excelência, a *Planèze*. O clima é rude, de modo que, embora o *pays* seja inteiramente cultivável — pois ele é fértil — , as casas parecem faltar: elas se escondem nas dobras do terreno. Algumas árvores aparecem isoladas,

---

[6] *Croupes* — partes intumescidas de uma montanha ou colina. (N.T.)

disseminadas, revolvidas — como a aparência das mesmas indica — pelos furiosos ventos que se agitam sobre essas superfícies quase horizontais.

A essas planícies, campinas [*campagnes*] ou *champagnes* que acabamos de ver se opõem, na linguagem popular, tipos de *pays* bem diferentes, com tanta floresta quanto pouca há nos demais, com tanta água de superfície quanto ela falta nos outros.

Sologne é um desses *pays*. Argilas e areias formam seu solo. Está ali, com seus conjuntos de bosques cercando o horizonte, seus lagos, seus rebanhos de carneiros e, por todos os lados, ao longo dos campos, à borda das matas, à beira dos caminhos, forragens e principalmente arbustos lançando, na primavera, toques dourados — nessa paisagem, aliás, melancólica.

Por esses traços a Sologne difere das planícies abertas que lhes apresentamos há pouco. Ela já se aproxima um pouco de um tipo de paisagem encontrada sobretudo no Oeste, ali designada comumente sob o nome de Bocage. Na Normandia, como em Poitou, isso não indica exatamente uma região florestal, mas um *pays* cortado por cercas vivas, composto de pequenos campos cercados, onde as árvores são numerosas. A distinção entre *Bocage* e *Plaine* é uma dessas noções familiares aos camponeses que figuram em sua linguagem e em seus hábitos, e é significativo encontrá-la já nos nossos antigos poetas normandos do século XII. O autor do *Roman de Rou* (ou Rolando) distingue, em seu antigo discurso:

Cil[7] des boscages e cil des plains.
(Aquele dos *bocages* e aquele das planícies)

Se os senhores quiserem agora me seguir do Oeste para o Leste, o *pays vosgien* [de Vosges] nos oferecerá outros temas de observação. Sob o nome de *Vôge*, os habitantes do *pays* não compreendem apenas as montanhas,

---

[7] Antiga forma da palavra *celui*, podendo portanto ser traduzido como *aquele*. (N.T.)

mas toda a região de arenito e areias que, do sopé da cadeia, se estende até às nascentes do Saône. Vejam, por exemplo, os arredores de Plombières: por todo lado há colinas arborizadas, bem como casas dispersas, cada uma com sua pequena parcela de pasto ou de campo, num quadro gracioso onde as árvores, as pradarias e, às vezes, os rochedos, se misturam.

Em nossa terra francesa, os vales são um componente inesgotável de variedade. Não mais que as planícies, eles não se parecem nem um pouco entre si. Sem dúvida, muitos dos que me escutam conhecem esse amplo vale que se desdobra nos arredores da floresta de Saint-Gobain, no sopé do castelo de Coucy, um dos sítios mais profundamente históricos da Île-de-France. Uma regularidade ordenada se manifesta tanto nas formas do relevo quanto na posição das aldeias e dos cultivos. Muito numerosos, os burgos ocupam a margem de uma grande plataforma coberta de plantios; a seus pés, sobre um suavizado talude, encostas de areia comportam cultivos variados de frutas, legumes e pomares. Enfim, o fundo bastante amplo do vale é coberto de pradarias onde uma camada de argila impermeável mantém o perpétuo frescor.

Agora, como são diferentes os vales de Touraine, escavados na greda[8] e margeados de vinhas! Frequentemente, esta rocha macia mostra-se perfurada por grutas talhadas pelo homem. Tanto em Vendômois quanto em Touraine, as próprias aldeias estão, no todo ou em parte, escavadas na rocha, sucedendo assim aos abrigos mantidos por nossos longínquos ancestrais. No sopé dessas falésias a água é abundante, o solo é fértil e cedo os homens foram atraídos para lá.

Mais rico ainda em contrastes, no lugar dessas formas suaves, às vezes um pouco macias, o *Midi* nos mostraria vales com um desenho mais agitado: o Var, por exemplo, todo obstruído por seixos, deixando apenas uma franja de aluvião para os cultivos; e acima, sobre as rochas pontiagudas que o circundam, algumas aldeias rústicas, penduradas como uma *casbah*

---

[8] Variedade de argila macia, rica em cálcio. (N.T.)

árabe, mas vivendo do cultivo em terraços e dos terrenos escalonados sobre as encostas.

Não é verdade que, desse conjunto de paisagens, resulta uma impressão de variedade e mesmo de contraste que dificilmente seria encontrada em outro país?

Isso que ainda não falei de nossas montanhas. Limitemo-nos a um exemplo, mas instrutivo entre todos: uma *fruitière*[9] do Jura. A 1.300 metros de altura, mais ou menos, pastagens se estendem entre matas de abetos. Em meio a essa larga clareira — ampliada pelo homem —, perambulam magníficos rebanhos de vacas, cheios de leveza e de satisfação. No começo do verão, vieram ocupar essas alturas: aí elas encontram abrigos, estábulos onde anteparos bem destacados as protegem das intempéries e das tempestades. Vivem ali até que, em direção a Saint-Michel, a estação venha a se restabelecer nas partes baixas. Desse espetáculo, a reflexão não é menos cativada do que o olhar, pois é nessa combinação de pradarias de vales e de relvas de altos platôs que foi estabelecida toda a economia social nas montanhas do Jura e da Suíça, bem como nas regiões organizadas de forma análoga nos Alpes franceses.

* * *

Não são apenas as paisagens que vemos dessa maneira, mas também os homens, ouso dizer. Examinemos por um instante a posição ocupada pelas cidades, aldeias, cultivos e obras humanas: reconheceremos que há, aqui, uma combinação, adaptada em todos os lugares às condições do ambiente.

---

[9] Em itálico no original. Ao contrário do que o nome sugere, trata-se de sinônimo de "fromagerie": "cooperativa formada, em algumas regiões, para a exploração do leite visando a fabricação de queijo (gruyère)" (*Larousse: Dicitionnaire de la langue Française*). (N.T.)

Os homens não se estabelecem de forma indiferente em todos os lugares; eles escolheram certas partes para se estabelecer porque elas, mais do que outras, proporcionaram-lhes os meios de combinar seus cultivos, suas ocupações, tudo o que constitui seu gênero de vida.

Existe então um estudo essencialmente ligado ao estudo do solo: é o do habitat, o modo pelo qual se reúnem os estabelecimentos humanos. Não se tem realmente razão, quando se viaja, de observar apenas as cidades. Certamente que elas têm seu interesse. Porém, se quisermos levar em consideração as influências diretas do solo, é nos menores agrupamentos, aldeias, fazendas, pequenas casas agrícolas e chalés alpinos que convém observá-las.

Aí, sobretudo, vemos se encarnar, por assim dizer, essas influências diretas do solo que são duráveis, pois elas representam a imagem concreta que cada *pays* imprime no espírito e no coração de seus habitantes. Teve-se a feliz ideia de instituir uma pesquisa sobre as habitações rurais: seu promotor, o Sr. de Foville, com a ajuda de seus colaboradores, deu-nos monografias extremamente interessantes do ponto de vista econômico e social. Do ponto de vista geográfico, elas não são menos instrutivas.

Determinada aldeia — da Picardia ou de Cambrésis, por exemplo — é uma espécie de pequeno mundo completo: um conjunto de casas agrupadas em torno de alguns poços e charcos; a casa é, ela mesma, um tipo de granja onde se reúnem, em torno de um pátio, celeiros, depósitos, estábulos. Por fim, na periferia da aldeia, um cinturão de cercados, de *plants*[10] e de árvores que, de longe, nestas planícies nuas, têm o aspecto de ilhas verdejantes. Percebe-se apenas o topo do campanário, o ponto mais alto da torre em meio às árvores que, por assim dizer, sepultam a aldeia.

Quão diferentes são as aldeias de pequenos proprietários e de horticultores que povoam os declives dos vales em Touraine e na Île-de-France!

---

[10] Em itálico no original, significando plantas recentemente cultivadas. (N.T.)

Essas aldeias dos planaltos picardos[11] — pelo menos aquelas que não puderam se modernizar — revelam, em sua arquitetura, a pobreza dos materiais de construção: adobe, madeira, pedra de esculpir ou sílex: eis tudo o que o solo fornecia. Ao contrário, na Île-de-France, *pays* de belas pedras, as casas brotam do solo mais esbeltas, mais elegantes, mais altas. Entrem numa aldeia de Soissonnais ou dos arredores de Laon: nessas casas que se sucedem lado a lado, um traço de ornamento, um detalhe de moldura, frontões inteiramente denteados, elegantes sob sua forma rústica, vêm a cada instante nos lembrar a influência do solo sobre o qual, como plantas naturais, essas casas foram erguidas. É com a bela pedra calcária da qual é formada que foram construídas essas modestas casas camponesas, da mesma forma que os grandes edifícios eclesiásticos e civis que abundam nesta região e imprimem-lhe a marca monumental do nosso grande século XIII.

Penetremos na austera Lorena: aqui, as aldeias estão muito juntas, compostas de casas baixas que se dispõem em largura. Os telhados parecem descer em direção ao solo, de tal modo que os elementos da vida agrícola, ao invés de se distribuírem amplamente em construções mais ou menos isoladas, vêm todos se amontoar — homens, animais, celeiros — na mesma casa, a casa baixa e larga que cobre tudo. Então, na falta de pátio interior, é diante da casa, sobre o espaço sempre muito amplo que a separa da estrada, que se espalham os instrumentos agrícolas — as carroças e, também, o esterco, inseparável ornamento dessas aldeias rurais. Desde as margens do Meuse aos confins de Franche-Comté, em todos os lugares onde reina a *Plaine* [Planície], é esse tipo de agrupamento aglomerado que prevalece.

Se quisermos ver a aglomeração levada ao extremo, é necessário ir às margens do Mediterrâneo, aos Alpes Marítimos, aos Pireneus Orientais. Neles, não veremos mais as graciosas aldeias a meia encosta às quais nos habituaram nossas paisagens da Île-de-France. Parecidas com as *oppida*[12]

---

[11] Relativos à Picardia. (N.T.)

[12] Termo em latim (no plural) para a principal povoação em qualquer área administrativa do Império Romano. (N.T.)

italianas, as aldeias se instalam nas alturas, a igreja é fortificada; restos de velhas muralhas coroam o cume; as casas se escalonam umas sobre as outras nas encostas e, em todo o entorno, a *horta*,[13] que, na linguagem do *pays*, significa as hortas irrigadas de que vive a aldeia e que são, ao mesmo tempo, seu principal recurso e adorno.

Eis, portanto, um certo número de tipos de agrupamentos que, talvez, justifiquem a seus olhos o que eu dizia inicialmente: nessa ideia de *pays* há, sempre, uma concepção social, uma certa relação entre o solo e o uso que dele fizeram os habitantes, e é disso mesmo que se compõe a lembrança profunda que eles guardam do *pays*.

Nessas aldeias aglomeradas, vive-se como aldeão; sente-se membro de uma sociedade que está estreitamente ligada entre si, de um pequeno grupo compacto. Ao contrário, nos *pays* de casas disseminadas, de lugarejos esparsos, tal como se vê sobretudo no Oeste, vive-se como camponês, ou seja, em condições de isolamento maior, de contato intermitente com seus semelhantes. Mas daí, portanto, provém a importância particular assumida pelos dias de mercado, pelas assembleias e por tudo aquilo que rompe a monotonia da existência.

***

Para que a demonstração seja completa, resta-me mostrar-lhes alguns tipos de habitações rurais. Nelas, as variedades não são menos características que as das aldeias. Conforme o cultivo seja rico, o solo propício aos cereais ou, ao contrário, a pastos ou a outros cultivos, a casa rural assume, consequentemente, suas dimensões, sua aparência, seu ordenamento. Ela se adapta, de tal modo que é como a expressão fixa de um gênero de vida,

---

[13] Grifo do autor. Termo no original "horta", que não é utilizado em francês, em que "horta" significa "potager" ou "jardin". (N.T.)

a moldura em que são formados e cimentados os hábitos e as concepções psicológicas dos habitantes.

Vejamos, por exemplo, um dos tipos de propriedade rural [*ferme*] mais recorrentes e mais interessantes do norte da França. Estamos nas planícies do Cambrésis, planícies nuas mas ricas, onde o trigo alterna com a beterraba e a agricultura é muito produtiva, hoje quase industrial. Grandes estradas geralmente retas abrem caminho pelo *pays*; é somente em suas margens que crescem altas fileiras de árvores. Se os senhores observaram no Louvre o quadro de Corot que representa a estrada de Arras, talvez se lembrarão dos horizontes um pouco melancólicos, mas de uma certa grandeza austera que caracteriza esse *pays*. Pois bem: aqui, a casa rural assumiu um desenvolvimento considerável. É uma grande construção retangular encerrando um pátio interior que é tão animado e tão fervilhante de vida que os muros exteriores são sombrios e sem revestimento. Quase não há janelas; é que, na verdade, a habitação, o que se chama de *casa*, está do lado de dentro; do lado externo do pátio estão os celeiros, os silos, os estábulos, todo o material agrícola reunido nesta espécie de fortaleza rural. Em Brie, Beauce e até nos arredores de Paris, esse tipo de moradia retangular com pátio fechado predomina e se desdobra, frequentemente, com pombais, torres, fossos. Era como uma espécie de pequena república agrícola onde, outrora, viviam inúmeros trabalhadores reunidos à mesa sob o olhar e ao lado do patrão, ou, antes, da dona da casa.

Eis agora a *masure*[14] normanda: palavra que não designa a casa de habitação, normalmente elegante, com suas vigas enfeitadas de heras e de flores, mas uma espécie de pomar coberto de macieiras que contorna a casa. Enquanto o campo está destinado aos grandes cultivos, o interior da propriedade [*ferme*] é como um pasto em miniatura, onde o gado e toda a população de animais domésticos passam o tempo sob o olhar da pro-

---

[14] Em itálico no original. (N.T.)

prietária [*fermière*], a dona da casa. Ao redor da *masure* reina o *fosso*: não o que entendemos por essa palavra, mas sim uma massa de terra suficientemente alta para abrigar, como numa bacia, a moradia e suas dependências imediatas. Belas fileiras de faias ornam esses fossos e formam algo como o baluarte exterior dessa pequena comunidade rural. Tal conjunto é a moradia rural do *pays* de Caux.

Comparemo-la agora à pequena casa, baixa e humilde, de aparência arcaica, quase insalubre, como ainda vemos algumas no Morvan. Nesse horizonte arborizado, montanhoso sem grandes montanhas, entre veredas estreitas, esconde-se a casa construída em granito e coberta de sapé. Sua única graça está na horta ou no pomar localizado nos fundos, *o pomar atrás da porta.*[15]

Sob o clima mais quente e mais ensolarado da Borgonha, propício ao cultivo do milho, a casa se abre mais: armazéns, secadouros onde pendem varas de milho, telhados quase planos com telhas vazadas, algo que já faz imaginar a casa rural com arcadas das planícies do Garona ou da Lombardia. Ali, como em Vendée, a influência do Midi se faz sentir na forma da casa, sobretudo dos telhados e, além disso, na maior liberdade com a qual circulam e se comprazem por todo canto as aves e toda a população doméstica da propriedade.

A casa de montanha fala uma outra linguagem. Eis aqui, a 800 metros de altitude, perto de Pontarlier, sobre os planaltos do Jura, a casa rural: organizada de forma a abrigar a lenha para o fogo e também os meios de transporte, essas grandes carroças de quatro rodas necessárias para transportar, a distância, a madeira, as vigas, que são a principal riqueza do *pays*. É o *pays* de onde outrora se disseminavam, de uma ponta a outra da França, os carroceiros do vale de Grandvaux, esses *grandvalliers* [habitantes de

---

[15] "L'*ouche* derrière l'*huis*", no original: "ouche" — expressão antiga, regional, significando "terreno vizinho à casa e plantado com árvores frutíferas" (Larousse); huis — "porta". (N.T.)

Grandvaux, grifo nosso] que, pela segurança e destreza de suas parelhas [de animais], tornaram-se célebres e que, nas guerras do Império, eram encarregados principalmente da condução e dos transportes a serviço dos exércitos.

Sobre outros planaltos, os Causses do Midi francês, a casa, por sua aparência débil e triste e pela ausência de aberturas, atesta a pobreza e a natureza ingrata do solo. A vida é pobre sobre esses planaltos pedregosos, onde a rocha está por toda parte, onde os campos são pequenas parcelas cobertas de cascalhos e cercadas de pequenos muros de pedra. Pobre também é a casa. Alguns arbustos adornam o entorno. Aqui, parece que o homem não fez nenhum esforço para conferir algo de aprazível à casa que habita.

Subamos agora até uns 1.800 metros, eis aí o chalé alpino, a casa que deve servir de abrigo e refúgio durante os longos meses de inverno. De fato, observemos como tudo é calculado para reunir, sob o mesmo teto e ao abrigo, tudo o que é necessário à existência: a lenheira, um alpendre e enfim, no primeiro andar, a habitação protegida pelas saliências bem marcadas do telhado. Por outro lado, há algo de pitoresco nessa confusão, nessa mistura de alvenaria, de pedra e de madeira, nesse telhado que parece incubar a habitação e os homens.

***

Nesse rápido panorama, tentei passar diante dos senhores a impressão de que existe um encadeamento, uma ligação entre esses fatos geográficos e sociais, entre o solo, os cultivos, as ocupações, os agrupamentos, as habitações. Entretanto, esta ligação não é uma necessidade absoluta, a que o tempo nada saberia mudar. Pois, sobre o fundamento concedido pela natureza, erige-se toda uma série de combinações nas quais o homem, seguindo seus gostos e suas aptidões, as circunstâncias e as condições sociais, teve a parte mais importante. Basta que uma modificação se produza nos cultivos, na mão de obra, no escoamento, para que esse equilíbrio de condições possa ser, senão invertido, pelo menos modificado. Certo apenas é que permanece e permanecerá, sempre, algo de fixo, de permanente que, através de todas as modificações multiplicadas mais do que nunca na época atual, representa a perpetuidade e a permanência das influências do solo. Assim, a questão se coloca desta forma: como se pode depreender o que é constante e sólido, o que permanecerá, daquilo que está condenado a desaparecer ou, pelo menos, a se transformar? Eis aí sobre o que o método geográfico pode lançar certa luz; pode esclarecer-nos acerca dessa evolução que, com tanta razão, preocupa (não sem criar, às vezes, inquietude) os espíritos profundamente ligados ao solo francês — com as ideias, as lembranças e as impressões que ele evoca.

Esse solo, tão belo e tão variado, que foi nossa grande força no passado, é rico em ensinamentos. Nele está o princípio dessas restaurações, desses soerguimentos que, certamente, não faltaram em nossa história. Atribuímos a personagens políticos os sucessos e as recuperações por intermédio dos quais nosso país conseguiu se soerguer após derrotas e catástrofes; porém, no fundo, o que representou um trunfo no jogo praticado pelos políticos, o que fez os procedimentos dos homens de Estado se voltarem em benefício do país, foi a benevolência do solo. São os recursos quase inesgotáveis deste solo que, há mais de dois mil anos, não deixou de nutrir seus habitantes, de nutrir, algumas vezes, os outros, e que ainda permanece o solo que nos alimenta — não o solo industrial que se explora, como alhures, para alimentar manufaturas e indústrias, mas o solo nutridor que, a cada ano, no outono ou no verão, reaparece com seus ramos de frutas, suas parreiras de uvas, suas gavelas sempre e todo tempo renovadas!

Bem, há aí algo de permanente e fixo. E, sem desconhecer as inevitáveis mudanças trazidas pela marcha geral do mundo, convém nos apoiarmos no sentimento reconfortante da potência e da virtude do solo.

Para isso, é necessário analisar de perto as condições locais. Não é preciso entregar-se a generalizações temerárias. Digamos que, nessa variedade tão grande que compõe a França, há uma complexidade da qual não podemos ter a dimensão exata senão observando as coisas de muito perto, estudando sob a forma de monografias locais cada uma de suas regiões.

Digamos que o estudo vale a pena e que não perderemos nosso tempo examinando como os habitantes estão agrupados, como vivem sua vida de todo dia. Escutemo-los, à tarde, conversando diante de suas portas e trocando ideias. Tudo isso é a própria vida, a vida eterna de nosso país, aquela que viveram nossos pais e que viverão ainda, eu creio, uma boa parte de nossos descendentes. É necessário que a observação se faça minuciosa; eu diria quase humilde, para ser preciso. Em consequência, vejam que, pelas análises que aconselho, o método que, em nome da Geografia, sou levado a preconizar aqui, é o mesmo que preconizou e praticou o homem eminente que sua Sociedade nomeia no frontispício de seus programas.

II.4. AS REGIÕES FRANCESAS*
[1910]

I. Sintomas de mudanças

A eloquência parlamentar é pródiga em sonoridades sem eco; é uma feliz e rara surpresa ouvir ali palavras inspiradoras, tal como o foram as dos "agrupamentos regionais", pronunciadas pelo Presidente do Conselho.[1] E, algo essencial, ele acrescentava: "com as assembleias correspondentes". É preciso que a insuficiência das divisões administrativas atuais seja verdadeiramente um ponto sensível para que a ideia, incidentalmente emitida, de substituí-las por agrupamentos mais amplos seja rapidamente apreendida e que numerosos espíritos vejam nesta abertura uma pista a ser seguida.

Entretanto, o departamento adentrou nossos hábitos. Mais de um século de existência implantou-o em nossos costumes. É justo dizer que ele

---

* *Revue de Paris*, 15 de dezembro de 1910, p. 821-849. Tradução: Guilherme Ribeiro. Revisão: Roberta Ceva e Rogério Haesbaert.
[1] Discurso de Saint-Chamond, 11 de abril de 1910.

não merece os anátemas dos quais foi, por vezes, objeto. Se o departamento era uma criação artificial, não tendo outro sentido senão romper com divisões naturais cimentadas pela história, a questão seria simplificada; bastaria voltar a essas divisões imprudentemente abandonadas. Porém, o estudo documental mostra, ao contrário, que o desejo de dar satisfação às relações naturais e preexistentes foi um dos que inspiraram, em 1790, as deliberações dos constituintes. Como geralmente ocorre nas assembleias, o resultado, é verdade, conduziu a um compromisso entre tendências e rivalidades distintas. Contudo, concebida numa ideia de simplificação e de unidade, a divisão departamental não falhou em seu objetivo: ela pôs um termo às reivindicações particularistas, ainda muito sensíveis nos *Cahiers* [cadernos] de 1789.[2] Hoje, ela se destaca não apenas pelos serviços prestados, mas também por uma espécie de adaptação a numerosos serviços administrativos cuja alteração teria, sem dúvida, transtornos inconvenientes.

Portanto, não creio que a reforma vislumbrada por alguns observadores possa consistir na supressão dessa engrenagem, nem que haja espaço, para falar a linguagem dos fisiologistas, para praticar a amputação de um órgão-testemunho. A questão é, antes, saber se essas divisões — qualquer que possa ser sua utilidade específica — são aquelas que, hoje em dia, melhor convêm como órgãos de interesse e de opiniões, ou se não seria vantajoso sobrepor-lhes outras mais amplas. O departamento é o quadro no qual se apresenta a nossos olhos uma gama de questões que, sem ser aquelas oriundas de assembleias representantes da nação inteira, por sua multiplicidade

---

[2] Os "Cahiers de 1889" partiam de esboços elaborados por uma série de assembleias provinciais, que assim traduziam sua denúncia tradicionalista da República, incluindo demandas por reformas sociais. Delegados enviados a Paris ficavam responsáveis pela composição dos "cahiers" gerais "sintetizando suas queixas e demandas de uma forma reminiscente aos Estados Gerais de 1789" (PAYNE, H. 1952. *Traditionalism and Decentralization, 1871-1914: some main currents in the French Regionalist Movement*, acessível on-line : http://www.vetmed.wsu.edu/org_nws/NWSci%20journal%20 articles/1950-1959/1953%20vol%2027/v27%20p139%20Payne.PDF). (N.T.)

e suas repercussões, entretanto, regulamentam o movimento ordinário da vida nacional. Que acontecerá se esse quadro restringir a visão, se nos mostrar as coisas por um ângulo demasiado estreito, se nos enganar sobre suas proporções, se falsear as relações? Não se trataria de modo algum de um simples remanejamento administrativo, de uma espécie de ajuste: seria preciso corrigir uma perigosa ilusão de ótica, prevenir o vício de acomodação que o uso de um instrumento inadequado corre o risco de produzir no órgão.

Parece-nos que existe, de fato, entre esse quadro e os fenômenos que ele pretende circunscrever, uma desproporção que vai se acentuando, e que os legisladores da Constituinte estavam absolutamente impossibilitados de prever. Por mais imbuídos que estivessem alguns dentre eles das doutrinas já propagadas pelos economistas, não podiam deslocar seus olhos da realidade de então, ou seja, uma França cuja vida econômica era regida, sobretudo, pelas condições locais. Cada país procurava ser autossuficiente; a concorrência era limitada; as diferenças de preços eram comumente enormes de província a província. Geralmente, a indústria existia de modo disperso, nos vilarejos ou em pequenas cidades. Somente em algumas poucas grandes cidades, o fenômeno de concentração de massas trabalhadoras começava a se sobressair a ponto de preocupar os poderes públicos. Mesmo a grande cidade era apenas uma rara exceção. Tudo isso levou mais de um século para se transformar.

Uma das consequências dessas mudanças foi a de que as medidas com as quais estávamos habituados a relacionar as coisas foram modificadas. Demo-nos conta de que, para ser eficaz, toda ação deve ser ampliada, abranger mais espaço, coordenar uma maior afluência de esforços. A palavra evolução, da qual frequentemente abusamos, é aqui de aplicação estrita; é a única que dá conta do caráter progressivo e geral do fenômeno, já que essa tendência à quantidade e à expansão que se manifesta nas mais diversas ordens de atividade é, de fato, um fenômeno e, certamente, dos mais destacados.

***

Vou tomar deliberadamente de empréstimo exemplos de casos distintos. Quais são os diferentes tipos de associações formadas pelos franceses desde o momento em que uma legislação mais liberal prevaleceu em matéria de indústria, comércio e agricultura? As 35 concessões de carvão de onde são extraídas, em média, dois terços de nossa produção total, organizaram em 1897 uma Câmara dos Carboníferos, que agrupava todos aqueles do Norte e do Pas-de-Calais. A enorme quantidade de combustível exigida para a iluminação das grandes cidades necessitava da constituição de entrepostos e de estoques permanentes regidos pelas *Unions gazières*, que encontravam no alcance de uma clientela regional abarcando vários departamentos o impulso necessário para exportar, de acordo com o caso, seu excedente.

Sabe-se de que invejoso espírito de individualismo eram animadas as Câmaras de Comércio; podia-se perder as esperanças em relação a qualquer ação em conjunto. Porém, em 1899, viu-se constituir em Lyon um Gabinete de Transportes do qual participam todas as Câmaras de Comércio do sudeste, afirmando assim a solidariedade de interesses que os une a esse respeito. Recentemente, um dos membros[3] dessa associação assinalava, com justo orgulho, "como um indicador significativo da evolução econômica geral, [o fato de] que entre as Câmaras de Comércio de Marselha e de Lyon um perfeito entendimento foi atingido a respeito de empreendimentos outrora rivais". Igualmente, o Gabinete Econômico de Meurthe-et-Moselle — que passou a funcionar a partir de 1902 — não é, a despeito do nome, um órgão departamental, mas sim essencialmente regional. A Sociedade do Loire Navegável é um agrupamento de Comitês, cujo centro é Nantes.

Mais inesperados, talvez, foram os efeitos da lei de março de 1884 sobre a agricultura, que deu o sinal para uma eclosão de sindicatos e sociedades cooperativas. Eles se multiplicaram, particularmente, nos *pays* de modesta

---

[3] Relatório do Senhor René Tavernier, *La richesse du Rhône et son utilisation* (*Office des transports: 9ᵉ année*, n. 31, 1° julho 1908, p. 68).

agricultura. Era um primeiro passo que, cedo ou tarde, deveria ser seguido por outro. Algumas dessas pequenas sociedades começaram a se agrupar, obedecendo à necessidade de concentrar os esforços e constituir um patrimônio de experiência — o que, para os agricultores da Dinamarca, foi o princípio de tanto sucesso. Atualmente, um dos grupos mais prósperos é a Associação das Cooperativas Leiteiras de Charentes e de Poitou, que conta com cerca de 116 sociedades envolvendo 70 mil famílias de agricultores.

Parece que tudo que é dotado de força, procurando expandir-se, obedece a um instinto vital. Os fatos de ordem científica ou política não desmentem essa observação. Que fazem nossas Universidades — pelo menos aquelas animadas por uma firme vontade de agir — senão procurar, na adaptação à vida econômica e intelectual da região como um todo, razões profundas de existência? Algumas vezes, observou-se que as correntes de opinião, tal como se pode apreciar comparando os resultados de uma série bastante longa de votos eleitorais, têm uma permanência notável, sobretudo se negligenciarmos certas mudanças superficiais de rótulo. Tal continuidade explica-se, principalmente, pelas condições sociais e, subsidiariamente, pelas influências da imprensa regional; em todo caso, porém, ela deriva de causas que, particularmente, ultrapassam as circunscrições administrativas que lhes servem de limite.

Por mais respeito que conservem pelas divisões consagradas, mesmo nossas estatísticas oficiais são por vezes levadas — mas não o suficiente — a romper com elas, quando não se contentam em apresentar os números, consentindo em comentá-los. Assim, os fenômenos demográficos somente são explicáveis se os considerarmos por regiões mais amplas que os departamentos. É por um justo sentimento dessa verdade que as publicações do Ministério do Trabalho julgaram necessário repartir por regiões — em número de quinze[4] — a análise dos resultados dos últimos recenseamentos

---

[4] Norte, Paris, Leste, Dijonesa, Allier, Lionesa, Provença, Alto-Languedoc, Baixo-Languedoc, Pireneus Ocidentais e Gasconha, Baixo-Garona, Oeste Central, Bretanha, Loire, Normandia.

franceses. Desde o momento em que se deseja ir além de uma classificação puramente estatística e remontar, na medida do possível, à gênese dos fatos, é preciso estender suficientemente a envergadura para abarcar amplos conjuntos. Caso contrário, será algo realizado em detrimento da clareza.

Eis indícios recolhidos de todas as partes, mas quão significativos em concordância! Eles estão de acordo para denunciar, implicitamente, a insuficiência dos enquadramentos atuais, sua incompatibilidade com o presente caráter da civilização. Tudo que nasce vigoroso e factível deve, para cumprir sua finalidade e realizar sua potência, deles se libertar. Sobretudo após os últimos vinte anos, assistimos a várias criações de um novo gênero para concluir que, como nas épocas críticas, há alguma coisa em nós que está em vias de se transformar. Porém, é uma advertência da qual é preciso tirar uma lição, pois o desacordo que se anuncia não se prolongaria impunemente.

Já havíamos notado, e veremos ainda melhor em seguida, que essas tendências se inspiram diretamente em imperativos presentes; que elas nascem, sob pressão imediata dos fatos, da necessidade de substituir com esforços coletivos os esforços mais ou menos isolados. Nisso elas não têm nada em comum com as reminiscências que o nome das antigas províncias pode despertar em nós. Entretanto, se tais nomes se apresentam naturalmente ao espírito, quando se trata de ampliar os enquadramentos administrativos nos quais nos sentimos constrangidos, é porque, pela ligação que os une a nosso passado, a hábitos em parte ainda vivos, eles mantêm sobre nós um direito ideal, não ultrapassado. Todavia, por qual fenômeno de harmonia preestabelecida seria possível que divisões que não representam em seu conjunto senão um legado bastante incoerente do passado sejam, precisamente, aquelas que conviriam para fazer frente às necessidades presentes?

Na verdade, é preciso discernir. Se muitas dentre elas não têm mais que uma sobrevivência nominal, que nenhuma realidade apoia, outras ainda são individualidades vivas, que extraem seus títulos de existência menos de um passado abolido do que de características físicas e morais que lhes são inerentes e que as diferenciam. Há tanta variedade na psicologia quanto na geografia da França. Tais características locais não são nada confundíveis, a ponto de se perderem no cadinho nacional. Elas encontram seu emprego por meio das mudanças trazidas pelos séculos. Por todas as qualidades que põe em jogo, a aptidão à vida moderna é, essencialmente, uma questão de psicologia, e a experiência mostra que, entre as populações de um mesmo país [*pays*], nem todas são igualmente aptas. Nenhuma força deve ser negligenciada; o dever de um legislador é de captar todas elas e daí extrair o melhor produto para o bem comum.

Entretanto, se é permitido falar de uma vida normanda, bretã, lorena ou provençal, é na medida em que ela é suscetível de se dobrar às condições modernas. A vida não se mantém senão por um esforço contínuo de se adaptar às condições cambiantes. Às vezes, tudo mudou, exceto o nome, uma ideia, uma hereditariedade que lhe serve de suporte. Quando se designa pelo nome de Lancashire a grande região manufatureira da Inglaterra, quem imaginaria o condado criado pelos primeiros reis normandos, em um canto do qual a cidade de Lancaster percorre sua tranquila existência? Haverá muito em breve quase a mesma distância entre a Lorena dos duques (e mesmo a de Stanislas) e aquela que evolui sob nossos olhos. Entretanto, no fundo, trata-se dos mesmos *pays* e dos mesmos homens.

II. Causas gerais

Uma vez que, por meio desses fatos múltiplos e invasivos, se entrevê a ação geral de mudanças econômicas, uma gama de questões se põem diante do pensamento. Examiná-las ultrapassaria os limites de um artigo, mas algumas datas servirão ao menos para fixar as ideias.

De início, podemos nos perguntar por que a questão dos agrupamentos regionais se coloca, hoje em dia, mais imperiosa que há um quarto de século. Pois, afinal, lá se vão sessenta anos da constituição de nossa rede ferroviária e de nossas companhias de navegação. Portanto, não é simplesmente porque as ferrovias abreviaram as distâncias entre Paris e nossas sedes departamentais que seria urgente modificar os quadros de nossa vida pública. Há mais que uma questão de distância: o fato inicial quase se apaga diante da imensidão dos desenvolvimentos. As grandes revoluções que modificam as relações entre os homens só revelam pouco a pouco a base de seu segredo. Não começamos a descobrir senão sucessivamente — sobretudo no último quarto de século — as enormes consequências que as aplicações do vapor aos transportes e à indústria traziam em seus flancos. No entanto, o exemplo da Grã-Bretanha poderia nos ter fornecido um pressentimento: a Inglaterra industrial de Lancashire e de Black Country tinha passado por essas mudanças no final do século XVIII e, já dispondo do mar, estabeleceu, por essa antecipação, as bases de sua preponderância.

Porém, o monopólio da Grã-Bretanha cedeu: atualmente, ela produz menos carvão que os Estados Unidos e menos ferro que estes e a Alemanha. Na América do Norte, as vias férreas assumiram um desenvolvimento que ultrapassa o da Europa. Elas invadiram a África e a Ásia. Entre 1880 e 1890, abria-se uma nova fonte de mudanças incalculáveis através da transmissão à longa distância — sem muito desperdício de energia elétrica. Foi então que, rápida e plenamente, as consequências se ampliaram de tal modo que seus próprios precursores não teriam ousado vislumbrar as proporções. Para que a influência dessas forças modernas penetrasse nos menores espaços do corpo social, para que atingisse até mesmo o pequeno fabricante e o camponês, foi necessário que — por um longo trabalho cujos efeitos por muito tempo permaneceram pouco sensíveis — sua ação fosse generalizada e ampliada. Pouco a pouco, propagou-se a impulsão, a velocidade foi ampliada pela massa. Assim, elas imprimiram às coisas um movimento que, há trinta anos, não parou de se acelerar, seguindo uma progressão geométrica.

O poder da produção caminhou paralelamente ao do transporte. Se, no mundo de hoje, extrai-se quase cinco vezes mais carvão e ferro que em 1870 e se produz três vezes mais algodão e trigo (entre outros), que seria esse peso morto sem a circulação que dele se apossa? Há, entre os progressos de um e de outro, uma correspondência natural: a rede férrea triplicou, o tráfico marítimo quase quadruplicou no mesmo período. É a expressão de um crescimento paralelo ao do poder de compra e venda. A proporção de nossas modernas locomotivas e as imponentes dimensões de nossos navios de 20 mil toneladas são seus símbolos visíveis.

As relações de extensão sofreram assim uma profunda transformação. Aos empórios[5] marítimos frequentados por esses navios é preciso uma abundância assegurada de frete que apenas um vasto interior está em condições de fornecer. Rios, canais e estradas de ferro são os tentáculos pelos quais eles mergulham no interior. Outrora, dois portos vizinhos apenas prejudicavam um ao outro: a intensidade de produção, hoje, é tamanha que, nos pontos em que se concentra, muitos vivem e se auxiliam mutuamente. Formam-se regiões portuárias, como as do Reno, de Roterdã a Antuérpia, ou como as do carvão e do ferro, de Newcastle a Middlesbrough. Manchester talhou sua parcela do comércio marítimo a algumas léguas de Liverpool; Bremen defende a sua perto de Hamburgo; Gênova colabora com Savona. Sobre um *front* de 160 quilômetros correspondente às "portas de entrada" (*gateways*)[6] do interior, Nova York, Filadélfia e Baltimore dividem mais da metade do comércio dos Estados Unidos. O tráfego é proporcional à extensão drenada. A indústria não se mostrou uma criadora menor de viveiros urbanos.

Esses fenômenos existiam, mas a título de exceção, como excrescências anormais: a diferença é que eles vão se generalizando cada vez mais.

---

[5] *Emporia*, no original, plural do latim *emporium*, "estabelecimento comercial criado em país inimigo ou estrangeiro", segundo o Dicionário Larousse. (N.T.)

[6] Em inglês no original. (N.T.)

Relutar-se-ia a ver aí uma nova forma de civilização se tudo isso não se tratasse apenas de peso, massa, extensões e objetos materiais. Mas a ciência foi atraída nessa engrenagem. Para compensar seus custos, a indústria moderna é impelida a perseguir até o fim a energia que ela emprega, de utilizar seus resíduos e, se possível, esgotar a série de aplicações possíveis. Graças aos progressos da mecânica, o aumento da velocidade do navio foi obtido com uma proporção menor de carvão. Não se pode senão admirar a quantidade de produtos e subprodutos originados, por exemplo, do tratamento do carvão, do ferro e do sal gema: substâncias colorantes obtidas por destilação, utilização de gases pobres, carbonato de sódio e outros produtos derivados. A escória dos altos-fornos serve à fabricação de tijolos; os resíduos de defosforação encontram emprego inesperado na agricultura. Cada adição de indústria suplementar é a aplicação de um produto que a ciência pôs em evidência, de uma transformação, de um progresso no trabalho de decomposição e análise que avança a cada dia graças à eletroquímica. As próprias proporções alcançadas, já há alguns anos, no que tange à adoção da força hidráulica, constituem um novo princípio de investigações. Não é preciso esforçar-se para encontrar múltiplas aplicações e usos lucrativos nessas usinas geradoras instaladas hoje com altos custos na Itália, na Suíça, na América e na França?

Tais exemplos são referidos à indústria porque é nela que as novas formas de trabalho são mais bem sintetizadas. Porém, a mesma evolução se passa na agricultura. A preocupação em vender e escoar seus produtos não se impõe menos ao agricultor que ao industrial. Eles já não são mais exclusivamente destinados a ser consumidos no próprio local de produção; é necessário também que ascendam aos grandes mercados e que aí criem, por uma reconhecida superioridade, seu espaço. O clima, o solo, o relevo e a orientação, em uma palavra, os dons dos quais a natureza foi pródiga em relação à França, entram aqui como principal consideração multiplicados pelo cuidado pessoal e pelo trabalho intensivo de nossos pequenos proprietários. Todavia, eles mesmos percebem que isso não é tudo e que a ciência deve intervir. No domínio por excelência da estabilidade e das tradições — a agricultura —, é curioso constatar quantas mudanças foram introduzidas no último quarto de século, um domínio que, na maior parte de nossas províncias, tinha mudado tão pouco desde o século XIII! Pela escolha das rotações de cultivo, o emprego apropriado dos fertilizantes químicos, a especialização mais competente dos cultivos, a rotina foi vencida. Parece que compreendemos que um campo é uma espécie de laboratório químico onde a natureza trabalha sob a direção do homem. Nada mais justo senão reconhecer a atividade inteligente que se manifestou — salvo em exceções muito sérias — entre nossas classes agrícolas. Entretanto, alguns países ainda podem nos servir de modelo: a Dinamarca, a Bélgica. Sozinhos, os laticínios proporcionam à Bélgica um tributo anual de 360 milhões de francos e um terço dessa soma é ganho recente, resultado do emprego de procedimentos científicos.

Tais são as características, tomadas intencionalmente ontem e hoje, pelas quais se manifesta essa civilização recente, advinda de invenções que, em nossos dias, imprimiram uma mobilidade extraordinária aos fluxos de homens e de coisas. Gostaria de sublinhar a imperiosa preponderância, as profundas repercussões; limitar-me-ei a recorrer às reflexões do leitor. Basta olhar em torno de si para perceber os sinais. Frequentemente, uma palavra reaparece nas investigações às quais se dedica nosso Ministério do Trabalho: "Os antigos fabricantes não podem se manter senão aumentando o valor de seus negócios."[7] É a mesma necessidade que leva a indústria a se concentrar em fábricas e a própria fábrica a se associar a indústrias suplementares. Diante da ampliação dessas unidades, não há para o que é individual (e tão respeitável) outra defesa que não a associação. Mas, se a associação é a arma do fraco, é também uma arma para o forte: provêm daí conflitos cuja solução é difícil de prever.

---

[7] *Enquête sur le travail à domicile dans l'industrie de la lingerie*, tomo III, 1901, p. 531.

Não nos parece paradoxal afirmar que a novas condições convém uma adaptação apropriada, uma armadura mais apta que a organização atual para combinar e manter em harmonia os interesses administrativos, políticos e econômicos. Os fenômenos que reconstituímos estão ligados a causas gerais e profundas que se voltariam contra quem não se ajustasse a elas. "Decifra-me ou te devoro!", escrevia Proudhon no frontispício de um livro sobre a Revolução. Por menos apreço que possamos ter por fórmulas dramáticas, é um pouco o sentimento que se experimenta diante dessa grandiosa força que procede por concentração e acumulação e que parece impossibilitada de diminuir sua marcha sobre o trilho em que desliza. Há nessa civilização uma potência agressiva, um instinto ou, melhor dizendo, uma necessidade de invasão. Nos últimos trinta anos, não tivemos o espetáculo contínuo da concorrência em direção aos mercados disponíveis, do assalto às regiões [*contrées*] fechadas, do domínio sobre Estados economicamente desarmados? Nessas circunstâncias, seria perigoso jogar um papel passivo como o do rentista, por exemplo. Isso seria resignar-se, antecipadamente, a uma vassalidade econômica que, diante do enfraquecimento que ela impõe à indústria nativa, é uma das piores formas de abdicação.

O que há de saudável e de estimulante nessa forma de civilização, por tantos ângulos brutal, é o princípio de esforço, a demanda perpétua por progresso. Pela aplicação da ciência, ela realiza uma incorporação mais íntima da inteligência a obras reputadas, no passado, como materiais. Ela está sob o impulso da concorrência. Mas é necessária uma armadura cômoda e flexível ao campeão que queira permanecer no campo de batalha.

III. Formações de regiões industriais

Se agrupamentos regionais devem se inspirar nessas necessidades, é claro que o problema não consiste em reunir departamentos, em três ou quatro, em uma composição mais ou menos simétrica. É de biologia, e não de mecânica, que se trata. É preciso ir ao encontro da vida, lá onde ela se manifesta, nela se guiar — seja para conservar seu núcleo seja para iluminá-lo, reunindo as centelhas esparsas. Em outros termos, os únicos agrupamentos viáveis são aqueles cujos os delineamentos já existem, pelo menos potencialmente, aqueles cujo esboço foi preparado por uma contribuição espontânea de iniciativas. Mesmo um olhar muito geral sobre nosso país talvez dê a impressão bastante inesperada de que esse trabalho latente está, pelo menos em uma grande parte da França, mais avançado do que se imagina. Algumas individualidades se desenham, ainda bastante esparsas porém vívidas, capazes de servir como núcleos. Quase por toda parte, aliás, distingue-se afinidades que, por assim dizer, esperam apenas um reagente para se combinarem. Porém, sinto que tais afirmações precisam ser acompanhadas de provas; tentarei fornecê-las tão sumariamente quanto possível.

Esse trabalho de formação, esse progresso em direção à personalidade se traduz por um fenômeno em íntima relação com o desenvolvimento urbano, sem que, entretanto, seja necessariamente absorvido por uma cidade. Não saberia defini-lo melhor senão tomando por empréstimo de um geógrafo inglês, o Sr. Mackinder, uma expressão da qual faz afortunado uso: a de *nodalidade* [grifo do autor]. Toda cidade representa um nó de relações, mas há nodalidades de nível superior que ultrapassam o perímetro [*cercle*] da própria cidade, tomando aí seu ponto de partida e estendendo progressivamente seu raio de ação. Essa expansão encontra impulso, hoje em dia, no desenvolvimento das redes elétricas da periferia, que podem ser computadas ao redor de algumas grandes cidades por centenas de quilômetros de extensão, distanciando proporcionalmente a periferia de atração.

Um dos estímulos mais ativos é o contato com o mar, via mundial por excelência. Por razões fáceis de compreender, a indústria torna-se cada vez mais a auxiliar e o complemento obrigatório de um grande estabelecimento marítimo. Nele ela encontra o combustível mais em conta e fornece ao tráfego um frete mais generoso. É sobretudo como cidade industrial que Marselha cresce: o efetivo de cavalos-vapor empregado no departamento ultrapassa em 16 vezes a quantidade observada há quarenta anos; ele não aumentou menos de um quarto nos cinco últimos anos.[8] Devido à sua iniciativa, a construção do canal de Marselha ao Ródano ainda acelerará o movimento. Fará transbordar a periferia industrial, que contorna a cadeia de Estaque, até Étang de Berre e Saint-Louis-do-Ródano. Assim, a velha cidade [*cité*] que, limitada por suas montanhas, viveu sua existência, mais de vinte vezes secular, frente à frente com o mar, quase indiferente a todo o resto, foi decididamente desbloqueada. A partir de então, ela terá pela primeira vez dominado o interior, podendo estender e fortificar sua base regional. Hoje, é com os ribeirinhos do Ródano que ela tece novas relações; amanhã, ela dará a mão a Cette caso, como é provável, o crescimento do canal de Beaucare venha a completar a obra iniciada por Marselha. Mas ali, nesse Baixo-Languedoc de encostas inóspitas, de clima tórrido, nas planícies aluvionais cercadas por desertos calcários, uma outra região se desenha. Nela, a evolução é orientada inteiramente em direção à agricultura e, mesmo, à monocultura.

A formação de uma região lionesa é um fato consumado cujas origens remontam, praticamente, aos anos posteriores a 1830. Foi então que a tessitura começou a emigrar significativamente da Croix-Rousse, para se expandir no campo, até Ain, Loire e Isère. Os contramestres lioneses responsabilizaram-se pela educação dessas populações rurais; o trabalho por ofícios braçais se propagou. Porém, a partir de 1877, nova evolução: o regime manufatureiro por fábrica se impôs e não tardou a prevalecer. Desta vez, foi sobretudo a atração das montanhas, ao encontro da força motriz, que se fez sentir. A extensão da região lionesa — tanto quanto é possível circunscrever uma força móvel e progressiva — está geograficamente ligada à história da indústria de Lyon. Por um contragolpe natural, à medida que estendia sua auréola de influência por todo o entorno, a função urbana se especializava. Filhos e netos de tecelões forneceram às várias

---

[8] 1873: 5.500 cavalos-vapor; 1903: 57.500; 1908: 80.809 (Relatório da Câmara de Comércio).

indústrias de precisão um viveiro de trabalhadores instruídos e hábeis que, sobre um terreno tão bem preparado, germinaram. Pelos capitais e pelo espírito empresarial, a influência urbana que, outrora, à margem da indústria tradicional, era empregada sobretudo para animar a metalurgia do Centro, a impulsionar, pelo canal de Saint-Louis, a obra ainda inacabada de navegação do Ródano, não cessou de estender seu raio de influência à Rússia, a nossas colônias, à China.

Por mais longe que os lioneses vislumbrassem, um dos melhores ramos de sua atividade se aplica a essas riquezas hidráulicas que a natureza colocou ao seu alcance nos Alpes. Ali, eles encontram em Grenoble uma colaboradora que, como centro diretor e sede de estudos técnicos, tornou-se em poucos anos a capital da *hulha branca*. O Isère, o Drac e o Romanche, aos quais é preciso acrescentar o Arve, o Giffre e outros rios que devem às geleiras e à neve um enorme tributo, cuja força ainda é reforçada pelo declive, contribuem para concentrar uma soma quase incalculável de energia na região que compreende a Alta-Savoia, o Isère e os Altos-Alpes. Os cálculos dos engenheiros do Serviço Hidráulico que, recentemente, fizeram um estudo aprofundado dessas questões, atribuem a esses quatro departamentos a média de 1/4 da potência hidráulica da qual pode dispor toda a França.[9] Mais que um início, já existe ali a realização de uma originalidade regional, pois o manejo e a coordenação dessas forças compósitas, onde se trata de captar, conservar em reservatório, transformar e onde importa combinar as diferentes vazões a fim de impedir que os grandes serviços públicos venham a sofrer de suas deficiências: tudo isso constitui uma obra sistemática — por enquanto, mais rica de promessas que de resultados — que em nenhuma parte da França chegou mais longe do que nessa parte dos Alpes.

---

[9] Mais de um milhão dos mais de quatro milhões de cavalos-vapor (Ministério da Agricultura, Direção de Hidráulica e de Aperfeiçoamentos Agrícolas. *Annales*, Fascículo 32, 1905: Serviço de Estudos de Grandes Forças Hidráulicas, Região dos Alpes).

O vale do Saône não assumirá seu pleno significado econômico senão mediante o desenvolvimento da navegação fluvial. Ligado por canais à grande rede homogênea do norte e do leste da França, o Saône oferece ao longo de 374 quilômetros uma via navegável de primeira grandeza. Para atrair, ainda mais do que já o faz atualmente, a frota da França, da Bélgica e mesmo a da Alemanha, faltam-lhe apenas instalações e boas ligações com as vias férreas.[10] Pelas facilidades que promoveria e pelas indústrias que nasceriam em suas margens, uma ampla cadeia de transporte daria a essa área [*contrée*] o centro e a coesão que ela necessita — pois não são nem os recursos e nem os elementos industriais que fazem falta nessa confluência europeia limitada pelo Morvan, pelo Jura e pelos Vosges.

Há um quarto de século, a região lorena ingressou a pleno vapor na vida industrial. Nesse período, a despeito do notável progresso da indústria têxtil dos Vosges, a transformação deveu-se principalmente à extraordinária importância assumida pelo ferro na civilização moderna. A extração sistemática do mineral oolítico das encostas lorenas tinha começado desde os últimos anos do reinado de Luís Felipe, mas sua natureza fosforosa o tornava impróprio à fabricação do aço. Em 1880, a descoberta dos procedimentos de desfosforação mudou repentinamente o estado do mercado: a Lorena tornou-se um dos principais centros mineiros do mundo. Enquanto a extração não parava de crescer ao redor de Longway e Nancy, as sondagens dirigidas pelos geólogos no distrito [*arrondissement*] de Briey revelavam a existência das mesmas reservas sobre uma extensão de 50.000 hectares. Já o ferro loreno, que em 1878 representava apenas a metade da produção da França, representa hoje nove décimos, e estima-se que em poucos anos somente a bacia de Briey produzirá 20 milhões de toneladas! Como explorar normalmente essa massa prodigiosa, sem risco de incertezas desastrosas, num país que não tem carvão e onde falta mão de obra?

---

[10] Ver Paul Léon, Notre Réseau navigable, *Revue de Paris* de 15 de janeiro de 1902.

À primeira questão, a ciência respondeu: pesquisas metódicas organizadas pelo *consortium*[11] de sociedades carboníferas lorenas encontraram, em 1904, numa profundidade entre 700 e 1.200 metros, o prolongamento dos veios de carvão de Sarrebruck, no mesmo lugar onde a feição dos anticlinais tinha deixado antever sua aproximação da superfície. Talvez isso não seja suficiente para se alcançar a independência, mas pode eventualmente servir de ajuda. O espírito loreno encara sem presunção, com uma audácia tranquila, os problemas sucessivos que o curso das coisas pode colocar. A prosperidade já está assentada em bases suficientemente amplas para justificar essa confiança. Nancy tornou-se o centro de um vasto movimento de negócios cujas ramificações se estendem para além da própria região que está sob sua dependência imediata, indo até a Champagne e a Alsácia. Seria difícil avaliá-la em números: digamos apenas que as operações do Banco da França alcançaram ali 421.856.000 de francos em 1909[12] e que, se totalizarmos os capitais das sociedades de ações das quais Nancy é, de certo modo, o mercado financeiro, chegaremos a mais de um bilhão e meio de francos.

O regionalismo sempre esteve presente nos *pays* limitados pelo Escaut e pelo mar: hoje em dia, a árvore não faz senão estender suas raízes. A facilidade dos transportes aquáticos tinha desde cedo criado, entre a vida industrial das cidades e a agricultura, esta aliança que é um dos traços da civilização moderna. Pelas vicissitudes da história e a formação da fronteira política, é atualmente num espaço de 884 quilômetros quadrados (em média), povoado por mais de 812.000 habitantes, que se comprime a aglomeração industrial de Lille, Roubaix e Tourcoing, já quase materialmente unidas e às quais se acrescenta Armentières e uma enorme periferia que, de Deule à Lys, se cola, por assim dizer, à fronteira. Lá se concentram três quintos de nossas fábricas de algodão e nove décimos de nossa indústria

---

[11] Em latim e em itálico no original. (N.T.)

[12] Em 1884, o montante era de 154 milhões.

de linho; lá se desenvolveu, sobretudo a partir de 1830, a surpreendente fortuna, obra-prima de flexibilidade e de iniciativa, da manufatura de Roubaix. Enquanto que, segundo as necessidades, a lã ou o algodão (ou a mistura dos dois) e outras combinações se sucediam na indústria, o campo, obedecendo à mesma direção comercial, associava pouco a pouco em suas rotações de cultivos, a colza e a beterraba ou a batata e o trigo, e se punha a engordar um rebanho numeroso com as tortas [*tourteaux*] de algodão fornecidas pelas fábricas. O núcleo regional não parou de crescer em direção ao sul. Nesse sentido, um passo decisivo foi dado em 1853, quando as minas de carvão de Pas-de-Calais — prolongamento desviado daquelas de Anzin, mas cujo vestígio por muito tempo frustrara as investigações — começaram a entrar em exploração. No mesmo sentido, um novo progresso regional resultou da construção de estradas de ferro locais; suas malhas estreitas formam uma única rede com as dos campos limítrofes da Picardia, por aí bem melhor ligadas à região do Norte que à Normandia ou mesmo que a Paris. Constituiu-se assim um organismo cuja vida é mantida por uma circulação intensa e minuciosa: ao lado dos canais e dos rios, os trilhos e as velhas estradas pavimentadas ainda utilizadas para circulação; a tração elétrica se instalou próxima dos depósitos das minas, a usina de destilação perto do campo de beterrabas ou de batatas; o trabalhador cotidiano permanece disponível a uma distância em torno de 20 quilômetros.

Colmeias laboriosas se sucedem assim ao longo dos Alpes, do Jura, do velho Maciço herciniano, sobre a periferia continental da França. Cada centro de trabalho tem seus recursos e a esfera de ação que lhe é própria. Todavia, à medida que cresce pelos seus próprios progressos, o centro percebe aumentar sua solidariedade com os outros. Em relação ao combustível, os altos-fornos do Leste são tributários do Norte que, reciprocamente, para suas usinas, suas minas e suas fábricas de vidro, demandam ao Leste o minério, a madeira e o sódio: foi preciso encurtar os trajetos aquáticos entre eles, criar trens rápidos entre Nancy e Lille e, sem dúvida, o futuro testemunhará um canal direto entre Denain e Longwy. As transformações da indústria lionesa e a insuficiência da bacia hulhífera de Saint-Étienne forçam Lyon a olhar cada vez mais em direção ao Norte. Eis que o canal do Marne ao Saône, por fim concluído, encurta em 200 quilômetros a ligação fluvial entre Lyon e Lille. Acreditar que os progressos da indústria hidrelétrica farão diminuir a demanda por hulha seria um equívoco; a experiência oposta foi feita de modo decisivo na Itália e na Suíça. É necessário, assim, disponibilizar para as embarcações [*péniches*] de 300 toneladas um fácil acesso em direção ao sudeste. Enfim, é provável que a finalização do canal de Marselha ao Ródano crie entre Marselha e Lyon relações mais ativas por intermédio do rio. Observar-se-á assim que essas relações não estão nem um pouco em conformidade com a disposição geral da rede de rodovias, canais e estradas de ferro tal como nossos sucessivos governos as haviam concebido e executado. Era um tipo de centralização feito para transmitir a vida do centro às extremidades. Ao contrário, é para as extremidades que a vida aflui, e foi preciso obter com dificuldade e, por assim dizer, arrancar peça por peça os instrumentos ainda muito imperfeitos dos quais ela dispõe. Os requerimentos do Gabinete de Transportes e a própria existência dessa associação não deixam nenhuma dúvida sobre as lacunas de que padecem as comunicações regionais.

IV. As cidades regionais

Em graus diversos e com mais ou menos sucesso, tais tendências se manifestam de uma ponta a outra da França e, por todos os lados, é numa espécie de cidade-mestra que elas ganham corpo, que encontram um ponto de apoio. De Bordéus partem projetos de comunicação mais fáceis com os vales da Aquitânia, de ligação navegável com o Adour; Bordéus busca, por meio dessas relações com a indústria de Mazanet, um meio de aumentar sua importância marítima. Aguardando o desenvolvimento das indústrias dos Pireneus, Toulouse se torna um centro agrícola posicionado à medida para suprir o déficit de grãos e forragem de que padece, ao lado dela, a região do Baixo-Languedoc. Sobre os flancos do Maçico Central, a força hidráulica concentra novos elementos de trabalho ao redor das antigas indústrias de Limousin e de Berry. Essa atividade gravita a oeste em direção a Limoges e ao norte em direção a Bouges, ao passo que Clermont, à beira de sua rica planície, eterna tentação dos pobres lozerotes,[13] acolhe indústrias recém-criadas que não têm outra razão para ali se implantar senão a existência de um centro importante.

Insistimos deliberadamente sobre o papel da cidade. Tal como a vimos operar nesses exemplos, é a mola propulsora. Ela não faz senão continuar, sob nova forma, o papel que sempre teve nas formações políticas. Cidades e estradas são as grandes pioneiras da unidade — elas criam a solidariedade das regiões [*contrées*]. Não foi sobre a cidade galo-romana que foram fundadas as mais antigas e as mais duráveis de nossas divisões políticas?

Nas condições econômicas do mundo atual, esse papel se precisa e se define. Não é mais o número de habitantes, menos ainda o de funcionários e tampouco qualquer forma de trabalho, indistintamente, o que constitui esse tipo de cidade regional. É o elemento superior que se introduz através dela nas diversas formas de atividade. Ela tem a função de guia. Seguindo a expressão americana, ela "irriga" a região [*contrée*] com seus capitais. Por mais que a fábrica se espalhe pelos vales, que a fazenda se erga em pleno campo, é a cidade que, pelo crédito, pelo mercado e pelas saídas que abre, fornece a substância das quais elas vivem. Sem as antigas casas bancárias estabelecidas há muitos séculos em Basileia, os vales alsacianos dos Vosges teriam permanecido agrícolas e pastoris.

Não podemos nos surpreender que esse tipo de cidade tenda a se tornar mais frequente, sob o impulso das causas gerais que havíamos descrito. Que a região seja mais especialmente industrial ou mais especialmente

---

[13] Habitantes do "pays" Lozérot. (N.T.)

agrícola, a necessidade de capitais, de matérias-primas, de melhorias e de mercados não é menos sentida. Os fosfatos e os fertilizantes minerais não são menos necessários ao campo que o coque à usina siderúrgica. Para assegurar a essas necessidades uma satisfação regular, a cidade regional oferece as vantagens de uma organização experiente, de uma base de operações mais ampla, de instituições, enfim, que ela é a única em condições de criar e fazer perdurar. Ela conhece de perto e vê em ação os empreendimentos que subvenciona.

Ela representa, assim, uma dessas nodalidades de ordem superior que servem como intermediárias entre a área [*contrée*] que elas fazem prosperar e os mercados externos. Esse papel exige um conjunto de condições geográficas, e mesmo históricas, que só se encontram reunidas em determinados pontos. No entanto, há locais que deram origem a importantes desenvolvimentos urbanos sem realizar tais condições: Le Havre e Brest são muito exteriores; cidades como Saint-Étienne e Montluçon são demasiado especializadas em alguns tipos de trabalho. Os locais naturalmente destinados são centros há muito frequentados pelo comércio: sedes de indústrias profundamente enraizadas, nós de comunicação nos quais se cruzam e se multiplicam relações sobre as quais foram transplantados hábitos e nos quais se aglomerou um capital de inteligência e de tradição que se incorpora ao caráter do lugar [*génie du lieu*]. É nos cruzamentos dos Alpes, sobre nossos estuários fluviais, nos cruzamentos das vias dos Pireneus, na periferia do Maciço Central e no limiar dos Países Baixos que seu lugar foi preparado — e assim sucessivamente por toda parte, ao longo de vias há muito tocadas pelos homens.

Tenho uma objeção — a vida urbana moderna inquieta por seu caráter invasivo; ela parece a alguns um abismo no qual preciosas qualidades estão em vias de sucumbir. Uma organização regional que tivesse a cidade como motor, não aumentaria esse perigo? Creio que ela teria antes como resultado a substituição de uma organização mais bem-organizada [*reglée*], e por isso mais saudável, por uma condição que ainda guarda um pouco de caos. Muitos progressos ainda há por fazer na via das instituições urbanas. Não é sem alguma inveja que observamos, nas áreas [*contrées*] de grande indústria que nos avizinham, os estabelecimentos de previdência, de ensino e de assistência social que souberam criar, por seus próprios meios, cidades como Birmingham, Manchester, Hamburgo. Exemplos encorajadores não faltam entre nós: Lyon, Grenoble, Nancy com seus institutos e escolas, Lille com seu museu do carvão, deram prova de afortunadas iniciativas nesse sentido.

Desejaríamos uma organização propícia a esse tipo de cidades que, sem dúvida, na França, esperam apenas um sinal para crescer, pois a centralização não as impediu de nascer. Elas representariam o degrau intermediário, mais necessário que nunca, entre a cidade puramente local e a capital política localizada mais além. Elas manteriam o conjunto das atividades regionais.

V. A especialização das regiões

Nestas considerações, todavia, não estamos fazendo pouco de Paris? Seu papel diretor não é aquele para o qual nossa capital está naturalmente destinada? Sem dúvida, isso é verdade — não em absoluto, mas numa certa medida. Seria inexato e mesmo absurdo fazer abstração de Paris nessa função distributiva de crédito, de iniciativa, de progressos técnicos, de relações mundiais. Assim, a contribuição que acrescenta mesmo às empresas formadas fora dela é inestimável; não há como não perceber nos recursos que ela dispõe os elementos de uma associação útil — de onde se pode concluir que ela própria se aproveitaria de todo crescimento da atividade regional. Porém, de qualquer modo, as leis da divisão do trabalho se impõem. Há empresas que escapam à esfera natural de suas atribuições. Seria quimérico esperar que ela pudesse substituir nas indústrias regionais uma assistência que deve ser próxima e, de alguma maneira, familiar. Aliás, a experiência não mostra que é na subvenção das indústrias regionais que as finanças parisienses são preferencialmente empregadas?

Paris é um personagem muito grande e seus apetites são muito exigentes, sua atração se estende tão longe que é difícil que nela se faça a parte da função regional. Como entre suas semelhantes, ou superiores em população, distingue-se ao redor de Paris "uma Paris maior". Uma espécie de auréola a envolve em círculos concêntricos cuja intensidade vai decrescendo. Ao redor do cinturão onde se acumula o grosso da população, estende-se um círculo mais vago de uns 30 quilômetros, mais ou menos, que ela cobre com essas depreciadas casas ou *villas*[14] suburbanas, onde se sucedem hortas, fábricas, parques reais, toda a incoerente e estranha mistura que marca a vizinhança dessas grandes multidões. Até 120 ou 150 quilômetros, não há grandes cidades vivendo de suas próprias forças: Orléans, Troyes e Reims parecem marcar os limites da sombra projetada por Paris. Contudo, sua vilegiatura se estende para além, até o canal da Mancha e o Oceano; seu abastecimento de gado provém de Vendée ou do Nivernais, os principais núcleos nos quais se recrutam os elementos provinciais que compõem mais da metade de sua população se prolongam ao sul até Cantal e Aveyron que, aliás, eles pouco ultrapassam.

Essa extensão, todavia, não apagou todos os traços do caráter regional de que suas origens foram fortemente marcadas. Paris ainda é uma das capitais do mundo que melhor se incorporam à região onde nasceu e cresceu. Ela deve sua fisionomia à pedra extraída de suas pedreiras. A frota que lhe valeu sua certidão de nascimento transporta hoje em dia em suas bacias ou entre seus cais uma média de 41% da tonelagem de mercadorias que recebe e 26% da tonelagem que expede. Desde que o ancoradouro dos canais foi levado a um mínimo de 2 metros e o do Sena, a jusante, a 3,20 metros, essa

---

[14] Grifo nosso, mantida a palavra original. (N.T.)

rede navegável tornou-se uma via fabril. Assim, circunscreve seu domínio próprio e, em função da convergência dos rios vindos do arco que vai de Puisaye ao planalto de Langres apresentar além de vantagens perigos, é Paris, ameaçada por seus caprichos, que retoma, por direito, o controle das regiões ribeirinhas.

Na realidade, a atração parisiense encontra seus limites na atração das regiões vizinhas; ela para precisamente no ponto onde as forças concorrentes entram em equilíbrio. Os limites somente correm o risco de se tornaram flutuantes quando a intensidade de um dos centros rivais venha a decrescer. Esse não é o caso, nós o vimos, do Nordeste. A corrente cada vez mais potente que se estabeleceu entre a região do ferro e a da hulha — na zona de intensa atividade que vai de Pas-de-Calais ao Reno, obedece às leis econômicas procurando a linha mais direta; ela se emancipa, assim, da região parisiense, à qual tangencia somente ao norte.

Sob a pressão crescente da concorrência, uma estrita especialização das regiões [*contrées*] torna-se imperativa. Porém, não é em Paris, mas em Rouen, que a natureza situou o nó entre a navegação fluvial e a navegação marítima. A ideia de Paris como porto do mar não sobreviveu ao eminente engenheiro que tinha sido seu promotor: nós não desejamos que ela ressuscite. Certamente, não é quimérico e é desejável que navios de maior porte venham atracar nos cais de Paris; entretanto, é no máximo Colônia, e não Antuérpia, que se pode conceber dessa forma. Ademais, com sua meticulosa prudência, Rouen procede metodicamente na elaboração de seu destino. Por mais de meio-século, pelos estreitos vales que cortam o planalto, as fiações de algodão avançaram, absorvendo a população rural: agora, é na planície da margem esquerda limitada pelo meandro do Sena e na própria periferia que se multiplicam as refinarias e as diversas indústrias de um grande porto. Desde o aprofundamento do canal, que outros trabalhos se apressam em completar, a tonelagem marítima não parou de aumentar; hoje, ela ultrapassa 4 milhões de toneladas e esse número é quase igual ao da frota fluvial. Portanto, é sobre bases daqui por diante sólidas que esse grandioso destino está sendo fundado. O papel de entreposto marítimo do vale do Sena, encarregado de contribuir com o abastecimento de Paris em carvão, madeira, essências e mesmo vinho, não é uma pobre promessa de futuro. Mas Rouen pode também aspirar a prolongar sua atração regional em direção ao sul. Ali se estendem, sem interrupção até Beauce e Perche, planícies reunidas, férteis em trigo e gado, que penetram até o mais profundo da França. Elas contribuíram para alimentar as cidades precoces do Baixo-Sena e serviram de arena às incursões normandas. A via romana que ligava Lillebone e Rouen a Chartres é o antigo testemunho dessas relações naturais, de um desses rastros de vida sobre os quais a centralização passou o rolo compressor, dependeria de Rouen trazer de volta à sua órbita toda essa região [*contrée*] interior, não fazendo senão reassumir seu papel histórico.

Assim, a questão levantada a propósito de Rouen tem um alcance geral, podendo ser aplicada a quase todo nosso litoral oceânico. Não é somente em direção ao estuário do Sena que se inclinam as campanhas férteis: Loire, Charente e Garona também presenciam em suas desembocaduras a finalização de planícies amplas e espaçosas que a natureza satisfez com seus dons e cujo clima tem o privilégio de amadurecer esses belos produtos que a Califórnia, a Austrália e o Cabo, com inveja, se esforçam para imitar. Eles contribuíram para conferir uma vida boa e agradável a seus habitantes; porém, foi-se o tempo em que se vivia comodamente das frutas do quintal. É preciso "comercializar" esses recursos sem confiar apenas em um só; adaptar adequadamente seus cultivos, como souberam fazer os vinicultores de Aunis que, incomodados, mas não desencorajados pela filoxera, transformaram-se em produtores de leite; enfim, é necessário mobilizar seus produtos.

Ora, o grande mercado, inesgotável e fecundo em promessas de futuro, é aberto pelo Oceano. O exemplo contemporâneo da Dinamarca mostra que proveito uma região [*contrée*] agrícola pode tirar das saídas marítimas. Aquelas que o Oceano nos mostra — a Inglaterra e os países Nórdicos, de um lado, as duas Américas do outro — correspondem às regiões [*contrées*] do mundo que atualmente possuem o maior poder de consumo e de compra. A cevada de Anjou e do Maine, as maçãs para sidra e os vinhos de Saumurois conhecem o caminho da Alemanha. Estima-se que somente o vale do Garona destine 100 milhões de francos em vinhos, frutas e legumes temporões, anualmente, à Inglaterra.[15] Mas seria preciso que aos valores ainda crescentes desses delicados produtos viesse se juntar a quantidade. Minérios não faltam, seja no Périgord, seja no Maine; Anjou tem suas ardósias que, na Irlanda, não conseguem suplantar as da América. Para além do Atlântico, no outro hemisfério, crescem a olhos vistos cidades luxuosas que não se voltam tanto ao culto exclusivo do tijolo e do ferro em suas construções quanto as dos Estados Unidos; elas gostam de se adornar com tons quentes e vivos com que a pedra calcária envolve os edifícios. Nossa bela pedra de Poitou e de Saintonge e nossos mármores dos Pireneus ainda poderiam ser mais procurados do que são e servir — como outrora, na Inglaterra, os materiais tirados das pedreiras de Caen — para implantar outra onda de obras de arquitetura e de arte.

Contudo, é por vias geralmente complicadas e mesmo tortuosas, em todo caso bastante dispendiosas, que esses produtos alcançam seu objetivo. A convergência de nosso sistema de vias férreas em direção a Paris, centro interior, contribui para rarefazer os pontos de contato com o mar, e ocorre assim, mais de uma vez, que as mercadorias sejam desviadas de seu caminho natural. Unificada conforme o programa de 1879, a rede navegável, homogeneizada com o ancoradouro de tamanho mínimo de 2 metros, ainda não engloba senão a parte superior do Loire — até Briare. Assim, em uma grande parte da França, fazem falta os instrumentos de navegação que poderiam assegurar, segundo expressão quase profética de um engenheiro,

---

[15] *Relatórios comerciais*. Suplemento ao *Moniteur Officiel du Commerce*, número 737, 8 de outubro de 1908: *Nossa exportação à Inglaterra: o que ela é, o que poderia ser.*

"o desenvolvimento mais vasto e mais compacto da produção interior."[16] O frete faria menos falta a nossos portos se uma circulação mais bem-organizada, dispondo de mais recursos, capaz de formar entrepostos e de neles concentrar o transporte conseguisse se encarregar dessas matérias pesadas e incômodas que jazem inertes sobre o solo — e que, no entanto, ao longe, são requeridas pela agricultura e pela indústria.

Nantes empreendeu com perseverança, há um quarto de século, uma obra que, uma vez plenamente realizada, trará em parte solução a essas imperfeições — obra essencialmente regional, tanto pelas contribuições a que está associada quanto pelos fins a que se propõe.[17] Pois se trata de conferir, à admirável posição marítima da foz do Loire, a clientela comercial da região irrigada pelo rio e pelo conjunto de seus afluentes do Anjou e do Maine. Já em 1893, a abertura de um canal entre Pellerin e Paimboeuf tinha provocado em Nantes um renascimento da atividade marítima e industrial. As dragagens e os represamentos do próprio canal permitiram, desde então, o acesso de navios maiores, e o sucesso — dali em diante provável — das tentativas de melhorias do leito até Angers, estenderá igualmente a esfera de atração do porto em direção ao interior. É possível almejar mais do que isso? Esperamos que, progressivamente, seja possível religar, a esta seção navegável, se não o curso fluvial tão débil a montante do afluente do Cher, pelo menos a rede de canais do Berry que, ao longo desse rio, já avança a cinquenta quilômetros de Tours. Assim, toda a região industrial que engloba, do Nivernais ao Berry, as cerâmicas de Digoin, a metalurgia de Montluçon, as máquinas, porcelanas e vidrarias de Vierzon, encontraria uma saída para o mar. O Loire deixaria de ser cindido em duas partes que, comercialmente, não mais se encontram. A imaginação foi lançada do primeiro salto em direção a perspectivas mais amplas; não as seguiremos

---

[16] Ch. Collignon, *Des concours des canaux et des chemins de fer et de l'achèvement du canal de la Marne au Rhin* (Nancy, 1845).

[17] Ver as investigações da Sociedade "La Loire navigable" (Louis Lafitte).

através das montanhas e na Suíça, pois pensamos que o sentido substancial oculto sob o rótulo "Loire Navegável", e que justifica amplamente os maiores esforços, é a exploração mais intensa da região que gravita em torno de sua foz.

VI. Conclusão

O mapa encontrado mais adiante mostra, indubitavelmente melhor que explicações mais longas o fariam, a aplicação que, para nós, poderia ser feita de alguns princípios gerais. Esses princípios explicitam-se por si mesmos a partir dos fatos que expusemos, deixando ao leitor o cuidado de deles tirar sua uma lição. Talvez esses fatos sejam suficientemente numerosos para dar a impressão de que, na maior parte da França — sem um acordo irrevogável, mas sob pressão de necessidades comuns — tentativas são produzidas para coordenar esforços que envolvam mais espaço, para organizar obras coletivas em maior escala e com maior extensão de recursos. Elas se traduzem por progressos em sentidos diversos conforme as regiões — aqui sobretudo industriais, ali principalmente agrícolas. Um aumento sensível de vitalidade seguiu essas tentativas por toda parte.

Se o estímulo parece geral, está contudo longe de imprimir impulsos igualmente fortes em todas as partes da região [*contrée*]. Cantões isolados permanecem nas montanhas; há, sobretudo, antigas terras de relevo rude e acidentado (tais como o Maciço Central e a Bretanha) que parecem feitas para fragmentar as relações e alimentar a disseminação dos esforços. Nelas, a troca é pequena, exercendo-se em pequenas frações e entre curtas distâncias. Fora a emigração humana, os únicos deslocamentos longínquos praticados no Maciço Central foram os do gado, que se transporta por si só. Sobre as grandes estradas traçadas através dos *pays* de Bocage, na Bretanha ou em Vendée, o carro do vendedor ambulante, em busca de uma clientela disseminada nas fazendas, é uma aparição familiar. Ele substitui, mas também nos faz lembrar, o muladeiro [*muletier*] de outrora atravancando com suas mercadorias os caminhos vazios.

É evidente que tais áreas [*contrées*] não se prestariam a agrupamentos regionais tão extensos quanto nossas grandes planícies. No entanto, se algo resulta das aplicações recentes da ciência, é que o número de forças naturais não utilizadas, de reservatórios de energias latentes, está bem além do que se poderia supor. Ora, é precisamente para essas áreas [*contrées*], ditas desfavorecidas, que se coloca o desafio. Os bruscos desnivelamentos dos cursos-d'água que, seja nos Alpes, seja no Maciço Central, não tiveram tempo de regularizar seus perfis, são forças que mal começamos a utilizar. Talvez um dia sejam empregadas aquelas que a subida das marés acumula quotidianamente nos estuários bretões. A expressão "polo repulsivo", tão repetida desde Elie de Beaumont, torna-se cada vez menos justificada. A geografia nova está muito mais correta quando, em vez de considerar principalmente os obstáculos, antes concentra sua atenção sobre as forças.

O verdadeiro obstáculo está em outro lugar; está, sobretudo, nas lacunas de nossa organização política. Após os sintomas encorajadores que registramos, haveria uma contrapartida a ser escrita: o relato lamentável de entraves, legislativos ou outros, que fazem vacilar tantas iniciativas. Isso seria o balanço final desses planos de conjunto que, a despeito da fecunda inspiração da qual provêm, se desagregam — não sem terem produzido, seguramente, efeitos úteis, porém bem inferiores ao esforço dispensado. O esforço dirigido de muito longe induz ao erro. Estranhas omissões comprometem os resultados esperados. A concepção se desvia e cai como presa de interesses locais. Em geral, entre nós, franceses, nem os hábitos administrativos, nem a legislação ou o conjunto de nossas tradições são favoráveis a amplas iniciativas regionais. Os poderes públicos raramente as veem com bons olhos. Elas se chocam com os obstáculos que toda pretensão intempestiva e não ordenada encontra; felizes delas se, diante de comprometimentos, conseguirem se efetivar. Imaginem um personagem tão bem-amarrado que, a rigor, pode se manter de pé, mas que não conseguiria dar um passo sem muletas.

Na França, esqueceu-se de organizar a vida regional. Quanto a nós, temos fé suficiente no poder das razões econômicas para acreditar que a necessidade de um organismo apropriado, isto é, de agrupamentos regionais, acabará por se impor.

Se essa esperança se realizar, a nova instituição não obterá vitalidade senão de uma ampla associação [*entente*] das questões econômicas com a livre coordenação dos interesses que delas dependem. Uma de suas principais razões de ser será substituir o espírito comercial pelo espírito administrativo na condução dos negócios regionais. Não temamos os efeitos sobre o espírito nacional: a Holanda de ontem e a Bélgica de hoje não encontraram sua vocação erigindo-se em grandes empresas comerciais?

É certo que assembleias regionais — única hipótese sobre a qual nos convém refletir — teriam de lidar com interesses bem mais amplos, muito mais visivelmente ligados aos fatos gerais da vida econômica do que nossas atuais assembleias departamentais. Aquele que observa as montanhas do fundo dos vales percebe apenas alguns detalhes, que ele exagera. Aquele que do alto de um cume abraça um vasto horizonte, confere proporções ao conjunto, apreende suas relações e pode compreender sua estrutura. Não está proibido presumir que se formaria nesses conselhos a mais alta inteligência política.

O poder do Estado, exercendo-se sem intermediário sobre o departamento, é um contrassenso na vida moderna. Frente a um formalismo administrativo, para o qual toda iniciativa regional é uma usurpação, ergue-se um espírito chauvinista que tudo sujeita à sua medida. Foi-se o tempo de procurar na centralização política o segredo da força. Seria muito prudente substituir um mecanismo tenso e rígido por um organismo mais flexível, tomando da vida um pouco da força de resistência que ela concede a todas as suas criações.

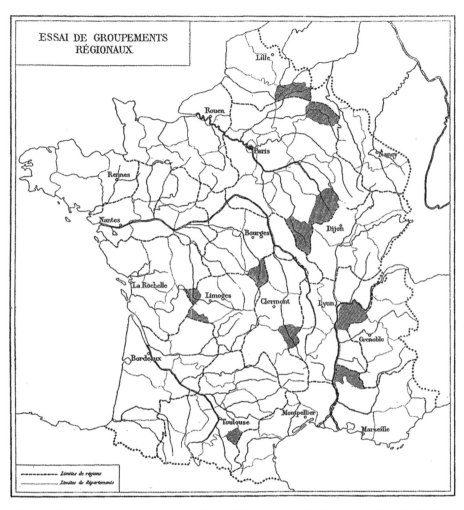

Figura 1. Ensaio de agrupamentos regionais. (Na legenda: "limites de regiões" e "limites de departamentos"). Ao lado do mapa consta uma nota: "As partes sombreadas representam os distritos [*arrondissements*] que seriam atribuídos a uma outra região que não aquela da capital [*chief-lieu*] de seu departamento", seguindo-se uma relação com o nome desses 11 departamentos.

II.5. A RELATIVIDADE DAS DIVISÕES REGIONAIS*
[1911]

Nesses últimos tempos, perguntou-se sobre qual base poderiam ser estabelecidas as divisões que, eventualmente, substituiriam nossos atuais quadros administrativos. A meu ver, esta é uma questão central, que o curso dos fatos econômicos tornará cada vez mais urgente. Já colocada diante da opinião, ela sem dúvida, um dia, será colocada, também, diante do poder público; e não seria nada mau se ele fosse assim previamente esclarecido através de pesquisas abertas e de estudos livres. Na verdade, reina alguma incerteza. Cada um encara o problema segundo suas preferências: enquanto uns veem nele um meio de se reconciliar com o passado, outros, na verdade demasiado simplistas, pensam resolvê-lo por uma simples reorganização administrativa sobre a base dos departamentos atuais — o que seria apenas um jogo de ornamentação e montagem.

Cremos que a reforma só será fecunda se for baseada na observação das realidades vivas, se for modelada sobre os fenômenos econômicos que

---

* Conferência na École de Hautes Études Sociales em 1911 e publicada no mesmo ano na revista *Athéna*. Tradução: Guilherme Ribeiro e Rogério Haesbaert.

justificam sua relevância. É sobre esse ponto que insistimos em estudo anterior.[1] Encarado dessa forma, o problema está longe de ser simples. É por isso que devemos felicitar a direção da Escola de Altos Estudos Sociais por ter mostrado que compreendia bem essa complexidade e importância quando, em 1911, inscreveu a questão no programa de seus cursos e recorreu a homens eminentes de diversas competências. O presente volume[2] prova, pelo menos, que esse apelo foi ouvido. Ele remonta às origens históricas da questão e busca esclarecê-la pelo testemunho de fatos atuais. Tem desse modo sua unidade: desejamos que ele forneça uma orientação a novas pesquisas!

***

Quanto a mim, tentarei explicar resumidamente a que corresponde, em geografia, essa noção de divisões regionais, e que parcela de relatividade ela implica.

A ideia que ela levanta normalmente se inspira na perspectiva dos mapas, principalmente dos mapas geológicos que tornam familiares aos nossos olhos a repartição, em nosso solo, das principais massas minerais. Neles, a França se apresenta como um conjunto equilibrado: bacia parisiense, bacia do Saône, vale do Ródano, bacia da Aquitânia; grandes regiões de fácil circulação e de relações acessíveis, em torno das quais se agrupam maciços de rochas antigas separados por umbrais — Ardenas, Vosges, Maciço Central, Armórico. A partir de tudo isso compõe-se uma grande aparência de harmonia, uma individualidade matriz, mas na qual

---

[1] "Les régions françaises" (*Revue de Paris*, 15 de dezembro de 1910). [Traduzido neste volume (N.T.)]

[2] Vidal refere-se a *Les Divisions régionales de la France*, livro publicado em 1913 (Paris, Alcan), no qual o texto em pauta aparece como introdução. (N.T.)

A RELATIVIDADE DAS DIVISÕES REGIONAIS

se inscrevem individualidades secundárias, regiões amplas de fisionomias diversas. Além disso, nessas próprias regiões, uma análise mais detalhada distingue ainda individualidades menores: são os *pays*, sobre os quais, hoje, muitos geógrafos se apoiam. Pequenos centros locais que o sentido popular já havia distinguido para além de toda designação administrativa: *Beauce*, *Brie*, *Sologne* etc. — pequenas peças de mosaico que se encaixam nos compartimentos principais.

Aqui, há como que uma hierarquia de divisões naturais. Nela se reconhece essa feliz combinação que, entre nós [franceses], facilitou a fusão de raças que presidiu a unidade de nossa história. Se considerarmos, além disso, as vantagens de um clima propício à variedade de produtos, isso produz em suas divisões essenciais o meio no qual evoluíram nossos destinos. Esse meio físico jamais perde seus direitos, e sua pressão — se exercendo sem cessar — sabe bem, no final das contas, exercer sua influência — mais frequentemente indireta que direta, é verdade — sobre todas as combinações territoriais que se sucederam ao longo da história.

Já estamos, portanto, no final do trabalho, e essas divisões naturais nos fornecem, precisamente, fixadas e traçadas por antecipação, as molduras [*cadres*] que procuramos? Alguns acreditaram nisso: quis-se buscar, nas regiões naturais e nos *pays*, o princípio das divisões e das subdivisões administrativas. Mas é pena que o elemento humano, com sua inquietude e sua perpétua busca pelo melhor, não se deixa encerrar em molduras fixas. O homem não é uma planta escrava do meio onde ela deitou raízes. Ele obedece ao instinto progressivo que é a própria vida das sociedades. É um ser móvel, cuja engenhosidade é estimulada pela fricção com o mundo exterior e que busca, nas associações que combina, o meio de satisfazer a necessidades variadas — cujo número aumenta na mesma proporção de seus próprios progressos.

Não há dúvida de que houve e de que ainda podemos encontrar grupos sociais confinados no quadro restritivo de uma região natural. Observou-se que os sítios dos povos da antiga Gália eram clareiras, espaços abertos de fácil cultivo, que circunscreviam florestas ou barreiras de charnecas[3] mais ou menos arborizadas. Essa forma de organização não era particular à Gália, mas existiu em toda a Europa Central e, notadamente, na Germânia — como podem testemunhar os traços deixados nos costumes e no direito. O equivalente desses tipos elementares de agrupamento seria encontrado hoje nas dobras recuadas de certas montanhas, ou entre as tribos das selvas da África Equatorial. É um estágio primitivo. Uma vez que, com a segurança, as possibilidades de circulação se ampliam, a troca e as relações que ela implica se desenvolvem — e são outros tipos de divisões regionais que correspondem a uma nova condição.

Acima de tudo, a troca se estabelece pelo contato com as regiões vizinhas e contíguas; ela se nutre das diferenças que as distinguem. O princípio de agrupamento não é mais fundado sobre a homogeneidade regional, mas sobre a solidariedade entre regiões diversas. É uma combinação e, por isso, um progresso; algo como um buquê em relação a uma simples flor.

À medida que se torna mais contínuo e mais íntimo, esse contato coloca em ação um novo ciclo de fenômenos geográficos. Faz nascer a necessidade de estradas, mercados permanentes, depósitos; criações que se imprimem no solo e fixam as correntes de circulação. Desses elementos se constitui, pouco a pouco, pela divisão do trabalho, pela reunião de recursos e o concurso de aptidões diversas, algo que se tornará um órgão essencial na evolução posterior das sociedades: a cidade. Tucídides — que foi, nos primeiros capítulos de sua história, o primeiro sociólogo da Antiguidade — diferencia os gregos de seu tempo conforme conheçam ou não a vida urbana. Há que se observar que raramente as cidades se encontram no centro de uma região natural, mas antes na periferia. De fato, o desen-

---

[3] *Landes* no original. (N.T.)

volvimento das cidades é, sobretudo, obra do comércio: um sítio urbano corresponde a um lugar de troca.

Quando passamos em revista nossas antigas províncias — e não são as individualidades menos perenes — é fácil perceber que são muitas — pondo à parte os rearranjos ligados às contingências históricas — aquelas cuja formação é fundada sobre uma combinação de regiões vizinhas e distintas. Flandre ou, para falar mais exatamente, Flandres, são constituídos pela aproximação e união entre os núcleos da vida urbana — que o comércio e a indústria exibem sobre o mar do Norte — e as terras aluvionais e agricultáveis que lhe são contíguas ao Sul. Esta solidariedade tinha cimentado a união; esta união enfraqueceu quando as cidades comerciantes entraram em decadência. A Normandia não é outra coisa senão um agregado de diferentes *pays*, no contato dos quais duas cidades, Caen e Rouen — uma próxima de Bocage e outra ao pé do *Pays* de Caux — constituíram pontos de atração? Em condições bastante distintas — longe do mar e no coração das montanhas —, Auvergne também representa um caso de solidariedade, uma combinação de contrastes. Áreas extremamente desfavorecidas, de clima inclemente e solo escasso, gravitam ao redor de uma planície promissora, que precisa de braços e onde abundam os bens da terra, como trigo, vinhos, frutas. Limagne permaneceu um *pays*, Auvergne é uma província.

Nesses conjuntos de outrora, estradas, mercados, burgos e cidades combinam-se de modo a responder às exigências de áreas que buscam sua autossuficiência, áreas que buscam viver por sua própria vida empregando o mínimo possível do exterior. A distribuição das cidades obedece a uma espécie de ritmo regulado pelas comodidades de circulação: ela corresponde aproximadamente à distância de ida e volta que é possível percorrer com os meios então disponíveis, em uma jornada.

Não me parece que muitas ocorrências urbanas possam subsistir facilmente, senão separadas respectivamente por um intervalo de 30, 40 ou 50 quilômetros. Aliás, conforme o raio que abarcam, as cidades se mantêm em proporções medíocres. No começo do século XIX, não havia na

Europa uma única cidade com um milhão de habitantes. Apenas Londres se aproximava dessa cifra, mas sabemos o avanço que a produção industrial já tinha alcançado na Grã-Bretanha. Paris não ultrapassava meio milhão de habitantes. Na França, as indústrias permaneciam, geralmente, difusas. Eram essas as condições nas quais a Assembleia Constituinte traçava suas divisões administrativas. Os novos quadros adaptavam-se ao estado econômico e aos meios de circulação da época. Neles, capitais de departamentos e *arrondissements*[4] estão dispostos como as peças de um tabuleiro, em distâncias convenientes, cada um com seu raio limitado de ação.

***

Mas eis a era das estradas de ferro. No início, e durante muito tempo, não avaliamos a magnitude da revolução que elas traziam. Vou tomar por indicador apenas a exiguidade das estações e das instalações, que datam de uns cinquenta anos. Pouco a pouco as redes se formam, se combinam, se estendem. Da Europa e dos Estados Unidos, elas ganham a Ásia, a América do Sul, a Austrália, a África. O movimento de construção se precipita em progressão geométrica — se bem que, nas últimas décadas, em geral o crescimento anual está entre 10 ou 15 mil quilômetros. Então e simultaneamente, as consequências se revelam em sua plenitude, afetando as regiões mais diversas, as sociedades mais longínquas. Na Europa, elas penetram em todo corpo social e — único aspecto que queremos considerar — abriram um novo ciclo de fenômenos geográficos.

A imensidão de massas, homens e coisas colocadas em movimento, com os instrumentos e capitais que elas exigem, não se acomodam mais nos restritos quadros de outrora. Aos portos, faz-se necessário um vasto interior; aos centros industriais, obcecados pelas exigências de uma pro-

---

[4] Circunscrição administrativa, distrito, bairro. (N.T.)

A RELATIVIDADE DAS DIVISÕES REGIONAIS

dução cujo ritmo é estimulado pela importância dos capitais envolvidos, são necessários amplos escoadouros. Tamanha é a multiplicidade dos concorrentes aos quais está aberto o acesso dos mesmos mercados, que em todos os lugares o localismo foi abalado. Os interesses de cada produtor se debatem sobre uma arena mais ampla do que antes; eles só podem ser servidos por meio de uma coordenação de esforços, de uma organização coletiva que, em todo lugar em que se produzem, ultrapassam nossas atuais divisões administrativas.

Daí resulta o crescente papel das cidades ou, para ser mais exato, de algumas grandes cidades. Já que é vantajoso que o crédito, o mercado e as redes de comunicação estejam acessíveis aos centros de produção, visto que as indústrias complementares tendem a utilizar os subprodutos da indústria principal, o ponto de concentração natural é a cidade. Se, além disso, considerarmos a necessidade de informação precisa e ampla, a exigência de formar, através de instrução apropriada, trabalhadores de nível superior; e a necessidade, não menos importante, de recorrer à ciência para colaborar com os aperfeiçoamentos e os progressos da indústria, vemos que causas tanto mais potentes quanto de origem mais distante, atuam de modo a aumentar a importância das cidades. Nas áreas da Europa Ocidental onde outrora a grande maioria pertencia ao componente rural, cada recenseamento nos mostra o progresso do componente urbano — e, naturalmente, é para as grandes cidades que se dirige o crescimento. Atualmente, na França, contam-se 15 cidades com mais de 100 mil habitantes; na Alemanha, 48 cidades; e, no Reino Unido, 38. Mais vivo ainda é o impulso urbano na Austrália e nas duas Américas. O fenômeno acelera seu curso desde o último quarto do século; nele ressoam as pulsações do comércio mundial.

Esse fenômeno de concentração ainda se manifesta geograficamente sob uma outra forma. Ele permite que muitas cidades coexistam sem se prejudicar, a favor da especialização do trabalho, sobre os próprios lugares em que estão reunidos componentes de uma vida intensa. Diferindo umas das outras pelas diversas produções às quais se dedicam, beneficiam-se do proveito comum das facilidades de crédito, relações, transporte, mão de obra e, em consequência, da diminuição das distâncias entre elas. Lille, Roubaix e Tourcoing tendem a formar um único grupo, como fazem alhures Elberfeld-Barmen, Manchester-Salford, Liège-Seraing etc. Antigamente, era a tendência inversa que prevalecia. De posse de um gênero de indústria, cada cidade não procurava outra coisa senão evitar a aglomeração[5] em torno dela, visando suprimir todo germe rival. Hoje, a *nodalidade*, entendendo por esta nova expressão a reunião de todos os auxiliares demandados pela vida comercial e industrial, se sobrepõe a qualquer outra consideração. É ela que, em certas áreas propícias, atrai as cidades umas em direção às outras, como se vê nas plantas que se reúnem em colônias sobre um pedaço de solo favorável.

Não é paradoxal afirmar que novas divisões regionais devem corresponder a esse novo estado de coisas. Que diferença entre a França onde, abaixo de uma capital de 500 mil habitantes, havia somente cidades dez ou vinte vezes menores, e aquela onde, em diferentes partes do território, distribuem-se cidades em crescimento de 300, 500 ou 100 mil habitantes! Cada uma dessas grandes cidades possui uma função regional, exerce uma atração em relação à sua massa.

Às vezes, cita-se o exemplo de Lyon — ele é, de fato, banal. Essa antiga urbe [*cité*] é um tipo perfeito de cidade nascida à margem de regiões naturais, formada no contato de zonas diferentes. Entre o Maciço Central, os Alpes e o vale do Ródano, sua posição intermediária é essencialmente favorável ao comércio, aos mercados e às feiras, mas ela não lhe garante o controle de uma área extensa. Na Idade Média, com muito custo ela manteve, entre vizinhos poderosos, a parcela de território estritamente necessária à sua existência. Seu departamento ainda é um dos mais exíguos. Entretanto,

---

[5] *Essaimer*, enxamear, no original. (N.T.)

hoje, existe uma região lionesa. A história de sua formação é aquela das peripécias pelas quais, após mais ou menos três quartos de século, passou a indústria lionesa. Sob a pressão de fatores econômicos, ela aos poucos demandou a presença de fábricas que se propagaram nos departamentos vizinhos. Ela impulsionou outras indústrias solidárias entre si e dependentes dela própria. Em função das comunicações, o organismo econômico deixou de ser exclusivamente urbano para tornar-se regional. Ele estendeu progressivamente sua auréola. Interesses de todo um grupo de departamentos e semidepartamentos gravitam em torno da cidade-mestra que, retendo para si a função mais elevada e o impulso diretor, é tão essencial ao seu entorno quanto este o é para ela mesma.

Esses progressos são o resultado geográfico de múltiplas causas, no fundo das quais encontra-se a revolução efetuada pelos transportes. Muitos recursos do solo permaneciam inúteis, energias latentes esperavam apenas este sinal para emergir. A cidade que chamarei regional promove tudo isso, se ela estiver à altura de seu papel. Ela é o núcleo no qual se acumula a força de impulsão. É pela atração que ela exerce em torno de si que se mede a extensão da região que lhe deve ser atribuída. Assim submetidas, como todas as coisas, às leis da evolução, as divisões regionais se desfazem e se recriam seguindo as mudanças produzidas nas relações entre os homens.

***

Em virtude de sua posição geográfica, a França não poderia se furtar — mesmo que se, por acaso, o quisesse — a essa atmosfera ambiente. Isso significa dizer que o meio físico perdeu seus direitos e que não se deve mais levar em conta as divisões naturais que há pouco esboçamos? Longe disso. Hoje, como outrora, a França conserva os traços essenciais e característicos de sua fisionomia. Citarei apenas dois indícios: pode-se observar o quanto subsiste e se afirma, nas circunstâncias atuais, seu caráter agrícola. Na

Inglaterra, não mais que vinte anos foram suficientes para que a superfície cultivada de cereais diminuísse pela metade. Entre nós [franceses], ela sofreu apenas uma ligeira diminuição, compensada por um crescimento da produção. É a especialização, conduzida pelas propriedades do solo, que marca, sobretudo em nossos cultivos, a influência dos mercados externos. Enfim, se a proporção do componente urbano não para de crescer entre nós, ela está longe de caminhar a passos tão rápidos quanto na maior parte dos países vizinhos.

À primeira vista, o espetáculo oferecido pela França pode parecer contraditório. Falamos de aumento de vitalidade. Entretanto, por mais de uma vez, o olhar é afligido pela visão de casas abandonadas nas aldeias, de burgos e pequenas cidades que definham e que nenhuma vibração despertam — senão, talvez, uma vez por semana, nos dias de feira. Cedemos à impressão de que se trata de uma vida saudável e natural que passa sem volta e que irá submergir no abismo das cidades.

Na realidade, é um deslocamento de vida, como a natureza orgânica nos oferece por todo canto o espetáculo. No mundo animado, vemos por toda parte formas *recessivas* subsistirem lado a lado com formas *progressivas* — e isso numa coexistência que pode se prolongar se as circunstâncias assim consentirem. Parece, tanto quanto é permitido aplicá-lo aos fenômenos sociais, que esse caso é um pouco aquele da França. Esse país ainda é, sobretudo nas partes expostas ao sol meridional, uma terra onde a vida é amena, e que, graças às facilidades de clima, prolonga formas de existência que, prontamente, amaldiçoam as áreas onde a natureza é mais rude. Os adeptos da mediocridade cômoda sustentam a hipótese da permanência, mas por quanto tempo? Vê-se, assim, nos calmos outonos, folhas secas e mortas que não se decidem a cair das árvores: mais alguns dias e terão reencontrado as mais velhas!

II.6. EVOLUÇÃO DA POPULAÇÃO NA ALSÁCIA-LORENA E NOS DEPARTAMENTOS LIMÍTROFES*
[1916]

I. Mapas de população

Do ponto de vista populacional, o mapa inserido no final deste artigo visa representar a região [*contrée*] compreendida entre o Reno, as encostas da Lorena e o norte de Franche-Comté, ou seja, um conjunto de *pays* que os tratados separaram, mas que muitas razões aproximam. Seu objetivo é fazer conhecer melhor, através de um aspecto dos mais característicos, uma região [*contrée*] que já desempenhou importante papel na Europa e à qual, sem dúvida, o futuro reserva papel ainda maior.

No caso da França, os números foram extraídos dos recenseamentos de 1911; no do império alemão, dos de 1910. Para a confecção do mapa,

---

* Publicado originalmente nos *Annales de Géographie* XXV, p. 97-115, jan.-nov. 1916. Tradução: Guilherme Ribeiro. Revisão: Roberta Ceva e Sergio Nunes Pereira.

apoiamo-nos nas estatísticas fornecidas pelos cantões. Essa divisão territorial tem a vantagem de ser comum às duas partes divididas pela fronteira política. Além disso, por suas dimensões relativamente restritas (oscilando, em média, em torno de 20 mil hectares), ela permite localizar o fenômeno de densidade tanto quanto comporta a escala do mapa. Entre o desmembramento excessivo que resultaria de uma divisão por comunas e os meios ilusórios que a divisão por distritos [*arrondissements*] ou por *cercles*[1] poderia sugerir, a unidade cantonal parece um ponto de referência adequado.

Com a condição, entretanto, de não se restringir aos dados estatísticos. Pois, para apreender tão perto quanto possível uma realidade submetida a contingências diversas, os agrupamentos que poderíamos comparar — seguindo a viva expressão de Émile Levasseur — essas massas cósmicas que se reduzem no telescópio a uma infinidade de diferentes pontos luminosos, é necessário se esforçar para combinar os dados estatísticos com os dados geográficos. Para obter uma tradução exata do fenômeno, seria verdadeiramente imperdoável negligenciar o auxílio que as cartas topográficas de grande escala nos oferecem — das quais esta região [*contrée*] é mais ricamente ilustrada do que qualquer outra.[2] Ao nos mostrar a representação do terreno, a extensão das florestas e a repartição de certos cultivos especiais, o testemunho dessas cartas esclarece o tipo de agrupamento do hábitat, permitindo exercer um controle permanente sobre os dados estatísticos. Por mais de uma vez, elas contribuem como um corretivo útil à uniformidade das divisões administrativas — mesmo as mais restritas, como os cantões. De maneira sucinta, esse é o método seguido para o estabelecimento do mapa: trata-se de uma interpretação e não de uma reprodução. Porém, tal interpretação está fundada sobre um exame comparativo de informações tomadas de empréstimo aos mapas e, em mais de um caso, controladas pela

---

[1] "Círculo", divisão administrativa alemã. (N.T.)

[2] Referimo-nos ao mapa do Estado-Maior de 1:80.000 e às folhas existentes de 1:50.000, bem como às cartas alemãs de 1:100.000 e de 1:25.000.

estatística das comunas, de tal sorte que não se afastou do rigor administrativo senão para aproximar-se da verdade geográfica.

Sem prolongar estas preliminares, há um outro ponto em relação ao qual seria necessário dizer algumas palavras. A região [*contrée*] representada é uma daquelas que, há aproximadamente meio século, experimentou mais vivamente as transformações de ordem política e econômica produzidas no mundo. Recentemente, essas mudanças não fizeram senão acelerar sua velocidade, e é pouco provável que, por um bom tempo, ela venha a diminuir. Pois bem, a influência dessas mudanças sobre os movimentos da população é contínua e profunda. Segundo o gênero de vida predominante (agrícola ou industrial) ou determinada forma de indústria (esparsa ou concentrada), ocorre uma adaptação diferente dos agrupamentos humanos. Deslocamentos de longo ou curto alcance são produzidos. Quando se poderia crer que a população estava mais ou menos fixada em seus limites, aparecem novas condições que colocam tudo em questão. Isso faz lembrar o maquinismo, a fábrica, a locomotiva ou a mina, elevando-se como um sopro que repõe em movimento, para novamente agregá-las, as moléculas humanas.

Essas circunstâncias afetaram por diversas vezes e continuam a afetar, particularmente, a região [*contrée*] que nos diz respeito. Resulta daí que a imagem que podemos representar de sua população é algo, senão fugidio, ao menos provisório e incessantemente submetido à revisão. Um mapa da densidade populacional de 1910 não pode ser senão uma espécie de instantâneo. Ele marca apenas um momento, uma etapa de uma hora numa marcha que continua e que já possui um longo caminho. De qualquer modo, não seria demais colocar alguns marcos nessa estrada. É com essa intenção (e a título de comentário) que um mapa representando, por cantões, o aumento e a diminuição da população após 1871 (vide final deste artigo) foi acrescentado ao mapa principal. Porém, para apreender o sentido da evolução que então se efetiva, há que se ir além dessa data. Nessa ordem de fatos, existe uma continuidade e um encadeamento que unem, com um laço indissolúvel, o presente ao passado. Em parte alguma essa consideração se justifica melhor do que entre as populações que, tanto por temperamento quanto por reflexão, vinculam-se fielmente, em todos os aspectos, a um passado que lhes é caro.

II. O ponto de partida da evolução

Em primeiro lugar, a impressão geral sugerida pela carta de densidade populacional é a de surpresa diante da amplitude das diferenças entre regiões muito próximas. Ao lado de superfícies povoadas com menos de 50 habitantes por quilômetro quadrado, é frequente passarmos diretamente a superfícies cuja densidade ultrapassa 150, chegando, por vezes, a 300 hab/km^2. A explicação dessa anomalia é o problema que, imediatamente, se impõe à reflexão. Estamos diante de contrastes tão acentuados que revelam dois regimes distintos — o que nos leva a perguntar a que tipos de impulso diferente eles obedecem. E caso quiséssemos, por exemplo, representar esquematicamente, de uma parte a outra, o curso dos fenômenos, seria por linhas paralelas ou divergentes que conviria fazê-lo.

Sobre esse ponto, uma olhada sobre o mapa vizinho não deixa nenhuma dúvida. Resumindo um período de quarenta anos, ele mostra que, enquanto certos cantões são gradualmente afetados pela diminuição, outros, em número bem menor, seguem uma marcha ascendente. A diminuição segue um ritmo lento, porém contínuo, como uma frágil corrente que escorre gota a gota. O aumento, ao contrário, está assentado sobre números mais fortes, incorpora dimensões mais extensas e parece comportar em si mesmo a energia de causas atuando em pleno processo e mesmo por bruscos sobressaltos. Pois bem, de grau em grau, através dos recenseamentos quinquenais que se sucederam no século XIX, tenta-se remontar até o momento em que a separação, atualmente tão pronunciada, começou a se produzir. Para a região em pauta, os números nos levam até 1846. Já naquela época, podia-se, seguramente, constatar diferenças notáveis entre os distritos [*arrondissements*] da Alsácia (ultrapassando, em média, 100 hab/km²) e os da Lorena, onde a densidade quilométrica se mantinha em torno de 75 hab/km² — sem falar do Meuse.[3] Considerações de solo e de clima explicavam tais desigualdades, mas ainda nada anunciavam da profunda diferença constatada atualmente.

Os distritos [*arrondissements*] lorenos nos quais a densidade é, hoje, inferior a 50 hab/km² não se afastavam significativamente — ainda que caminhando num passo desigual — daqueles nos quais se anunciava um progresso mais intenso. Nos Vosges, os distritos [*arrondissements*] de Mirecourt e de Neufchâteau alcançaram 74 e 66 hab/km², respectivamente, enquanto em Meurthe o distrito [*arrondissement*] de Château-Salins chegou a 65 hab/km². Tais números marcaram o limite de um movimento ascendente, sustentado sem interrupções desde o começo do século XIX. E quão longe desses números extraordinários estavam os distritos [*arrondissements*] de Briey, Thionville e Sarreguemines! O crescimento urbano se mantinha em proporções modestas. Em 1846, podia-se contar, com dificuldade, cinco cidades que ultrapassavam 20.000 habitantes: Colmar (20.050), Mulhouse (29.415), Nancy (47.765), Metz (55.112) e Estrasburgo (71.992). Nenhuma alcançava 100.000 habitantes. Todos esses índices harmonizam-se mutuamente para conferir à fisionomia demográfica de então a característica de um desenvolvimento regular, afetando o conjunto das diferentes partes da região [*contrée*] sem que se observe, em nenhuma delas — a despeito da inevitável desigualdade de recursos naturais —, uma marcada tendência a acelerar seus ritmos. Poder-se-ia crer na estabilidade desse regime e, aos que gostam de previsões, a partir de dados que pareciam confirmar a experiência de meio século, haveria tempo para se dedicar aos cálculos de probabilidade sobre a população de períodos futuros.

---

[3] Nessas observações, deixo de lado o departamento de Meuse, até agora não tocado pela evolução industrial.

O primeiro sinal de mudança foi dado pelo recenseamento de 1865. Pela primeira vez na população francesa — mais particularmente nos departamentos do nordeste —, constatou-se então uma ligeira diminuição sobre o recenseamento operado cinco anos antes. Sem dúvida, causas acidentais como a guerra e o cólera tinham contribuído para tal redução. Contudo, certos índices já podiam ser interpretados como prelúdios de uma profunda revolução. Observava-se que, mesmo durante esse período — notadamente na Alsácia —, a população das cidades não parava de aumentar, enquanto a população do campo diminuíra em todos os cantões.[4] Esse traço se consolidaria definitivamente a partir de então.

Nesse intervalo, qual motivo foi introduzido a ponto de perturbar um equilíbrio praticamente consolidado? Na história dos deslocamentos humanos, cada progresso dos meios de transporte marca uma data, pois a natureza humana jamais se furtou ao desejo, ou à ilusão, de melhorar seu destino. Na França, o período em questão é aquele em que se constituiu a rede de ferrovias. Ocorreram — na Alta-Alsácia desde 1838 — construções de linhas locais ou regionais cuja ação, por mais real que fosse, não ultrapassava um raio restrito.[5] A partir de 1852 é que o conjunto se estende e se combina. Em dezembro de 1853, através da fusão de Paris-Estrasburgo e de Estrasburgo-Basileia, formou-se a Companhia do Leste que, por Wissemburgo, não tardou a reunir sua rede às linhas alemãs, bem como a prolongar a ferrovia de Metz até Thionville em 1854. Ao mesmo tempo, o canal do Marne ao Reno (enfim concluído) vinha se unir, em torno dos cais de Estrasburgo, ao canal do Ródano ao Reno — reunindo, assim, o tráfego navegável desenvolvido

---

[4] Ernest Lehr, *Description du département du Bas-Rhin*, Estrasburgo, 1858.
[5] A ferrovia de Mulhouse a Thann havia sido aberta desde 1839. Em 1841, abriu-se a ferrovia de Estrasburgo a Basileia, passando por Mulhouse. Essas duas linhas se devem à iniciativa de Nicolas Koechlin.

de Lyon a Estrasburgo, tendo Mulhouse como centro.[6] Em 1858, finalmente essa cidade possuiria sua linha direta com Paris e Le Havre. A despeito das insuficiências e lacunas contra as quais os protestos da indústria há muito tempo se faziam ouvir, os esboços principais de uma circulação geral, podendo abalar profundamente homens e coisas, se desenhavam e se acumulavam. A partir de agora, o localismo é atingido em sua base: cada parte não corre mais o risco de ser reduzida, por conta de uma necessidade imperiosa, a seus próprios recursos. Anteriormente, o caso não era raro, sobretudo nas regiões pobres situadas nos confins da Baixa-Alsácia e da Lorena: pôde-se temer, aí, a fome de 1847 e 1848.

III. As premissas da grande indústria

Tal conjunto de fatos se prestava a modificar as relações entre as regiões [*contrées*] e os homens. Contudo, é necessário dizer que a ação das ferrovias se exerce na proporção das aptidões previamente adquiridas nas regiões [*contrées*] por elas alcançadas. Para que ela produza seu pleno efeito — para além de uma atração superficial sem consequências permanentes sobre as condições econômicas —, é necessário que germes de atividades já estejam suficientemente desenvolvidos, que a iniciativa esteja aberta.

Sob múltiplas formas, a indústria estava largamente infiltrada na região [*contrée*] que se estende do *pays* de Montbéliard até o de Niederbronn, na Baixa-Alsácia; desde o Vôge dos montes Faucilles até os Vosges areníticos do *pays* de Bitche, bem como em direção a Thionville e Sarreguemines,

---

[6] A navegação regular sobre o canal do Ródano ao Reno estabeleceu-se a partir de 1834. No ano anterior, porém, já existia um serviço de barcos fazendo diretamente o trajeto entre Lyon e Mulhouse. Desde 1837, Mulhouse é levada a aumentar a bacia do canal (do Ródano ao Reno) às dimensões que ela manteria até 1892 (*Histoire documentaire de l'industrie de Mulhouse*, Mulhouse, 1902, 1, p. 153; II, p. 869 e seguintes).

nos acessos da região do ferro e do carvão. Ela se desenvolveu e cresceu sob influência direta de certas vantagens naturais e, talvez, principalmente, sob a pressão da necessidade. Impressiona a engenhosidade pela qual, nos vales do Alto-Vosges, a pureza e a rapidez das águas foram utilizadas pelas fábricas de papel, lavanderias e tecelagens mecânicas, o uso que encontraram, para diferentes fins industriais, os límpidos rios que saem, todos, formados das cadeias secundárias dos contrafortes do norte do Jura. Não menos frequente, graças à abundância de matas [*bois*], era a exploração dos recursos minerais: ferrarias e vidrarias multiplicavam-se na região arenítica; e já sobre os flancos dos estreitos vales que entalham os platôs da margem esquerda do Mosela, os ricos afloramentos das camadas de minério de ferro começavam a atrair as fábricas. Desde cedo, procedimentos mais aprimorados foram introduzidos. Em 1819, quando Chaptal resumia os progressos da indústria manufatureira ocorridos desde trinta anos, uma das contribuições mais importantes nesse balanço vinha do nordeste.[7] De alto a baixo na escala social, a indústria demandava as atividades. Ela tinha penetrado quase que por completo nos hábitos aldeães como complemento necessário de recursos; associava-se à agricultura para suprir suas insuficiências. Quer tenha sido praticada em domicílio ou em pequenos ateliês, de modo sazonal ou permanente; quer dispusesse de mercados próximos ou tenha sido obrigada a ir buscá-los longe, por intermédio de uma venda itinerante, em todo caso a indústria era uma ocupação familiar, ancorada nos costumes, capaz de fornecer à grande manufatura uma mão de obra bastante experiente para se submeter às transformações que ela exige.

---

[7] Chaptal, *De l'industrie française*, Paris, 1819. Citemos: o tratamento da fundição pela hulha de Moyeuvre a Hayange; a extração do carbonato de sódio do sal marinho; o emprego do vapor em Mulhouse; os progressos da mecânica nas oficinas metalúrgicas e de ferragem ou outras em Beaucourt, Belfort, Hérimoncourt etc.

Noutra ocasião,[8] falamos do povoamento dos Alto-Vosges, indicando que não devíamos considerá-lo como um resíduo das populações perseguidas da planície, mas como um contingente de forças humanas introduzido por uma colonização sistemática. Esse trabalho secular, após ter fornecido habitantes aos vales mais baixos, mais ensolarados da vertente alsaciana dos Vosges, empreendeu — mais lentamente e mais tarde, porém com um sucesso crescente — o povoamento dos vales lorenos. Se tudo se transforma, nada se perde no desenvolvimento de uma civilização. Quando nasce, a indústria moderna encontra um forte impulso na presença de uma população que tinha sido obrigada a criar nas montanhas suas condições de existência. Pode parecer simbólico que em diversos casos a fábrica esteja substituindo a abadia. Os colonos estabelecidos pelos monastérios— e, mais tarde, pelos privilégios outorgados pelos senhores laicos — conseguiram se multiplicar suficientemente para fornecer, no momento necessário, um viveiro de mão de obra. Nas aldeias ou *bans*[9] disseminadas ao longo dos vales, a fiação ou a tecelagem puderam dispor a preços módicos, com salários a menos de 30 ou 35 centavos por dia, de um trabalho familiar no qual colaboravam mulheres, crianças e velhos.

IV. Mulhouse

É fácil discernir o momento em que se organizou essa caça à mão de obra: foi aquele em que a cidade da planície, Mulhouse, começava a voltar sua atividade em direção ao segmento da indústria têxtil que estava em vias de suplantar todas as outras: o algodão. A grande manufatura de chita

---

[8] *Revue de Paris*, 1º de dezembro de 1915.

[9] Em itálico no original. (N.T.)

indiana[10] fundada em 1746 tinha marcado o primeiro grande passo da indústria de Mulhouse: a estampagem de tais tecidos [*indienne*] conduziu à fiação e à tecelagem do algodão. Desde então, esta foi uma necessidade, ou seja, buscar, através dos vales dos Vosges, o reforço braçal que lhes faltava.

Nos anos que precederam a Revolução,[11] Dietrich já assinalava que, mesmo com falta de braços, os suíços estabeleceram a fiação do algodão nos Vosges. Em 1806, um relatório do prefeito do Alto-Reno divulgou que, nos vales de seu departamento, o número de indivíduos que se ocupavam da fiação à mão se elevava a 15 mil. Quanto mais os salários aumentavam na planície da Alsácia, mais se fazia apelo à mão de obra montanhesa. Do sul ao norte, de leste a oeste, a propaganda não para de se propagar. Em 1853, os relatórios administrativos revelam os esforços tentados para aclimatar a indústria — mesmo entre os madeireiros, obstinadamente refratários — do *pays* de Dabo.[12] Tal como Lyon, mas através de uma organização diferente, Mulhouse utilizava a mão de obra oferecida pelas vizinhanças da montanha.

Capaz de manter, mesmo provisoriamente, a população em casa, o trabalho manual, intimamente ligado à vida montanhesa, encontrava, porém, na manufatura um adversário em suas próprias fileiras. Para se aproximar da mão de obra e se estabelecer no coração do lugar, a manufatura se aproveitava das forças hidráulicas, das quais as duas vertentes dos Vosges eram abundantemente providas. Ela tomava, por assim dizer, de assalto a montanha, pois, em torno de 1850, alcançava, graças à invenção da turbina, de grau em grau, altitudes superiores a 500 metros. A manufatura é, assim, uma tentação perigosa para a oficina doméstica: ela não oferece apenas a

---

[10] Tecido de algodão estampado de origem indiana, popularizado na Europa desde o século XVII. (N.T.)

[11] *Description des gîtes de minerai... de la Haute et Basse-Alsace par M. Le baron* de Dietrich (1789), II, p. 12. Ver: Ch. Shmidt, *L'industrie cotonnière dans le Haut-Rhin en 1806* (*Bull. Soc. Industrielle Mulhouse*, LXXXI, n. 3, março de 1911).

[12] Arquivo Nacional, F1ᵉ III (Meurthe).

tentação de salários mais elevados, mas também mais regulares, livres das intermitências diante da necessidade de reter o pessoal fixado à fábrica? Se há espaço para surpresa, esta diz respeito ao fato de que o trabalho manual ainda tenha podido conservar um número relativamente notável de adeptos em certos vales[13] — o que se deve à resistência de hábitos contraídos de longa data.

A seu turno, porém, a fábrica instalada nos flancos dos vales, introduzida nas mais remotas áreas onde capta, para seu uso, a força viva e a pureza das águas correntes, encontra um rival na fábrica instalada na planície. O emprego industrial do vapor tinha começado, desde 1812, em Mulhouse,[14] bem antes de ser aplicado nos transportes; desde então, na ausência do combustível oriundo da madeira, a hulha tornou-se de primeira necessidade. Para transportá-la da mina à fábrica de fiação, o problema urgente é a facilidade dos meios de transporte. Mulhouse aplicou-se em resolvê-lo, mas ainda de modo imperfeito. Era um longo e custoso trajeto o da tonelada de hulha de Saint-Étienne ou de Blanzy pelo canal do Centro, o Saône e o canal do Ródano ao Reno. Por volta de meados do século XIX, havia-se chegado a um nível de concorrência industrial em que a concentração se impunha cada vez mais como arma ofensiva e defensiva.

Ora, é a planície, e não a montanha, o domínio da concentração. Essas fábricas de fiação, que a primeira metade do século XIX tinha impulsionado até o fundo dos vales lorenos, permaneciam forçosamente limitadas em seus meios de ação e, diante de estabelecimentos capazes de movimentar grandezas como 50 ou 100 mil instrumentos de fiar, sua inferioridade era evidente. É necessário ouvir o que respondem os chefes das indústrias dos Vosges, consultados em 1857, no momento em que se viam ameaçados pelo livre-comércio. Eles insistem nas desvantagens colocadas pela dispersão na luta que se anuncia: "tal dispersão é inevitável em localidades como os

---

[13] No vale de Sainte-Marie-aux-Mines, por exemplo.

[14] Fábrica Dollfus e Mieg de fiação de algodão em Mulhouse.

Vosges onde, na falta da hulha, somos obrigados a recorrer à força hidráulica que, por sua vez, há que se buscar onde se possa obtê-la".[15] Para nós, hoje, que sabemos quanta riqueza em termos de força elétrica os lagos e os reservatórios construídos podem acumular nas montanhas, tais assertivas perdem parte de seu valor: elas eram decisivas na época em que a hulha fundava seu reino exclusivo e as ferrovias intervinham de modo soberano na luta econômica.

Nenhum centro industrial estava melhor preparado para aproveitá-la que Mulhouse. Era justo: afinal, esta pequena cidade — que, no começo do século XIX, tinha 6 mil habitantes, "imagem de uma colmeia de abelhas onde nenhum zangão é admitido",[16] dizia-se então — não havia sido a pioneira da grande indústria entre os franceses? Em 1798, depois que Mulhouse entrara livremente na unidade francesa, ela dispunha de um mercado cuja crescente extensão acabou por incorporar 2/3 do continente. Com centenas e, dentro em breve, milhares de trabalhadores, usinas colossais nasceram do sistema continental. Não somente em Mulhouse, mas em Wesserling, Münster ou, numa palavra, nesta zona industrial rigorosamente confinada à margem esquerda do Ill, sob a qual brilhava a influência de seu patriciado industrial. Quando a queda do Império restringiu os mercados, a energia de Mulhouse soube fazer frente a uma situação difícil: teve que especializar, em unidades distintas, as operações de fiação, tecelagem, branqueamento, construção etc. — coisas que, antes, eram feitas num único estabelecimento —, porém, sem renunciar à produção em larga escala, que havia constituído a sua força. Desde 1818, a transformação do maquinário estava praticamente completa e, alguns anos mais tarde, em 1827, a criação da Sociedade Industrial revelava a importância que atribuía à ciência. Nascida em Mulhouse, esse tipo de grande manufatura se man-

---

[15] *Rapport des chefs d'industrie vosgiens sur les filatures anglaises* (Arquivo Nacional, *ibidem*). Vosges.

[16] *Comptes rendus des préfets*, Frutidor ano IX (Arquivo Nacional, folha 1ª III, 7).

teve a despeito de todas as crises. Se bem que, em torno de 1830, os chefes de indústria sentiam a necessidade de se defenderem contra "as reprovações endereçadas às indústrias que empregavam uma grande quantidade de trabalhadores reunidos em um mesmo local", alegando, com razão, as melhorias materiais e as instituições filantrópicas que faziam a honra da indústria de Mulhouse.[17]

A era das ferrovias imprimiu um brusco impulso à indústria do Alto-Reno. De 1844 a 1858, o número de cavalos-vapor triplicou.[18] A população de Mulhouse dobrou. Desde 1853, os relatórios administrativos assinalam esse progresso: "Gradualmente, Mulhouse estende seu vasto circuito de fábricas e máquinas a vapor; construções são seguidas de construções", escreve o subprefeito de Altkirch, que prevê sua transferência próxima para Mulhouse. Mais adiante: "Em um período de apenas cinco anos (1852 a 1857), houve um desenvolvimento mais rápido que o dos 25 anos anteriores."[19] De fato, a população da cidade tinha passado de 20.547 pessoas, em 1844, para 45.981 em 1860, e este número dava apenas uma ideia imperfeita da concentração de habitantes que estava sendo operada nos arredores do centro urbano. Desde então, a cidade de Mulhouse não atravessaria mais esse mesmo crescimento. Ela ainda cresceria, mas de outra forma: a partir das criações que ela mesma semeou ao seu redor.

V. O desenvolvimento da indústria do ferro

No extremo oposto da região [*contrée*] em pauta, podia-se também observar, bem antes que as ferrovias aí chegassem, uma tendência em direção à

---

[17] *Statistique générale du département du Haut-Rhin* (Mulhouse, 1831), p. 317.

[18] Em 1844, o Alto-Reno emprega 2.500 cavalos-vapor; em 1858, 7.047 (*Bull. Soc. Industrielle Mulhouse*, XXX, 1860).

[19] Arquivo Nacional, *ibid.*

concentração industrial. A influência da bacia carbonífera do Sarre agia fortemente sobre a região dos minérios de ferro na parte mais próxima, a que guarnece a margem esquerda do Mosela entre Metz e Thionville. Durante muito tempo a madeira foi suficiente para alimentar as ferrarias disseminadas, algumas delas remontando à Idade Média. Durante muito tempo, também, a hulha do Sarre somente havia sido superficialmente explorada. Porém, no final do século XIII, os recursos madeireiros começavam a faltar; por outro lado, a exploração da hulha do Sarre havia entrado num curso de novas atividades — que devia durar tanto quanto a dominação francesa (1793-1815) e que não reencontraria senão muito mais tarde o nível que atingira naquela ocasião. Graças a nossos engenheiros, a extração havia triplicado. Nosso departamento do Sarre não tardara a assumir algo da fisionomia tão característica impressa pela indústria metalúrgica às regiões [*contrées*] por ela tocadas. Um de nossos engenheiros escrevia que, a cada passo, o olhar encontrava "altos-fornos para o tratamento do minério de ferro, ferrarias para concentrar e afinar o metal".[20]

O que atestam os testemunhos dessa época é que o movimento ganhou rapidamente o departamento de Mosela. A exemplo do que havia sido conseguido com êxito em Valenciennes, pesquisas foram ativamente estimuladas para encontrar, no departamento, o prolongamento subterrâneo das camadas carboníferas. E, algo a ser destacado, o recrutamento da mão de obra se deslocava. Um afluxo crescente de trabalhadores alemães, atraídos aos novos departamentos pelo incentivo dos altos salários introduzidos pela Revolução Francesa, tomava o lugar dos ferreiros de Franche-Comté — muito hábeis, porém "difíceis de lidar e mais exigentes" — que, até então, detinham o trabalho.[21]

---

[20] Relatório do engenheiro LEFEBVRE D'HELLENCOURT, membro do Conselho das Minas (ano IX): *Aperçu des mines de houille exploitées en France*.

[21] *Mémoire statistique du département de la Moselle* (prefeito COLCHEN, ano XI), p. 148, 174.

Era necessário mais que a direção vigorosa de uma elite para agrupar e organizar essas forças convergentes. Se em Mulhouse havia operado um patriciado burguês intimamente unido, na Lorena foram dinastias de mestres-ferreiros que se sucediam de pai para filho. A dinastia dos Wendel, já estabelecida há um século em Moyeuvre, no estreito vale de Orne, logrou, em 1811, a aquisição de Hayange, alguns quilômetros ao norte; estabelecimentos gêmeos bem próximos um do outro para que um túnel, cavado sob o platô florestal que se interpunha entre eles, pudesse reuni-los. Assim foram combinados, em uma organização única, os dois principais estabelecimentos mineiros de Mosela; e vivenciamos rapidamente, seja em torno deles, seja a distância, a multiplicação de indústrias secundárias que dão forma ao ferro fabricado nas grandes ferrarias do *pays*.[22] Entretanto, tanto na Lorena quanto em Mulhouse, ao se desenvolver, a indústria não se separava do traço um pouco patriarcal que tinha em suas origens: a influência pessoal dos patrões, o recrutamento em parte hereditário dos trabalhadores — persistências que se mantinham com o consentimento de hábitos e de costumes.

Num tal *pays*, canais e ferrovias eram ardentemente desejados. Prometido há meio século, ainda foi preciso esperar por muito tempo pelo canal do Sarre. Contudo, desde que a rede férrea veio vivificar os distritos [*arrondissements*] de Metz e Thionville, os efeitos se fizeram sentir com força — tal como constatam os documentos oficiais. Tem início, então — para satisfazer às aplicações do ferro que não param de aumentar — esta demanda que surpreende os contemporâneos que, no entanto, mal podem imaginar quais proporções ainda está destinada a atingir. Às encomendas das companhias férreas são acrescidas as da indústria privada.

Enquanto novas fábricas vêm tomar lugar nas estreitas passagens que ornam a margem esquerda do Mosela, outras buscam se aproximar do carvão que numerosas sondagens, metodicamente dirigidas, revelaram entre

---

[22] VERRONNAIS, *Statistique de la Moselle*, Metz, 1844.

Forbach e Saint-Avold.[23] Os altos-fornos de Styring se reacendem: "Em Styring", escreveu em 1856 um administrador, "o Sr. De Wendel ergueu uma aldeia sobre um terreno que, há três meses, ainda era uma floresta." Resumindo enfim os progressos conquistados em quatro anos (1852-1856), o prefeito de Mosela constata que o número de cavalos-vapor triplicou nesse intervalo e que o produto das ferrarias e aciarias mais que dobrou.[24] Por muito tempo distante da metalurgia de ferro pelo departamento de Alto-Marne, o departamento do Mosela assumiu, a partir de então, a primazia. Nele, cerca de 8 mil trabalhadores estão ocupados apenas pelas usinas metalúrgicas. A opinião pública, que vê nessa prosperidade o efeito dos novos meios de comunicação, não cessa de demandar o desenvolvimento. Com um instinto muito seguro das necessidades que se abrem a essa indústria metalúrgica, é para o lado da Bélgica — em direção às fontes de abastecimento prometidas por nossas bacias carboníferas — que ela volta seu olhar: a construção de uma via direta de Lille a Estrasburgo, passando por Thionville, figura em primeira linha nos programas de reivindicações da época.

VI. Divergências entre gêneros de vida

Esses foram os prognósticos das mudanças que alcançariam camadas profundas do estado social. Que os salários das oficinas e das cidades tivessem, por si próprios, o poder de arrancar parte da população dos campos, é um fato que não tem nada de específico a essa parte da França. Porém, há mais coisas aqui. Um novo gênero de vida, o dos agrupamentos industriais especializados e vinculados à fábrica, erguia-se diante de gêneros de vida semiagrícolas, semi-industriais, que possuíam raízes profundas entre as

---

[23] E. JACQUOT, engenheiro-chefe de Minas, *Études géologiques sur le bassin houiller de la Sarre, faites en 1847, 1848 et 1850*. Paris, Imprim. Imp., 1853.

[24] *Rapport sur la situation comparative du département de la Moselle en 1852 et 1856* (Arquivo Nacional, F1ᵉ III, 8).

populações. A partir de então, os cantões onde a vida agrícola continuava a dominar se separam cada vez mais, em seu movimento, daqueles onde prevalece o conjunto de fábricas, metalurgia, vidraria, minas de carvão etc. — fábricas que demandam a permanência da população trabalhadora. De um lado, de população restrita, as comunas rurais (pequenas unidades estereotipadas com seus usos tradicionais de rotação de culturas e participação nos bens comunais), de certa forma já mostram, por toda parte, uma tendência a desaparecer, a definhar, se ouso dizer. Por outro lado, nas cidades criadas ou alcançadas pela indústria, vimos ocorrer um enorme impulso ao crescimento que, em poucos anos, infla seus contingentes — de fato, verdadeiros burgos. São como duas famílias de seres animados por um movimento distinto. Desde 1856, podia-se constatar que, no distrito [*arrondissement*] de Sarreguemines — um dos que a indústria estava em vias de transformar —, o número de comunas com menos de 500 habitantes era ínfimo (38 em 155), enquanto um número mais considerável se elevava a mais de 1.000 habitantes. O distrito [*arrondissement*] de Thionville, nos cantões onde estava implantada a indústria do ferro, poderia dar lugar às mesmas observações. Ali também um novo impulso transformou obscuras aldeias de pequenos ferreiros e viticultores em burgos e pequenas cidades. Desde 1853, o número dos trabalhadores ocupados apenas nas ferrarias chegava a 1.477 para Hayange e a 750 para Moyeuvre.[25] Alguns anos depois, as estatísticas atribuem a Hayange e a Moyeuvre uma população total de mais de 7.000 habitantes. Era praticamente a população de Essen em 1846, no início da grande transformação das vias de transporte. A superioridade que a cidade westfaliana já demonstrava — e que muitas outras causas viriam a incrementar — corresponde àquela adquirida pela bacia carbonífera

---

[25] Segundo o relatório do prefeito (Arquivo Nacional, *ibid.*), no recenseamento de 1866 Moyeuvre Grande contava com 3.195 habitantes e Hayange 3.896, num total de 7.091 habitantes. Compare com o progresso da população de Essen: em 1801, 3.408; em 1846, 7.875; e em 1865, 31.306 habitantes.

do Ruhr, já transformada em um viveiro de indústrias diversas que compunham uma "Inglaterra em menores proporções".

A mudança social traduz-se prontamente em números. Nos arredores imediatos dos cantões sobre os quais a indústria se concentra, eles aumentam; em locais onde falta este estímulo, os números diminuem. Ao norte da Lorena, entre a região do ferro e a do carvão, se interpõe assim um grupo de cantões agrícolas cujas comunas, já pequenas, vão gradualmente tornando-se minúsculas. O cantão de Vigy, por exemplo, o mais próximo da região metalúrgica, possui um terreno dos mais férteis em cereais; entretanto, escreve então um bom conhecedor do *pays*, "independentemente de se encontrar em boas condições, a população antes decresce do que aumenta".[26] Observemos essa última parte da frase, que também admite aplicação em outros lugares, ainda que de modo mais frágil, mesmo em alguns dos mais ricos cantões da Alsácia.[27]

A intervenção das ferrovias não criou essa mudança: precipitou-a. Elas agiram seja por sua proximidade imediata, seja por contragolpe nas partes que permaneceram provisoriamente afastadas. Por volta de 1852, o princípio que presidia a constituição fundamental da rede francesa consistia em religar, o mais diretamente possível, a capital da França às suas fronteiras. Daí resultou que, esperando que outras linhas viessem completar o sistema e assegurar comunicações rápidas com o vale do Saône e as avenidas do Midi, certa ruptura de equilíbrio afetou as relações do nosso Nordeste. O eixo tendia a se deslocar. As rotas históricas do Meuse, ao longo das quais o comércio tinha sido por muito tempo conduzido, foram abandonadas. Neufchâteau perdia as tradicionais vantagens de sua posição sobre uma das grandes artérias que unia o Norte ao Midi. Em 1858, somente as linhas da

---

[26] CHASTELLUX, *Statistique de la Moselle*, Metz, 1854.

[27] Exemplo: o cantão de Truchtershein (*arrondissement* de Estrasburgo), um dos mais ricos cantões agrícolas do Baixo-Reno. População: 1851: 14.209; 1856: 13.722; 1866: 13.835; 1871: 13.574; 1905: 12.599.

Alsácia são religadas por Belfort a Besançon e, no ano seguinte, as linhas da Lorena são prolongadas de Épinal a Gray. Porém, em relação às vias principais que já tinham fixado as direções principais do comércio, tratava-se de vias secundárias.

Em nenhuma parte o fenômeno da diminuição foi mais imediato e mais marcado quanto nessa espécie de região neutra compreendida entre o alto Meuse e as fontes do Saône — que, por muito tempo, continuou sendo um intervalo vazio entre as malhas da rede férrea. Desde então, o distrito [*arrondissement*] de Neufchâteau entra num período de diminuição que não teria mais fim. De 1851 a 1856, o distrito [*arrondissement*] de Mirecourt se vê privado de quase 6 mil habitantes, e no grito de alarme justificado por esta brusca queda notou-se que a metade desta diminuição dizia respeito "à emigração interior".[28] Por essa expressão, entende-se o êxodo em direção aos centros industriais regionais ou em direção a Paris. Tendo o mapa sob nossos olhos, se analisarmos a repartição do fenômeno acima citado por cantões, constata-se que — à exceção de Charmes, alcançado posteriormente pela indústria cotonífera — por toda parte ele continuou a acentuar-se.

Os cantões de Mirecourt e Dompaire representam, como aqueles dos arredores de Metz, regiões exclusivamente agrícolas, em parte reputadas por sua fertilidade, que definham como que atingidas pela tuberculose. Nos cantões de Darney e Monthureux — cujos solos areníticos são cobertos por vastas florestas —, várias indústrias disseminadas tinham, por muito tempo, sustentado as populações e exportado seus produtos por venda ambulante ou veículo de transporte. Nessa crise de relativo isolamento, elas não puderam resistir à concorrência do maquinismo moderno. A esses *pays* de Faucilles, faltou oportunidade ou energia para transformar suas velhas indústrias a tempo — a exemplo do que foi feito em outros lugares.

---

[28] Arquivo Nacional, *ibid*. (Vosges 8). Prefeito, agosto 1857.

Elas sucumbiram, e o *pays* se esvaziou. De 1846 a 1866, o cantão de Darney perdeu 454 habitantes; o de Monthureux, 706. A perda apareceria bem mais forte ainda em 1911:[29] 30% em Darney e quase 50% em Monthureux. Descendo o Saône, quando atravessamos essas colinas arborizadas que se seguem sem fim, uma singular impressão de solidão salta aos olhos.

VII. A mutilação de 1871

Explique-se que, em seu início, as ferrovias puderam parecer, a certos homens de Estado, uma invenção sem consequências. Essa invenção não gerou senão gradualmente os efeitos que trazia em seus flancos. Mas foi no *Leste* — já que, a partir de então, o uso dessa nomenclatura prevalece[30] — que tais efeitos foram percebidos e realizados com um espírito metódico que poucas regiões, na França e alhures, igualaram. Foi preciso que uma série de aperfeiçoamentos mecânicos adaptasse a locomotiva a subir rampas, a transportar os trens mais pesados, a mobilizar não apenas homens, mas as matérias pesadas demandadas pelas crescentes exigências da indústria, obra das oficinas de Grafenstaden e, sobretudo, de Mulhouse. Era preciso também flexibilizar e diversificar a rede para articulá-la aos múltiplos órgãos que, dali em diante, aspiravam viver da indústria: desse ponto de vista, os interessados encontraram, neles mesmos, em seus subsídios e iniciativas, o principal apoio. Todavia, convém lembrar também que eles encontraram apoio num administrador que, fiel às melhores tradições francesas e digno sucessor do prefeito ainda tão popular em Estrasburgo, Lezay-

---

[29] Em 1846, Darney e Monthureux tinham, respectivamente, 12.608 e 8.138 habitantes; em 1911, estes mesmos cantões tinham, respectivamente, 8.199 e 4.746 habitantes.

[30] Companhia do Leste (1853); Rede do Leste; Sindicato cotonífero do Leste; Raio do Leste (em torno da Bolsa de Mulhouse).

Marnésia, soube compreender e sustentar suas aspirações. Pertence ao prefeito Migueret o mérito da organização orçamentária das ferrovias ditas *locais*, que não tardaram a se estender do departamento do Baixo-Reno aos departamentos vizinhos. Com eles, a vida penetrava no fundo dos vales dos Vosges e através de regiões por muito tempo relegadas do *pays* de Bitche.[31] Também terminaria em breve uma obra que, há bastante tempo, a Lorena do Norte e a Alta-Alsácia reclamavam com a mesma impaciência: o canal carbonífero do Sarre, aberto em 1868, combinando-se aos canais preexistentes do Marne ao Reno e do Ródano ao Reno, traçado de um lado ao outro da região [*contrée*] como uma linha vital [*de vie*]. O efeito foi tão imediato que, desde o ano seguinte (1869), Mulhouse decidiu pela criação de uma nova bacia, para dar vazão às crescentes chegadas de carvão. Ao mesmo tempo, outra de suas aspirações seria atendida: uma conexão rápida com sua clientela dos Vosges. Estabelecer-se-ia uma íntima solidariedade entre os vales das duas vertentes. Nos altos vales do Mosela e do Moselotte, contava-se, às vésperas de 1870, até 267.292 instrumentos para fiação e 1.600 ofícios mecânicos trabalhando em prol das tecelagens da Alta-Alsácia. Em plena guerra (3 de agosto de 1870), um decreto sancionava uma ferrovia, destinada a unir Mulhouse a Remiremont. Outras aberturas não tardaram a ser realizadas nos Vosges, pois tratava-se de reunir as duas partes de uma vasta fábrica [*atelier*] que, dali em diante, cobria as duas vertentes.

Assim se consumava, rapidamente, a organização econômica da França do Leste. Enquanto Mulhouse ampliava sua esfera de ação, assistia-se a uma intensificação e a uma extensão das atividades na Lorena metalúrgica. O trabalho industrial, por muito tempo interrompido, estava em vias de

---

[31] No período de 1863 a 1870 o conjunto se constituiu. A saber, 1º: as ferrovias de Estrasburgo a Mutzig, de Schlestadt a Sainte-Marie-aux-Mines, de Thann a Wesserling, de Epinal a Remiremont, de Lunéville a Saint-Dié; 2º: as ferrovias de Haguenau a Niederbronn e Sarreguemines e de Avricourt a Dieuze.

reconquistar os arredores de Longwy,[32] avançando no sentido oposto em direção a Nancy.

Tais observações eram necessárias para compreendermos o êxodo industrial que se seguiu imediatamente ao Tratado de Frankfurt — que nos talhou diretamente na carne. A unidade econômica da região [*contrée*] foi rompida. Separados dali em diante, não deviam os dois fragmentos buscar, um na Alemanha, outro na França, suas condições de existência? Porém, nessa separação, a parte que coube à França — delimitada por mãos sábias — parecia incapaz de sustentar, sozinha, o desenvolvimento industrial do qual ela havia usufruído. Foram sobretudo as fábricas de fiação da Alsácia que alimentaram os tecidos dos Vosges: estes últimos não seriam surpreendidos por paralisia? Na região do Mosela, foram os centros metalúrgicos mais prósperos que passaram ao estrangeiro: o que nos restou, senão migalhas? Sem dúvida, os tecelões da Alsácia, bem como os mestres ferreiros da Lorena, não deixaram de se esforçar para manter contato com o mercado francês. Todavia, podemos nos perguntar se o seu interesse não lhes aconselharia a se transportar a uma posição mais central, em vez da contiguidade com a nova fronteira.

Independentemente da boa vontade recíproca de populações animadas por um mesmo patriotismo, podia-se duvidar que nossa província mutilada fosse capaz de absorver a pesada herança que lhe era oferecida. Os capitais, a experiência técnica, enfim, todo esse conjunto lentamente reunido sob o qual Mulhouse edificara seu destino, não corria o risco de lhe fazer falta? Consagrada às preocupações e necessidades militares, essa "marcha do Leste" encontraria por si mesma a força para fazer frutificar as energias pacíficas que se ofereciam? Não seria preciso ir até Lyon para adaptar, sob condições adequadas, a Faculdade de Medicina de Estrasburgo? Até Rouen

---

[32] Em 1870, o grupo metalúrgico de Gorcy, Mont-Saint-Martin, Villerupt, Réhon contava com 1.300 trabalhadores. Muitos altos-fornos estavam em construção em Longwy.

ou Lille para procurar, em nossas indústrias emigradas, os meios de que elas carecem? Na época, muitas pessoas pensavam assim, prevendo um recuo geral de indústrias desprovidas do apoio das cidades outrora francesas.

Os fatos desmentiram essas previsões pessimistas. De fato, algumas indústrias se propagaram até o interior: as lãs, de Bischwiller a Elboeuf; as louças, de Sarreguemines a Digoin. Porém, a grande indústria de algodão, que a Normandia e o Norte poderiam solicitar, persistiu em seu vínculo com os Vosges. Após ter reunido em Joeuf uma parte da herança de Moyeuvre, nossa siderurgia trabalhou sem descanso para aumentar — com o êxito que conhecemos, em terras que permaneceram francesas — o campo de suas explorações.

A marcha posterior da população depende desses fatos. Se lançarmos um olhar sobre o mapa que exprime a densidade atual, de início poderíamos cair na ilusão de acreditar que, entre as duas metades que o compõem, não há a profunda ruptura criadora de uma separação política com todas as suas consequências. Muitas vezes, tanto ao longo dos Vosges quanto do Mosela, a fronteira transpõe indistintamente regiões de forte densidade entre as quais existe uma correspondência. Em torno dos Vosges observamos, de uma parte a outra, como núcleos de densidade que quase se tocam, a reunião de Sainte-Marie-aux-Mines e Saint-Dié; depois, como uma espécie de constelação que contornaria os Vosges meridionais, se sucedem, de um lado, os grupos de Colmar e Mulhouse, com seus satélites espalhados ao longo das montanhas; de outro, Belfort com Audincourt, Épinal com Remiremont. Se desconsideramos os núcleos mais distanciados, localizados a uma distância maior da fronteira, e que merecem ser considerados à parte — o de Estrasburgo e o que se prolonga, para além de Forbach, na bacia carbonífera do Sarre — os outros centros de densidade parecem gravitar em conjunto, vivendo em recíproca solidariedade.

A essa constatação, o outro mapa — no qual tentamos retraçar, por cantões, o aumento ou a diminuição da população desde 1871 — fornece seu testemunho, iluminando um duplo fato significativo: uma diminuição, muito relativa, aliás, porém quase geral nos cantões industriais da vertente oriental dos Vosges; e um aumento em toda a série de cantões que se distribuem de Belfort a Doubs, assim como ao longo do Mosela até Charmes e ao longo do Meurthe até Baccarat. A diminuição dos cantões de Thann e de Saint-Amarin limita o crescimento dos cantões de Thilot e de Saulxures; Sainte-Marie-aux-Mines parece ter perdido o que Saint-Dié ganhou. O mesmo contraste ocorre entre cantões mais distantes: enquanto deste lado da fronteira não há um cantão industrial que, nos últimos quarenta anos, não tenha conseguido um ganho mais ou menos considerável, na Baixa-Alsácia o cantão outrora tão ativo e tão próspero de Bischwiller recuperou com dificuldade, ao longo desse mesmo período, a população que tinha em 1871.[33]

Dessas aproximações emerge uma evidente correlação. A crise que de súbito rompeu o desenvolvimento, já tão avançado em 1870, não conduziu, como se podia recear, a uma ruptura definitiva de trabalho, ideias e interesses que, dali por diante, seguiam vias divergentes. Através dos ramos que cresceram vigorosamente, a árvore mutilada renasceu. Ainda nesse caso, os números podem servir como ponto de apoio. De 1851 a 1866, vimos como o crescimento de Mulhouse tinha sido surpreendente. Após 1871, ela continuou a crescer, mas num ritmo particularmente mais lento.[34]

Porém, a 40 quilômetros, para além dos postos de fronteira, Belfort estava ali para acolher as indústrias de Mulhouse que continuavam a manter contato com o mercado francês. À fundação das duas principais indústrias (construção mecânica e costura) corresponde, dez anos após a guerra, a duplicação da população de Belfort — e o número alcançado

---

[33] Cantão de Bischwiller: 1866: 30.529 habs.; 1871: 29.331; 1900: 27.913; 1905: 28.913 habs.

[34] Mulhouse: 1866: 58.773 habs.; 1871: 52.892; 1900: 89.118; 1910: 95.041 habs. De 1800 a 1871, a população de Mulhouse cresceu na proporção de 698%; de 1871 a 1910, de 79,7%. Comparemos com Colmar: 23.669 em 1866; 48.808 em 1910.

em 1881 não é senão a metade daquele apresentado em 1911 pela urbe [*cité*] crescente que, sem parar, estende suas fábricas para além da rocha arenítica que domina a velha cidadela.[35]

Igualmente notável, o progresso de Épinal não foi, entretanto, tão rápido. Isso se deve, em parte, às mesmas causas: são contingentes vindos dos vales da Alsácia (alguns de Wesserling, outros de Rothau) que adaptaram a indústria do algodão em Thaon, sobre o Mosela, na direção de seu mercado na planície. Entretanto, o momento decisivo para a instalação da indústria de tipo moderno (empregando exclusivamente energia a vapor) veio somente um pouco mais tarde: trata-se da abertura do canal do Leste (1883) que, pondo Épinal em comunicação direta com toda a rede navegável, levou esse "rio de carvão" indispensável a uma zona que não dispunha de energia hidráulica.[36] Outra observação: na região industrial agrupada ao redor de Épinal e de Saint-Dié, o desenvolvimento não se concentra em uma cidade principal. Ele se dispersa, se multiplica em torno do principal centro urbano sob a forma de burgos e pequenas cidades: aqui, Thaon e Châtel-Nomexy; ali, Étival, Moyenmoutier e Raon-l'Étape.[37] Tal modo de repartição — que há muito já havia difundido a atividade nos vales alsacianos — é um traço a mais a completar a analogia entre as duas vertentes opostas dos Vosges.

Assim se dividiu em duas a grande indústria [*atelier*] — que, outrora, era apenas uma, e que, antes da mutilação de 1871, animava uma vida comum. O êxodo que então se produziu não se parece com o deslocamento de artesãos atraídos, como se viu mais de uma vez, por concessões ou

---

[35] Belfort: 1872: 8.030 habs.; 1876: 15.173; 1881: 19.336; 1911: 39.371 habs.

[36] Épinal: 1872: 11.847 habs.; 1886: 20.932; 1911: 30.042 habs.; Saint-Dié: 1872: 12.317; 1886: 17.147; 1911: 23.108 habs.

[37] Grupo de Épinal: Thaon, aldeia de 555 habitantes em 1866, em 1911 é uma cidade de 7.258 habs. Agrupamento de Saint-Dié: Moyenmoutier, 2.784 habs. em 1866, 5.108 em 1911. Raon l'Étape: 3.709 em 1866, 4.987 em 1911.

privilégios: foi algo espontâneo. Ocorreu não por indivíduos, mas por grupos: patrões, contramestres, trabalhadores e suas famílias, toda uma população já formada no trabalho das manufaturas veio se unir e se associar a uma população mais nova no trabalho industrial — menos separada da vida agrícola, porém já preparada por um aprendizado secular. Os recém-chegados eram verdadeiros profissionais, especialistas. Por seu intermédio, um matiz industrial mais pronunciado se estendia sobre a região [*contrée*] onde se implantaram. A partir de então, a indústria de tipo moderno dispunha amplamente de pessoal apropriado, que é a condição de seu progresso e a plena realização de sua natureza [*son être*].

Essa infusão de sangue novo operou-se naturalmente e sem problema, com um êxito que pressupõe dois organismos perfeitamente sãos. Esse fenômeno de mudança merece reter nossa atenção. Ele demonstra como já estavam íntimas a solidariedade entre essas duas regiões [*contrées*] justapostas — que se podia crer separadas pelos dialetos, e que só muito recentemente o foram pelas fronteiras. Sem dúvida, certa solidariedade econômica havia se manifestado mais de uma vez no passado entre a Lorena e a Alsácia, com a Lorena servindo como celeiro à sua vizinha superpovoada. Porém, as necessidades modernas da indústria tinham, agora, tornado mais íntima essa solidariedade. Os acontecimentos mais dolorosos que imaginávamos não fizeram senão produzi-la claramente e acionar sua comunhão de sentimentos. Foi assim que uma espécie de continuidade regional pôde sobreviver à separação política.

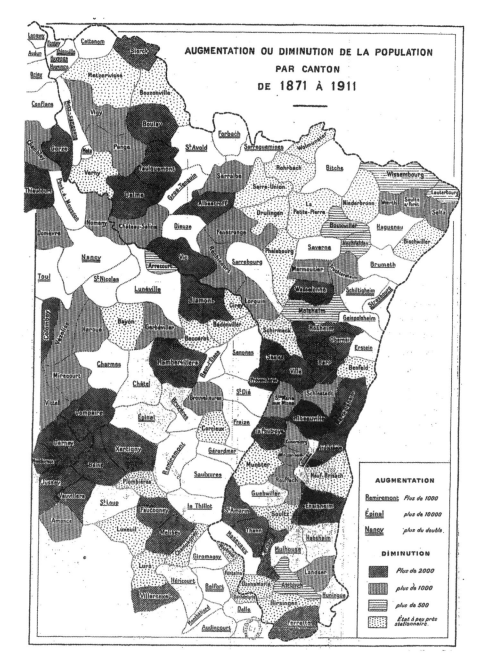

Figura 1. Aumento ou diminuição da população por cantão de 1871 a 1911. (Na legenda: Aumento: mais de 1.000; mais de 10.000; mais do dobro. Diminuição: mais de 2.000, mais de 1.000, mais de 500, situação mais ou menos estacionária).

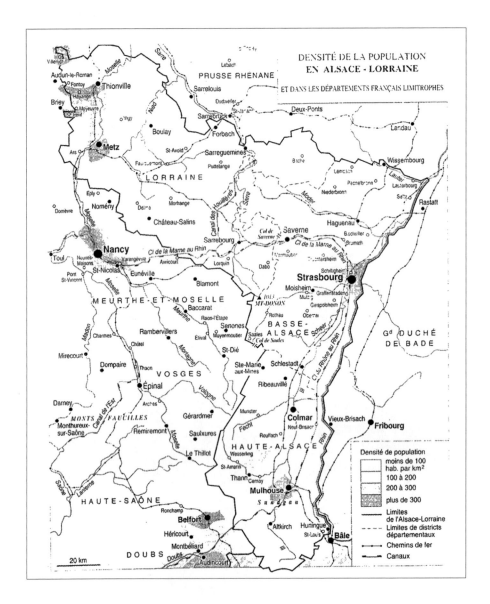

Figura 2. Densidade da população na Alsácia-Lorena e nos departamentos franceses limítrofes. (Na legenda: Densidade de População; menos de 100 hab/km², 100 a 200, 200 a 300, mais de 300; limites da Alsácia-Lorena; limites de distritos departamentais; ferrovias, canais).

II.7. A RENOVAÇÃO DA VIDA REGIONAL*
[1917]

A questão que proponho abordar tem por título: a renovação da vida regional. Em seguida, permitir-me-ei acrescentar a essa formulação um ligeiro adendo que não deforma seu sentido, mas talvez complete aquele que pretendo fazer: isto é, a renovação da França pela vida regional.

Essa formulação exprime melhor o pensamento que sustento aqui. Não que eu queira, em hipótese alguma, que seja questionada a ascendência legítima que, para a grande honra do espírito francês, Paris exerce sobre o resto da França. Porém, tenho o sentimento de que, através do fortalecimento da vida regional — fenômeno do qual tentarei mostrar alguns indícios —, um novo fluxo de energia pode brotar. Atualmente, quando a pátria dispensa sem controle seu sangue e suas forças, não há preocupação que se imponha mais aos nossos pensamentos do que a de encontrar novas fontes de vida onde a pátria possa se refortalecer.

---

* Publicado na revista *Foi et Vie. Les questions du temps présent* em 1º de maio de 1917, caderno B, n. 9. Tradução: Guilherme Ribeiro e Rogério Haesbaert.

I

Frequentemente, somos representados no exterior como um país cuja vida é absorvida em sua capital. Paris é a França, diz-se; quem viu Paris, viu tudo. Não é difícil discernir, na atmosfera que se tenta criar ao nosso redor, a influência de certos gases deletérios. Todavia, os estrangeiros que consentem em nos observar e nos julgar por si mesmos retratam-se de bom grado desse erro. Para tanto, darei como prova apenas o livro tão interessante que um eminente americano — o professor Barret Wendell — publicou em 1909 sobre *A França de hoje*.

Realmente, a ideia de uma vida uniforme, fundida pela centralização no mesmo molde, é algo tão oposto ao que exala da observação da natureza e dos homens na França que nos perguntamos através de que paradoxo ela pôde — por menos que seja — se propagar. Pelo clima, pelo solo, a França é o país das diversidades, assim como o é também pela composição dos povos que nela se encontram. Escrevi em outra ocasião[1] que há tanta variedade na psicologia quanto na geografia da França.

Assim, a despeito da centralização administrativa, jamais a vida regional foi extirpada de nosso solo. Ela resistiu mesmo a algo de mais grave, talvez: a arma do ridículo, arma particularmente espantosa quando tratada por Molière. Talvez vocês se lembrem dos versos encantadores que, em *Le Tartufe*, Dorine dirige à sua jovem amante:

> *Vós ireis de charrete à pequena cidade*
> *Onde tios e primos vos encontrareis fértil etc...*[2]

---

[1] *Régions françaises. Revue de Paris*, 15 de dezembro de 1910.

[2] "Vous irez par le coche en la petite ville,/Qu'en oncles et cousins vous trouverez fertile, etc..." (em itálico no original). (N.T.)

A RENOVAÇÃO DA VIDA REGIONAL

O que prova que a ideia de *ir à província*[3] já era o pavor dos parisienses do século XVII. Apesar disso, digo que jamais a vida regional desapareceu, esgotou-se. Nela, as fontes eram muito vivas.

Será que a Provença de Mistral ou a Bretanha de Brizeux abjuraram essa personalidade que subsiste no aspecto do *pays*, nos gêneros de vida reunidos em harmonia com a natureza dos lugares? O Norte renunciou às suas tradições corporativas, a suas festas onde esse temperamento normalmente contido se reconforta com explosões súbitas, a esse espírito municipal simbolizado pelos gigantes familiares que vemos, em certas ocasiões, confraternizar em processões com os da cidade vizinha? Lille conserva o gosto de seu saboroso dialeto *rouchi* e a simpática lembrança dos cancioneiros que aí se inspiram. Quer dizer da Normandia? Ali, estamos num *pays* de sabedoria,[4] em uma região onde a erudição sempre foi uma honra. Em 1825, quando em todo o resto da França — talvez não em Estrasburgo — o culto à história local estava mais ou menos abandonado, na Normandia produziam-se compilações como a da *Sociedade dos antiquários de Normandia*, que, sobretudo nos tempos dos De Caumont, dos Gerville, dos Le Prévost etc., forneceram excelentes modelos de monografias e pesquisas metódicas: sábia falange à qual se aprazia de pertencer o grande erudito que se chamava Léopold Delisle.

A Picardia nos mostra, em Abbeville, um museu onde estão reunidos objetos em sílex moldados pela mão do homem na época em que o mamute e o rinoceronte frequentavam as paragens do Somme. Essa coleção lembra a obra de um homem que, durante toda a sua vida, a partir de 1830, permaneceu ali, não ambicionando outro título que o de presidente da *Sociedade de emulação* [grifo no original]. E Boucher de Perthes, esse provincial obstinado, não recuou menos num passado inesperado da história do homem

---

[3] *Aller en province*, em itálico no original. (N.T.)

[4] *Pays de sapience*, em itálico no original. (N.T.)

com suas pesquisas. Entretanto, convém acrescentar que foram necessários mais de vinte anos para que o valor dessas descobertas capitais fosse admitido em Paris.

Mencionarei a Lorena e a Alsácia? A Lorena, onde Metz, com as tradições de sua forte burguesia, e Nancy, com sua elegância aristocrática de antiga capital, personificavam num patriotismo comum dois tipos marcantes. Em 1865, não é de Nancy que nasce um projeto de descentralização, que provocou muito barulho na época e levantou vivas controvérsias entre partidários e oponentes do regime imperial e que recebeu aprovação calorosa de Jules Ferry? No mesmo ano, não sei por qual comemoração, Estrasburgo celebrava uma festa em homenagem a seu Ginásio — antiga escola da cidade, fundada à época da Reforma — e que, para me servir das expressões empregadas nessa ocasião pelo prefeito do Baixo-Reno presente à cerimônia, "personifica esse espírito de enérgica individualidade que a criou e que a sustentou através de todas as provações".[5] Reconhece-se o mesmo espírito que sustentou a Alsácia através de outras provações.

Eu me reprovaria se, neste rápido esboço, omitisse a obra lionesa tão original, prática e ciosa de sua autonomia. Há três quartos de século, Lyon não parou de ampliar sua influência. Lyon representa uma região que ela vivifica, "irriga com seus capitais" e na qual ela dá o impulso diretor. Ali se realizou, sob nossos olhos, o mais notável exemplo de uma província inventada [*improvisée*], de uma província que nasceu de uma cidade.

Eis o que, de forma sintética e geral, percebe-se no conjunto de nossas regiões francesas.

***

Todavia, permitam-me agora introduzir um pouco de crítica. Entre esses elementos da vida que dizem respeito aos hábitos, às lembranças, a uma

---

[5] *Courrier du Bas-Rhin*, 11 de agosto de 1865.

devoção geral envolvendo a região onde vivemos e na qual viveram nossos pais, esquivavam-se germes de declínio. Via-se, com frequência, por exemplo, que essas instituições científicas praticamente não sobreviviam àqueles que haviam tomado a sua iniciativa ou, pelo menos, esmoreciam depois deles. Em suas publicações, o passado detinha o posto principal, um pouco em detrimento do presente; e esse passado não era sempre o verdadeiro, mas uma imagem vislumbrada através da miragem de sentimentos pessoais ou de sonhos mais ou menos românticos.

Desses esforços isolados, raramente se extraía uma energia expansiva capaz de se manter pela renovação. Em certas cidades que tinham projetado um vivo esplendor, a força criativa parecia tomada pela atonia. Assim, pode-se muito bem mencionar algumas, pois hoje elas estão sensivelmente reanimadas — após, por muito tempo, e por seu próprio consentimento, terem cedido à atração da riqueza adquirida. Nantes e Bordéus viviam, principalmente, do trabalho de gerações passadas. Para alguns núcleos que ainda brilhavam com um esplendor bastante vivo, tamanha luz parecia perto de extinguir-se.

De onde vinha essa falta de fôlego e como — acrescentemos nós — essas razões de declínio puderam, em parte, ser interrompidas? A essa vida regional faltava o contato com as realidades econômicas do mundo moderno. Ali onde o comércio e a indústria se mantinham em relação com o comércio universal, pela amplitude do escoamento — em Lyon e em alguns outros centros, por exemplo —, essa vida regional encontrava em si mesma uma fonte fecunda de renovação. Assistia-se a transformações sucessivas. Quando uma indústria ou um setor de trabalho periclitava, outros eram criados. Numa palavra, existia a marca essencial da vida que é a renovação. Pois bem, não se renovava o bastante em muitas regiões. Permanecia-se muito ligado a lembranças agradáveis, interessantes e pitorescas, mas era um pouco questão de pequenos grupos,[6] que não conseguia alcançar a vida

---

[6] *Affaire de cénacle*, no original. (N.T.)

em sentido geral — à qual, em suma, o resto da França podia permanecer indiferente, como algo que dizia respeito apenas a alguns amadores, a alguns especialistas apegados à sua província. Eu gostaria de mostrar que os fatos evoluíram muito há trinta ou quarenta anos, e com uma velocidade crescente.

***

Por toda ou por quase toda parte tem-se experimentado a repercussão de causas econômicas que, penetrando por todos os lados, submetem tanto a vida agrícola quanto a vida industrial a condições novas, frente às quais é necessário agir e, sobretudo, associar-se. O princípio de associação é o que mais contribuiu para transformar a vida regional e dar-lhe mais influência sobre o curso geral da vida nacional. A concentração das indústrias, a solicitação dos mercados estrangeiros, a concorrência e as demandas das aglomerações urbanas reclamam uma organização relativa à extensão das necessidades e à complexidade das molas propulsoras a serem postas em ação. Não se pode satisfazê-la senão pela prática ampla e contínua do princípio de associação. Essa necessidade era percebida por vários lados. Assim, quando o Estado, pela lei de 1884 e outras medidas semelhantes, retirou uma parte dos entraves que perturbavam esse desenvolvimento, viu-se multiplicarem as associações de vários tipos, uniões industriais e sindicatos agrícolas. Não me dedicarei a uma enumeração que seria cansativa, mas observarei que essas associações mostraram, desde o início, uma tendência a se expandir, a se combinar e a cooperar em conjunto.

Para satisfazer às necessidades da indústria mineira e metalúrgica, que precisa ajustar sua produção e combinar seus escoadouros, em 1897 funda-se a *Câmara dos Mineiros de Carvão do Norte e do Pas-de-Calais*.[7] Esse

---

[7] *Chambre des houillères du Nord et du Pas-de-Calais* (em itálico no original). (N.T.)

grupo não representa uma província no sentido próprio da palavra, mas é uma região econômica não menos sólida do que poderiam ser personalidades históricas do passado. Na Lorena nascia a *Sociedade Industrial do Leste*, imitação da de Mulhouse, que tanto fez pelo desenvolvimento daquela cidade e que permanece como o protótipo de toda criação desse tipo. Para as comunicações — pois a solidariedade econômica se impõe para facilitar as relações entre diferentes regiões —, viu-se organizar em 1889 o *Gabinete de Transportes*, que reunia a maior parte das câmaras de comércio do Sudeste. Enfim, com os portos experimentando cada vez mais a necessidade de dispor de uma hinterlândia suficiente para que o comércio seja levado a buscá-los e os navios não se afastem sob temor de falta de frete, originou-se em 1892 a *Sociedade do Loire Navegável*.

Quer-se um outro exemplo, retirado desta feita de uma região agrícola sem indústria? Em Charentes, por ocasião da filoxera [*phylloxera*],[8] foi preciso refletir sobre a criação de novos recursos. A iniciativa partiu da pequena propriedade: alguns viticultores de Surgères (Charente Inferior) tiveram a ideia de se voltar para a pecuária e a produção de leite, já que o consumo urbano demanda cada vez mais esse alimento. Dessa ideia, originada de um pequeno círculo, nasceu uma associação que não parou de se desenvolver e que, hoje — ou melhor, há alguns anos — , sob o nome de *Associação de Charentes e de Poitou*, se estende até o Bocage vendeano[9] e reúne até 70 mil pequenos proprietários. Por que isso? Porque o círculo da atividade individual não supre mais as necessidades atuais. É preciso se agrupar para se

---

[8] Segundo a Wikipedia: "A partir do último quartel do século XIX, a filoxera constituiu-se como a praga mais devastadora da viticultura mundial, alterando profundamente a distribuição geográfica da produção vinícola e provocando uma crise global na produção e comércio dos vinhos que duraria quase meio século. O vocábulo *filoxera* é usado indistintamente para designar o inseto e a doença dos vinhedos que é causada pela infestação com aquele." (N.T.)

[9] *Vendéen*, de Vendée, departamento da região atlântica de Pays-de-la-Loire. (N.T.)

sustentar, é preciso crescer para durar.[10] Tudo se complica, e as coisas não se passam mais de modo tão simples como na época quando:

> *Perrette, com um jarro de leite na cabeça,*
> *Dirigia-se alegremente rumo à cidade vizinha.*[11]

Resulta daí, então, que, se os resultados se encadearem, a associação agir, a boa vontade mútua interferir (pois este não é o último elemento que se deve levar em conta), estão formadas verdadeiras ações regionais.

Esse é o capricho. A questão não se resolve por recordações históricas — ainda que seja necessário levá-las em conta, como terei a ocasião de afirmar logo mais. É pelas necessidades atuais, pelo contato com as realidades cotidianas que um jorro de vitalidade se nutria. Não em toda parte, sem dúvida, mas em certas regiões — o que já é muito, pois o exemplo, tanto o bom quanto o mau, é contagioso.

Prossigamos sempre na mesma ordem de ideias. Quando os negócios crescem, é preciso o apoio do dinheiro. Para as empresas nascidas localmente, nutridas por esses próprios locais, o auxílio financeiro só pode provir de bancos situados de modo a sustentar as oportunidades, a seguir as flutuações, a conhecer o valor das pessoas: o crédito deve estar disponível, no próprio local. Daí o notável desenvolvimento assumido em certas regiões pelos bancos locais, os bancos de negócios. Isso não é novo. Como Mulhouse cresceu? Porque Bâle e Estrasburgo estavam ao lado para fornecer capitais. Por que Lyon ampliou sua influência e irradiou todo o seu entorno? É também porque seus capitais foram empregados nas indústrias mais diversas que ocupam a região lionesa.

---

[10] "O aumento do montante de negócios é o único meio de torná-los viáveis", repetem a torto e a direito as investigações do Ministério do Trabalho.

[11] *Perrette sur sa tête ayant un pot au lait, S'acheminait allègrement vers la ville voisine.* (N.T.)

Esse é o papel que, há cerca de trinta anos, jogaram os bancos locais de Roubaix e Nancy. Parece ter sido também o caso, em outro contexto, da importância comercial dos bancos lorenos. Note que sua ação financeira se estende até a Alsácia, as Ardenas e Franche-Comté. Pois, quando se trata de região, não é preciso procurar muito por limites. É preciso conceber a região como uma espécie de auréola que se estende sem limites bem-determinados, que encerra e avança. Esses bancos lorenos suscitaram empreendimentos muito interessantes, como, por exemplo, as pesquisas de minas de hulha — que as descobriram, principalmente perto de Nomeny —, e chegaram a resultados que ainda não são muito práticos, mas que podem vir a sê-lo. Não queria citar números, tanto mais que números, sem um comentário que os analise, correm o risco de ser decepcionantes. Limitemo-nos a citar o testemunho de um dos principais metalúrgicos do Leste em favor desses bancos, "que", dizia ele, "tiveram a percepção do esforço que era necessário fazer e da contribuição que era necessário dar".

Eis, portanto, um conjunto que se formou. Tais cooperações se inspiraram na necessidade de agir em conjunto e tiveram por objeto muito preciso a exploração mais intensa dos recursos oferecidos pelo solo; em consequência, elas extraíram mais do que outrora a região produzia. A cooperação do dinheiro é apenas uma parte do auxílio que as empresas suscitaram. Deve-se levar em conta também a cooperação da ciência. Agora, chego à segunda parte da questão que pretendo considerar.

II

Em primeiro lugar, contudo, parece que se impõe um parêntese. Falei desses fenômenos de cooperação como se todos eles tivessem saído naturalmente do empenho regional. Porém, é necessário levar em consideração também o Estado; ainda que o Estado nem sempre tenha tido, nas regiões em questão, o que se chama uma boa reputação, não convém desconhecer a participação que teve nesse movimento.

Em primeiro lugar, as medidas legislativas que lembrei trouxeram uma contribuição incompleta (não o nego), mas indispensável. Não menos eficaz foi o impulso empreendido em 1879 e 1904 nos trabalhos de portos, canais e vias de comunicação, já que, se o programa está longe de ter alcançado todas as suas promessas, ele obteve resultados apreciáveis. Nossa rede de canais foi unificada em grande parte da França, seguindo-se um notável aumento da tonelagem. O Estado, com seus engenheiros, presta auxílio aos diferentes serviços onde os interesses regionais se confundem com aqueles da nação. Não saberíamos reconhecer o alto valor do trabalho dessa elite nas diferentes parcelas do aparelhamento nacional e, notadamente, para citar apenas uma, na organização da força hidrelétrica nos Alpes. Enfim, tende a estabelecer-se o hábito de um auxílio financeiro entre o Estado e as câmaras de comércio ou as organizações regionais para os empreendimentos úteis a serem executados.

Isso é verdade. Todavia, pela crescente complexidade das demandas da organização industrial e comercial, o que emerge cada vez mais é que o Estado não está em posição de conduzir a bom termo — até o necessário grau de detalhe, nem com a rapidez de execução que se impõe — os empreendimentos para os quais ele deu a impulsão geral. Ele encontra dois obstáculos principais: a rigidez administrativa que vem dos gabinetes e o provincianismo que vem de outros lugares.

Eu não diria, como um certo grande industrial, que "o Estado petrifica, que ele rouba aquilo que ele captura da livre circulação da sociedade e da vida que constantemente se renova". Desconfiemos de proposições excessivas; porém, é certo que, quanto mais se avança, mais se manifesta a inaptidão do Estado à flexibilidade de combinações exigidas pelos hábitos econômicos de nossa época, sua impotência em sustentar o peso excessivo de um imenso número de empreendimentos diversos.

Daí, consequência regional. Maior importância recai sobre associações tais como as câmaras de comércio ou outras associações que têm, sob os olhos e sob a mão — sempre com a cooperação do Estado —, os meios de assegurar a livre e pronta execução dos trabalhos exigidos pelo aparelhamento da região.

∗∗∗

Entre os eminentes serviços prestados pelo Estado à causa regional, devo mencionar particularmente a lei sobre as universidades. Essa lei — longamente amadurecida e preparada, sancionada em 1896 após debates bastante difíceis na Câmara e no Senado —, que consagrou a reunião das faculdades e escolas superiores em universidades regionais, constituía por si mesma apenas uma porta aberta às iniciativas. Era necessário que essas iniciativas encontrassem, em torno do centro designado, os homens, os meios e as contribuições com as quais se devia contar. Seguramente, isso não significa diminuir o mérito de Jules Ferry, Albert Dumont e Alfred Rambaud — para citar apenas aqueles que estão mortos —, mas sim dizer que a lei que eles tinham preparado dependia, em seus efeitos, das forças regionais. Se em Lille não se encontrasse um Gosselet — esse geólogo que, há muitos anos, não parou de explorar os confins de Ardena e aí perseguir o segredo da repartição das jazidas hulhíferas —, não sei se seria constituído o corpo de intelectuais e naturalistas formados em Lille, e ao qual devemos o belo Museu Hulhífero que, espero, em breve será inaugurado. Se não houvesse em Nancy um homem tão devotado, de corpo e alma, a serviço de seu *pays* natal como o físico Bichat, a cidade talvez não tivesse a Escola de Química e os institutos técnicos dos quais hoje se beneficia. Se não se encontrasse em Grenoble um Charles Lory, tão absorvido pela tarefa de decifrar o enigma das zonas que compõem os Alpes — que as próprias instâncias de Fustel de Coulanges[12] decidiram não desligá-lo para que, com sua autoridade, fosse ensinar na École Normale —, Grenoble talvez não tivesse se

---

[12] O historiador Fustel de Coulanges foi diretor da École Normale durante a década de 1880. (N.T.)

tornado a universidade alpina que é hoje; faltar-lhe-ia o notável museu mineralógico que, em certos aspectos, é um dos mais belos da Europa.

Assim, essas universidades regionais devem, sobretudo, a personalidades já estabelecidas nas suas regiões [*pays*], e profundamente ligadas às suas atividades locais, o brilho ou, antes, a vitalidade de que elas, logo depois, deram prova. Como ao redor de uma grande árvore, as raízes se propagam: a saber, institutos técnicos, Escola de Química e instituto eletrotécnico em Nancy; mesmo ensino e Escola de Papelaria em Grenoble etc. Eu prossigo e deixo os casos mais interessantes, mas devo assinalar um fato. Atualmente, em Nancy, sob bombardeio, enquanto os auditórios das Faculdades de Letras e de Ciências estão quase vazios, as escolas técnicas continuam a dar prova de atividade. Permanece ainda entre os jovens — que, graças à sua idade, não foram chamados pela pátria — um contingente suficiente para constituir um número notável de alunos. De fato, esses jovens sabem que os meios de utilizar seus conhecimentos não lhes faltarão; eles veem, a seu lado, a fábrica, o estabelecimento onde sua competência poderá ser requerida. Numa palavra, eles percebem as realidades às quais esse ensino corresponde.

Deve-se temer que a intervenção dessas necessidades regionais seja de tal natureza a ponto de alterar o ensino das universidades, rebaixando-o a um nível mais estritamente utilitário? Não creio que seja essa a opinião dos verdadeiros intelectuais. Tudo se relaciona em termos científicos, aplicações e princípios; e as questões de que se ocupam as escolas técnicas introduzem os mais sérios problemas. As múltiplas aplicações da hulha em subprodutos, que a química analisa, os fenômenos do transporte e do manejo da força hidrelétrica e as combinações da eletrometalurgia, tudo isso estimula a tal ponto a curiosidade intelectual que não é nem um pouco admissível acreditar que, nas questões que dizem respeito ao que há de mais grave e de mais misterioso na natureza, limitar-nos-emos a liberar um espírito de aplicação sem alcance teórico e sem grandeza.

Aliás, para quem conhece as tendências do espírito francês e as tradições de nosso ensino de alto nível, há pouco a temer que a familiaridade das ideias gerais, a abordagem e o estudo dos princípios sejam relegados a segundo plano. É necessário considerar esses fatos de outro modo e ver neles um serviço social e de grande alcance. O resultado precioso que se pode esperar dessas escolas técnicas — verdadeira extensão das universidades — é que, por aí, entre o industrial e o agricultor, acaba por se difundir a opinião de que o empirismo não é a última palavra e que, por exemplo, há algo de real nisso que chamamos de química agrícola. Essa ideia constrói, pouco a pouco, o seu caminho — até mesmo nas áreas rurais [*campagnes*] que pareciam as mais refratárias. Se a experiência é sensível, se se deixa compreender com clareza, a incredulidade do camponês não vai mais longe que aquela de São Tomé. Esse ensino que, desse modo, verte do alto das cátedras científicas pelas escolas técnicas, por intermédio de professores locais ou de instrutores [*instituteurs*] — nos quais frequentemente a boa vontade e a colaboração são tão apreciáveis —, acaba por penetrar até as camadas profundas da sociedade, aquelas que se deve alcançar. Pode-se afirmar que uma boa parte dessa transformação deve-se ao desenvolvimento particular que, em certas regiões — não em todas —, assumiram as universidades regionais.

***

Vejamos um outro aspecto. Na maior parte dessas universidades fundaram-se cátedras de história regional. Na maioria dos casos, os grupos locais, de bom grado, ajudaram com subsídios essas criações, que deram lugar a publicações já bastante numerosas e, com frequência, notáveis. Aqui há, de fato, um interesse considerável, pois o passado é o fundo do quadro, como o anteparo sobre o qual as realidades atuais se desenham. Jamais ele é completamente eliminado, pois existe *intus et in cute*,[13] no

---

[13] Expressão latina (em itálico, no texto), significando "por dentro e na pele", "por dentro e por fora". (N.T.)

fundo de nós. Ele se associa a essa base [*fond*] de sentimentos que as circunstâncias da vida podem, em determinados momentos, apagar ou borrar, mas que são como os brotos subterrâneos que esperam apenas o momento certo para germinar.

O passado é o que há de mais íntimo e talvez também o de mais espantoso no espírito regional. Deve-se recear que sua evocação, se não for apresentada como uma arte de precauções particulares, seja de natureza a despertar lembranças e sentimentos desagradáveis? Creio que toda a nossa história nacional responde por antecipação a esse temor, de modo a dissipá-lo. Desse passado não se projeta nenhuma objeção durável. Não digo que não tenha havido mal-entendidos. Mas não se pode remexer esse terreno sem que apareçam exalações maléficas. Em nenhum lugar o passado fala de anexações violentas. Em nenhuma parte ele reaviva esses sentimentos que permanecem incubados, sem jamais se extinguir, no âmago das populações que são arrancadas delas próprias, que são arrastadas e mantidas numa nacionalidade que elas renegam. Isso não existe, jamais existiu entre nós. Aqueles que o ensinam em nossas universidades regionais podem falar abertamente. Eles constatarão que é graças às afinidades — algumas geográficas, mas sobretudo afinidades de civilização — que essas províncias caíram, uma após a outra, como frutos maduros, na unidade francesa.

Se procurarmos exemplos exuberantes de patriotismo francês, onde os encontraremos? Nas regiões [*pays*] de Du Guesclin e no de Joana d'Arc.

Essa questão do passado sugere muitas reflexões no que concerne à França. Às vezes, o passado é incômodo para o presente, porque o presente é muito desproporcional em relação a ele. É o caso de certos lugares clássicos. Sentimo-nos diminuídos quando temos atrás de nós o passado da Grécia ou de outros países. Antigamente às vezes acontecia, na Itália, que, ao vangloriar-se dos monumentos e da glória do passado — com uma insistência um pouco exagerada e talvez alguma indiscrição —, observava-se o rosto de seu interlocutor se entristecer e um certo mal-estar se desenhar em sua fisionomia, pelo fato de essa homenagem ao passado parecer uma injúria ao presente. Se na Itália desenvolveu-se essa planta parasita singular chamada *futurismo* é certamente, um pouco, uma sobrevivência tardia — hoje certamente injustificada — dessa inquietude e desse estado de espírito receoso.

Nada disso tem razão de ser entre nós, porque nossa história não sofreu rupturas — como aquelas que, infelizmente, experimentaram outras nações da Europa. Se não sentimos mais em nós a inspiração que, nos séculos XII e XIII, erigiu nossas catedrais de Île-de-France e da Normandia, e se o orgulho municipal que ergueu os campanários e prefeituras [*hôtels de ville*] de nossas cidades do Norte é um sentimento muito atenuado — senão desaparecido —, podemos acompanhar através dos períodos seguintes a continuidade e a renovação ininterrupta de nosso veio artístico.

No recuo ao passado, esses próprios monumentos — quando, seguindo o bom método histórico, esforçamo-nos em recolocá-los no ambiente onde foram concebidos e executados — nos transmitem uma linguagem atual. A magnificência que nos surpreende neles é a expressão da riqueza e do trabalho na época em que foram construídos. Nossas catedrais eram erguidas ao mesmo tempo que a abertura de matas [*défrichement*] e os progressos da agricultura transformavam o solo da França do Norte; esses edifícios civis coincidem com a ascensão do comércio e da indústria de Flandres. Esse esplendor monumental é a rica vestimenta com que são ornadas, assim, num impulso de prosperidade, nossas províncias do Norte e do Sena. Sua significação cresce, assim, a olhos vistos e assume para nós o valor de uma lição de energia e de trabalho, ao mesmo tempo que de grandeza artística.

III

Por mais incompleta que seja, tentei mostrar nesta exposição de que maneira a vida regional encontra hoje um novo alimento num contato cada vez mais direto com a vida moderna, com as condições econômicas dominantes e que impõem o espírito de associação e de agrupamento. Tive que me ater exatamente ao campo dos fatos; teria sido fácil multiplicá-los se eu não temesse abusar da atenção dos senhores. Eis aí a nova forma que assume ou tende a assumir a vida regional, sob a pressão de causas gerais: trabalho coletivo, cooperação de energias diversas, agrupando em conjunto tudo o que é vivo e ativo numa região.

Se esses exemplos estão destinados a se propagar e se estender, eles trarão, ao mesmo tempo que um complemento de atividade nova, o exercício, a prática de certas virtudes sociais. A cooperação é um método que implica necessariamente a eliminação de certos defeitos enraizados, inveja do próximo, visões mesquinhas, espírito exclusivo, especialização limitada. É, em suma, uma mobilização de virtudes sociais. Quando se pergunta a alguns diretores de indústria o segredo de seu sucesso no passado, como eles ultrapassaram os tempos difíceis que envolveram o início de suas atividades, a resposta obtida é sempre esta: "Prestando-nos mútuo apoio, entreajudando-nos, dando uma trégua aos sentimentos de inveja e exclusivismo." Em Mulhouse, por exemplo, no tempo em que debutavam essas dinastias de industriais que fizeram a riqueza da cidade, estava-se convencido de que nenhum fabricante procuraria roubar os trabalhadores um do outro.

Porém, há ainda uma última questão sobre a qual devo dizer uma palavra. Fiz passar sob os olhos dos senhores exemplos da vida regional encontrando na própria região os elementos de um salto de atividade. Mas tal desenvolvimento, por mais notável que seja, não diz respeito a causas muito particulares, às vantagens que certas áreas apresentam do ponto de vista comercial ou industrial, ou em virtude de tradições antigas? A partir daí pode-se admitir que esse progresso, com o intenso trabalho que ele supõe, encontrará alimento suficiente em outras regiões da França? O que nos leva a questionar: há ainda tanto a fazer nesta terra francesa, explorada há séculos, onde trabalharam tantas gerações, para que ainda possamos esperar nela encontrar novos tesouros?

A RENOVAÇÃO DA VIDA REGIONAL

Não devemos duvidar disso. Quando se estuda a França de perto, em detalhe — por exemplo, em algumas dessas monografias regionais (e algumas são excelentes), publicadas há alguns anos entre nós,[14] e que foram quase que imediatamente imitadas na Alemanha —, tem-se a impressão de que nossa França está bem longe de ter tirado todo o partido possível de seu solo, de seu subsolo, de seu clima e de sua posição geográfica. Muitos recursos jazem ainda inertes, por falta de meios de transporte para colocá-los em circulação. Todas as marcas de extração de ferro ou de explorações minerais que cobrem nosso solo em tantos pontos — Berry, Périgord e Pays de Caux, bem como em partes da Normandia e da Bretanha onde hoje se recomeça a extrair minério de ferro — não são elas vestígios de uma atividade que não poderia mais renascer? Acredita-se que nossos campos de trigo não poderiam dar um rendimento mais apreciável do que o obtido atualmente, e que é inferior ao trigo fornecido por certas áreas que, no entanto, não são mais férteis que as nossas? Mal começamos a tirar partido da energia hidráulica que a natureza dispôs em nossos Alpes, em nossos Pireneus e em torno do Maciço Central. Mas podemos acreditar que, além dos recursos que já vislumbramos não existen outros, ainda latentes, que o trabalho e as necessidades nos farão descobrir? Os recursos de um país como a França — e, pode-se dizer, de todo país em geral — não devem ser concebidos como uma quantidade dada sobre a qual, o projeto concluído, nada mais resta senão cruzar os braços; ou, antes, que a tarefa consiste em repetir indefinidamente o que fizeram nossos pais. As disponibilidades se engendram por si mesmas, o trabalho gera trabalho. E daí, se pelo menos o homem não se furta à tarefa, as regiões que compõem a França são suficientemente providas de recursos para que, nas diversas especialidades que as caracterizam, aportem novos tributos ao tesouro nacional.

---

[14] Indicações sobre esse assunto poderão ser encontradas na bela série de bibliografias anuais publicadas pelos *Annales de Géographie* (Paris, Armand Colin).

Isso que a França de outrora, rica de seus dons, vivendo dela própria, ainda não atingida pela concorrência, podia olhar como supérfluo, torna-se hoje uma necessidade. Éramos como um rico que não se preocupa em trabalhar duramente para empreender novos projetos. Sob pena de ruína, impõe-se hoje a obrigação de submeter as energias contidas no solo a um controle mais intenso. Na França de amanhã, não haverá mais lugar para o desocupado; receio mesmo que não haja quase nada para o diletante. A lei do trabalho é aquela que, imperiosamente, sempre se impôs à França após as provações que ela passou, e é para a sua honra que esse apelo sempre foi compreendido e seguido.

Após as guerras religiosas sob Henrique IV, o trabalho recomeçou por toda parte com uma atividade cujas marcas se mostram ainda hoje. Talvez lhes tenha ocorrido prestar atenção nas datas inscritas na porta de alguma casa antiga, de algum velho moinho, hoje abandonado, à beira do riacho que o movia: a maior parte data daquela época. Depois de 1815, nosso país atravessou anos penosos: ocupação estrangeira após desastres que pesaram sobre a França, acompanhada de más colheitas. Contudo, passado algum tempo, tudo estava reparado e, de 1820 a 1825, a França gozou de uma prosperidade agrícola tal como, talvez, jamais tivesse conhecido antes. Tal é a lição proporcionada pelo conhecimento da França em sua geografia e em sua história, e da qual temos que tirar proveito.

A Sociedade diante da qual tenho a honra de falar esta noite porta uma divisa eloquente em sua concisão. Das duas palavras que a compõem, uma significa confiança, otimismo, gosto da ação; a outra implica crescimento, resistência às forças de morte, esforço contínuo de renovação. Façamos dessas duas palavras a aplicação que convém a nossas preocupações atuais: confiemos nos recursos que a França deve a seu solo e a seu espírito; tenhamos fé na indomável vitalidade de que ela sempre nos deu prova.

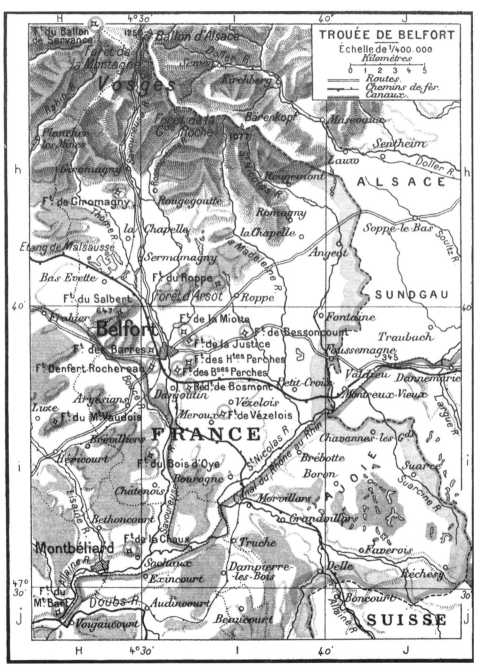

Atlas Vidal-Lablache — Passagem de Belfort [junto à então Alsácia Alemã]
Fonte: www.cosmovisions.com/cartes/VL/077a.htm

III. GEOGRAFIA POLÍTICA

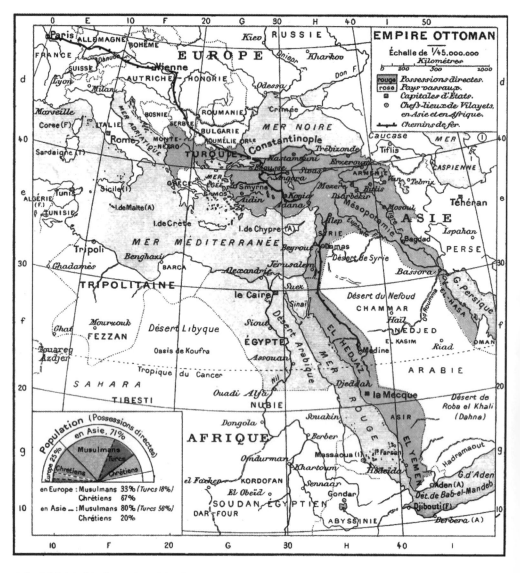

Atlas Vidal-Lablache — Império Otomano
Fonte: www.cosmovisions.com/VL/096b.htm

ESTADOS, NAÇÕES E COLONIALISMO: TRAÇOS DA GEOGRAFIA POLÍTICA VIDALIANA

Sergio Nunes Pereira

> *A natureza não estabelece leis nem forma com antecedência os quadros dentro dos quais se move o destino dos Estados. Assinala as condições e deixa à competição, lei universal dos seres vivos, o cuidado de obter resultados. Nunca ela foi mais ativa que agora. Cada dia se manifesta mais violenta: da Europa à América, da América à Ásia. Daí surge a necessidade que tem cada povo de informar-se seriamente dos recursos próprios que ele traz à luta. Temos que estabelecer um balanço exato das forças que o país, ao que vai unida nossa ação mundial, emprega ou tem de reserva. A França, pela posição que ocupa em contato com os grandes focos de atividade, vizinha de cinco ou seis Estados diferentes, seria a última das regiões que se subtrairia às leis da competição. Para isso, a Geografia é também uma boa conselheira.*
>
> Vidal de la Blache, *A Geografia na escola primária*.

Na última seção deste livro, buscamos lançar alguma luz em um campo temático discutido de forma ainda insatisfatória na obra de Vidal de la Blache — a geografia política, entendida aqui como reflexão acadêmica sobre as ações estratégicas e de controle do território desenvolvidas por Estados em nível nacional, continental ou, quando europeus, com relação a domínios de ultramar. Ao debruçarmo-nos sobre a tarefa, constatamos duas perspectivas vigentes que caberia evitar, a fim de não engessarmos a discussão pretendida. Na primeira delas, dominante ainda em manuais de introdução à Geografia, encontramos um Vidal afastado de formulações geográficas revestidas de conotação política, de modo a construir a imagem do autor como polo oposto de Ratzel (alvo também de simplificações reducionistas). Na segunda, assistimos à "reabilitação" de Vidal graças à publicação, em 1917, de *La France de l'Est*, "um livro de geopolítica silenciado por sessenta anos", como anuncia a edição francesa de 1994, apresentada por Yves Lacoste. Fruto tardio da copiosa produção do autor, a obra se explicaria pelas circunstâncias excepcionais em que veio ao prelo (em plena Primeira Guerra Mundial, na qual Vidal perdera um filho).

É certo que um número razoável de trabalhos acadêmicos recentes tem contribuído para superar tais perspectivas, situando o mestre francês à margem de construções viciadas (Berdoulay, 1981; Andrews, 1986; Nicolas-Obadia, 1988; Sanguin, 1988; Claval, 1998; Ribeiro, 2010b). Dentro dessa nova orientação, ancorada menos em interpretações do que em atenta pesquisa, examinamos a incursão de Vidal no domínio geográfico-político por meio de artigos, resenhas ou capítulos de livros. Em conformidade com tal historiografia, buscamos abordar o tema de forma circunstanciada, considerando, além do contexto histórico, a influência das ideias de Ratzel no autor e sua impressionante cultura científica, que lhe rendeu formulações originais em diversos ramos da Geografia.

Com base em tais referências, Vidal realizou uma leitura da situação europeia e da influência francesa no mundo que constitui um importante registro de sua época, num contexto de redefinição do papel das principais potências no cenário global. Conforme aponta Peter Taylor (1994:xiv), a geografia política sempre avança em momentos em que a sociedade mundial enfrenta questões de grande importância histórica, como as que circunscrevem o período intelectualmente ativo do autor. Não surpreende, portanto, que ele a tenha praticado com desembaraço, deixando traços significativos que pretendemos examinar através dos textos que se seguem.

Nesta breve apresentação, optamos por comentar os textos selecionados segundo uma ordem diferente da sequência cronológica adotada no livro. Tal caminho obedece à intenção de não perder de vista a historicidade da geografia política, de modo a considerá-la tanto na fase anterior à institucionalização do saber geográfico quanto em seu desenvolvimento posterior, convivendo com as novas elaborações derivadas da formação do campo disciplinar — como a geografia humana, logo convertida em marca registrada de Vidal e sua Escola. A escolha impôs que alinhássemos inicialmente os textos que melhor permitem situar a geografia política *vis-à-vis* a geografia humana no pensamento do autor, a fim de desconstruir a imagem da primeira como rascunho ou ramo subordinado da segunda, consolidada em certas versões da história da disciplina.

Começamos, assim, com um comentário sobre *États et nations de l'Europe autour de la France*, obra de geografia política "à moda antiga" escrita quando a noção de geografia humana sequer era cogitada por Vidal; seguimos com sua densa e favorável apreciação dos "escritos de Friedrich Ratzel", definidores de uma geografia política renovada da qual a futura versão "humana" vidaliana será confessadamente tributária; por fim, concluímos a sequência com o exame de um texto tardio que não esconde sua assinatura geográfico-política (*Du principe de groupement dans l'Europe Occidentale*), não obstante o autor já ter à disposição sua geografia humana plenamente delineada. Tudo isso parece indicar que a geografia política não foi um "momento" da obra de Vidal, nem tampouco um gênero subordinado a qualquer outro, a ponto de merecer sucessivas ressalvas à sua existência autônoma (Brunhes, 1962:406; Demangeon, 1982:53).

Tal atitude parece despropositada se levamos em conta a totalidade da obra de Vidal. Sua geografia política se faz sentir também em textos de menor envergadura teórica, desobrigados da preocupação de instituir "princípios" ou dialogar com a geografia alemã. Despercebidos nas reavaliações do pensamento do autor, tais escritos foram evidenciados por Guilherme Ribeiro (2010a, 2010b) através de um rastreamento dos *Annales de Géographie* desde sua fundação (1891) até a morte de Vidal (1918), com atenção especial à seção *Notes et correspondances*. Seguindo essa trilha, encontramos nesta seção uma série de resenhas bibliográficas e comentários que, se não figuram entre os marcos da epistemologia vidaliana, em troca, constituem testemunhos notáveis do modo pelo qual o acadêmico se envolveu nos problemas de seu tempo, empenhando sua autoridade intelectual no debate dos grandes temas políticos em voga. Desde sua institucionalização, a Geografia Francesa esteve vinculada ao movimento colonial (Berdoulay, 1981), fato que a impulsionou para uma reflexão sobre os domínios estabelecidos no ultramar e, por extensão, a especular acerca do papel a ser desempenhado pela França no cenário internacional.

Com base no acima exposto, foram incluídos nesta sessão cinco textos envolvendo diretamente a problemática colonial e a influência francesa no mundo, a saber: *La zone frontière de l'Algérie et du Maroc, d'après de nouveaux documents* [A zona fronteiriça entre a Argélia e o Marrocos conforme novos documentos]; *La conquête du Sahara d'après E. F. Gautier* [A conquista do Saara, de E. F. Gautier]; *Le contesté franco-brésilien* [O Contestado Franco-Brasileiro]; *La mission militaire française au Pérou* [A missão militar francesa no Peru]; e *La carte internationale du monde au milionième* [A carta internacional do mundo em escala milionésima]. Fechando o conjunto, acrescentamos um interessante comentário em que Vidal parece profetizar sobre o fim da era colonial — *La Colombie Britannique, par A. Métin* [A Colúmbia Britânica, por A. Métin].

ESTADOS, NAÇÕES E COLONIALISMO

***

Como classificar *États et nations de l'Europe autour de la France* (1889), terceiro livro de Vidal, em termos temáticos? André-Louis Sanguin (1993:128), por exemplo, não hesitou em considerá-lo o "primeiro manual verdadeiro de geografia política", devido a suas detalhadas explicações sobre a formação territorial dos Estados europeus, atentas observações acerca das diversas nacionalidades existentes no interior daqueles e, em especial, por sua "geopolítica prospectiva" — termo de Sanguin — com relação ao expansionismo alemão. Impressão semelhante aparece na avaliação de Armen Mamigonian (2003), pioneira entre nós em chamar a atenção do livro em meio aos numerosos escritos de Vidal. O geógrafo brasileiro elenca os mesmos pontos levantados por Sanguin, destacando além destes o aspecto militar; por fim, conclui sua argumentação de um modo do qual não podemos discordar: "Toda obra de La Blache está imbuída de uma visão política a serviço do colonialismo francês" (Mamigonian, 2003:25). Cabe verificar, no entanto, o que convém chamar de geografia política no momento em que *États et Nations* foi escrito, com base no estado em que se encontrava a Geografia de então.

Para tanto, recorremos à história do pensamento geográfico, entendendo-a no sentido denso de área de pesquisa ancorada em marcos contextuais, fontes documentais e no diálogo constante com a historiografia. Nesta perspectiva, em um de seus estudos seminais sobre o desenvolvimento do saber geográfico, Horacio Capel (1989) apontou para a dualidade desse saber, caracterizado por uma matriz matemática (interessada em aspectos da esfera terrestre e em sua estrutura física) e outra histórica (pautada em informes descritivos advindos da observação e do inquérito). Tal dualidade atravessara os tempos desde a Antiguidade até o século XVII, vindo a esmorecer no seguinte, devido à emergência das ciências especializadas da Terra e da cartografia topográfica, que absorvem os conteúdos da geografia matemática para desenvolvê-los em âmbitos próprios. Daí que o saber geográfico, a partir dessa época, passe a ser identificado quase exclusivamente com sua matriz histórica, da qual se originaram manuais de *geografia política* ou *civil* — assim denominados desde fins do século XVII — e as chamadas corografias — descrições enciclopédicas de Estados e províncias, de ampla difusão no século XVIII e na primeira metade do XIX Os gêneros, contudo, se mesclavam com frequência, de modo que "[na] geografia política ou civil se incluía muitas vezes a descrição corográfica de países e regiões, com os traços fundamentais dos diferentes povos" (Capel, 1989:11). Tais escritos, segundo sua autoria ou propósito, podiam contemplar também temas como influência do clima, composição da população, religião, formas de governo e informes sobre a atividade comercial dos países estudados (1989:11).

Estamos, vale dizer, frente a um modelo cognitivo persistente, submetido, entretanto, a constantes atualizações. Vide as sucessivas *Geografias Universais* elaboradas no século XIX (como a de Malte-Brun, com seus sete volumes publicados entre 1810 e 1829) e também a Geografia Geral Comparada de Ritter, publicada em 1817-1818 e reeditada em 21 tomos, entre 1822 e 1858. A institucionalização efetiva da Geografia, na década de 1870, ocorreria antes mesmo de esta ter à mão novos paradigmas que lhe conferissem coerência e legitimidade científicas (tarefa a ser cumprida pelos formadores da nova disciplina, como Ratzel, Davis e Vidal). Enquanto tal empreitada não se completava, antigos modelos ainda em voga mantinham sua utilidade, imprimindo o tom do ensino e das publicações. A situação talvez tivesse mais validade no caso da França, onde a geografia histórica mantivera forte influência acadêmica, sob a sombra de Auguste Himly (Berdoulay, 1981). Logo este panorama se transformaria sensivelmente, com a criação dos *Annales de Géographie* e a gestação da geografia humana; entretanto, devemos considerar Vidal como um autor em processo, em benefício de sua melhor compreensão.

Com base no acima exposto, vemos *États et Nations* como uma obra de geografia política, mas no sentido tradicional anteriormente apontado. Se, por um lado, os conteúdos políticos são evidentes, por outro, o estudo recobre praticamente todo o universo temático encontrável num compêndio geográfico. Para se ter uma ideia, somente em sua parte geral (introdutória) são abordados temas como a posição, a configuração, a geografia física e a distribuição das populações e das línguas no continente europeu. Na parte mais extensa dedicada aos Estados, os aspectos físicos são retomados fortemente, servindo de preâmbulo para considerações sobre a relação das sociedades locais com seus respectivos meios e alguns ensaios de classificação regional. A importância política dos impérios (britânico e alemão) e reinos (os demais países) é discutida a partir de critérios históricos, geográficos e militares;[1] por fim, o teor enciclopédico já presente é acentuado através de itens sobre desenvolvimento urbano, vias de comunicação, atividades comerciais e concentrações industriais, os quais emprestam ao livro, igualmente, uma feição de geografia comercial ou econômica.

Tudo isso não esvazia o interesse de *États et Nations*, inovador em diversos aspectos. Nossa intenção de avaliar o significado geográfico-político do livro não nos deve induzir a buscá-lo apenas em sua objetivação mais corriqueira, vinda diretamente da lavra de Ratzel — as relações entre o Estado e o solo. Nesse sentido, cabe assinalar que Vidal se mostrará um leitor atento do mestre de Leipzig, sem necessariamente incorporar todas as suas concepções. Isso fica patente nesse livro, embora, naquela altura, nem o geógrafo francês tivesse alcançado a maturidade de seu pensamento científico, nem o alemão tivesse elaborado sua versão mais atualizada da geografia política, consubstanciada em obra homônima de 1897. Ao es-

---

[1] A consideração de aspectos estratégicos e militares aparece mais fortemente no caso italiano, com destaque para digressões históricas sobre invasões ocorridas através dos vales alpinos e desafios contemporâneos quanto à mobilização de tropas do centro do país em direção àquelas regiões (Vidal de la Blache, 1889:440-443 e 532-533) O autor ressalta também a posição central da Itália no Mediterrâneo e a relação deste fato com os esforços do reino no sentido de incrementar seu poder naval (1889: 515-521).

crever *États et Nations*, Vidal podia dispor das considerações presentes no primeiro volume da *Anthropogeographie* sobre a atuação dos Estados e dos grupos humanos frente ao substrato material onde se assentam e estabelecem uma vida em comum. Sua maneira de encaminhar a discussão proposta, contudo, diferirá de Ratzel em pelo menos dois aspectos, que comentaremos brevemente a seguir.

O primeiro, bastante evidenciado na estrutura do livro, é o destaque dado a modos de existência social e cultural dos povos europeus, os quais, de certa maneira, contrariam a primazia estatal da análise ratzeliana, tantas vezes sublinhada (Raffestin, 1993; Souza, 1995). Ao desenvolver o tema, Vidal recorre diversas vezes aos termos "nação" e "nacionalidade", diferenciando-os de "povo" ou "raça". Assim, o povo holandês seria formado por três raças principais (os frísios, os francos e os saxões), da mesma forma que o amálgama entre anglos e saxões teria originado o povo inglês desde o final do primeiro milênio. Povos, portanto, seriam o resultado de uma sobreposição ou mistura de raças, transcorrida ao longo dos séculos. Já nação e nacionalidade aparecem vinculadas a processos de afirmação identitária, sustentados por argumentos linguísticos, religiosos ou, então, por vicissitudes históricas. Vidal não parece desejar extrair qualquer conclusão geral sobre o problema das nacionalidades, explorando, ao contrário, as diferenças representadas pelos exemplos suíço, holandês, escocês, irlandês e catalão. A referência à Suíça, bastante elogiosa, assume para nós importância especial, ao desvelar certas preocupações não explicitadas pelo autor. O país é enaltecido por ter construído uma coesão nacional acima das questões de religião e de raça, razão pela qual pode ser apontado como "uma alta expressão da civilização europeia" (Vidal de la Blache, 1889:65). Trata-se, como podemos notar, do mesmo modelo de nacionalidade associado pelo autor ao caso francês.

A diversidade de situações evocadas e suas correspondentes ponderações encontram assim uma explicação. Refletem a intenção do autor de situar em outro patamar o debate sobre o significado de nação, irrompido na

ESTADOS, NAÇÕES E COLONIALISMO

Europa durante a Revolução Francesa e submetido a um sensível deslocamento no âmbito cultural alemão, por meio de Herder e Fichte. O primeiro propõe no final do século XVIII a noção de *Volksgeist* (traduzível por "espírito nacional"),[2] enquanto o segundo profere, no inverno de 1807-1808, seus famosos *Discursos à Nação Alemã*. Em ambas as elaborações, o termo nação possui basicamente um sentido étnico-linguístico, correspondendo, também, a um território concreto — o da raça e da língua alemãs. Por sua manifestação territorial, o *Volksgeist* teve implicações evidentes no pensamento geográfico alemão e no de outros países, muitas vezes em caráter reativo.

Paul Claval captou bem o impacto de tal formulação nos dois lados do Reno, oferecendo um argumento que nos ajuda a entender os escritos de Vidal. Na Alemanha, com sua concepção particular de nação, a questão crucial era saber onde fixar as fronteiras do Império recém-constituído, de modo a permitir que todo o povo alemão fizesse parte do Estado alemão; na França, em contrapartida, o problema era outro. A geografia francesa teria uma motivação distinta: explicar a França; explicar como um povo de origem diversa — celta, romana, germânica — acabou constituindo uma entidade política original (Claval, 1996:199). É exatamente esta a preocupação implícita em *États et Nations*, mesmo que a França não seja mencionada diretamente. Vale lembrar que, na ocasião em que o livro é publicado, a anexação da Alsácia-Lorena pela Alemanha era ainda uma ferida aberta no orgulho francês. Ferida que não só reanima as paixões nacionais como reacende a controvérsia teórica em torno da Nação, ou seja, entre a nação-contrato — dos que "querem viver juntos" — e a concepção fundada "na comunhão de língua e de costumes" (Rossolillo, 1992:797).

Discutiremos de modo bem mais breve o segundo aspecto a diferir de Ratzel em *États et Nations*, dado o fato de o mesmo se manifestar também

---

[2] O termo também pode ser lido como "espírito do povo" ou "alma coletiva" (Nogué, 1991). O fato de proceder da raiz *volk* (povo) dá mostras de como nação e povo se confundem, na perspectiva alemã.

(e mais claramente) no comentário posterior aos escritos do mestre alemão, que logo examinaremos. Trata-se da causalidade definidora da evolução dos povos e dos Estados, que Vidal supõe um tanto rígida, por vezes, nas páginas da *Anthropogeographie*. Assim, sem desvalorizar os aspectos físico-naturais aos quais, em numerosos casos, tais povos e Estados estariam ligados, o autor recorrerá sobretudo à história para atribuir-lhes significado. No prefácio à obra, uma passagem lapidar tenta resumir o princípio adotado: "A influência do solo não se traduz hoje diretamente nas manifestações da vida contemporânea. Essencialmente múltipla e fluida, ela circula através da vida dos povos" (Vidal de la Blache, 1889:v-vi).

Da mesma forma, encontramos no corpo do texto trechos que parecem denotar que a evolução histórica não resulta necessariamente do quadro físico, apresentando uma dinâmica mais complexa. Vejamos um único exemplo: "[a] unidade italiana não é um desses resultados aos quais os homens são lentamente conduzidos devido à influência das causas geográficas, é uma obra de paixão e de vontade" (Vidal de la Blache, 1889:531). Por outro lado, cabe reconhecer que nem sempre o princípio histórico referido é capaz de proporcionar explicações consistentes, dando margem, ao contrário, a formas de raciocínio naturalizadas. É assim que lemos, no mesmo exemplo citado, que a unidade italiana estava de certo modo predestinada. Não pelo meio geográfico, mas sim em obediência ao "[desejo] apaixonado de um povo já aproximado pela história e a língua, para alcançar no mundo um lugar digno de seu passado" (1889:531-32).

Embora apresente características originais e distintivas, *États et Nations* não poderia deixar de apresentar, como qualquer obra geográfica francesa da época, um fundo ratzeliano. Este residiria, em grande medida, numa formulação das mais caras ao geógrafo alemão: a noção de posição (*lage*), ressignificada a partir de uma ideia de Karl Ritter.[3] No contexto do livro,

---

[3] Expressa pelo termo *weltstellung*, a ideia-matriz é identificada por Vidal em *La géographie humaine, ses rapports avec la géographie de la vie*, incluída nesta coletânea. Trata-se,

porém, é a elaboração de Ratzel — também denominada situação político-geográfica — que se mostra de maior utilidade. É fato conhecido que Vidal recorreu diretamente ao mestre alemão em seu período de formação, meses antes de assumir a cátedra de Geografia e História em Nancy (janeiro de 1873). Descrita como "das mais amistosas e frequentes" (Broc: 1977:80), a relação entre os geógrafos provavelmente estendeu-se nos anos seguintes à viagem, do que inferimos um acompanhamento das ideias de Razel por Vidal. Dificilmente teriam escapado a ele os cursos ministrados pelo primeiro em Leipzig nos anos anteriores à publicação de *États et Nations*. Levantados por Luciana Martins (1993:127), os títulos dos cursos falam por si: "Introdução à Geografia Política" e "Geografia Política da Europa" (1887-1888); "Alemanha e seus vizinhos" (1888-1889).

Estados e Nações da Europa *em torno da França...* O que seria o livro, afinal, se não uma leitura geográfico-política da posição francesa no continente europeu? Não escapava a Vidal, certamente, a circunstância ao mesmo tempo atlântica, continental e mediterrânea de sua pátria, envolvida por cinco ou seis Estados diferentes. Daí a importância de conhecê-los, valendo-se da noção revista por Ratzel. Sua adoção não implica nenhum finalismo, como no caso de Ritter, mas sim — nas palavras de um fino conhecedor da mesma — "um grande número de considerações sobre a civilização dos vizinhos, riqueza e recursos naturais, combinações de interesse. (...) Todos os fatos geográficos que determinam a posição têm a sua interpretação, ou antes, o seu valor político relativo. Não há, em realidade, regras fixas" (Delgado de Carvalho, 1935:195).

---

segundo Claval, de uma concepção retomada de Varenius, sintetizada na crença de que qualquer fato observável em um ponto depende fundamentalmente de sua *posição* (ou seja, sua latitude, proximidade ou distância do mar, exposição a fluxos atmosféricos, recepção de fluxos migratórios etc.). Assim, "estudar a geografia é partir da posição do lugar e *considerar as circulações que o afetam*. (...) A análise de posição faz compreender em que os complexos geográficos diferem e por que as trajetórias dos povos que ali vivem não são as mesmas" (Claval, 2010:110, grifo nosso).

Para além do contexto francês subentendido, em algumas passagens do livro Vidal analisou a situação de pequenos Estados europeus em função de sua posição desfavorável. Nesse sentido, Suíça, Bélgica, Luxemburgo, Holanda e Dinamarca são retratados como "'*Estados alemães exteriores*' na órbita do novo Império" (Vidal de la Blache, 1889:204, grifo nosso). Mais eloquente ainda seria o caso irlandês: "demasiado próxima da Inglaterra para lhe escapar, demasiado grande para ser por ela absorvida, a Irlanda é vítima de sua posição geográfica." (1889:301)

***

Publicada em 1898, *La géographie politique. À propos des écrits de M. Frédéric Ratzel* não é a primeira apreciação deste autor a figurar nos *Annales de Géographie*, então com sete anos de existência. No primeiro número da revista, Louis Raveneau havia escrito uma resenha de *Anthropogeographie* — que acabara de ter seu segundo volume publicado —, em termos muito favoráveis.[4] O intervalo entre os dois textos é relativamente curto, mas suficiente para que a geografia francesa pudesse ensaiar seus primeiros passos de autonomia epistemológica e aprofundar seus vínculos acadêmicos na Faculdade de Letras, onde estava inserida. Devemos considerar, igualmente, os três trabalhos de peso[5] escritos por Vidal em tal intervalo, que acrescentaram mais robustez a seu pensamento geográfico, tanto no aspecto teórico quanto no empírico. Não surpreende, portanto, que seu texto tenha um

---

[4] Raveneau exaltou a obra como "original e fecunda", destacando seu mérito de reintegrar o elemento humano à geografia e de dar novo impulso à disciplina. As críticas direcionaram-se muito mais a aspectos formais (excesso de digressões, sequência arbitrária dos capítulos) do que ao conteúdo propriamente dito (Broc, 1977:88).

[5] São eles o *Atlas général, historique et géographique* (1894), cujo Prefácio publicamos nesta coletânea; *Le principe de Géographie Général* (1896), igualmente publicado aqui; e *La France* (1897), escrito em colaboração com Camena D'Almeida.

tom menos complacente que o anterior, embora aceite em linhas gerais as proposições de Ratzel e as considere fundamentais ao desenvolvimento do ramo então mais acanhado da Geografia — aquele dedicado ao "elemento humano", para utilizarmos a expressão de Raveneau.

Naquele fim de século em que as ciências naturais haviam alcançado enorme prestígio, era compreensível que a geografia física ocupasse uma posição de destaque na disciplina. Autores como Fröbel, Peschel e Gerland, de formação naturalista, questionavam abertamente a cientificidade de estudos geográficos de inspiração unificadora, que ambicionavam abarcar também o estudo da Humanidade em seu projeto cognitivo (Capel, 1981). Nesse contexto, a sistematização oferecida por Ratzel deveria ser saudada, ainda que discutida em alguns de seus aspectos. Vidal não se restringirá a comentar a *Politische Geographie* recém-publicada, recobrindo, na primeira parte de seu texto, toda a obra ratzeliana até então escrita. Encontra ali, naqueles "volumes impregnados de muita substância" (Vidal de la Blache, 2002:124), a questão central que norteará toda a sua reflexão científica: o papel das influências geográficas na história. A partir de tal premissa, muitos pontos de vista de Ratzel serão aceitos de forma quase integral pelo geógrafo francês, aparentando mesmo sair de sua própria pena. O papel de intermediação exercido pela geografia dos seres vivos com relação aos fenômenos da geografia física — o mundo inanimado — e os da chamada geografia política — o mundo organizado socialmente —, é um desses pontos. Outro, certamente, é a preocupação em dotar o estudo do elemento humano na Terra de meios de investigação tão precisos quanto os utilizados pelas ciências naturais, através de mapas topográficos, temáticos e informações censitárias (Vidal de la Blache, 2002:130-31).

Por outro lado, tal como em *États et Nations*, Vidal não deixa de ver problemas na forma um tanto dogmática com que Ratzel procura enquadrar seus objetos de estudo em termos de causalidade. Vale assinalar, porém, ao examinarmos detidamente o texto de 1898, que a objeção parece se dever menos à ênfase natural constatável em tal enquadramento do que à desconsideração da "relatividade dos fenômenos", insistida pelo autor (Vidal de la Blache, 2002:124). Uma breve passagem, no fim do artigo, reforça essa impressão: "[na] mobilidade perpétua das influências que se intercambiam entre a natureza e o homem, seria sem dúvida uma ambição prematura querer formular leis" (2002:137). O problema, portanto, estaria mais na cadeia de determinações estabelecida por Ratzel do que em sua construção ambientalista,[6] conforme nos esclarece Capel (1981:331-32).

Outro aspecto importante no texto é o questionamento à abrangência e imprecisão características da geografia política, manifestas tanto em versões clássicas quanto nos enunciados da *Politische Geographie*. Esta, na realidade, teria redimensionado o problema ao estabelecer, com base em noções ecológicas e biológicas, os meios analíticos necessários ao desenvolvimento da geografia política. O novo enfoque dilatava o domínio daquela na direção de áreas que cobriam praticamente todo o espectro científico, da Fisiologia Humana à Ciência Política, passando pela Ecologia e a Etnografia. Bem mais do que Vidal julgava salutar a uma ciência em formação, à qual, ao contrário, caberia afinar seu discurso científico e metodologia. Daí sua preocupação em relacionar a geografia política ao conjunto da Geografia, base supostamente adequada para discernir os fatos "que ela deve reivindicar como seu patrimônio, e aqueles que ela deve eliminar como parasitas" (Vidal de la Blache, 2002: 124).

Com base no que se lê no texto podemos afirmar que as objeções de Vidal à amplitude do campo são de natureza basicamente cognitiva, sem qualquer preocupação com conteúdos ideológicos potencialmente ameaçadores de sua integridade científica. Não há tabu ou "espectro" envolvendo a geografia política. Ela é tão somente um ramo da disciplina que lograra posição universitária no início da "era imperialista", como também o eram

---

[6] Se estivermos corretos, é mais um motivo para se rever o debate sobre o determinismo *ambiental*.

a geografia comercial (logo econômica) e a geografia colonial[7] (Flint, 2009:549). Entre todas essas, no entanto, é a que melhor exprime o propósito de realizar um tratamento sistemático do "elemento humano" da disciplina, antes de Ratzel propor sua antropogeografia. Fora do circuito acadêmico, no âmbito "profano" dos Congressos Internacionais de Geografia, a área encontra acolhida na forma de comissão ou seção de estudo, atraindo a participação de uma legião fiel de diletantes. Tratava-se, portanto, de um termo de uso corrente na época.

Por tal motivo, Vidal o aceitaria sem constrangimentos para designar fenômenos geográficos situados além da geografia física, como as relações entre o homem — organizado em sociedade ou em grupos — e o meio onde a atividade humana é exercida (Vidal de la Blache, 2002:123). Seria exatamente esse o entendimento de Halford Mackinder (1996:158), expresso com clareza em texto clássico de 1887: "aceita-se que a função da geografia política consiste em descobrir e demonstrar as relações existentes entre o homem em sociedade e as variações locais de seu meio". O geógrafo britânico manteria a denominação como o carro-chefe de seu discurso, levando-a do domínio acadêmico à arena das hipóteses estratégicas sobre o poder mundial. Ratzel, por seu turno, transita decididamente para o subcampo como um desdobramento da sua antropogeografia. A trajetória de Vidal, de certa forma, sugere o inverso. No texto em questão, o autor trata "geografia política" e "geografia humana" como termos rigorosamente equivalentes, embora não considerasse a segunda, naquela altura, como perspectiva particular de estudo.[8] São os "fatos da geografia humana" (ou

---

[7] Acrescentaríamos também a geografia física.

[8] Não há espaço aqui para uma digressão arqueológica sobre o tema. Registremos, apenas, com base em Capel (1989:13), que o primeiro trabalho acadêmico francês a definir-se nominalmente como "estudo de Geografia Humana" é a tese de Jean Brunhes sobre o uso da irrigação na Península Ibérica (1902), orientada por Vidal. Consta que o orientador teria hesitado em aceitar o termo, frente a outras possibilida-

seja, a *geografia dos homens na superfície terrestre*), que o interessam aqui, devendo os mesmos ser estudados — dirá afinal — pela "geografia política *ou* humana", entendidas como parte de um mesmo conjunto: a geografia geral (Vidal de la Blache, 2002: 129, grifo nosso).

Um último aspecto a destacar no comentário de Vidal consiste no sutil deslocamento operado pelo geógrafo francês na perspectiva de estudo dominante de seu colega alemão, centrada preferencialmente na relação Estado-solo. A questão foi bem detectada por Rogério Haesbaert (2002:117-18), que apontou tal deslocamento e o sintetizou nos seguintes termos: "mais do que o debate sobre o Estado, o texto de La Blache enfatiza o da 'sociedade', da 'humanidade' ou dos 'grupos humanos' em sua relação com o espaço". De fato, quando nos debruçamos sobre a última parte do artigo (a mais substanciosa), encontramos ali uma rica demonstração de como os fenômenos da geografia política devem ser apreciados em escalas geográficas das mais diferenciadas (Haesbaert, 2002:121). Vidal nos fala de estabelecimentos políticos elementares, como aldeias, vilarejos e tribos; do papel central das cidades como elementos articuladores do poder estatal; e, por fim, do que denomina "regiões políticas", das quais seriam exemplos a Europa Ocidental — como ficará patente no próximo texto analisado — e certas zonas de fronteira incerta existentes na Ásia Central e na África Sudanesa (Vidal de la Blache, 2002:133-35). Ao desenvolver sua argumentação, o autor faz uso de uma noção recorrente, empregada quase sempre no plural. Trata-se dos *agrupamentos humanos*, outras vezes denominados *agrupamentos políticos*, como nos escritos que mais nos interessam aqui.

Vejamos como a noção em tela aparece de forma central em outro trabalho de Vidal. No caso, o texto em questão é um capítulo de *La France*

---

des. A partir desse momento, porém, a situação mudaria inteiramente e Vidal incorporaria como poucos a denominação, como fica patente na primeira parte desta coletânea. Para uma justificativa da pena do próprio autor, é exemplar o primeiro parágrafo do texto A *Geografia Humana. Suas relações com a geografia da vida*, aqui publicado.

del'Est (Lorraine-Alsace), intitulado *Du principe de groupement dans l'Europe Occidentale*. Desde logo, endossamos as observações de Guilherme Ribeiro (2011) quanto à impropriedade de se considerar o livro, em seu conjunto, como uma obra essencialmente geopolítica, como alardeado por Lacoste (1994). Mais propriamente, *La France de l'Est* é uma síntese brilhante de vários subcampos da ciência geográfica, representando o amadurecimento da proposta de geografia humana cultivada lentamente pelo autor (Ribeiro, 2011:4). Não pretendemos abstrair, no entanto, o conflito militar subjacente à elaboração do livro, nem tampouco o conteúdo geográfico-político — Ribeiro dirá geopolítico — dos capítulos da parte IV, dedicados a temas como a influência alemã na Europa, agrupamentos políticos, fronteiras e vias de comunicação. Ao contrário. Buscaremos evidenciar tal conteúdo com base no capítulo referido, de modo a perceber não apenas os interesses da França (os quais Vidal não deixará de expressar), mas também o próprio modo francês de ver a questão.

O texto se divide em duas partes bem diferenciadas. Na primeira, Vidal reflete sobre a necessidade de os países da Europa Ocidental combinarem seus interesses políticos e ensaiarem formas de cooperação internacional. Poderíamos ver nesses *agrupamentos* uma prefiguração da União Europeia encetada muitas décadas depois, mas isso, de certa forma, encobriria o contexto imediato que suscitava aquela reflexão. Tratava-se, efetivamente, de uma situação de guerra entre o Império alemão e a França e seus aliados ocidentais, aos quais caberia definir uma ação coordenada. O geógrafo, contudo, considera a questão para além dos imperativos de ordem efêmera, buscando critérios de agrupamento estáveis — preventivos de novas situações ameaçadoras — e fundados em princípios civilizatórios e racionais. Descarta, assim, afinidades fundadas em semelhanças raciais e linguísticas que, além de não refletirem a realidade histórica do continente — marcado por intensa mistura étnica —, alimentariam perigosamente "razões místicas extraídas de pretensas superioridades raciais ou (...) ressentimentos de lutas passadas" (Vidal de la Blache, 1994: 207).

Inversamente a tal perspectiva, o autor proporia um agrupamento político assentado em princípios societários e noções como liberdade e justiça, justamente aqueles "com os quais a Europa Ocidental ergueu os fundamentos de sua existência política [e os difundiu pelo mundo]" (Vidal de la Blache, 1994:208). Ficava subentendido que a França, com seus valores ilustrados e republicanos, ocuparia um lugar central nesta associação continental, ao lado de um rendilhado de pequenos Estados com sólida coesão política e de rivais históricos como a Grã-Bretanha, dispostos a esquecer velhas rusgas e definir bases cordiais de entendimento. A Alemanha, segundo a mesma lógica, não se encaixaria em tal ordem, situando-se na verdade em franca oposição a ela. Sua tendência expansionista — intolerável no plano continental — quebrava os fundamentos de uma *Pax Europaea*.

A segunda parte do texto trata de ampliar a noção de agrupamento de modo a envolver também a Europa Oriental. Mais concretamente, são as possibilidades de aproximação com a Rússia que atraem a atenção de Vidal, antecipando o cenário que deveria se desenhar com a restauração da paz no continente. Tal aproximação, no entender do geógrafo, retomaria um movimento natural, já que, "desde o século XVI, a Rússia não parou de procurar abrir seus horizontes ao organizar comunicações livres com a Europa Ocidental" (Vidal de la Blache, 1994:210). Mas tratava-se, em sua visão, de um movimento bloqueado pela Alemanha — que se arvorava em mediadora exclusiva do contato –, além de limitado pela enorme precariedade da economia e da infraestrutura no vasto Império eurasiano.

Havia, porém, razões para crer na modificação de tal panorama. A perspectiva da derrota alemã no conflito em curso era certamente uma delas. Outra razão residia em fatores menos circunstanciais, relacionados a transformações operadas no Império Russo na virada do século XIX para o XX, como a abolição da servidão, a industrialização e a expansão ferroviária rumo ao Leste. "Graças a progressos assim", escreve ele, "(...) [a Rússia] alcança a vontade e o poder de tomar parte nas transações gerais e assegurar a seu imenso Império (...) o acesso ao mercado mundial" (Vidal de la Blache,

1994:211-12). O estabelecimento dessa ponte franquearia aos consumidores e capitais ocidentais os produtos agrícolas da Rússia europeia e os amplos recursos do interior asiático, perfazendo um caminho tido como inevitável e benéfico a todas as forças econômicas e políticas envolvidas.

Que relação teria tal leitura da situação europeia em 1917 com os interesses franceses e, no plano do pensamento geográfico, com outras reflexões sobre o tema produzidas à época? Tentemos responder de forma articulada esses dois aspectos, com base em dados históricos e numa breve comparação com um autor contemporâneo à Vidal. Quanto ao primeiro aspecto, somos levados a crer que as ideias do geógrafo estão perfeitamente afinadas com as práticas estratégicas, diplomáticas e empresariais de seu país. Como se não bastasse o antigermanismo presente em todo o texto, a preocupação em atrair a Rússia para um agrupamento europeu liderado pela França, explicitada na segunda parte, reflete exatamente a principal tendência da política externa do Estado francês em âmbito continental. Estabelecida em 1892 e vigente até a Revolução de 1917, a Aliança Franco-Russa foi a aliança militar mais estável na Europa nas duas décadas que antecederam a Primeira Guerra Mundial. Afora o aspecto propriamente militar, o acordo deu à Rússia acesso à Bolsa de Paris, assegurando-lhe os capitais de que tanto necessitava para a modernização da economia e do aparelho estatal. Desde então, a França tornou-se a principal investidora externa na Rússia,[9] aprofundando seus laços políticos com o Império (Néré, 1981:286).

Entende-se assim, em *Du principe de groupement*, o tom de hostilidade e condenação empregado com relação à Alemanha e, em franco contraste, o tratamento dado à Rússia. Fosse outra a nacionalidade de Vidal, outra seria certamente a perspectiva. A título de exemplo, tomemos o caso de um

---

[9] "Calculava-se em 1917 que o investimento estrangeiro total na Rússia era de 2.243 milhões de rublos, uma terça parte dos quais fora fornecida pela França. E isso sem levar em conta os empréstimos do Estado, boa parte dos quais aproveitavam indiretamente à indústria." (Néré, 1981:286)

influente geógrafo britânico do final do século XIX e primeira metade do século XX, o já referido Halford Mackinder. Em 1904, este acadêmico de espírito militar (Flint, 2009) apresentou à *Royal Geographical Society* sua teoria geopolítica sobre as bases do poder mundial, fundada no antagonismo entre a Grã-Bretanha e a Alemanha e a Rússia. Na visão de Mackinder (2004), o mundo era composto por uma única grande ilha (*World-Island*), formada por um núcleo continental — o *Heartland*, situado na parte central da Eurásia –, um "anel periférico interior" e outro exterior, de menor importância. A ideia-chave da teoria era a de que o *Heartland*, por suas características intrínsecas — grande extensão, abundância de recursos, mobilidade interna e proteção natural contra invasões — possuía vital importância geopolítica, constituindo assim a base do poder mundial.

Ora, não haveria semelhança desta ideia com a caracterização da Rússia por Vidal? Ele não seria nada econômico ao enaltecê-la como "um dos principais reservatórios de recursos do futuro" (Vidal de la Blache, 1994:211), comparável aos Estados Unidos como fronteira de expansão e superior à Alemanha em termos de posição geográfica: "[se] a Alemanha é central em relação à Europa, a Rússia o é em relação a essa parte incomparavelmente mais vasta da Ásia que podemos designar por uma expressão que, com razão, os geógrafos tomaram de empréstimo dos geólogos: a *Eurásia*. De lá ela comanda os caminhos da China e, sobretudo, dispõe de recursos agrícolas e industriais que se repartem do Donetz ao Altäi e que aparecem, desde então, como uma das principais reservas do globo" (1994:213).

A convergência das visões sobre a Rússia, porém, convivia com uma diferença crucial. Enquanto o geógrafo britânico a via como ameaça, em razão do antagonismo apontado, o francês a exaltava como "um mundo pleno de promessas" (Vidal de la Blache, 1994:213), considerando a posição privilegiada de seu país como aliado político e investidor de capitais.

***

ESTADOS, NAÇÕES E COLONIALISMO

No encerramento desta apresentação, cabe acrescentar que um dimensionamento da geografia política na obra de Vidal não estaria completo se não considerássemos a reflexão do geógrafo sobre o papel da França como potência mundial, tendo em vista seu vasto império colonial e poder econômico. Lamentando não aprofundar, aqui, uma linha de investigação iniciada por Ribeiro (2010a e 2010b), limitamo-nos a oferecer algumas breves indicações que ajudem a situar a problemática ao leitor brasileiro, a quem estimulamos a explorar essas páginas tão pouco conhecidas do autor.

Com relação ao tema colonial propriamente dito, concentrado em exemplos africanos, a preocupação de Vidal parece se dirigir para o problema da manutenção do controle político em áreas de difícil gestão, seja por seu ambiente "inóspito" e as distâncias envolvidas, seja pela diversidade potencialmente conflituosa das populações nativas. É exatamente isso que está em tela nas considerações sobre a zona fronteiriça entre a Argélia e o Marrocos, bem como nas referentes à conquista do Saara (Vidal de la Blache, 1897, 1911). Os textos deixam transparecer os desafios postos à autoridade colonial no sentido de regular deslocamentos, arbitrar conflitos, combater tribos insubmissas e organizar fluxos econômicos "modernos", tudo isso em espaços onde a soberania estatal/metropolitana mostrava-se rarefeita. Para além de aspectos conceituais, a vigilância da fronteira dos domínios franceses com o Marrocos[10] e o controle do território e de populações, nos primeiros, eram exigências da própria empresa colonial, associadas a práticas estratégicas definidoras de uma geopolítica (Ribeiro, 2010a, 2010b).

---

[10] Desde que iniciara a colonização da Argélia em 1830 e ampliara sua conquista, a França havia se aproximado geograficamente do Marrocos, então um sultanato independente. Mal definida, a fronteira argelino-marroquina era palco de vários incidentes (Wesseling, 2008: 374), situação que se reflete no texto de Vidal sobre a região, publicado em 1897. Somente em 1912, através do Tratado de Fez, a maior parte do Marrocos se torna um Protetorado Francês.

Ainda com relação às colônias francesas, outro assunto a merecer a atenção de Vidal foi o dos limites territoriais daquelas com outras soberanias, como em *Le contesté franco-brésilien* [O contestado franco-brasileiro], que consideramos oportuno incluir na coletânea por envolver um episódio da formação territorial do Brasil.[11] Aqui, vemos o acadêmico assumir o papel político de assessor técnico da diplomacia de seu país, sem deixar de ser, contudo, um cientista, capaz de reconhecer — como valor em si — o acervo de conhecimentos produzidos em decorrência do litígio (Vidal de la Blache, 1901).

Mas não eram só os domínios franceses que interessavam ao geógrafo. Na verdade, talvez Vidal já intuísse que o vasto conjunto territorial amealhado pela expansão europeia no século XIX e anteriores tivesse algo de instável num mundo em rápida transformação, sobretudo no continente americano. Sua preocupação com o problema aparece claramente na resenha da tese de A. Métin sobre a Colúmbia Britânica (Vidal de la Blache, 1908), na qual o autor reflete sobre a diluição de estruturas tradicionais frente à emergência de novas formas de organização econômica na província canadense, por ele chamadas de "americanismo".

Diante de tais tendências ou processos em curso, seria o caso de perguntar que lugar teriam ainda as potências europeias na reconfiguração do planeta. Por encarnar ideais de progresso e civilização amplamente reconhecidos, a França não deveria se omitir da disputa pela hegemonia mundial, lutando com as melhores armas que dispunha — a força de sua cultura política e científica. É assim que entendemos a elaboração de textos como o dedicado à missão militar francesa no Peru (Vidal de la Blache, 1906) — registro interessante da tentativa do país de ampliar sua esfera de influência — e à carta internacional do mundo em escala milionésima (Vidal de la

---

[11] A questão dos limites entre a Guiana Francesa e o Brasil foi decidida em 1900 por arbitragem suíça, favorável à petição brasileira.

Blache, 1910), motivado pelo receio do autor de ver sua pátria excluída de um projeto que envolvia uma autêntica "partilha" das áreas cartografáveis do globo — com implicações óbvias na representação construída sobre o mesmo.

Toda essa atenção dispensada por Vidal à colonização e à influência francesa no mundo, complementada por reflexões sobre a situação europeia produzidas em distintos momentos de sua trajetória — do primeiro trabalho de fôlego ao último livro escrito em vida –, convidam a repensar a imagem do autor como um acadêmico alheio aos temas de geografia política. Esperamos que os textos aqui reunidos, aos quais esta apresentação buscou servir, possam ajudar a compor um quadro mais completo desse personagem fundamental de nossa disciplina.

Referências

ANDREWS, Howard (1986). Les premiers cours de Paul Vidal de la Blache à Nancy (1873-1877). *Annales de Géographie*, n. 529.

BERDOULAY, V. 1981. *La Formation de l'École Française de Géographie (1870-1914)*. Paris: Bibliothèque Nationale.

BROC, Numa. 1977. La géographie française face à la science allemande (1870-1914). *Annales de Géographie*, n. 473, t. 86.

BRUNHES, J. 1962 (1956). *Geografia Humana*. Rio de Janeiro: Fundo de Cultura. Edição abreviada e atualizada por Mme. Mariel Jean-Brunhes Delamarre e Pierre Deffontaines.

CAPEL, H. 1981. *Filosofía y ciencia en la Geografía contemporánea. Una introducción a la Geografía*. Barcelona: Barcanova.

_____. 1989 (1987). *Geografía Humana y Ciencias Sociales. Una perspectiva histórica*. Barcelona: Montesinos.

CLAVAL, P. 1996. Entrevista. *Geosul*, n. 21-22, vol. 11.

_____. 1998. *Histoire de la géographie française de 1870 à nos jours*. Paris: Nathan.

DELGADO DE CARVALHO, C. 1935 (1933). *Geografia Humana — Política e Econômica*. São Paulo: Cia. Editora Nacional.

DEMANGEON, A. 1982 (1942). Uma definição de Geografia Humana. In: Christofoletti, A. (org.). *Perspectivas da Geografia*. São Paulo: Difel.

FLINT, C. 2009 Political Geography. In: Gregory, D. et al. (eds.) *Dictionary of Human Geography*. Chichester (UK): Wiley-Blackwell.

HAESBAERT, R. 2002. La Blache, Ratzel e a "Geografia Política". *GEOgraphia*, n. 7, IV.

LACOSTE, Y. 1994. Présentation de La France de l'Est. In: Vidal de la Blache, P. 1994 (1917). *La France de l'Est (Lorraine-Alsace)*. Paris: La Découverte.

MACKINDER, H. 1996 (1887). On the Scope and Methods of Geography. In: Agnew, A. et al. *Human Geography: an essential anthology*. Malden (USA)/Oxford/Melbourne/Berlin: Blackwell.

_____. 2004. (1904). The Geographical Pivot of History. *Geographical Journal*, v. 170, issue 4.

MAMIGONIAN, A. 2003. A Escola Francesa de Geografia e o papel de A. Cholley. *Cadernos Geográficos*, n. 6. Florianópolis: GNC/CFH/UFSC.

MARTINS, L. 1993. *Friedrich Ratzel através de um prisma*. Rio de Janeiro: Programa de Pós-Graduação em Geografia, UFRJ (dissertação de mestrado).

NÉRÉ, J. 1981 (1973). A Rússia no século XIX. In: Néré, J. *História Contemporânea*. São Paulo/Rio de Janeiro: Difel.

NICOLAS-OBADIA, G. 1988. Paul Vidal de la Blache et la politique. *Bulletin de la'Association Géographique Française*, 4.

NOGUÉ, J. 1991. *Nacionalismo y territorio*. Lleida: Milenio.

RAFFESTIN, C. 1993 (1980). *Por uma geografia do poder.* São Paulo: Ática.

RIBEIRO, G. 2010a. La géographie vidalienne et la géopolitique. *Géographie et Cultures,* n. 74.

_____. 2010b. Território, Império e Nação: a geopolítica em Paul Vidal de la Blache. *Revista da ANPEGE,* n. 6, v. 6.

_____. 2011. A Geografia e o Desafio da Modernidade: *La France de l'Est (Lorraine-Alsace)* cem anos depois. Biblio 3W.

ROSSOLILLO, F. 1992 (1983). Nação. In: Bobbio, N. et al. (orgs.). *Dicionário de Política,* v. 2. Brasília: Edunb.

SANGUIN, A.-L. 1988. Paul Vidal de la Blache et la géographie politique. *Bulletin de l'Association Géographique Française,* 4.

_____. 1993. *Vidal de la Blache: un génie de la géographie.* Paris: Belin.

SOUZA, M. L. 1995. O território: sobre espaço e poder, autonomia e desenvolvimento. In: Castro, I. et al. (orgs.). *Geografia: Conceitos e Temas.* Rio de Janeiro: Bertrand Brasil.

VIDAL DE LA BLACHE, P. 1889. *États et nations de l'Europe autour de la France.* Paris: Delagrave.

_____. 1897. La zone frontière de l'Algérie et du Maroc, d'après de nouveaux documents. *Annales de Géographie,* n. 28, t. 6.

_____. 1901. Le contesté franco-brésilien. *Annales de Géographie,* n. 49, t. 10.

_____. 1903. La géographie humaine, ses rapportes avec la géographie de la vie. *Revue de Synthèse Historique,* n. 7.

_____. 1906. La mission militaire française au Pérou. *Annales de Géographie,* n. 79, t. 15.

_____. 1908. La Colombie Britannique, par A. Métin. *Annales de Géographie,* n. 94, t. 17.

_____. 1910. La carte internationale du monde au milionième. *Annales de Géographie,* n. 103, t. 19.

_____. 1911. La conquête du Sahara d'après E. F. Gautier. *Annales de Géographie,* n. 109, t. 20.

_____. 1994. (1917). *La France de l'Est (Lorraine-Alsace).* Paris: La Découverte.

_____. 2002 (1898). A Geografia Política. A propósito dos escritos de Friedrich Ratzel. *GEOgraphia,* n. 7, IV.

TAYLOR, P. 1994 (1985). *Geografia Política. Economía mundo, Estado-nación y Localidad.* Madri: Trama.

III.1. ESTADOS E NAÇÕES DA EUROPA EM TORNO DA FRANÇA (extratos)*
[1889]

Língua e nacionalidade

A língua é uma parte do patrimônio nacional. Por vezes é tudo que dele permanece. Ela representa, assim, as lembranças do passado e as esperanças do futuro. É desse modo que os poloneses permanecem extremamente fiéis à sua língua nacional, que os tchecos a defendem contra as intrusões do alemão. O primeiro passo dos romenos rumo à emancipação consistiu em revalorizar seu velho idioma.

Mas a palavra nacionalidade exprime outra coisa, e mais do que um simples aspecto de linguagem. Uma nação é um ser moral. A natureza e as combinações da política preparam, a história cimenta essas associações que denominamos nações ou povos, mas elas vivem de lembranças, de ideias,

---

* *États et nations de l'Europe autour de la France.* Paris: Librairie Charles Delagrave, 1889, p. 41, 64-65, 191-193, 202-204, 242-244, 259-263, 294-297, 312-314, 330-334, 397-398, 417-419, 531-533. (Trechos referentes à questão da formação nacional e regional) Tradução: Rogério Haesbaert. Revisão: Roberta Ceva.

de paixões, e mesmo de preconceitos tornados comuns. Se essa intimidade não existe, basta ver o que se passa entre ingleses e irlandeses para reconhecer que a comunidade de língua tem pouco efeito. Ao contrário, o exemplo da Alsácia, tão francesa com seu *patois*[1] alemão, mostra que há simpatias que valem mais que as afinidades de língua, e que, a despeito das classificações as mais bem fundadas da gramática, formam-se laços que não se podem romper sem que se atinja o mais profundo da alma.

O caráter político da nacionalidade suíça

Pode-se dizer da Suíça que, com sua diversidade de solo, de cultura e de habitantes, este pequeno país é como uma síntese da Europa Central. Protestantes ali se encontram com católicos, alemães com romanches, a vida manufatureira das cidades com a vida pastoril das montanhas. Os estrangeiros para ali se dirigem em grande número, a maior parte por uma estação, mas um bom número também para ali fixar-se.[2] Cidades como Genebra ou Zurique têm um caráter cosmopolita bem marcado.

O suíço, entretanto, permanece muito fiel a si mesmo e em nada se confunde com as nacionalidades vizinhas. Ao invés de ser alemão ou francês, ele é suíço. Sua nacionalidade lhe é ainda mais cara uma vez que ela não se parece com nenhuma outra.[3] A originalidade das instituições é o laço que une essas raças e confissões diferentes. Por um privilégio bastante

---

[1] "Falar restrito a certos signos (fatos fonéticos ou regras de combinação), utilizado somente sobre uma área reduzida e numa comunidade determinada, geralmente rural", segundo o Larousse — Dictionnaire de la langue française. (N.T.)

[2] Havia, em 1º de dezembro de 1880, mais de 214.000 estrangeiros, isto é, um estrangeiro para cada 12 habitantes.

[3] "Considerem bem, dizia Bonaparte aos deputados suíços, a importância de possuir traços característicos; são eles que afastam a ideia de qualquer semelhança com os outros Estados, que impedem de vos confundir com eles e de ali vos incorporar" (Stapter, *Histoire et description de Berne*, Paris, 1835).

raro na Europa, a Suíça conseguiu desenvolver sua vida nacional sem ferir as liberdades de seus membros. Ela pôde limitar ao estritamente necessário o mecanismo do poder central e possibilitar assim aos organismos locais toda facilidade para agir e movimentar-se a seu modo. Isso explica o tipo de ligação que mantém unidos os cidadãos dessa comunidade livre. Estado criado fora, ou melhor, acima das considerações de religiões e de raças, a Suíça merece por isso mesmo ser observada como uma alta expressão da civilização europeia.

Profundas mudanças ocorreram desde o começo do século. Às vésperas da Revolução francesa havia na Suíça duas partes bastante distintas: de um lado, os Treze Cantões, gozando da plenitude de seus direitos políticos; de outro, os sujeitos em condição de completa inferioridade. O Ato de Mediação (19 de fevereiro de 1803) reformou a Suíça num sentido mais liberal. Desde então foram suprimidas todas as distinções entre os cantões, aliados e submetidos; e, em 1815, quando a Suíça se constituiu em seus limites atuais, ela contava com 22 cantões. Cada um deles forma um pequeno Estado com suas memórias históricas e sua própria constituição. Entretanto, o progresso em direção a um certo grau de centralização é inegável. A guerra do *Sonderbund*,[4] em 1847, foi seguida de reformas no sentido unitário, as alfândegas interiores foram suprimidas. Cada vez mais, ao longo dos últimos vinte anos, se estabelece o uso do *referendum* ou consulta direta sobre as questões que interessam ao conjunto do povo suíço.

A nacionalidade holandesa

Antes que a história assim decidisse, o isolamento geográfico e as necessidades da luta pela proteção do solo havia preparado a existência de um povo holandês.

---

[4] Em alemão e itálico no original. (N.T.)

Foi uma circunstância feliz para esse país ser separado da Alemanha do norte por uma linha de charnecas e de pântanos. Sua autonomia tirou proveito disso. Por suas origens comuns os holandeses pertencem ao grupo baixo-alemão da família germânica, mas representam uma combinação original de elementos etnográficos, uma mistura de populações que, mesmo originárias de uma base comum, nem por isso deixam de ser bastante diversas. Três raças principais contribuíram para formar o povo holandês: os frísios, os francos e os saxões. Nas partes do território em que não foram misturados eles ainda se distinguem por aspectos de vestuário, de costumes e, sobretudo, por suas ocupações específicas: o frísio, homem do mar por excelência, nas ilhas e na província que levam seu nome; o camponês saxão, nas províncias de Drenthe, Over-Yssel e Gueldre, onde, sobretudo, ele se agrupou, aloja-se e vive como seus semelhantes de Hanover ou da Westfália; os francos, que aparecem em estado puro na província de Brabante e se parecem com seus irmãos da Bélgica. Essas populações não variaram nas suas respectivas residências, ocupando ainda hoje as posições em que se encontravam desde o começo da Idade Média. Mas na Zelândia, assim como nas duas províncias do Sul e de Norte-Holanda, os dois elementos, frísio e franco, misturaram-se um ao outro. Formou-se nessa região constantemente ameaçada, que se estende desde a desembocadura ocidental do Escaut até o Zuiderzee, uma população mista. Foi ela que atingiu o grau mais elevado de desenvolvimento econômico e político e que serviu em definitivo para formar o núcleo da nacionalidade holandesa.

Há menos de três séculos que os Países Baixos setentrionais se libertaram da dominação espanhola para se reunirem no corpo de uma nação, e apenas pouco mais de dois séculos que sua independência foi sancionada pelo direito público europeu.[5] Mas a Holanda livre alcançou tamanho progresso como potência marítima, comercial e colonial e soube se manter

---

[5] União de Utrecht, 1579 — Declaração de independência de Haia, 1581 — Tratados de Westfália, 1648.

com a mesma energia contra a Espanha, a Inglaterra e a França, que se firmou ainda mais na consciência de sua nacionalidade.

Há uma língua e uma literatura holandesas, língua falada não somente na Holanda, mas também no Cabo e nas repúblicas sul-africanas. Há uma escola de pintores, praticamente sem rival, que se inspirou quase exclusivamente nas paisagens e no céu holandês, em tipos e cenas de costumes locais e que soube criar obras-primas para decorar as salas de corporação. O presente não poderia ser comparado ao passado. Contudo, a Holanda conserva uma posição honrosa nas artes e nas ciências.

O perigo ao qual foram expostos os Estados há muito detentores de grandes riquezas é uma espécie de prostração que os faz perder o hábito do esforço. A Holanda não escapou inteiramente a este mal das sociedades opulentas. Ela não mostrou na concorrência econômica contemporânea a verve empresarial que a distinguira no passado. Deixou-se distanciar em relação a seus vizinhos. Seus portos foram ultrapassados por Antuérpia e Hamburgo. Sua marinha mercante caiu para a oitava posição na Europa em relação à tonelagem por navios a vela, e para a quinta em relação à tonelagem por navios a vapor. Suas próprias colônias, tão florescentes, viram suas rendas declinarem; e ela mantém há anos em Sumatra uma luta árdua sem resultados decisivos. Ela possui, entretanto, um império colonial que, ainda que mutilado, somente é inferior ao da Grã-Bretanha. Sua marinha militar, com a força de 23 navios blindados, posiciona-se após as de Inglaterra, França, Rússia, Itália e Alemanha. Se na balança atual de forças numéricas da Europa, o curso da história a relegou irrevogavelmente à posição de Estado secundário, o cuidado que possui em organizar sua defesa, por meio das fortalezas construídas em Utrecht e iniciadas em Amsterdã, indica que ela não está nem um pouco disposta a abdicar. A tenacidade perseverante de que os holandeses tantas provas deram é capaz de reagir contra os perigos de uma longa riqueza.

Formação do povo inglês

Os celtas bretões que ocupavam a maior parte da ilha no começo do período histórico não eram um povo marítimo. Eles sofreram, como os celtas gauleses, a conquista romana. Mas a influência de Roma não se exerceu sobre eles com intensidade suficiente para suprimir, como na Gália, os idiomas nativos e substituí-los pelo latim. Jamais se formou um foco de civilização superior suficientemente poderoso para absorver em sua chegada os invasores germânicos.

Esses foram recrutados entre as tribos baixo-alemãs ou escandinavas que habitavam desde as desembocaduras do Reno até o cabo Skagen: foram sobretudo os saxões vizinhos da foz do Elba, os anglos, que ocupavam uma parte do Slesvig,[6] e os jutos ou habitantes da Jutlândia.[7] Suas invasões, que se aceleraram por volta da metade do século V,[8] desencadearam na ilha da Bretanha[9] uma transformação muito mais radical do que na Gália. No continente, as estruturas da antiga sociedade haviam resistido; lá, ao contrário, foram destruídas. Os antigos senhores da terra, repelidos em direção às montanhas, só conseguiram manter sua língua nas extremidades ocidentais da ilha: na península da Cornuália, onde o idioma córnico se extinguiu há um século; no país de Gales, onde o *welsh*[10] (nome dado pelos ingleses a este idioma celta) ainda se mantém vigorosamente; nos *Highlands* da Escócia, onde subsiste o gaélico, outro dialeto da mesma família; e enfim,

---

[6] Nome dinamarquês para Schleswig, em alemão, território que em 1920 foi dividido entre a Alemanha (correspondente à parte sul da península da Jutlândia) e a Dinamarca (parte norte da península). (N.T.)

[7] Região da península que em sua maior parte compõe hoje a Dinamarca. (N.T.)

[8] Grande invasão dos saxões, anglos, jutos e frísios no ano 419 de nossa era (Bède, *Histoire éclesiastique*, I, 15).

[9] Grã-Bretanha. (N.T.)

[10] "Velche" no original em francês (antigo), "galês" em português. (N.T.)

na Ilha de Man. Fora dessas áreas o passado bretão e romano só deixou traços em alguns nomes de lugares, de cidades ou de rios.[11] Os galeses do país de Gales são em número superior a um milhão. Eles se distinguem por sua tez mais morena, seus rostos mais ovais, do que seus compatriotas anglo-saxões. A maior parte pertence aos cultos protestantes dissidentes.

(...)

Entre os recém-chegados, os jutos não parecem ter sido suficientemente numerosos para esculpirem um domínio especial. Ao contrário, os anglos reúnem-se ao norte e leste da Inglaterra propriamente dita, enquanto os saxões se alojam no sul, onde a lembrança se perpetua nos nomes atuais dos condados.[12] Desde o século VI, o velho nome de Bretanha desapareceu como nome político, dando lugar ao de *Terra dos Anglos* (Inglaterra). Esses eram os mais numerosos entre os conquistadores, mas o traço dos saxões não se apagou nem um pouco. O termo povo anglo-saxão, com muita frequência empregado no século IX nos atos públicos, exprime a fusão que se opera entre os dois elementos, sendo ainda hoje o nome característico pelo qual o povo inglês gosta de se denominar.

A partir do amálgama entre anglos e saxões o povo inglês já está formado. Entretanto, os elementos escandinavos que a invasão dos jutos já havia introduzido na Grã-Bretanha foram reforçados no século IX pelas conquistas dos dinamarqueses e noruegueses, os primeiros no norte da Inglaterra, os segundos na Escócia e ilhas vizinhas. Encontramos ainda

---

[11] Podemos citar: *Cantu*, hoje *Kent*; *Londinium, Londinium,* Londres; *Dubrin,* Dover; *Lindum colonia,* Lincoln; *Vectis,* Wight; *Tamesa,* Tâmisa; *Sabrina,* Severn; *Deva,* Dee. A palavra latina *castra* se encontra nas desinências de cidades em *cester, chester, xete,* etc. A persistência desses nomes de lugares prova que o extermínio dos antigos habitantes não foi completa. Mas as cidades com etimologia celta ou romana são a minoria, a maior parte tem nomes de origem germânica.

[12] *Essex,* saxões do leste; *Sussex,* saxões do sul; *Middlesex,* saxões do meio; *Wessex,* saxões do oeste.

hoje o vestígio da influência dinamarquesa na linguagem popular e nos tipos da região entre o Humber e o Tweed. "Conta-se aos milhares os nomes provenientes do dinamarquês."[13] Nordenskioeld conta que os habitantes de Thurso na extremidade setentrional da Escócia se vangloriam de sua origem norueguesa. Até nos condados de Cumberland e de Westmoreland, no nordeste da Inglaterra, estendia-se um rastro de estabelecimentos noruegueses.

Quanto aos normandos já afrancesados que desembarcam com Guilherme, o Conquistador, na costa de Sussex em 1066, é à França muito mais do que à Escandinávia que eles se ligam por sua língua e civilização. Sua influência foi decisiva para a formação do Estado inglês. Mas o fundo anglo-saxão acabou por absorver os conquistadores. O domínio do francês, como língua oficial, somente se deu por um tempo; foi o dialeto dos ingleses do centro que se tornou língua nacional e literária. Apesar de seus inúmeros empréstimos ao vocabulário francês, o inglês é essencialmente germânico.[14] A língua, neste caso, continuou até certo ponto a tradução fiel de sua origem. De fato, não poderíamos contestar seriamente a fisionomia germânica do povo que tomou a direção do desenvolvimento político da ilha.

Mas atentemos para não menosprezar, em busca de pretensas semelhanças, a fisionomia marcante do povo inglês. Apesar de, por suas raízes principais, mergulhar no seio desse mundo instável do germanismo primitivo do qual saíram tantas nações diversas, o que impressiona, tanto nele como em suas obras, mesmo nas mais inferiores, é o caráter, a originalidade enérgica da personalidade. O que ele deseja, ele o quer obstinadamente, ele executa até o fim, trate-se de uma guerra ou de uma exploração, de um esporte ou de um desafio; pois se o obstáculo lhe incomoda, ele não é desses a

---

[13] Worsaae, *An account of the Danes and Norwegians in England Scotland and Ireland.* Londres, 1852. Entre outros nomes em que parece se revelar a origem escandinava, deve-se citar os nomes de localidades que terminam pela desinência *by*.

[14] Ver Galdoz, *Revue internationale de l'enseignement,* 15 de outubro de 1885.

quem o ridículo intimida. Em sua concepção de família, de direito, da hierarquia social, da religião, o inglês afasta-se absolutamente da maneira de pensar e de agir dos povos que estariam em melhor posição para reclamar uma origem comum. Ele faz, aliás, absoluta questão de que assim seja, e se esforça para não se parecer a nenhum outro. A imitação do exterior, se um defeito for, jamais foi um defeito inglês. Ele não sente muita necessidade de se comunicar com os outros. Sua constituição e suas liberdades, a seus olhos, são bens em relação aos quais é necessário manter o privilégio; seus próprios prazeres, seus jogos, são apenas para eles próprios. "Até em sua própria pátria", diz Kant,[15] "o inglês se isola; no estrangeiro eles se agrupam para não ter outra sociedade senão a deles."

Seu olhar perambula complacente sobre essa faixa marítima que contorna o país e que o integra. Graças ao isolamento relativo que ela lhe dispensa, ele conseguiu escapar das crises que perturbaram o continente ou, pelo menos, ali intervir livremente e na justa medida dos seus interesses. Seu desenvolvimento político se desdobrou com uma continuidade única na Europa. Livre para praticar atividades marítimas, fez de sua frota o pivô de sua grandeza; mas, fundador de uma potência cosmopolita, guardou o espírito local dos insulares. Foi possível avaliar, pela oposição diante da qual recentemente fracassou o projeto do túnel sob o Pas de Calais,[16] sua repulsa a tudo que pode parecer uma ameaça ao privilégio de sua posição e uma brecha em sua fronteira marítima.

Nacionalidade escocesa

A história da Escócia desenrolou-se num sistema de férteis planícies interligadas, ainda que formando diversos compartimentos distintos cujo acesso

---

[15] Kant, *Anthropologie*.
[16] Parte mais estreita do Canal da Mancha. (N.T.)

era facilmente defensável, sulcada por belos rios e entrecortada por baías profundas. Não ocupam nem um quarto da superfície total, mas representam quase toda a parte cultivável. Enquanto nas terras altas se mantinha a vida de clãs, desenvolvia-se ali uma vida nacional. Quase todas as lembranças históricas e nacionais se concentram nessa área. Entre as desembocaduras do Forth e do Tay se encontra a pequena cidade universitária de Saint-Andrews, que foi, com Glasgow, uma das duas sedes metropolitanas da antiga Escócia. Perto de Perth estão as ruínas da abadia de Scone, que outrora englobava a pedra legendária onde os reis eram coroados. A velha fortaleza de Stirling, de onde se tem uma vista que domina um vasto horizonte, comandava a passagem de Forth, bem como Perth e o Norte. Entre Stirling e Edimburgo, os campos de batalha de Bannockburn e de Falkirk lembram as lutas mantidas contra os ingleses pelos heróis nacionais, Wallace e Rober Bruce. Todas essas lembranças estão vivas: elas respondem, pois, a sentimentos profundamente enraizados e que encontraram um intérprete no célebre romancista ao qual o reconhecimento de seus compatriotas dedicou mais estátuas do que jamais obteve um conquistador.[17] A Escócia, tanto a do passado quanto a do presente, está contida quase inteiramente na região das terras baixas.[18]

Em boa hora, nessa zona das Lowlands, um idioma vizinho à língua dos anglo-saxões, e que hoje cedeu o lugar ao inglês, substitui os velhos idiomas célticos. Mas o povo escocês permaneceu distinto do povo inglês. Ele acrescenta ao espírito prático dos ingleses hábitos de sobriedade e de economia, inspirados sem dúvida pela insuficiência de solo que, com frequência, despertam a zombaria de seus vizinhos. Contraído em seu território, em boa hora recorreu à indústria e à emigração. Mais ainda do que os ingleses, ele se mostra atualmente viajante e cosmopolita. Depois da Irlanda

---

[17] Trata-se do escritor romântico Walter Scott (1771-1832), considerado o primeiro poeta nacional escocês e criador do gênero romance histórico. (N.T.)

[18] Perth: 29.000 hab., Stirling: 16.000 hab., Saint-Andrews: 6.500 hab.

e da Noruega, a Escócia é o país da Europa que fornece, relativamente, o maior número de emigrantes, fonte de colonos hábeis. Belfast, no norte da Irlanda, é uma criação escocesa; o elemento escocês tem um lugar importante no Canadá. Ele forneceu às explorações geográficas, homens de raro caráter, Mungo-Park e Livingstone. Sua superioridade em relação aos ingleses brilha no ensino e na ciência. Em 1885, a universidade de Edimburgo contava com mais de 3.400 estudantes. Como os escandinavos, dos quais se aproximam por sua origem, os escoceses mostram uma inclinação não isenta de formalismo às questões religiosas. As seitas são numerosas. Sua Igreja estabelecida, dita presbiteriana, não reúne mais do que um sétimo da população; o restante dividindo-se entre a Igreja dita livre e diversas comunhões dissidentes. Democrata na religião, é liberal na política. Ainda que não haja mais um reino da Escócia, ainda existe um povo escocês.

Não é raro que um Estado situe sua capital, não no centro, mas próximo às fronteiras no ponto ameaçado em direção ao qual se dirigem os esforços. Esse foi o caso de Edimburgo que, melhor posicionada que Perth para vigiar a fronteira inglesa, tornou-se a partir do século XI a capital ordinária do reino. A duas léguas da extremidade dos montes Pentland, numa planície em que se elevam isoladamente, como tantos fortes e observatórios naturais, massas de rochedos basálticos, a nobre cidade guarda a seus pés as águas do Firth, distantes somente meia légua. Um desses rochedos, com 251 metros, e que deve à sua forma singular o nome de Cerco de Arthur, domina imediatamente o palácio de Holyrood e a cidade antiga. Uma população miserável se aperta em ruelas estreitas, que os nobres outrora construíram em torno de suas casas para poderem abrigar-se através de barricadas. Os bairros antigos comunicam-se com os novos e elegantes por meio de viadutos lançados abaixo de uma profunda ravina, que espremem de forma estreita habitações mais altas, de vários andares, o que acaba conferindo a Edimburgo uma fisionomia única entre todas as cidades da Grã-Bretanha. A "Atenas" do Norte é, depois de Londres, o principal centro de publicações literárias e científicas do Reino Unido. Ela tem seu Pireu no porto de Leith, unido à metrópole por uma espécie de extensa rua de 1.400 metros, e que mantém sobretudo um importante comércio de grãos com o Báltico.[19]

Nacionalidade irlandesa

Diferentemente do que se passa em certos países da Europa continental, não é sobre o terreno linguístico que se colocam as reivindicações irlandesas. Honrosos esforços foram tentados — e o são ainda — para "preservar e cultivar" a língua céltica da Irlanda.[20] Mas essas tentativas têm um caráter científico e não político. É em inglês e às vezes num inglês sem nenhum sotaque que os irlandeses denunciam a Inglaterra. A diferença de religião constitui, não se poderia negar, uma barreira ainda mais forte que a da língua entre as frações da população irlandesa. A ideia de sofrer a influência da maioria católica estimula certamente mais de um preconceito entre a minoria presbiteriana do norte da ilha. Não é menos verdade que os protestantes forneceram à causa irlandesa alguns de seus mais ardentes defensores.

O irlandês é mais uma nação do que uma raça. Como acontece em todo país fortemente individualizado, sobretudo em ilhas, a influência do meio acabou por prevalecer — salvo numa grande parte do norte — sobre a diferença de origem; ela gerou os irlandeses, tanto a partir de celtas misturados com escandinavos e saxões que se encontram no leste quanto de celtas mais ou menos puros que se conservaram no oeste e no sul. Não é apenas no oeste, entre as populações de tez mate, cabelos castanhos ou escuros, mas com olhos frequentemente claros, em que o tipo denota uma origem celta,

---

[19] Edimburgo, 236.000 hab.; Leith, 61.000 hab.

[20] Deve-se citar a *Union gaélique (for the preservation of the Irish language)*, fundada há alguns anos em Dublin.

que o sentimento irlandês é duradouro. Ele não se manifesta com menos intensidade no centro, apesar da infusão de sangue inglês devida aos colonos de Elizabeth e de Cromwell; ele é igualmente forte entre essas populações atléticas do leste e do norte, uma das mais fortes raças militares existentes, cujo sangue correu abundantemente há dois séculos sobre quase todos os campos de batalha da Europa, das Índias e da América.

Para além dessas diferenças regionais e de nuanças locais menos sensíveis ao olhar estrangeiro, mas que se revelam no dito popular, discernimos um conjunto de qualidades e hábitos que pertencem propriamente ao povo irlandês e que o torna de certa perspectiva o antípoda dos ingleses. Há em todo irlandês a predisposição a um advogado ou um artista; a palavra lhe apetece por ela mesma; na conversação, em que, aliás, se destaca, ele se mostra mais disposto a antecipar o pensamento de seu interlocutor do que se preocupar em formular com exato rigor o seu próprio pensamento. Reunidos, a animação os domina e a brincadeira corre sem parar de boca em boca. Há algo de meridional nos hábitos, como no clima. Vendo os grupos reunidos nas esquinas, acreditar-se-ia estar em uma cidade qualquer do sul da Europa. Normalmente doces e de humor fácil, eles são suscetíveis a se exaltarem e sofrerem os arrebatamentos de uma natureza com tendências ao excesso. Sua inteligência e sua facilidade para o ensino são marcantes. Em meio à miséria mais extrema, a imaginação irlandesa não esmorece; não existe nenhuma choupana, mesmo a mais destituída de móveis ou de objetos necessários à vida, onde não penetre, sob forma de uma gravura, a lembrança dos acontecimentos ou dos homens que se associaram à causa nacional; a atmosfera e as melodias da Irlanda são conhecidas em todo mundo.

A Prússia e o Império Alemão

Ainda que a unidade política da Alemanha tenha seguido de perto a realização da unidade italiana, e que exista entre esses dois acontecimentos um laço mais forte do que uma mera coincidência de datas, suas condições foram bem diferentes. Em 1859, o Piemonte compreendia apenas um quinto da população da Itália; a Prússia, na véspera das expansões de 1866, já possuía a metade da população das zonas que compõem o Império atual. A capital do Piemonte, após alcançado o objetivo nacional, teve de se conformar e dar lugar a uma outra metrópole; a capital da Prússia tornou-se a capital do Império. O reino da Itália fez desaparecer todos os governos locais, a última transformação da Alemanha não suprimiu aqueles que haviam sobrevivido às anexações de 1866. Com a Itália unida, parece que o Piemonte viu esgotado seu papel histórico; a Prússia subsiste com sua individualidade intacta numa nova Alemanha.

Os alemães afirmam de bom grado que uma raça puramente alemã não teria realizado o tipo de concentração política que representa o Estado prussiano — era preciso a mistura com um elemento mais maleável, o elemento eslavo. É certo, como vimos, que muitas gotas de sangue eslavo correm nas veias do povo que se formou entre o Elba e o Oder e sobre as costas do Báltico. Mas foi a colonização germânica que imprimiu o selo da nacionalidade prussiana; colonização que não ocorreu ao acaso, sendo perseguida sistematicamente durante vários séculos, recrutada em todas as raças da Alemanha, mas principalmente no elemento saxão e holandês, ao qual se acrescentou mais tarde um fermento francês. Dessa combinação originou-se um povo especial, um tipo bem característico e particular que, já no final do século passado, atraía vivamente a atenção dos observadores.[21]

A palavra arrebatamento é a que melhor traduz a principal diferença ainda existente entre o prussiano e os demais alemães. Esse arrebatamento remonta há muito no passado. Chegando como colono numa nova terra, o futuro prussiano ali se encontra liberto de seus laços locais hereditários que

---

[21] Mirabeau, *Tableau de la Monarchie prussienne*. Londres, 1788.

uniam o camponês à sua paróquia, o burguês à sua cidade e que os impediam de ver algo além. Na Prússia os quadros nos quais estava cristalizada a sociedade alemã não tiveram tempo de se consolidar. A mão dos chefes militares, antigos senhores feudais [*margraves*], eleitores ou reis, pôde trabalhar sobre uma matéria maleável e dócil. Desses camponeses endurecidos pela luta contra o solo avaro, desta burguesia municipal sem esplendor, dessa nobreza pobre, ela fez um povo de funcionários e de soldados. Somente houve na Prússia servidores de Estado, e nessa ação em que o príncipe fornecia o exemplo, cada um teve o sentimento do seu próprio esforço. Sobre uma base assim preparada os sucessos de Frederico, o Grande, iluminaram um imenso orgulho nacional. Eles excitaram essa "verve nacional", seguindo a feliz expressão de Mirabeau[22] chamada, na Alemanha, o instigador prussiano: "Os prussianos", escreveu mais tarde Beugnot, "têm em comum com os alemães a língua, a coragem e o pendor para o iluminismo,[23] mas na escola de Frederico tornaram-se desprendidos e audaciosos." É por esse temperamento decidido e pela convicção de sua superioridade que se impõem sobre os outros alemães. Longe de procurar se confundir, o prussiano mantém rigorosamente e acentua conforme a necessidade o seu caráter próprio. Na Alemanha unificada, a Prússia conserva a atitude do Estado modelo e aos olhos de uma grande parte da própria Alemanha, prudente em relação a seus velhos instintos particularistas, "a escola prussiana" ainda é indispensável.

(...)

Basta um pouco de reflexão sobre esse passado para apreciar, de fato, as diferenças profundas que o separam [o Sacro-Império Germânico] do Império atual: a coroa hereditária e não mais eletiva; o centro de gravidade transportado do Sul ao Norte da Alemanha; a Áustria excluída e a Prússia

---

[22] Id., vol. III, p. 661.

[23] *Memoires,* vol. I, p. 296. Este último traço parece atualmente exagerado, mas traz consigo a marca do tempo.

dispondo, enquanto dominante, de uma organização bem mais sólida do que foi a do Santo-Império. Havia no antigo Império regiões que, sem deixar de integrá-lo, dependiam de soberanos estrangeiros, da Suécia e da Inglaterra, enquanto que, ao contrário, boa parte dos domínios prussianos ou austríacos se mantinham fora dos quadros da organização imperial. Nada disso ocorre no novo Império: não mais que o antigo, ele não é exclusivamente germânico por sua composição etnográfica, compreendendo elementos estrangeiros cuja importância pudemos notar; mas nenhuma potência estrangeira possui uma parcela do solo imperial, e nenhum membro do novo Império possui uma única parcela de solo fora de seu território.

Mas não há na nova instituição imperial apenas o que a realidade lhe proporciona; há também aquilo que a imaginação lhe acrescenta. No fundo, o espírito alemão, tão impregnado de tradições históricas, vê aí antes uma restauração do que uma criação propriamente nova. Em suas reminiscências, ele remonta, não aos reis da Germânia, mas a Carlos Magno e aos Otos.[24] Os 64 anos decorridos do final do antigo Império da Alemanha até a proclamação do novo não constituem um período suficientemente longo para que os últimos reflexos do sol imperial tenham tido tempo de desaparecer do horizonte germânico. A Alemanha atual restabelece pelo passado imperial a continuidade de sua existência nacional. Monárquica; ela retoma, para aí acrescentar os nomes da atualidade, sua linhagem de imperadores, remontando, sem outra interrupção senão dois interregnos, a Carlos Magno. Ela se sente diminuída com os decréscimos sofridos pelo antigo Império Germânico, diminuída das perdas reais ou pretensas que teve.

É assim que, sob os limites atuais do Império, encontra-se uma outra Alemanha, não menos popular nos livros e na escola: ela se estende de Pas-de-Calais a Presburgo, da ponta da Jutlândia ao golfo de Fiume. A França, aí, é dotada de "limites naturais que, partindo do cabo Griz-Nez,

---

[24] Oto I e seu filho Oto II foram os primeiros reis do Sacro Império Romano-Germânico, entre 936 e 986. (N.T.)

atinge as fontes do Lys, do Escaut e do Sambre, seguindo a Argonne e as alturas entre o Meuse e o Ornain até o planalto de Langres e os montes Faucilles". Sem reivindicar positivamente, ao menos em sua totalidade, o reino de Arles, recorda-se que a Alemanha tem direitos historicamente fundados sobre as regiões do Ródano. A Suíça, a Bélgica, Luxemburgo, os Países Baixos e a Dinamarca figuram como "Estados alemães exteriores" na órbita do novo Império — quando não em nome do parentesco linguístico, é em nome do laço de obediência ou de vassalagem que os teria unido ao Império Alemão.[25] Os vizinhos da Alemanha que tinham acreditado na morte do Sacro Império pagariam os custos de sua ressurreição, se algum dia tais pretensos direitos históricos viessem a ser reivindicados.

Populações [ibéricas]

Há nessa península uma ausência de ligação natural que influenciou o destino e o caráter das populações. Ela foi atingida, contudo, e em muito boa hora, pelas correntes gerais de comércio e de invasões que contribuíram para misturar as raças do Mediterrâneo e da Europa. Desde época remota, a colonização fenícia, reforçada mais tarde pela de Cartago, começou a introduzir elementos orientais na população do sul. Em torno do século VI a.C., invasões celtas, penetrando pelas passagens ocidentais dos Pireneus,

---

[25] Esses exemplos são tomados de uma das obras escolares mais conhecidas: Daneil, *Handbuch der Geographie*, especialmente o vol. III, p. 17; vol. IV, p. 948; vol. II, p. 673, etc. (5ª edição). No que concerne às relações entre Alemanha e Itália, encontra-se a seguinte passagem: "Segundo Rodolfo de Habsburgo, os soberanos que abarcaram em sua amplitude a ideia imperial provam que, mesmo na Itália, nem tudo estava perdido; era preciso apenas que um grande coração presidisse a sucessão de Carlos Magno. Ideia banal, que a Itália não foi para a Alemanha senão um apêndice perigoso! Até esses últimos tempos uma política realmente alemã não poderia renunciar a exercer uma influência precisa sobre as coisas da Itália ..." (vol. IV, p. 8) A frase final foi suprimida na última edição.

expandiram-se no oeste e no centro, suficientemente numerosas para constituir grupos políticos duráveis e para imprimir seus traços nos nomes dos lugares.[26] Lentamente, mas de forma segura, a conquista romana ganhou todas as partes da península, aí implantando a língua que deveria substituir, salvo em alguns distritos montanhosos do Norte, os antigos dialetos ibéricos. A península não escapou das invasões germânicas; os suevos, os alanos e os vândalos entraram pela mesma porta de invasão em que outrora entraram os celtas. Depois deles, os godos fundaram um vasto império cristão, que se estendeu primeiro dos dois lados dos Pireneus, até que o avanço da dominação franca o confinasse à península, que abarcava quase inteira. Toledo foi a residência dos reis, sede de numerosos conselhos. Os descendentes dos invasores germânicos fundiram-se na massa da população romanizada. Mas essa fixação duraria apenas dois séculos e já os árabes, ultrapassando o estreito de Gibraltar, aniquilaram-na para sempre na batalha de Jerez de la Frontera (711). Foram necessários oito séculos para retirar a península, pedaço por pedaço, da dominação muçulmana. Na origem dessa cruzada, as regiões vizinhas dos Pireneus, transformadas no centro de reunião dos destroços da sociedade cristã, serviram de barreiras contra o Islã; circunstância que, ali como em outros países, favoreceu a concentração política e preparou a formação de Estados.

Num país menos naturalmente fragmentado, uma série tão longa de acontecimentos comuns teria ocasionado, entre os diversos grupos da população, uma fusão bem mais pronunciada que aquela observada na penín-

---

[26] A nomenclatura geográfica da Espanha, tal como se encontra em Ptolomeu, está fortemente impregnada de elementos célticos. Esses elementos em grande parte desapareceram da nomenclatura moderna. Encontramo-los, contudo, nos nomes de cidades, como Bragança (*Brigantium*) e, sobretudo, nos nomes de rios: Deva, em Guipuzcoa, Douro (*Dorio* em Ptolomeu). Entre os nomes de origem púnica que persistiram, pode-se citar, além de Cartagena, a cidade marítima de Adra, que é a antiga Abdera [N.T.: até hoje "Abdera" consta no brasão da cidade andaluza de Adra].

sula. Não somente esta se encontra politicamente dividida em dois Estados diferentes pela língua e por seus interesses, mas a antipatia de população aprofunda esse fosso entre os dois reinos. Nas cidades de Portugal, dizem os viajantes, é preciso algum tempo para que o camponês se convença de que o estrangeiro com quem negocia não é espanhol, contra o qual, sobretudo nas fronteiras, experimenta uma aversão insuperável.

Na própria Espanha, mesmo as rivalidades provinciais respondem a diferenças profundas de costumes e de espírito. Frente ao estrangeiro, ao *gavacho*,[27] o espanhol se sente espanhol e levanta a cabeça. Entre compatriotas, ele é castelhano, andaluz, catalão, basco ou aragonês. O castelhano com suas belas qualidades de nobreza e de dignidade pessoal, mas sua apatia diante das realidades práticas, simpatiza pouco com o catalão, especulador audacioso mas positivo, apegado ao esforço e ao ganho. Para este, o idioma sonoro dos castelhanos, tornado o espanhol clássico pela pena de grandes escritores é uma língua estrangeira. A que utilizam com uma preferência ciumenta na língua falada, e mesmo na escrita, é esta língua catalã cuja pronúncia um pouco rouca agride os ouvidos, desde que se ultrapassa Corbières e que se entra no nosso Roussillon. O catalão, de tom ruidoso e de fisionomia aberta, gosta de festas, mas repugna a melancólica devoção aragonesa. Como o aragonês, o basco é ardoroso católico, mas quantas diferenças entre as regiões e os homens! Em Aragão, uma população austera, de tez mate e morena, concentrada nas cidades cujas casas cor de terra não contribuem para alegrar a fisionomia da região; os bascos, de rosto vivo, dispersos em inúmeros *caseríos* ou chácaras isoladas, amigos das reuniões e das danças, festivos até à paixão e à petulância, e bem capazes de transgredir, exceção muito rara na Espanha, as regras da sobriedade. (...)

Menos vigorosos que os bascos e mesmo um pouco pesados de espírito e de corpo, os galegos, ou habitantes da Galícia, lembram os homens

---

[27] Em itálico no original. Os espanhóis dão pejorativamente o nome de "gavacho" aos franceses. (N.T.)

de nosso Maciço Central. São trabalhadores robustos e pacíficos, que encontramos como carregadores ou domésticos nas grandes cidades da península, acumulando uma economia que de vez em quando levam para suas famílias. Falam um dialeto que é mais próximo ao dos portugueses do norte, aos quais em muito se parecem, do que ao castelhano. De bom grado emigrantes, que se dirigem sobretudo para o Brasil.

Há maior mistura entre as populações do Sul do que entre aquelas do Norte. Se o castelhano de velhas raízes se vangloria, com certa razão, da pureza de seu sangue cristão, não se pode dizer o mesmo das populações de Múrcia ou mesmo de Valência e, sobretudo, da Andaluzia e do Algarve. Os elementos mouros, provavelmente transplantados sobre os restos mais antigos de imigrações orientais, deixaram uma marca inapagável na raça, bem como nos nomes de lugares.[28] Muitas particularidades do tipo andaluz, notadamente o formato do rosto e a curva pronunciada do nariz, parecem ser tomadas de empréstimo das raças orientais; os traços são muito característicos, sobretudo, entre as mulheres — apesar de que, diz um escritor alemão,[29] "na Alemanha os tomaríamos sem hesitação por judeus". Na moral, mais ainda que no físico, o exuberante andaluz se difere dos espanhóis do Norte.

Não há região da Europa que não ofereça diferenças provinciais ou locais maiores ou menores. Mas em nenhuma parte, pelo menos na Europa Ocidental, se apresentam com maior intensidade do que na Espanha. Os grandes fluxos da vida moderna não conseguiram dissipá-las. O regionalismo ainda está incrustado na alma das populações da península. Mas essas populações estão ainda mais separadas do resto da Europa do que isoladas entre si. É isso que faz com que, apesar de todas essas diferenças, exista um

---

[28] *Guäd*, curso-d'água; *Algarve*, região do oeste; *Andaloz* (Andaluzia, mesmo sentido); *Garnath*, Granada; *Almaden*, minas; *Gild al Tarik* (montanha de Tarik), Gibraltar; *Alcântara*, a ponte; *Alhama*, as águas termais etc.

[29] Wilkomm. *Pyrendische Halbinsel*, 3ª. ed., p. 177.

fundo comum, uma medalha fortemente cunhada que se pode denominar o caráter espanhol. O traço mais distintivo para o estrangeiro é a fidelidade obstinada que o espanhol professa por seus próprios costumes.[30] Ele não ensina nada e nada quer aprender fora. Orgulhoso de si mesmo, ele não experimenta ou pelo menos não manifesta qualquer curiosidade em relação ao estrangeiro, que trata com uma cortesia mesclada com indiferença. É um grande senhor empobrecido que mantém suas pretensões e permanece fixado em sua postura.

O caráter catalão

O catalão tem plena consciência do papel à parte que lhe cabe nas questões econômicas do reino. Ele gosta de opor o espetáculo de sua atividade material à inércia das outras províncias, seu espírito prático ao idealismo ou, mais simplesmente, ao dom-quixotismo castelhano.[31] Ainda que fortemente imbuído de espírito local e mesmo chauvinista, sabe romper com seus hábitos quando se trata de benefícios seguros a serem realizados fora de seu mundo. E não é apenas na península, mas nas colônias, que o catalão domina o comércio, o setor bancário e a indústria. Nele, a imaginação não se volta para a arte e a eloquência, mas para a ação e os negócios. A história não se mostra muito diferente em relação ao presente. A vida do erudito mais original que a Catalunha produziu, Raymond Lulle, é a de um ilustrado prático ou, em todo caso, de um homem de ação muito mais do

---

[30] O caráter espanhol sempre teve o dom de atrair a curiosidade dos observadores. Ver, por exemplo, no século XVI, as *Relations des ambassadeurs vénitiens;* no XVII, a *Relation du Voyage d'Espagne*, da Sra. d'Aulnoye (Haia, 1692). Comp. Kant, *Anthropogeographie;* Laborde, *Itinéraire*, vol. V; e o que dizem os antigos ibéricos Estrabão (III, 4, 17) e Justino (44, 6, 2).

[31] Ver Almirall, *Les Catalanisme*. Barcelona, 1885. (Em catalão)

que de um pensador. Enquanto Castilha se vê absorvida em sua eterna cruzada, a política catalã dirige-se exclusivamente ao comércio. Ela permanece obstinadamente local. Mesmo quando a descoberta do novo mundo fez fermentar todas as imaginações, desde as margens de Astúrias até o estreito de Gibraltar, os cronistas catalães continuavam a registrar minuciosamente as menores escaramuças de rua ou as chegadas do porto, sem se preocupar de outro modo com a busca pelo Eldorado ou pela fonte da juventude. É assim que a Catalunha de hoje fornece à Espanha muito mais comerciantes e banqueiros que políticos. As questões de política geral a deixam indiferente. Mas, ao contrário, seu particularismo inato, no qual se inclui uma forte parcela de antipatia instintiva contra a política madrilenha, está prestes a despertar a qualquer momento. Já conseguiu restituir o caráter de língua literária a seu idioma que, inteiramente negligenciado até o primeiro quarto deste século, estava em vias de degenerar em simples *patois*.[32] E ela não limita a isso suas aspirações: veria sem lamento o afrouxar do laço que a une ao resto da monarquia espanhola, esquecendo que deve a essa união o próprio campo de exploração privilegiado do qual tira proveito. (...)

O futuro das raças da Península Ibérica

O que melhor representa a grandeza passada desse pequeno povo [português] é a extensão de sua língua. Ela reina sobre o imenso Brasil. Sobre a costa da Guiné os mestiços portugueses ou brasileiros multiplicam-se com uma surpreendente rapidez e por todo canto expandiram seu idioma. A imigração portuguesa no Brasil é considerável. Ela produz relações ativas entre a antiga metrópole e o império a que deu origem. Muitos imigrantes retornam à mãe pátria após terem enriquecido — é a esses "americanos" enriquecidos que pertence a maior parte das *vilas* que contribuem para conferir um ar de opulência às zonas rurais do norte.

---

[32] Ver primeira nota deste texto. (N.T.)

Portugal é tão somente um pequeno país da Europa. A própria Espanha não se encontra mais entre o conjunto do que denominamos as grandes potências. Mas, no mundo, a língua e os costumes desses dois povos têm um amplo espaço. Após o inglês e o russo, o espanhol é a língua falada pelo maior número de pessoas. Há cidades de língua espanhola que já igualam e que, sem dúvida, não tardarão a ultrapassar as maiores da Espanha: Buenos Aires, México, Santiago do Chile, Montevidéu, Valparaíso. A maior cidade de língua, portuguesa já não é mais Lisboa, mas o Rio de Janeiro. A marca espanhola ou portuguesa estende-se por sobre toda a parte do continente americano que vai dos planaltos do Texas ao cabo Horn. Não somente a língua, mas muitos traços no modo de viver, na forma das casas, no estilo dos edifícios, lembram a península.

A história, é verdade, cortou o laço político entre a metrópole e sua antigas dependências. A árvore se enfraquecendo, os brotos proliferam livremente, e ainda melhor já que não eram molestados por sua sombra. A Espanha não conseguiu, como a Inglaterra, conservar ao menos o primeiro lugar no comércio com as colônias que dela se separaram — é com a Grã-Bretanha, a França, a Alemanha ou os Estados Unidos, bem mais do que com a antiga metrópole, que a América espanhola trava relações de negócio. Apesar de tudo, resta uma marca de origem que o afluxo de elementos estrangeiros nas repúblicas do Prata e do Chile não conseguirá apagar totalmente, e que poderia se tornar uma fonte de vantagens comerciais para a Espanha, caso ela viesse a reconstituir sua potência econômica. Se, de fato, os italianos e os alemães no Brasil, os italianos e os franceses rumo à República Argentina, fornecem fortes contingentes migratórios, há também na península raças que detêm uma parcela ativa nesse movimento e sobre as quais continua a atuar a atração americana. Os portugueses e galegos dirigem-se em massa ao Brasil. Os catalães e, sobretudo, os bascos, relacionam-se com os Estados do Prata e com o Chile. Pode-se calcular em torno de 350 mil o número de nacionais que a Espanha e Portugal possuem atualmente na América do Sul. É provável, então, que o núcleo ibérico, fortalecido pelo afluxo de novos elementos de mesma origem, absorva os elementos estrangeiros, e que continue a deixar sua marca nos povos que se formam nas partes temperadas do sul da América. A península, em todo caso, tem mais a ganhar do que a perder nessa emigração que arrebata seus homens, mas que em parte os devolve, e que os torna assim mais ricos, mais ativos, o espírito mais aguçado e mais livre.

A unidade italiana

A unidade italiana não é um desses resultados aos quais os homens são lentamente conduzidos devido à influência das causas geográficas, é uma obra de paixão e de vontade. Antes de existir como nação, a Itália manifestava-se como centro de um império mediterrâneo no qual estava sintetizada a civilização clássica. Privada de sua dominação temporal, Roma havia permanecido como possessão da autoridade espiritual sob a Cristandade. Mais tarde, ao longo de um período de fragmentação política, acompanhado de guerras internas e de intervenções estrangeiras, a Itália não havia descartado o mais vivo esplendor pelo comércio, as artes e a literatura. Ainda não havia nação italiana, mas já existia, e há séculos, uma literatura e uma arte italianas. A alma italiana não é, por natureza, esquecediça, e esse fundo comum de lembranças, vivificadas pela comparação com o presente, nela fermentou até o dia em que as circunstâncias tomam uma direção favorável às suas aspirações. O termo nação italiana representa um mundo de lembranças, de esperanças, de ambições, do qual dificilmente um estrangeiro consegue fazer ideia. A ascendência, nesse caso, é suficientemente forte para que tenha sido possível observar a realização daquilo em que os homens da Idade Média jamais teriam acreditado: as velhas rivalidades esquecidas, os troféus de ódio abolidos, Gênova cedendo a Pisa as instalações de seu porto, o Sul e o Norte aproximando seus interesses, superando suas antipatias, e a ideia de unidade se elevando acima das tendências particularistas do território [*sol*].

A unidade italiana é o desejo apaixonado de um povo, já tornado próximo pela história e pela língua, de alcançar no mundo um lugar digno de seu passado. Tudo o que nele havia de ambições reprimidas, de atividade insatisfeita e, pode-se dizer, de vigor revolucionário, trabalha, há um quarto de século, com um ardor inquieto, para constituir o novo reino sobre a base de uma grande potência.

A extensão de suas fronteiras continentais lhe impunha o encargo de uma grande organização militar: o exército italiano de primeira linha chegou a uma cifra que os documentos oficiais avaliam em 690 mil homens.[33] Neste número estão compreendidos os batalhões alpinos, cerca de 26 mil homens, recrutados nos altos vales onde exercem a guarda e onde são adestrados na guerra de montanha. Não falamos de cifras enormes, que constituem, sem dúvida, uma força mais aparente que real, à qual se acrescenta a filiação da milícia móvel e, sobretudo, da milícia territorial.

Para tirar todo partido possível de suas forças militares, a Itália encontra nas condições geográficas obstáculos muito sérios. Um deles provém da insuficiência de seus recursos em cavalos. Outra consiste na própria configuração da península. Quantas dificuldades para efetivar a pronta concentração de forças sobre o ponto ameaçado, para trazer rapidamente do centro da Itália as tropas necessárias na base dos Alpes! O problema vital das vias de comunicação foi abordado com grande energia. Basta lembrar, depois do que já foi dito, que o reino dispensou mais de dois bilhões e meio na construção de estradas de ferro. Sem entrar nos detalhes técnicos, que

---

[33] Duração do serviço no exército de primeira linha: três anos para a infantaria, quatro para a cavalaria. Contingente ativo, em torno de 80 mil homens por ano; 12 regiões do exército, das quais as sedes são: Turim, Alexandria, Milão, Piacenza, Verona, Bolonha, Ancona, Florença, Roma, Nápolis, Bari, Palermo. O material de mobilização está concentrado nos depósitos de Bolonha, Verona, Mântua e Piacenza. O território está dividido em cinco zonas de recrutamento, mas cada regimento é recrutado nas cinco zonas, "medida que tem por finalidade unir os componentes muito diversos fornecidos pelo recrutamento" (Niox, *Géographie militaire*, II).

ultrapassam nosso tema, pode-se dizer que a dificuldade não foi inteiramente vencida. Reduzida à assistência às vias terrestres, a Itália continua num estado de inferioridade relativa no que tange à rapidez da mobilização. É preciso que ela suplante a insuficiência das comunicações terrestres com um sistema bem organizado de comunicações marítimas. Ela precisa ser forte no mar para garantir o manejo de seus recursos militares. Explica-se assim por que a formação de uma potência naval imponente pareceu a seus homens de Estado o corolário obrigatório de sua unidade.

Com o grande desenvolvimento de seu litoral e a cifra elevada de sua população marítima,[34] a Itália possui os principais elementos necessários à formação de uma potência naval. Nos últimos dez anos, nenhum Estado gastou tanto dinheiro e esforços com seus armamentos marítimos. Os colossais couraçados saídos dos estaleiros de Castellamare, o *Duílio*, o *Dandolo* e, sobretudo, o *Itália* e o *Lepanto*, são os navios do tipo mais potente que já foi construído. Os últimos têm um calado de mais de 9 metros, exibem canhões de mais de 100 toneladas e custaram, cada um, 24 milhões. Contudo, os navios construídos a partir de 1883 têm proporções mais modestas. Em síntese, a frota de guerra italiana conta atualmente com 15 couraçados, 10 cruzadores, uma flotilha numerosa de canhoneiros e de torpedeiros, com um pessoal naval de 15 mil homens.

---

[34] Um sexto da população italiana (cerca de 4.800.000 hab.) está concentrada a menos de uma milha marítima da costa. Conta-se cerca de 200 mil marinheiros.

III.2. A ZONA FRONTEIRIÇA ENTRE A ARGÉLIA E O MARROCOS CONFORME NOVOS DOCUMENTOS*
[1897]

I

Se considerarmos que mais de cinquenta anos se passaram desde que Renou publicou sua *Descrição do Império do Marrocos*, seguida, dois anos mais tarde, pelo mapa do capitão Beaudoin,[1] surpreende o pouco progresso que os conhecimentos geográficos fizeram sobre este país. Quantas regiões revelaram seus segredos, neste intervalo! O Marrocos guardou o seu ciosamente. Como dizia Duveyrier ao retornar de sua infrutífera tentativa de penetração no Rif,[2] há uma parte das costas do Mediterrâneo "sobre

---

* *"La zone frontière de l'Algérie et du Maroc, d'après de nouveaux documents"*. Publicado na seção "Notes et correspondances" da revista *Annales de Géographie*, n. 28, VI, pp. 357-363, 1897. Tradução: Guilherme Ribeiro. Revisão: Roberta Ceva e Sergio Nunes Pereira.

[1] Paris, 1846. — Beaudoin, *Carte du Maroc*, 1:1.500.000, Paris, 1848.

[2] Área montanhosa no norte do Marrocos. (N.T.)

as quais nossos conhecimentos positivos não ultrapassam o alcance da visão dos navios". O Molouïa, escrevia o mesmo viajante, "continua sendo um dos rios menos conhecidos do globo".[3] Ninguém mais estava autorizado a se expressar desse modo, somente aquele que não cessara de seguir e registrar, com escrupulosa atenção, os progressos muito raros das explorações marroquinas.[4] Hoje em dia, como naquela época, a cartografia é mantida na mais absoluta circunspeção, tendo em vista a penúria e o valor desigual dos materiais dos quais dispõe. Ao se consultar o mapa recém-publicado pelo Sr. de Flotte de Roquevaire na escala 1:1.000.000 — fruto de um trabalho meticuloso[5] — vê-se que, mesmo na parte que se acredita ser a mais conhecida (a parte limítrofe de nossas fronteiras), os dados precisos ainda apresentam lacunas.

Entretanto, é necessário acrescentar que, se as informações fornecidas por viajantes europeus e por reconhecimentos militares cobrem somente uma pequena extensão destes territórios fronteiriços, as informações nativas, obtidas de diversos meios, constituem atualmente uma massa considerável. Elas constituem toda uma biblioteca de obras, de mérito desigual, dedicadas a centralizar estas informações: desde o livro que o coronel Daumas declarou ter escrito utilizando-se de "documentos recolhidos da boca de dois mil árabes, viajantes, peregrinos ou mercadores",[6] até os repertórios publicados, nesses últimos anos, por homens cujas funções e conhecimento de árabe os colocavam particularmente em contato com os nativos.[7] É que, de fato, se o acesso ao Marrocos é difícil para os europeus,

---

[3] *Bull. Soc. géog.*, 1893, 2º trim. — Cf. *Bull. géog. hist. et descrip.*, Mémoires, 1887, n. 3.

[4] *Historique des explorations au Sud et au Sud-Ouest de Géryville* (Bull. Soc. géog., 1872). — *Rapport à la Société de Géographie sur le Voyage de Ch. de Foucauld* (1885).

[5] Paris, Andriveau-Goujon, 1897.

[6] Tenente-coronel Daumas, *le Sahara algérien*, Paris, 1845.

[7] Citemos, por exemplo, a obra do comandante DEPORTER. *Extrême-Sud de l'Algérie* (Alger, 1890); o estudo de M. C. SABATIER, intitulado *Touat, Sahara et Soudan* (Paris, 1891); e mesmo *Maroc inconnu*, de A. MOULIÉRAS (1895), entre outros.

não há tampouco, ao longo desta zona contígua às nossas possessões — que se estendem do Rif ao Tuat[8] — uma circulação ativa visando nossos mercados e nossas zonas rurais do Tell.[9] A interdição de nossos mercados é um dos raros meios dos quais dispõem as autoridades argelinas para controlar as tribos fronteiriças do Dahra, e mesmo aquelas mais distantes de Oued-Ghir; rotineiramente, a fome as obriga a frequentar nossos mercados. A cada ano, durante dois ou três meses, alguns *rifains*[10] vêm alugar sua força de trabalho nas zonas rurais do Tell oranês. O chamariz dos salários argelinos também age sobre as pessoas do Tuat, que com maior frequência optam por frutíferas temporadas entre os infiéis. Os laços de filiação religiosa atraem periodicamente a Tlemcen e às cidades do Tell; os itinerários de "súplicas e de benedições" de marabutos[11] vindos de *Kénadsa*, convento situado entre Oued-Ghir e Oued Zousfana, nas rotas de Gourara e de Touat. Observa-se, assim, em nossas fronteiras ocidentais argelinas a mesma corrente migratória do sul — muito significativa também na Tunísia e no Egito[12] — o que explica largamente a atração das regiões nutridoras do Norte.

Esse contínuo vaivém é propício à obtenção de informações não negligenciáveis. Não poderíamos negar-lhes certo valor, tendo em vista que são controladas pela experiência de nossos oficiais e administradores e comparadas aos dados provenientes da observação europeia. Assim, muitos relatórios substanciais e dissertações meticulosas repousam nos arquivos do

---

[8] Significando em berbere "local habitado", o Tuat (hoje Adrar) é uma área desértica da Argélia Central situada em torno de um grande oásis, posição que o tornava rota obrigatória de caravanas que cruzavam o Saara. (N.T.)

[9] Planície costeira de clima mediterrâneo, situada no Norte da Argélia. (N.T.)

[10] Habitantes do Rif (ver segunda nota deste texto). (N.T.)

[11] Eremitas muçulmanos da África do Norte. (N.T.)

[12] Da Moudirieh de Esna a das duas circunscrições ao Sul de Assouan em direção ao norte, uma corrente contínua de trabalhadores ditos *barbarins* (ver o *Recensement de l'Egypte*, 1882).

Service des Affaires Indigènes. Nesses arquivos, há trabalhos que honram o espírito de observação de seus autores, e que a ciência tem todo interesse em conhecer. Foi com o auxílio de uma combinação entre trabalhos desse tipo e os reconhecimentos positivos já publicados que foram compostos os dois importantes volumes de *Documents* recentemente reunidos pelo governo argelino.[13] Não se pode exigir de uma coletânea assim reunida a coordenação rigorosa que seria de se esperar de uma obra cujos materiais foram reunidos em condições sistemáticas e regulares. Esperemos, contudo — já que felizmente a coleção precisa ter sequência — um pouco mais de precisão em suas referências bibliográficas.

Esses dois volumes nos conduzem por um mundo particularmente curioso em sua incorrigível agitação. Tribo por tribo, eles nos mostram a individualidade desses grupos políticos que, sedentários ou nômades, têm suas tradições, seu caráter[14] e, poder-se-ia dizer, sua própria moralidade, já que, ao lado de tribos praticantes de pilhagens audaciosas, notamos tribos de marabutos dadas ao comércio e que parecem ter alguma preocupação com sua reputação. Mais morna e mais caseira se desenvolve a vida dos *ksour*.[15] Contudo, é suficiente entrever esses aglomerados de habitações rigorosamente cercadas de muralhas — interrompidas por uma ou duas portas estreitas[16] — para adivinhar em que atmosfera de lutas e violência vivem uma com a outra e entre elas mesmas estas pequenas comunidades. A tur-

---

[13] *Documents pour servir à l'étude du Nord-Ouest africain*, reunidos e redigidos por ordem de M. J. Cambon (governador-geral da Argélia), H-M-P De La Martinière e N. Lacroix. Governo geral da Argélia, *Service des Affaires Indigènes*, 1896. 2 volumes, 534 e 959 p.

[14] Ver, por exemplo (*Doc.*, II, p. 245), o retrato de *Hamian*, pelo general Chanzy.

[15] Cidades fortificadas na África do Norte criadas para atender às necessidades das caravanas. (N.T.)

[16] Ver os esboços do ksar de Igli (*Doc.*, II, pl. V, p. 711), do ksar de El Maïz (*Ibid.*, p. 480) e de El Abiod Sidi Cheikh (*Ibid.*, pl. VI, p. 764).

bulenta Figuig, cujo nome acabará por tornar-se lendário entre nós, tem uma história que não é senão uma longa série de querelas e assassinatos.[17] A essas dissensões intestinas acrescentam-se, de tempos em tempos, uma pequena ajuda dos nômades. Todavia, entre os *ksour* e as tribos há certa solidariedade. Os *ksour* servem de entreposto aos nômades que, em certos momentos, ali vêm acampar e munir-se de tecidos fabricados pelas mulheres. Alguns configuram, portanto, centros de reunião nos quais se trocam notícias, circulam os rumores e são fundadas as reputações do deserto. Ali se elabora a política saariana. Se a renomada lenda de algum personagem santo designou sua tumba à veneração e às oferendas, uma *zaouia* é formada — um tipo de convento onde se agrupam com sua clientela os descendentes do grande marabuto. Trata-se de casas de influência e de propaganda. De Géryville e de El Abiod, a teocracia guerreira dos Oulad Sidi Cheikh estendia assim sua influência até El Goléa, por um lado, e até Gourara, por outro.[18] Ao ler a narrativa das intermináveis lutas, nos vemos reportados às guerras de Messénie, guerras mescladas de negociações, que com eles mantivemos desde 1864. Nada mais característico do que esse orgulho mesclado à ingenuidade e a caprichos, trapaças e cóleras repentinas que eclodem em cada linha desses relatos e nos mostram tudo que há de móvel e de infantil na alma desses grandes senhores do deserto.[19] Contudo, nessa sociedade tão fortemente permeada pelo individualismo, sempre há lugar, de modo externo e paralelo às influências tradicionais, para aventureiros e taumaturgos

---

[17] *Doc.*, II, p. 503 e seguintes. — Que nos seja permitido observar, a este propósito, que tem sido dito erroneamente (*Doc.*, II, p. 539, nota) que nenhum europeu depois de Rohlfs, em 1864, penetrou nos *ksour* de Figuig. Um outro alemão, Jacob Schaudt, permaneceu dois meses por lá em 1880. Sua relação foi publicada em *Zeitschrift der Gesellschaft für Erdkunde*, de Berlim (1883).

[18] *Les Oulad Sidi Cheikh; leur origine, leur histoire, leur rôle politique* (*Doc.*, II, ch. IX), conforme o general de Colomb, Trumelet, Gourgeot etc.

[19] Ver, por exemplo (*ibid.*, II, p. 810), o retrato de Si Hamza.

de ocasião — tal como Bou-Amena, de nível e instrução medíocres,[20] ainda que vinculado à descendência do grande Sidi-Cheikh.

Nesses documentos, seguimos o desenvolvimento dessa questão do Sul, cuja importância atual em muito surpreenderia os negociadores que, em 1845, viam o Saara como inabitável. Remontando às suas origens, vemos a que ponto esse desenvolvimento é o resultado de necessidades inelutáveis nascidas do contato entre um Estado civilizado e uma sociedade semibárbara. Os predecessores turcos de nossa dominação argelina tinham evitado interferir nos negócios do Sul. Semelhante abstenção nos era interdita e, de fato, a partir de 1845, o surgimento de nossos *colonnes*[21] no sul oranês seguiu de perto o tratado de Lalla-Marnia. Esse foi o ponto inicial de uma série de complicações cuja resolução ainda parece distante. Em 1852, a fundação do correio de Géryville marcou nossa firme intenção de sustentar esses primeiros passos. Quaisquer que tenham sido as hesitações de nossa política após esse período,[22] tudo indica que, na engrenagem que nos conduz, não saberíamos nos furtar por muito tempo à necessidade de fazer valer a autoridade no Tuat.

II

Mas essa questão do Sul é mais complexa do que parece à primeira vista, e a leitura destes documentos é bastante instrutiva para nós, evidenciando suas diversas ramificações. As informações contidas no livro outrora citado englobam os *ksour* do sul-oranês à fronteira marroquina na única parte fi-

---

[20] *Ibid.*, II, p. 435 e ss., p. 771 e ss.

[21] Integrantes de coluna militar reunida sob o comando de um oficial.(N.T.)

[22] A seção, desde há muito projetada, da estrada de ferro que deve religar Aïn Sefra à Djenien-bou-Resk (nosso último posto militar, situado a 50 quilômetros de Figuig) ainda não foi executada.

xada — de Oued-Kiss a Teniet-Sassi. Compreendem o Dahra marroquino, Figuig e as tribos situadas mais além — até Oued-Ghir, Oued-Zousfana e Oued-Saoura. Elas nos fornecem um estudo aprofundado sobre o Rif e o Djébala e indicações sobre as fortificações espanholas. Também nos informa brevemente sobre essa curiosa república teocrática de Fez, na qual se reúnem as influências das mais pujantes confrarias religiosas — e sobre a qual nos é prometida uma monografia em um terceiro volume. Essa diversidade de informações permite abarcar, em seu conjunto, a questão do Sul, na qual a força das coisas (mais que um desenho terminado) nos engajou irrevogavelmente. De nossa parte, estamos particularmente tocados por um fato cuja atenção pública não foi suficientemente despertada — talvez porque após o memorável, porém incompleto, reconhecimento do Sr. de Foucauld,[23] essa região não teve as honras de uma exploração europeia. Refiro-me à importância que, na hegemonia do Noroeste africano, está ligada ao vale do Molouia.

Aqui, faz-se necessário recorrer à geografia física. Como já dissemos, o conhecimento disponível sobre o Molouia é insuficiente. Ainda assim, podemos afirmar que seu regime difere sensivelmente daquele dos rios argelinos. Se no Chelif o decréscimo do fluxo é observado desde meados de maio, cessando apenas em outubro,[24] no Molouia verifica-se o contrário: "quer chova ou não", há sempre muita água rolando entre meados de abril e meados de junho. Mesmo em seu curso inferior, o período de cheia se prolonga até julho, de forma que, do começo do inverno até esta data tardia,

---

[23] Oficial de cavalaria francês, Charles de Foucauld explorou o Marrocos de 1882 a 1884 e publicou em seguida um relato de suas viagens, *Reconnaissance au Maroc*, agraciado com medalha pela *Societé de Géographie du Paris*. Tornou-se depois monge trapista e, já retirado da Ordem, viveu como eremita na Argélia, escrevendo textos espirituais e sobre a vida dos tuaregues. (N.T.)

[24] Bourdon, *Étude géographique sur le Dahra* (*Bull. Soc. géog.*, 1872).

as vaus são muito raras. As informações do Sr. de Foucauld sobre seu curso superior e as do Sr. de la Martinière sobre a seção atravessada em seu itinerário de Fez a Oudjda concordam sobre este aspecto. Se Duveyrier — que o franqueou em junho de 1886, a 5 quilômetros da embocadura — espantou-se com sua pequena largura (40 metros) e sua pouca profundidade, a evaporação que sofre nas planícies áridas que atravessa na última parte de seu curso,[25] em muito explica esta diminuição, que não chega à seca total.

Em seu conjunto, e notadamente em sua parte superior, o Moloüia constitui portanto uma via de culturas e de oásis que se avizinha ao nevado Djebel Aïachi, um dos principais (senão o principal) centros hidrográficos do Marrocos. Sobre a vertente oposta àquela que envia o Moloüia ao Mediterrâneo, nasce Oued[26] Ziz, a artéria que alimenta os oásis do Tafilelt. Das observações do Sr. de Foucauld sobre seu curso superior resulta que as cheias deste rio, devido às mesmas causas verificadas para o Moloüia, são produzidas aproximadamente na mesma estação.[27] Por outro lado, o testemunho do mesmo viajante nos diz que a cadeia do Alto-Atlas abaixa-se rapidamente a leste do Djebel Aïachi; de acesso relativamente fácil,[28] um desfiladeiro desbravado por caravanas de almocreves,[29] estabelece a comunicação entre o Moloüia e o Oued Ziz. Outros desfiladeiros, situados mais a leste e, provavelmente, menos elevados,[30] ligam igualmente (como já indicava Ibn

---

[25] Entre 33 e 35 graus de latitude, o Moloüia atravessa, à direita, as planícies de Tafrata e de Angad e, à esquerda, aquelas de Jell e de Garet — qualificadas com algum exagero como deserto por León, o Africano, e Ali-bey, mas nas quais de fato se encontram alguns representantes de uma flora saariana por excelência.

[26] *Oued* ou *Uádi*: rio temporário do deserto. (N.T.)

[27] De Foucauld, *Reconnaissance au Maroc*, 1883-84, p. 234.

[28] Tizi n Telremt, 2.182m (*ibid.*, p. 233).

[29] Designação, até meados do século XX, para aqueles que conduziam animais de carga. (N.T.)

[30] Ver Schaudt (*Zeitschr. Ges. Erdk.* Berlim, 1883).

Khaldoun) o vale do Moloüia a Oued-Ghir — cujas águas, que na primavera formam um volume considerável,[31] escoam na direção do Tuat.

Unindo todas essas indicações, vemos que a posse do Moloüia fornece as chaves de alguns dos principais oásis do Sul. O regime hidrográfico, que o Marrocos deve aos cumes nevados que o acidentou, estabeleceu entre o Tell e o Sahara uma ligação que não existe na Argélia — sobretudo no Oeste.

Na medida em que permitem discernir o que há de permanente na grande importância que teve anteriormente o vale do Moloüia, estas considerações não parecerão excessivas. Em diversos lugares, e notadamente no resumo de seu itinerário de Fez a Oudjda,[32] o Sr. de la Martinière fez, com razão, inúmeros apelos à história. De fato, ela nos mostra os reinos de Fez e de Tlemcen, em seguida, os sultões do Marrocos e os turcos da Argélia em luta quase perpétua pela posse daquele vale. Entre as duas capitais religiosas do Magreb (Fez e Tlemcen), a comunicação é fácil, visto que fornecida por uma "fenda natural" que separa as cadeias do Atlas, ao sul, daquelas do Rif ao norte. Ainda mais frequentes foram os encontros entre os Estados rivais. Tratava-se, para cada um, de trabalhar pelas relações com o Tafilelt e o Sudão, o país dos negros e dos escravos. Se Tlemcem podia passar aos olhos de Leão, o Africano,[33] como "a via mais direta em direção ao país dos negros", era através do vale do Moloüia. Para nossa velha metrópole oranesa, tais relações eram — como ainda o são hoje em dia para Fez — o

---

[31] De Wimpfen, *Bull. Soc. géog.*, janeiro de 1872, p. 42.

[32] Documents, I, p. 465-505: Itinéraire de Fez à Oudjda suivi en 1891. O relato completo foi publicado no Bull. géog. hist. et descr., 1895, n. 1.

[33] Léon, o Africano, 1. IV. Cf. *Doc.*, II, 576. A tribo dos *Hamian* foi estabelecida em Oued Ghir em 1285, pelos soberanos de Tlemcem [Nascido Hasan as-Wazzan, Leão, o Africano realizou sucessivas viagens ao continente africano e Oriente Próximo no século XVI. Depois de capturado no Mediterrâneo, foi levado ao Papa Leão X, que o libertou e o batizou com seu nome. Deixou registrado em um livro seu conhecimento sobre a África Sudanesa, "o país dos negros" de que fala Vidal (N.T.)].

princípio do prestígio distante e da influência ligadas a seu nome. As tribos que ocupavam seja o vale do Moloüia, sejam as passagens que desembocavam de Fez em direção a este vale, mantêm durante muito tempo nesta posição estratégica um poder do qual a história fornece inúmeras provas.[34]

Sabemos como o tratado assinado em 1845 com o Marrocos vencido deixou de nos assegurar a fronteira histórica que, somente em 1795, deixou de separar o Marrocos da Argélia. Tais fatos são suficientemente conhecidos para que necessitemos retornar a eles. Porém, as consequências de uma má delimitação não cessaram de se desenvolver — e nossa inação sistemática (eu não diria magistral) não parece configurar a política mais adequada para conter tal situação. Sem falar no estado de problemas crônicos, nesta zona de fronteira, resultante da reunião de todos os dissidentes, de todos os fragmentos desagregados das tribos, fugitivos etc., se pode constatar que nossa ausência política no vale do Moloüia prepara para nós uma situação que vai se agravando. Impotente para se fazer valer, a autoridade do *Maghzen*[35] marroquino se exerce, entretanto, com sucesso quando se trata de cortar todos os laços que, através de tempos imemoriais, aproximavam o Moloüia e o Tafilelt aos senhores de Tlemcem — de quem nos tornamos herdeiros. Politicamente, assim, ocorre que as casas nas quais se formam e se cultivam as perturbações que atormentam o Sul oranês escapam à nossa vigilância. Do ponto de vista comercial, as consequências não são menos incômodas. Em 1864, Rohlfs via partir de Tafilelt caravanas com destino a Tlemcem: atualmente, já não há esse espetáculo. Contudo — o que é ainda mais grave — sob os flancos de nossa colônia, organiza-se um

---

[34] Os *Miknâsa* (os *Macenites* de Ptolomeu?) dominavam, no século VIII, todo o vale do Moloüia, e estendiam sua influência até as regiões banhadas pelo Oued Ziz (*Doc.*, I, p. 482).

[35] Elite política que governava o Marrocos em articulação com o rei, constituída por notáveis, comerciantes, latifundiários, líderes tribais e chefes militares. (N.T.)

movimento comercial que, partindo de Melilla (que os espanhóis erigiram como porto livre), permite a penetração de armas e produtos europeus ao longo de nossas fronteiras até o Sul. A elevação desastrosa de nossas tarifas alfandegárias soma-se às causas que favorecem esse tráfico rival. Uma das provas típicas e infalíveis de seus progressos nos é fornecida pela importância crescente da população israelita nessa zona fronteiriça. De Foucauld já havia assinalado a Debdou a relevância numérica do elemento judeu.[36] Os *Documents* apoiam suas observações: "mesmo no *pays* do Rif, o judeu se infiltra".[37] No outro flanco de nosso estabelecimento do norte da África (de Tripoli a Ghadamés e a Ghât), sabemos a hostilidade — ainda mais comercial do que política — com as quais se defrontam todas as empresas destinadas a favorecer o brilho natural de nossas possessões.[38]

Parece razoável, portanto, que a fronteira oranesa seja um ponto débil em nossa colônia africana. Qualquer que seja a extensão das dificuldades existentes e previstas, há, sem dúvida, mais vantagens que inconvenientes em vislumbrar o mal em seu princípio. Deve-se reconhecer que há uma repercussão entre a situação territorial gerada pelo tratado de 1845 e os obstáculos que encontramos ao longe em direção ao Sul. Se essa conclusão não é expressa nos *Documents*, talvez seja a ela que todo leitor atento será levado.

---

[36] *Reconnaissance*, p. 250. Ali os israelitas compõem três quartos da população, diz ele.

[37] *Doc.*, I, p. 314.

[38] *Doc.*, II, p. 156 e seguintes.

III.3. A GEOGRAFIA POLÍTICA: A PROPÓSITO DOS ESCRITOS DO SR. FRIEDRICH RATZEL*
[1898]

Muitas vezes os leitores desta revista tiveram chamada a sua atenção para os trabalhos do Sr. Friedrich Ratzel. Quando publicada a segunda parte da *Antropogeografia*, a importância e a originalidade dessa obra foram apreciadas por um de nossos colaboradores em um estudo que é importante lembrar.[1] Desde essa época, a atividade do Sr. Ratzel continuou a se desenvolver no mesmo sentido. O último recenseamento dos Estados Unidos ofereceu-lhe a oportunidade de refundir num volume inteiramente novo o panorama de geografia política anteriormente descrito em sua obra

---

* "La Géographie Politique. A propos des écrits de M. Frédéric Ratzel". Publicado na revista *Annales de Géographie*, n. 32, t. 7, 1898. Tradução: Rogério Haesbaert e Sylvain Souchaud.

[1] L. Raveneau, *L'élément humain dans la Géographie. L'Anthropogéographie* de M. Ratzel (Ann. De Géog., I, 1891-1892, p. 331-347). O primeiro volume (506 p.) foi lançado em 1882, o segundo (781 p.) em 1891.

marcante sobre os *Estados Unidos da América*.² Surgiu depois uma nova edição, revista, de sua *Etnografia*.³ Eis aqui, agora, sob o título de geografia política, uma nova publicação, na qual o autor procura, por uma aplicação especial ao estudo dos Estados, concentrar e precisar sua doutrina[4]. Se acrescentarmos que o eminente professor de geografia da Universidade de Leipzig reúne em torno de sua cadeira alunos que publicam monografias especiais diretamente inspiradas no espírito de seu mestre,[5] percebemos qual é a atividade deste ateliê de trabalho, que deve ainda mais ser destacada pelo fato de representar tendências que se tornam raras, hoje, na vida universitária da Alemanha.

Enquanto a geografia física de fato atrai para si uma legião crescente de pesquisadores, é preciso convir que, neste último quarto de século, a geografia política foi menos favorecida. Ela viveu durante muito tempo da impulsão fecunda que lhe havia dado Karl Ritter, mestre ao qual a Alemanha é devedora do avanço adquirido pelas publicações de geografia e de cartografia políticas. Mas os tempos passaram e esse ramo da ciência não atingiu o nível de progresso alcançado no seu entorno. De nossa parte, cremos firmemente que, em definitivo, nada seria mais fecundo para a geografia política que o desenvolvimento tão marcante que alcança, sob nossos

---

[2] *Die Vereiningten Staaten von Amerika* (2 vol.). I. *Physikalische Geographie und Naturcharakter* (667 p., 1878). II. *Politische Geographie* (2. Auflage, 1893). 763 p. Munique e Leipzig, R. Oldendburg.

[3] *Völkerkunde* (2. Auflage), Vol. 1, 748 p. (1894). Vol. 2, 779 p. (1895).

[4] *Politische Geographie*, 1 vol. 715 p. (1897). Munique e Leipzig, R. Oldenburg.

[5] Alguns desses trabalhos foram reunidos em um volume, publicado sob os auspícios da Sociedade de Geografia de Leipzig: *Anthropogeographische Beiträge*, Leipzig, Duncker e Humblot, 1895 (10 mapas). Além dessa publicação, citaremos ainda, pelo interesse especial que a região representa para nós, o consciente estudo publicado pelo dr. Paul Constantin Meyer sobre o Sudão Ocidental, *Erforschungsgeschichte und Staatendbildungen des West Sudans* (*Peterm. Mitt. Eryzh.*, n. 121).

olhos, o estudo físico do globo. As relações entre o homem e o meio no qual se exerce sua atividade não podem deixar de se revelar mais claramente à medida que hesitarmos menos através do estudo das formas, dos climas e da repartição da vida. Mas ainda é preciso que um trabalho de aproximação intervenha entre essas ordens de estudo. Seria em vão confiarmos essa tarefa ao acaso ou ao tempo. Ao contrário, o momento sem dúvida parece ter chegado, e a iniciativa perseverante do Sr. Ratzel põe em foco uma carência que começa a preocupar todo mundo. "De novo", diz ele, "ouve-se o ressoar das queixas sobre a sequidão da geografia política, queixas tão antigas quanto o ensino da geografia."[6]

Essas queixas são do mesmo tipo daquelas que também conhecemos na França. Se elas são fundadas, provam que as obras de geografia política às quais se aplicam não se inspiram em uma concepção clara do objeto da ciência. As razões são diversas. Mas a principal é exatamente aquela que o Sr. Ratzel indica: os fatos da geografia política encontram-se ainda muito esparsos, sem adaptação àqueles da geografia física. É esse trabalho de agrupamento e de coordenação que o Sr. Ratzel tentou alcançar nos diferentes estudos que citamos, pois não é homem de se contentar em formular críticas e esboçar programas. Essa preocupação comum fornece a unidade de seus trabalhos. Ele procura agrupar os fatos e extrair leis, a fim de colocar à disposição da geografia política um fundo de ideias sobre o qual ela possa viver.

A riqueza do tema explica a abundância de desenvolvimentos. Quando se leem esses volumes, impregnados de muita substância, o espírito pode provar algumas hesitações diante de proposições que parecem apresentar

---

[6] A geografia política constitui, em sentido estrito, um desenvolvimento especial da geografia humana. É assim que parece entender o Sr. Ratzel. Mas, nas aplicações da geografia ao homem, trata-se sempre do homem por sociedades ou por grupos, de modo que se pode crer autorizado a dar ao nome de geografia política um sentido mais amplo, e estendê-lo ao conjunto da geografia humana.

uma forma dogmática com pouca relação com a relatividade dos fenômenos. Mas é surpreendente o tesouro de observações e de fatos. Certamente a geografia política pode amplamente tirar proveito deles. Entretanto, só terá proveito à medida que ela própria se definir, o que ela não pode fazer senão tornando precisa a natureza da relação que a une ao conjunto da geografia. Dessa relação depende o método a ser seguido, em particular o discernimento a ser praticado entre os fatos que ela deve reivindicar como seu patrimônio, e aqueles que deve eliminar como parasitas. Uma certa hesitação ainda reina, no ensino e alhures, sobre as atribuições da geografia política, sobre a definição de seu domínio: sobretudo porque não se percebe claramente qual lugar lhe pertence entre as diferentes ciências que têm por objeto comum decifrar a fisionomia da Terra.

I. A posição da geografia política na geografia

Os historiadores que se preocuparam em destacar as influências geográficas obedeceram, sobretudo, à ideia de que essas influências, muito fortes ou mesmo preponderantes no início, enfraqueciam-se em seguida, ao ponto de se tornarem, para muitos deles, negligenciáveis. Esse ponto de vista não deveria ser o do geógrafo. Seguramente, a emancipação pela qual o homem pouco a pouco se liberta do jugo das condições locais, é uma das lições mais instrutivas que nos proporciona a história. Mas, civilizado ou selvagem, ativo ou passivo, ou, sobretudo, sempre, ao mesmo tempo um e outro, o homem, nesses diferentes estados, não deixa de fazer parte integrante da fisionomia geográfica do globo. Através dos estabelecimentos que ele constrói na superfície do solo, pela ação que exerce sobre os rios, sobre as próprias formas do relevo, sobre a flora, a fauna e todo o equilíbrio do mundo vivente, ele pertence à geografia, onde desempenha um papel de causa. Ainda que a habitabilidade não cubra inteiramente o globo, pode-se dizer que, nas raras regiões em que ele não penetra, a ação preponderante que exerce sobre o mundo da vida não deixa, em certa medida, de se fazer sentir. A superabundância da vida animal que encontra refúgio em uma parte das regiões polares é ainda um indício indireto da sua presença.

À medida que intervém essa força sutil e flexível chamada atividade humana,[7] um princípio novo de antagonismo é introduzido nos fenômenos terrestres, perturbando profundamente a economia e modificando o seu aspecto. Não é mais o conflito mecânico entre as formas do relevo e as leis da gravidade, nem a luta pela qual os vegetais disputam entre si um lugar sobre o solo ou em relação à luz: o espetáculo exterior das coisas se revela tão logo uma força de espécie diferente entra em luta. Porque é bem mais como ser dotado de iniciativa que como ser sofrendo passivamente as influências exteriores que o homem possui um papel geográfico. A montanha oferece-lhe um meio de evitar o ataque de seus inimigos, ou, em certos casos, de livrar-se dos perigos do clima; o rio, uma via de circulação; a ilha, um refúgio ou um ponto de apoio mais cômodo da atividade comercial. Mas, ao mesmo tempo que o atrai por diferentes razões, cada uma dessas formas terrestres revela sua engenhosidade com as necessidades especiais de existência.

Graças a essa flexibilidade e a uma vitalidade que se adapta a todos os climas, há muito poucas partes da superfície terrestre às quais não se incorpora a fisionomia humana. Sua imagem se associa às formas mais diversas de configuração e de relevo. Por pouco que nos afastemos um instante dos cenários de natureza humanizada que nos são familiares, o vazio nos chama a atenção. A primeira aldeia que percebemos, depois de algumas horas passadas na montanha, ao atravessarmos alguma passagem estreita, modesto traço do homem, mas signo visível de que aí recomeça sua ação direta e contínua sobre as coisas, responde a um sentimento instintivo de

---

[7] "A humanidade", afirma muito bem o Sr. Ratzel, "é um todo, apesar dos diversos graus de civilização." (*Völkerkunde,* cap. 1, p. 4)

previsão; ela nos dá essa impressão pessoal de vida que para nós é inseparável da imagem das regiões.[8]

Os Alpes nos mostram esse esforço pessoal para resolver o problema da existência em altitudes elevadas. O montanhês capta as orientações favoráveis, acomoda suas culturas às vertentes sobre as quais perduram os raios do sol, ajusta a irrigação das encostas, agrupa suas habitações sobre os taludes protegidos contra as torrentes. Sobre as encostas do Pamir, o montanhês tadjique do Darvaz e do Chignan[9] mostra igual engenhosidade e emprega os mesmos métodos de aproveitamento de suas montanhas. Os flancos arqueados dos montes do Vivarais são de alguma forma esculpidos pelos muros de pedra que sustentam as culturas em terraços, obra secular na qual se resume o trabalho paciente de gerações dos nossos camponeses. Sobre as vertentes dos vulcões de Java, até a altitude de cerca de 1.500 metros, vemos escalonarem-se as mesmas culturas em terraço.

Existe o que podemos denominar uma via fluvial, muito diferente, sem dúvida, segundo o grau de civilização dos ribeirinhos, mas também adequada como objeto de estudo tanto sobre as margens do Congo e do Ubangui quanto dos rios da Europa e da China. Em todo lugar trata-se, para o homem, de levar em conta o regime, os ritmos e, de alguma forma, todas as palpitações deste ser caprichoso que é o rio, a fim de, com vantagens e a menor soma possível de perigos, unir a sua vida à vida do rio. A cidade se mantém frequentemente a distância, sobre algum terraço ou margem elevada, ao abrigo de seus caprichos. Sobre a margem dos rios russos, que sofrem inundações periódicas na primavera, a exploração das pradarias é regulada de acordo com este regime: quando os camponeses russos da pro-

---

[8] Como em outros momentos nesta coletânea em que é utilizado o termo "região", trata-se neste texto da palavra francesa *"contrée"*, que algumas vezes é traduzida, de forma mais apropriada, por área ou zona. (N.T.)

[9] A. Regel, *Die einheimischen und angebauten Kulturpflanzen des obern Amu-Daria* (1883).

víncia do Amur se viram em presença de um rio de cheias periódicas de verão, isto lhes custou, como mostrou recentemente aqui o Sr. Woeikof, não terem sabido modificar, consequentemente, as épocas de fenação e suas práticas agrícolas.

Os fenômenos da geografia política se modificam segundo as condições de extensão e de isolamento das áreas que são seu teatro. As ilhas, os oásis, apresentam particularidades na geografia dos homens que correspondem às particularidades existentes na sua configuração e na sua posição. Se o isolamento for grande, as localidades envolvidas pelo mar ou pelo deserto são capazes de conservar populações que em outros lugares desapareceram — é o caso dos Guanches nas ilhas Canárias ou dos etíopes trogloditas que Nachtigal descobriu, há vinte anos, sob o nome de Tedas, nas solidões centrais do Sahara. Quando o espaço assim delimitado é reduzido, a densidade de população, com frequência, alcança um nível pletórico, produzindo hábitos de emigração. Disso decorre que, nas correntes que sustentam o intercâmbio entre áreas distintas, o papel das populações insulares é, e sempre foi, muito marcante. As ilhas do arquipélago grego promovem migrações por todo o Oriente do Mediterrâneo. O rochedo de Malta dispersa seus emigrantes pela África. Insulares dos Açores trabalham nas plantações de cana-de-açúcar do arquipélago das Sandwich, os das Canárias na Venezuela etc. É natural que, nas ilhas, o litoral, único ponto de partida de relações exteriores, adquira uma importância especial; aí, de fato, situam-se as principais cidades. É o caso de grandes ilhas como a Córsega e a Sicília. A própria Irlanda confirma a observação. Madagascar permaneceu, do ponto de vista político, um pequeno continente: a colonização europeia, sem dúvida, irá desenvolver aí o caráter insular e fará afluir a vida sobre o seu litoral.

Entre a geografia física e a geografia política o anel intermediário é o estudo geográfico das plantas. É a planta que retira do mundo inorgânico elementos da nutrição e os elabora para o animal, que seria incapaz de os conseguir diretamente. Ela é, assim, o intermediário entre os dois principais ciclos de fenômenos geográficos, os do mundo inanimado e os do mundo vivente. Através dos elementos nutritivos que obtém da atmosfera, e que somente ela pode decompor, a vegetação é como uma fábrica viva de alimentos. A manutenção da população animal, enquanto carnívora, está em relação com os recursos vegetais da sua área.

Assim, entre o homem e o restante da natureza viva estabelece-se uma solidariedade que é possível estudar sob a forma mais simples nas zonas circumpolares, onde a manutenção de uma população humana se encontra sob a dependência estreita do mundo animal. Podemos dizer que se a própria rena não encontrasse uma espécie de líquen que lhe permite atravessar o inverno, a existência do homem, seu companheiro, seria impossível.

Mas essa solidariedade se aplica com um alcance bem diferente no estudo geográfico das grandes sociedades humanas. Entre as duas formas quase igualmente hostis da floresta equatorial e da floresta boreal, as regiões que ofereceram ao homem as condições mais favoráveis para o estabelecimento de grupos organizados em grande escala são as planícies ensolaradas e campestres. Crescem aí as principais gramíneas próprias a se tornarem meio de alimentação para numerosos animais e para o próprio homem. Savanas ou pradarias foram as partes da Terra em que se produziu uma combinação capital na história da humanidade, aquela da agricultura com a ajuda de animais domésticos para esse fim. A persistência que é própria das causas geográficas é mostrada hoje nas concentrações que se formam nas *terras negras* da Rússia e nas *pradarias* da América, como um prolongamento do fenômeno e como a imagem do que outrora se passou nas planícies do Punjab, da Caldeia e da China do Norte.

O homem não age de forma diferente das relações com o mundo vivo nas relações com o mundo inorgânico. Já vimos, na luta contra a montanha ou o rio, o homem escolher com um tato engenhoso as oportunidades favoráveis a seus propósitos; sobressai-se opondo uma força a outra, entrando no jogo da natureza para neutralizar o que se coloca como obstáculo e apropriando-se do que pode lhe servir. Mas esses procedimentos se exercem no domínio da natureza viva com uma amplitude muito distinta, pois o homem é um agente biológico incomparável. No conflito que as espécies travam entre si para se defenderem contra a invasão de seu espaço por espécies rivais, o homem intervém tomando partido. Mescla-se à batalha para dirigi-la segundo seus próprios fins. Ele somente triunfa sobre a natureza pela estratégia que ela lhe impõe e com as armas que ela lhe fornece. De fato, as condições em virtude das quais algumas espécies dominam e se expandem em uma área não são as de uma apropriação definitiva e absoluta, mas de um equilíbrio que pode ser alterado, e que o será certamente se novos recém-chegados mais vivazes, mais rústicos e mais aguerridos pela concorrência, sobrevenham para disputar lugar. Essa instabilidade de equilíbrio abre ao homem um livre campo para favorecer as espécies que ele entende sejam suas auxiliares ou meios de sua subsistência. Uma de suas plantas favoritas, defendida e fortalecida pela cultura, apropriada por uma escolha inteligente de variedades em condições mais ou menos diversas de solo ou de clima, pode conquistar imensos espaços e passar para o primeiro plano na fisionomia vegetal do globo. O arroz era uma gramínea que crescia em estado selvagem nos vazios periodicamente submersos deixados pela inundação dos rios tropicais. O trigo, presume-se, vivia em estado selvagem nas planícies descobertas da Ásia Ocidental.

Os ventos, as correntes, os rios e os animais têm seu papel na dispersão das espécies. Mas de todos os agentes que dessa forma criam o intercâmbio entre as diversas partes da Terra, que alteram o equilíbrio sempre provisório do mundo animado, nenhum, naturalmente, é comparável ao homem. O europeu moderno, sobretudo, é o artesão infatigável de uma obra que tende a uniformizar, senão o planeta, pelo menos cada uma das zonas do planeta. Os movimentos que o deslocam também movimentam e transportam com ele as plantas e os animais que constituem sua clientela. A Austrália viu, quase sob os nossos olhos, a substituição de sua fauna e flora indígenas por aquelas para lá transportadas pelos europeus. A Nova Zelândia renovou o quadro de sua vida. Durante o período de 1878 a 1889, os Estados Unidos concluíram a conversão de suas pradarias em campos de cultura e, ao mesmo tempo, o bisão, que se contava em tropas de milhões de cabeças, desapareceu quase completamente. A mesma sorte espera em breve o elefante africano. O homem não se desloca sem deixar um rastro na criação vivente. Suas migrações provocam revoluções na fisionomia das regiões. É todo o quadro da vida que muda sobre as superfícies em que uma raça mais avançada em civilização toma lugar.

É por isso que, por sobre os aspectos especiais da geografia botânica, zoológica, política ou humana, há, envolvendo-os todos, o que podemos denominar a geografia da vida. As transformações que o homem realiza na superfície da Terra indicam leis gerais que presidem as diversas manifestações da vida. Levam a modificações que afetam todo o equilíbrio da natureza viva. Combinam-se, enfim, de uma maneira íntima, com as formas terrestres e as condições climáticas. A geografia humana ou política deve assim ser concebida como fazendo parte de um conjunto. Não se trata de um simples capítulo anexo acrescentado a outros, ela mergulha com todas as suas raízes na geografia geral.

II. Meios e objetos novos de pesquisas

Não foi sem inconvenientes que a geografia política se desenvolveu antes dos outros ramos da geografia. Ela se ressente das hesitações pelas quais passou. Privada do apoio que teria encontrado no seu entorno, caminhou muitas vezes ao acaso, sem outro guia que não o desejo de satisfazer essa curiosidade legítima, mas geral, que sentimos pelas regiões e seus povos. É assim que noções estranhas à geografia muitas vezes a confundiram. Estrabão se dedica de bom grado a dissertações arqueológicas. No século XVI, Sebastião Münster aprecia enriquecer sua *Cosmographie*, aliás, muito interessante, com pormenores sobre as genealogias das casas reais ou principescas. Hoje, é da invasão inconsiderada de noções de administração ou de estatística que a geografia política é mais ameaçada. Não é o menor dos inconvenientes dessas noções, introduzidas sem considerar o objeto próprio da geografia, expandirem sobre ela um ar de incoerência, que explica o desfavor ou desdém dos quais ela é por vezes o objeto.

Se buscarmos os instrumentos novos de investigação e análise que lhe são fornecidos pelos progressos da geografia física e em geral do conhecimento terrestre, temos apenas a dificuldade de escolher entre os exemplos.

Devo passar rapidamente sobre essa parte do assunto sob pena de ampliar demasiadamente este artigo. Mas não é evidente que a geografia política pode obter muito proveito dos mapas topográficos em grande escala? Neles podemos ler o modo de agrupamento da população, fenômeno que apresenta tanta diversidade e nuanças regionais e cujo conhecimento nos indica múltiplos traços característicos e relações entre o homem e o solo. A repartição das aldeias na Champagne seca não se parece com a das campanhas da Picardia. Mais além, o sistema de aglomeração por grupos definidos dá lugar a uma disseminação de aldeias, granjas ou casas, uma espécie de poeira difundida por todo o país. Tais fatos muito dizem em relação ao modo de existência dos habitantes. Essas relações se esclarecem, e ao mesmo tempo outras se descobrem, graças aos mapas geológicos em grande escala que agora quase todos os países civilizados possuem. A análise das relações entre o homem e a altitude, a natureza do solo ou a hidrografia, graças a esses instrumentos, pode ser apreendida mais de perto. Ela ganharia ainda mais se os mapas geológicos decidissem ser menos sóbrios em termos de indicações sobre os terrenos que formam as camadas superficiais do solo.

Na base da geografia política há uma questão que podemos considerar capital — trata-se da repartição das populações humanas na superfície terrestre. Nada é mais desigual: algumas partes relativamente restritas do globo apresentam enormes aglomerações; a Índia e a China sozinhas compreendem perto da metade da humanidade; são massas humanas cimentadas pelo tempo, contra as quais se exercem as guerras, as epidemias e a fome. Ao contrário, existem vastos espaços novos que o homem, numericamente, mal começou a ocupar. Ora, sobre esses fenômenos que, em consequência, influenciam toda a fisionomia geográfica das áreas, apenas começamos a ser informados, desde que censos regulares, ainda em número muito pequeno, permitem comparar em partes distantes o estado e a marcha da população. Foi uma revelação quando, em 1872, o primeiro censo da Índia inglesa nos mostrou, de uma maneira positiva, a existência de perto de 250 milhões de homens (hoje 291) naquela península. Desde 1790, a série monumental de censos decenais dos Estados Unidos da América não para de fornecer documentos preciosos para seguir o povoamento progressivo de uma vasta região. Podemos assim estudar comparativamente o aspecto geográfico da população em países de antiga civilização, seja na Europa, seja nos trópicos e em países novos como a América. Constatamos então fenômenos singulares, alguns dos quais foram trazidos à luz, enfaticamente, pelo Sr. Ratzel. Os Estados Unidos contam com algumas das grandes metrópoles do mundo, embora a densidade não atinja 8 habitantes por quilômetro quadrado. A Austrália reúne mais de 30 por cento de sua população em três cidades. As enormes desigualdades de repartição que essas cifras indicam existem até mesmo no raio de ação imediato das grandes cidades. Algumas horas separam Nova York das solidões florestais dos montes Adirondack. Se estivéssemos na Europa, clareiras teriam sido feitas naquelas matas; através de indústrias ou ocupações diversas uma população ter-se-ia engenhado e teria provavelmente conseguido criar ali seus modos de existência: ao contrário, somente alguns lenhadores ou caçadores aventuram-se, e somente no verão, naquelas solidões. Eis assim uma imagem demográfica de país novo.

Por fim, a vasta investigação que há uns cinquenta anos nos faz penetrar no interior dos continentes africano e asiático, teria sido fértil em resultados apenas para a geografia física? Quando Barth trouxe de suas viagens um conhecimento preciso dos Estados muçulmanos que se sucedem do lago Chade ao Níger, foi o primeiro raio de luz na obscura geografia política do interior africano. Percebemos então um fenômeno que os viajantes posteriores vieram apenas confirmar e estender: a influência do Islã representada pelas raças árabe e berbere sobre a formação de Estados em países negros.

Mas é a Ásia, sobretudo, que se manifestou como aquilo que ela sempre foi, a terra clássica para o estudo dos fatos da geografia humana. Ao mesmo tempo que nos oferecia o espetáculo de grandes dominações europeias penetrando, de lados diferentes, pelo interior do continente, permitia-nos observar na sua situação presente os restos das populações que outrora foram, elas próprias, fundadoras de Estados. Encontramos na Ásia Central os vestígios ainda vivos das populações iranianas, tais como foram fragmentadas e afastadas por uma série de invasões mongóis ou turcas, espetáculo instrutivo de uma grande raça política, a qual se pode dizer que foi vítima de sua posição geográfica.

Mal iniciamos o conhecimento das civilizações do Extremo Oriente. Pouco a pouco, porém, começam a se deixar entrever as bases dessas sociedades cuja evolução foi diferente das nossas. Em vez de nações saídas de uma vasta cristandade que estava organizada ela própria nos quadros preparados pela cidade antiga, encontramo-nos frente a uma multidão de pequenas comunidades de aldeia e de família, inumeráveis células cujo agrupamento forma imensas colmeias que se juntam de preferência ao longo dos rios e nas regiões deltaicas. No estudo desse mundo político diferente, podemos imaginar que vamos encontrar uma fonte de fenômenos inéditos que também contribuirá para vivificar a geografia política. A separação do elemento agrícola e do elemento pecuário, o antagonismo étnico da planície e da montanha, nos parecem desde já um dos traços característicos dessas sociedades orientais.

III. A classificação e a definição dos fatos

A geografia política, assim como a geografia física, não pode viver de uma pequena fração da superfície terrestre. Seu campo não se restringe ao espaço que ocupam as sociedades de civilização avançada. Ela não pode acreditar que sua empreitada esteja esgotada pelo estudo de alguns Estados, pontos luminosos em torno dos quais flutuaria, numa vaga penumbra, o resto da humanidade.

Importa-lhe também conhecer essas formas imperfeitas, embrionárias ou rudimentares que marcam, nas relações da terra e do homem, muitos graus diversos, estágios mais ou menos avançados. Essas formas de estabelecimentos políticos e de agrupamentos humanos merecem a atenção na medida em que representam os degraus sucessivos que levam a formas mais perfeitas realizadas em algumas partes da Terra. Elas entram na fisionomia política do globo, assim como as árvores de idades diversas e de tamanho desigual concorrem para a composição de uma floresta. Quando Tucídides recompõe o quadro das origens da civilização helênica, ele mostra apenas metade da Grécia saída desse estágio primitivo que representa o agrupamento em aldeias ou povoados, que foi, diz ele, "o antigo costume da Grécia". Somente as áreas da Grécia mais favorecidas pelo solo ou pela posição conseguiram substituir esse estado rudimentar pelo estado mais perfeito que representa a cidade ou pólis.[10] O historiador filósofo expressava assim uma distinção fecunda. Essas primeiras formas de agrupamentos humanos, aldeias, vilarejos, tribos agrupadas ao redor da *oppida*, são a expressão geográfica de relações locais, demarcadas, limitadas a um só tipo de ocupação e de modo de existência. Muitas frações da humanidade não ultrapassaram esse estágio. Em toda a parte da África que ainda não foi modificada pelas influências europeias ou árabes, não existem cidades

---

[10] *Ville* ou *cité* no original em francês. (N.T.)

no verdadeiro sentido da palavra; não se pode dar o nome de cidades a aglomerações de palhoças que não têm, por assim dizer, nem corpo nem alma, nem mesmo a residências[11] efêmeras de potentados destinados a desaparecer com o capricho que as fez nascer. São criações que ainda não desenvolveram profundas raízes no solo. O conjunto dos diversos ramos de atividade que se concentra na vida normal de um Estado ou de uma cidade não se formou. Se algum comércio exterior se realiza através das pequenas comunidades agrícolas entre as quais se agrupam as populações do centro da África, elas não são por si mesmas os agentes desse comércio; são tribos especiais que muitas vezes desempenham o papel de intermediários entre elas e o mundo exterior.

Nessa hierarquia de formas de agrupamento, a cidade representa num grau de destaque a emancipação do meio local, uma dominação mais forte e mais ampla do homem sobre a terra. A natureza, para isso, sem dúvida, preparou os sítios: nas passagens ou embocaduras dos rios, nas saídas das montanhas, no contato das zonas de climas muito diferentes. Mas é o homem quem cria o organismo. Pelas estradas que ele constrói, faz convergir até o ponto designado relações novas. A incerteza das relações no estado de natureza a cidade substitui por um princípio de estabilidade e continuidade. Ela dá à comunidade política a solidez da pedra com a qual constrói seus monumentos. A afluência dos produtos e a diversidade das formas de trabalho atraem para ela elementos diversos da população que aí se estabelecem. É difícil imaginarmos a possibilidade de que se formem Estados onde já não se encontrem importantes fundações de cidades para fixar, mudar e estender as relações. É sobretudo pelas cidades que se perpetuaram na França as tradições e a língua de Roma. Foi pelas fundações urbanas de Carlos Magno e dos Otos que a Germânia tomou corpo. A cidade é hoje,

---

[11] "Residência" aqui tem o sentido de lugar em que residiam, nos países na condição de protetorados, os altos funcionários (ou *résidents*) designados pelo Estado "protetor". (N.T.)

na América e na Austrália, o signo por excelência da apropriação europeia, o núcleo do Estado.

É importante esforçar-se para definir exatamente, com o auxílio de exemplos escolhidos nas realidades atuais, palavras tais como cidades, províncias, limites, Estados, que o vocabulário usual tende a usar indiferentemente. O sentido dessas palavras varia segundo uma multiplicidade de circunstâncias locais que somente a geografia pode esclarecer. É evidente que as tribos de pastores, obrigadas a alternar segundo as vicissitudes das estações os seus terrenos de pastagem, não saberiam ter sobre as questões de limites as ideias que uma valorização sedentária do solo incutiu no espírito das sociedades agrícolas. Suponha um Estado que abrigue, numa maioria de habitantes sedentários, uma proporção de elementos nômades, como acontece por exemplo no Egito. Ele estará apto a exercer influência, por ramificação, para além de suas fronteiras. Ou ainda, a existência de comunidades teocráticas, no seio de um Estado limitado, que poderá ser a causa de influências, ativas ou passivas, boas ou más, que se entrecruzam por sobre as fronteiras. Não será esse o caso entre a Argélia e o Marrocos? Por fim, deve-se ter em conta o que eu denominaria o momento. Entre Estados pouco civilizados, não pode haver limites respondendo a uma simples linha;[12] a separação se expressa por uma zona de isolamento, semelhante àquelas que foram realizadas, por imitação, nos *Confins militares* que uma parte da Europa conheceu até nossos dias.

Isso me leva a uma questão de grande importância do ponto de vista do método. Os fatos da geografia política não são entidades fixas que basta registrar por uma simples constatação. Cidades e Estados representam formas que já evoluíram até chegar ao ponto em que as apreendemos, e talvez ainda estejam evoluindo. É preciso assim considerá-las como fatos em movimento.

---

[12] Para o desenvolvimento dessa ideia, ver Ratzel, *Politische Geographie*, cap. XVIII, p. 457 e seguintes.

Existe uma palavra da qual seria bom não abusar, mas que o Sr. Ratzel usa com razão ao falar dos Estados — a noção de organismo vivo. Essa expressão somente designa, por uma fórmula contundente, a lei de desenvolvimento que domina as relações do homem e do solo. Uma cidade, um Estado, no verdadeiro sentido da palavra, são expressões muito avançadas deste desenvolvimento; mas na sua origem existe um núcleo que lhes deu início, um ponto sólido ao redor do qual, por uma espécie de cristalização, agruparam-se as partes anexas. Neste sentido, parecem com seres vivos. Aqui intervêm plenamente as causas geográficas. É necessário, com efeito, localizar exatamente os fatos, estudá-los em sua ordem natural, isto é, do mais simples ao mais complexo, para discernir nessas combinações que chamamos de Estado a força inicial que, com o tempo, serviu de centro de atração. Na origem do desenvolvimento político da Île-de-France, de Brandemburgo, do Grão-Ducado de Moscou, de Nova York, percebemos distintamente a ação de certos traços locais que, progressivamente, desencadearam outras causas.

Quem diz desenvolvimento diz ação e reação constantes. É no contato com forças adversas que os elementos da vida política se contratam e se tornam precisos. Assim se manifesta a necessidade de não estudar um Estado como um compartimento isolado, uma fração qualquer da superfície terrestre. Por sua origem, pela direção, pelas etapas e pelo termo sempre provisório de seu crescimento, ele se move num grupo cuja vida penetra também a sua. Acima dos Estados, há, dominando-os, o que poderíamos chamar de regiões políticas. A França, contígua a seis Estados diferentes, está geograficamente ligada à região política da Europa Ocidental. A Inglaterra somente escapou dessa região formando-se numa gigantesca *Talassocracia* através de uma combinação de ilhas, estreitos, cabos e pontos estratégicos para os quais o Oceano serve de união. A zona limítrofe das estepes constitui, na Ásia, um foco de ação política que envolve a Rússia, o Irã e a China, e ao contato do qual oscilações repetidas deram vantagem seja aos nômades, seja aos sedentários.

No Norte do Sudão se constituiu uma série de Estados resultantes das mesmas relações, e que se escalonam como colônias ao longo da margem saariana. Quando se considera, por outro lado, as sociedades políticas que se estabeleceram há muito tempo nos altos planaltos da América tropical, ainda se reconhece um grupo natural que convém não fragmentar, se quisermos compreendê-lo.

Se procurarmos quais são os princípios motores do desenvolvimento das cidades e dos Estados, devemos olhar sobretudo para as mudanças que ocorrem nos meios de comunicação e transporte. Um historiador que tivesse como objeto seguir a marcha destas mudanças ao longo da história, não perderia o seu tempo. Geograficamente, palavras tais como a aldeia[13] da antiga Grécia ou o nomos do velho Egito expressam grupos de princípio, restritos, confusos em seus movimentos: a possessão dos rios ou do mar é então preponderante para permitir aos ribeirinhos, de certo modo, evitar o jugo das condições locais e ascender à forma de *cités* ou de *Impérios*. Mais tarde, a construção de estradas acompanha toda grande formação de Estados. Foi por uma rede de vias que Roma se apoderou do mundo mediterrâneo; este sistema coordenado de comunicações diretas e seguras foi uma novidade que modificou toda a economia de relações. A posição das cidades, sua importância recíproca e as próprias dimensões dos impérios se estabelecem em harmonia com certo estado dos meios de comunicação e de transporte. Ao surgir uma dessas revoluções que alteram profundamente as relações de distância, os fatos por si mesmos se põem de novo em movimento e as causas de agrupamentos trabalham sobre novas bases. Produz-se algo semelhante à renovação de atividade que atinge um rio quando alguma modificação terrestre provoca o aumento de seu declive.

É o que acontece hoje em dia: o vapor revolucionou as distâncias, e nisso nossa época aparece em primeiro lugar como criadora de fenômenos

---

[13] Aqui aparece o termo *bourgade* em francês entre parênteses, após a palavra no alfabeto original grego. (N.T.)

no ramo da geografia política. Ela permite observar ao vivo a evolução dos fatos. A rede das cidades estava lentamente composta em harmonia com os meios de comunicação de outrora: os de hoje, pela supressão de etapas que se tornaram sem objeto e pela acumulação dos recursos que eles concentram em alguns pontos, presidem um novo modo de agrupamento das populações. Nos países novos, a relação entre as estradas de ferro e as cidades é direta, surpreendente. Por operar em condições mais complexas, nem por isso o princípio de mudança surge com menos intensidade na velha Europa. Limitemo-nos a comparar as cifras de 4 milhões e meio [de habitantes] de Londres, de 2 milhões e meio de Paris, de 1.600 mil de Berlim, de 1.500 mil de Viena, àquelas do início do século.

Aplicado à navegação, o vapor aumenta os grandes *emporia*. Os pequenos portos, aos quais se acomodava a lentidão do comércio do passado, perdem hoje a sua razão de ser. Também nesse caso é introduzido um princípio novo de seleção no desenvolvimento das cidades. E vemos coexistirem organismos de onde a vida se retira com outros para os quais ela aflui.

Na concorrência entre os Estados, a extensão[14] adquire uma importância nunca vista. Depois de ter sido por muito tempo um obstáculo, o espaço está se tornando uma força. O passado sem dúvida já havia conhecido impérios "nos quais o sol nunca se punha", e não é tão antigo o fato de um império se formar indo do Báltico ao Pacífico, igual, como dizia Humboldt, à superfície visível da Lua. Mas essas aglomerações eram massas constrangidas por seu próprio peso. Mais ou menos rapidamente, hoje, a vida aí se insinua, penetrando sob a forma de locomotivas ou barcos a vapor.[15]

No ponto que alcançaram hoje os conhecimentos geográficos, é interessante para a geografia política fazer o inventário do rico material de fatos

---

[14] *Étendue*, em francês, que pode também ser traduzido por "extenso". (N.T.)

[15] Em inglês no original: *steamers* (vapores, barcos a vapor). (N.T.)

que existe à sua disposição. Às vezes parece que ela ignora sua própria riqueza. Ela deve se esforçar em trabalhá-las, tornando-se uma ciência que analisa, classifica e compara, pois a cartografia, por mais variados que sejam ou que possam vir a ser seus meios de expressão, não será suficiente para a explicação dos fatos. Esses nomes reunidos, essas linhas de demarcação traçadas sobre uma folha de papel, às vezes encobrem tamanhas diferenças que somente uma interpretação atenta dos fatos que elas expressam pode lhes dar visibilidade.

Na mobilidade perpétua das influências que se intercambiam entre a natureza e o homem, seria sem dúvida uma ambição prematura querer formular leis. Mas parece claro que certos princípios de método já estão se revelando. Se esta apreciação, por mais insuficiente que seja, conseguir despertar tal ideia nos leitores, eu queria que ela se tornasse, para eles, um motivo para se reportar aos escritos do Sr. Ratzel.[16] Eles encontrarão aí, com todos os desdobramentos que comporta, uma concepção da geografia política que responde, em suma, ao presente estado da ciência.

Devemos almejar que a seiva que hoje anima outros ramos da geografia comece de novo a atingir também esta: "Todo o pensamento do homem moderno", diz o Sr. Ratzel, "já adquiriu uma marca mais geográfica, no sentido de uma localização mais precisa das ideias, de uma tendência mais frequente em estabelecer uma conexão entre elas e os lugares e espaços da Terra".[17] Esta apreciação para alguns pode parecer lisonjeira demais, mas não saberíamos definir melhor o serviço que, entre todos os ramos da geografia, este que trata do homem está particularmente designado a prestar.

---

[16] Permitam-me indicar particularmente o segundo volume da *Anthropogéographie*, o segundo volume (2ª edição) dos *Etats-Unis d'Amérique*, e a *Géographie politique*.

[17] *Anthropogéographie*, 2ª parte, capítulo III, p. 57.

III.4. O CONTESTADO FRANCO-BRASILEIRO*
[1901]

A decisão de arbitragem tomada em 1º de dezembro de 1900 pelo Conselho Federal Suíço resolveu a questão da fronteira entre a França e o Brasil a respeito da Guiana. Contrariamente às demandas da França, foi decidido que a fronteira seguiria o curso do Oiapoque e não do Araguari. Ela remontará o Oiapoque até sua fonte; devendo, em seguida, conformar-se à linha de divisão das águas entre a Amazônia e os rios da Guiana até o encontro das possessões holandesas. Foram, portanto, rejeitadas as pretensões francesas sobre o território dito contestado. A ligeira retificação fronteiriça que lhe foi acordada na região montanhosa representa o intervalo compreendido entre o suposto cume dos montes Tumuc-Humac e o limite provisório do tratado de 28 de agosto de 1817, passando pelo paralelo 2°24'.

---

* "Le contesté franco-brésilien". Publicado originalmente na seção "Notes et correspondance" da revista *Annales de Géographie*, n. 49, t. 20, p. 68-70, 1901. Tradução: Guilherme Ribeiro. Revisão: Roberta Ceva.

Trata-se de um antigo processo que chega ao fim. De fato, a origem do debate é o artigo 8 do tratado de Utretch, artigo redigido — é necessário reconhecer — com uma ligeireza que fornece uma ideia medíocre da atenção que os diplomatas franceses de 1713 dispensaram a essa parte de suas tarefas.

A conclusão de um litígio que parecia se agravar ainda mais com o passar do tempo e que corria o risco de dar lugar a penosos incidentes não pode ser acolhida senão com alívio. É de real interesse para a França, em sua qualidade de potência estabelecida na América do Sul, dissipar as nuvens que poderiam se opor a um entendimento cordial com o Brasil. O processo, é verdade, se resolve em nosso detrimento. Porém, antes como depois da sentença, não deixamos de alegar que, uma vez o eixo de nossa potência colonial estando localizado hoje em dia na África e no Sudeste da Ásia, a questão não poderia ter, para nós, a mesma importância que tem para o Brasil. Entretanto, sem querer exagerar em nada, não seria exato dizer que a sentença que nos separa, daqui por diante, do território dito contestado, seja de consequências negligenciáveis para nós. Por várias vezes, nossa ação se fez sentir por empresas e explorações úteis (mapa do Comandante Mouchez, por exemplo). Nesses últimos anos, nossos compatriotas tinham realizado — notadamente na região de Carsevenne — importantes reconhecimentos; havia interesses em jogo. Espera-se que esses empreendimentos não sejam prejudicados com a sentença que exclui dessas regiões a autoridade pretendida pela França. Atualmente, elas permanecem sob a guarda dos sentimentos amistosos do Brasil, com os quais é possível contar, já que o conflito que poderia configurar um obstáculo é superado em seu proveito.

Um dos resultados do debate originado por esse litígio é a publicação de documentos que interessam à história da cartografia e das descobertas na região do baixo Amazonas e da Guiana. Tanto do lado brasileiro quanto do francês foram produzidas coleções de mapas — alguns inéditos. Sem dúvida, em breve haverá oportunidade de estudar essas publicações. A sentença que acaba de ser proferida não lhe subtrai o interesse.

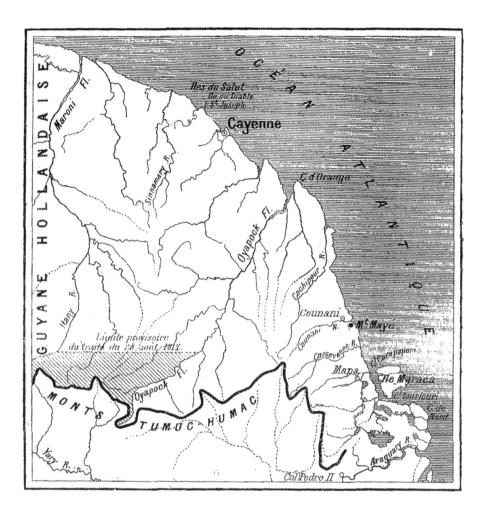

Figura 1. Novo limite entre a Guiana Francesa e o Brasil, após a sentença arbitrada pronunciada em 1º de dezembro de 1900.

Sem faltar com respeito à coisa julgada, pode-se dizer que ela somente se aplica à interpretação de um artigo ambíguo, infiltrado em um instrumento diplomático. A questão científica permanece, contudo, sem reservas. Haverá identidade entre o rio que hoje chamamos Araguari e aquele que os espanhóis do século XVI, mestres e descobridores do país, chamavam rio de Vincent-Pinçon?[1] É exclusivamente da análise desses documentos originais que advém o problema. Se ele deixou de ter atualidade política, continua a valer a pena discuti-lo como ponto de história. Sobre as antigas relações da Europa com essa parte do continente americano, nós não estamos suficientemente informados a ponto de esse capítulo da história das descobertas ser visto como um objeto pouco digno de atenção. Depois de tudo, talvez não seja inoportuno para a ciência que a questão se veja livre dos interesses políticos que tinham contribuído para obscurecê-la. Daqui por diante, ela retorna a seu verdadeiro campo. As obras polêmicas e as defesas apaixonadas serão relegadas ao arsenal das armas obsoletas; face a face unicamente aos documentos,[2] a discussão ganhará em clareza.

---

[1] Vicente Pinzón. (N.T.)

[2] Ao final do texto, Vidal apresenta uma relação de memórias, atlas e outros documentos oficiais relativos ao litígio, agrupando-as como "publicações brasileiras" ou "publicações francesas". (N.T.)

III.5. A MISSÃO MILITAR FRANCESA NO PERU*
[1906]

Viaje de Estado mayor (18 de marzo - 25 de junio 1902). **Memória do coronel P. Clément, chefe da Missão Militar Francesa, com a colaboração do tenente-coronel Bailly-Maitre.** Chorrillos, Oficinas tip. lit. da Escola Militar, 1902 (451 p.); Atlas dos Trabalhos Topográficos (Anexo à Memória); 13 croquis.

Esta viagem do Estado-Maior, dirigida por dois oficiais da Missão Francesa e empreendida sob os auspícios do Governo do Peru e da Sociedade de Geografia de Lima, não é uma simples viagem de estudos técnicos militares. Pelos croquis de itinerários que a acompanham e pelas observações de conjunto realizadas por nossos oficiais, ela tem a característica de um reconhecimento geográfico do Peru, desde a costa até o início da rede navegável do Amazonas. A maior parte da região percorrida era conhecida

---

* "La mission militaire française au Pérou". Publicado originalmente na seção "Notes et correspondance" da revista *Annales de Géographie*, n. 79, XV, p. 78-82, 1906. Tradução: Guilherme Ribeiro. Revisão: Roberta Ceva e Sergio Nunes Pereira.

somente pelo mapa de 1:500.000 que Raimondi confeccionou após suas viagens, em 1867, mapa este cuja insuficiência e, por vezes, erros, foram constatados, a cada passo, pela referida missão. O trabalho excessivamente rápido ao qual ela se dedicou nessa viagem de três meses não pode ser considerado senão como um começo de revisão. Entretanto, os levantamentos de itinerários e de numerosas altitudes barométricas que ela aporta são muito oportunas. Esses resultados nos fazem desejar que a investigação tenha continuidade. Já que o chefe da missão, após uma temporada na França, acaba de ser chamado a retomar a obra que tinha começado no Peru, esperamos que ele consiga realizar o desejo expresso em uma passagem de seu Relatório: a organização de um serviço geográfico do exército peruano. Esse seria o instrumento necessário para o estudo dessa região interessante e mal conhecida.

Vital para o Peru, a questão das comunicações está diretamente ligada às questões militares, objeto da viagem. Lancemos um olhar sobre o mapa: a longa zona marítima onde estão centralizados, junto à capital, os principais órgãos da vida política e econômica, encontra-se separada da parte amazônica e do porto de Iquitos (atual líder da grande navegação fluvial) por uma tripla barreira de montanhas cercadas por altos platôs. É verdade que, já há muitos anos, uma linha férrea une Lima a Oroya (3.680 metros de altitude). Mas, na esteira do encarecimento das tarifas, bem como da ausência de prolongamento, esta via permanece sem importância econômica. Assim, todo o trigo consumido em Lima vem do Chile e da Califórnia — estando o trigo do interior (de Huancayo, por exemplo) excessivamente carregado de impostos de transporte para lhe fazer concorrência. Desde que o livro aqui resenhado foi publicado, um sindicato mineiro americano[1] prolongou a via férrea de Oroya até Cerro de Pasco. Ela deixa, assim, de representar um beco sem saída. Contudo, foram, de fato, tomadas as precauções necessárias para que esta ferrovia sirva não somente àquele sindicato,

---

[1] Sindicato empresarial à maneira dos trustes, e não das associações trabalhistas.(N.T.)

mas ao comércio, de modo "a não constituir um monopólio a mais"? É a questão que se colocam os autores do livro.

Atualmente, o único caminho pelo qual se é possível transitar com animais de carga unindo a capital à rede navegável do Amazonas é o *Camiño del Pichis*. Ele atinge o rio de mesmo nome, subafluente do Ucayali, em Puerto Bermudez, ponto situado a 338 quilômetros de Oroya. De Lima a Iquitos, o trajeto inteiro exige, pelo menos, dezoito dias. Quanto às taxas de transporte, podemos ter uma ideia por intermédio do seguinte detalhe: para o trecho de Tarma a Puerto Yessup (228 quilômetros), o preço dos animais de carga é de 150 a 200 francos.

Deploráveis do ponto de vista econômico, tais condições podem, eventualmente, tornar-se perigosas do ponto de vista militar. Uma das preocupações da Missão foi, portanto, a de buscar o melhor traçado para "a grande via central" da costa do Pacífico ao Amazonas, via sem a qual o Peru não saberia assegurar sua individualidade política. Para o país, o estabelecimento dessa via representaria o mesmo que a via Apenina para a Itália, ou a via do Mediterrâneo ao Canal da Mancha para a Gália.

Partindo de Lima, em 18 de março, a Missão atinge o patamar ocidental da *Cordillera de la Viuda* (4.250 metros), numa paisagem de geleiras suspensas e de bacias lacustres representadas numa fotografia. A brusca mudança de altitude causou alguns casos de *soroche*.[2] De Cerro do Pasco, alcançado no dia 31, a Missão ganhou a *quebrada*, onde serpenteiam as águas nascentes do Huallaga. Ali, a natureza torna-se mais amena, risonha e fértil na bacia de Huanuco (1.950 metros). Estamos na zona de terras temperadas que, com aquela dos aluviões irrigáveis do litoral, representa verdadeiramente a região de futuro.

Contudo, tudo muda novamente, quando saímos da região das *punas* para adentrarmos aquela dos *bosques* e da *montana*. Para além de Panao,

---

[2] Nos Andes, nome dado ao mal das montanhas. (N.T.)

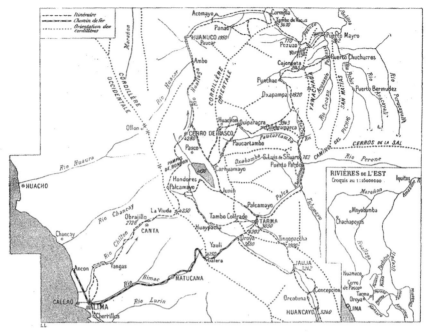

Figura 1. Mapa das regiões percorridas pela Missão Militar francesa. Escala: 1:3.125.000. (Na legenda: Itinerário; Estrada de ferro; Orientação das cordilheiras. No mapa menor: Rios do leste, croqui à escala 1:25.000.000.)

as escaladas através de terrenos pantanosos, em meio a uma vegetação espessa e sob picadas de mosquitos, constituem a miséria de uma travessia da Montana.[3] Acrescentem-se a isso a ausência de homens, o paludismo (que exaspera toda tentativa de desmatamento) e a pobreza natural deste solo laterítico impermeável — quase que incessantemente lavado pelas chuvas — e teremos, enfim, uma ideia da formidável barreira que, aqui, como na África, a floresta tropical opõe à empreitada humana.

---

[3] Tudo indica que o relatório em questão utiliza a divisão regional tradicionalmente estabelecida para o Peru, na qual as regiões são diferenciadas segundo a altitude, basicamente. Posteriormente, tal divisão se tornou mais complexa, incorporando critérios ecológicos. De qualquer forma, *Montana* corresponde a uma região fisiográfica, e não a uma unidade político-administrativa. (N.T.)

De fato, a população de Montana se reduz a alguns grupos de índios preguiçosos e miseráveis, e é discutível que uma colonização europeia consiga estabelecer-se por ali. A missão teve a oportunidade de visitar uma colônia alemã em Pozuzo, a 770 metros de altitude, sobre o rio homônimo, sub-tributário do Ucayali. Foi em 1885 que 300 emigrantes — originários dos países renanos e do Tirol — foram estabelecer-se nesse lugar. Ali, eles formaram o núcleo de um estabelecimento que veio a crescer, recebendo, em 1868, um novo contingente de mesma origem. O milagre consiste em esta brava gente ter conseguido não prosperar, mas se manter. Com uma perseverança digna de elogios, eles cultivaram a floresta, criaram animais e construíram habitações de aspectos quase risível, isolados por uma distância de 122 quilômetros de um centro com alguma importância, Panao. Eles multiplicaram-se, mesmo, pois, a despeito da emigração que incrementou suas fileiras, seu número permanece próximo aos 700 habitantes. Contudo, a despeito dessa energia, a missão pôde constatar, entre esses corajosos pioneiros — ou, antes, entre seus filhos — traços manifestos de degenerescência física. Em 1891, um enxame separou-se desta colônia para ir fundar, ao Sul, no vale mais aberto e mais alto de Oxapampa (média de 1.800 metros de altitude), um estabelecimento melhor situado. Os membros da missão exprimem claramente a opinião de que somente nesse nível uma colonização europeia teria chance de se implantar. Fundam seu julgamento sobre o aspecto das colônias que tiveram a ocasião de visitar — e que, em sua maioria, são alemãs. Em Chanchamayo, no entanto, encontram-se muitos franceses.

Na ausência de estabelecimentos europeus, uma rota verdadeiramente comercial e estratégica é possível? Mesmo esta empreitada encontra dificuldades especiais, sem contar a ausência de braços. "Seria preciso", diz o Sr. Bailly-Maitre, "que o sol penetrasse, se possível, até o caminho, para secá-lo, ou que, ao menos, o ar circulasse livremente (...) Um caminho mal construído não resiste a uma estação de chuvas." Essas dificuldades não são, contudo, insuperáveis, e é necessário convir que o interesse é muito urgente para justificar um grande esforço neste sentido.

É nessa região selvagem de Montana que se encontram, pois, as origens da mais vasta rede de navegação fluvial existente no mundo. Sabe-se que, do Atlântico ao porto peruano de Iquitos, em mais de 6.000 quilômetros, o Amazonas é navegável em todas as estações por vapores de grande porte. A navegação tampouco parece oferecer qualquer dificuldade de Iquitos ao confluente do Ucayali. Segundo informações que parecem dignas de confiança, este último rio seria navegável em todas as estações, por vapores de 7 pés, até o confluente do Pachitea. Mas quais são, acima desse ponto, as vias utilizáveis para uma navegação regular? Sobre essa questão essencial (e que tanto interesse haveria em esclarecer), temos alguns dados reunidos pela Sociedade de Geografia de Lima, mas, na realidade, nada de preciso. As observações que seriam necessárias sobre a inclinação, o regime e a estiagem dos cursos-d'água próprios a servir como linhas principais, não existem. Pode-se dizer que "em relação aos serviços de navegação fluvial, tudo ainda está por fazer". Esta é, sem rodeios, a conclusão da missão.

Que vapores "apropriados" puderam subir o Pachitea e seu afluente (o Palcazu) até Puerto Mayro, ou que a própria missão pôde cumprir sem muitas dificuldades, de canoa, a subida do Palcazu até o Puerto Chuchurras; estas são, sem dúvida, indicações úteis, mas ainda demasiado incompletas para permitirem uma escolha definitiva de itinerário. Aquele para o qual parece inclinar-se a missão não é proposto senão sob reserva. Seria um traçado que, pelo Junin, alcançaria o Palcazu em Chuchurras e, de lá, pelo Pachitea, reencontraria o Ucayali. Poder-se-ia, assim, estendendo a estrada de ferro pelo platô, situar Lima a seis ou sete dias de Iquitos. Isso significaria, para o Peru, ganhar a liberdade de movimentos que lhe falta.

Se esse programa de trabalhos públicos, com os estudos prévios que supõe, fosse empreendido, vemos o quanto a geografia teria a ganhar. Na medida de suas possibilidades, nossos compatriotas já estão empenhados em tornar esse programa executável. Desejamos que sua iniciativa, recompensada por um novo contrato, continue a se exercer em íntima e cordial concordância com os interesses do país no qual são hóspedes.

III.6. A COLÚMBIA BRITÂNICA*
[1908]

ALBERT MÉTIN, *La mise en valeur de la Colombie britannique*. **Tese de doutoramento em Letras apresentada à Faculdade de Letras da Universidade de Paris**. Paris, Livraria Armand Colin, 1907. In-8, VI + 431p., 10 fig. mapas e perfis, 1 pl. mapas, 16 pl. fotografias.

A maior parte dos livros escritos sobre a colonização britânica tem o defeito de não levar suficientemente em conta os ambientes tão diversos sobre os quais ela opera. Entretanto, a questão do ambiente é a primeira que deve se apresentar a qualquer espírito dotado de crítica e pouco disposto a se contentar com as generalidades habituais. Em nenhuma parte ela se impõe mais fortemente que a propósito da Colúmbia Britânica. Esta fachada ocidental do continente americano, que até o século XVIII escapou às descobertas europeias, é um labirinto de canais e de arquipélagos que se

---

* "La Colombie Britannique". Publicado originalmente na seção "Notes et correspondance" da revista *Annales de Géographie*, n. 94, t. 17, p. 364-66, 1908. Tradução: Guilherme Ribeiro. Revisão: Roberta Ceva e Sergio Nunes Pereira.

insinuam entre uma margem de florestas, que as múltiplas fileiras de montanhas separam do interior. Sobre esta "natureza potente e abundante", é com dificuldade que a mão do homem se fez sentir. Bem observou o Sr. Métin, em seu livro, que era essa natureza que devia compor o fundo do quadro. Preocupado com os estudos sociais — aos quais já consagrou publicações memoráveis — e animado por um vivo interesse pela civilização e espírito ingleses, ele esforçou-se por conferir à sua obra, visando uma melhor compreensão, uma sólida base geográfica. Neste aspecto, reconhecemos o homem a quem as viagens ensinaram o valor da observação direta.

Verdade seja dita, a geografia inspira e anima todas as páginas do livro, quaisquer que sejam os aspectos do quadro que ele nos apresenta.[1] Como indica uma farta e inteligente bibliografia, foram sobretudo documentos federais e provinciais que forneceram ao autor os elementos de seu estudo. Concebidos em um espírito utilitário e prático, evitando, em geral, o tom propagandístico, esses documentos têm um valor incontestável. Seu defeito consistiria, antes, na fragmentação das indicações e na ausência de vias teóricas — o que não deixa de dificultar a tarefa do geógrafo, cujo dever é interpretar e extrair as leis e as causas. Justiça seja feita, não poderíamos responsabilizar o autor pela imperfeição dos dados de que dispunha; ele os coordenou o melhor que pôde. No entanto, nos capítulos relativos à geologia e, principalmente, ao clima, ainda que não exista nada a se repreender em relação à exatidão dos fatos, tem-se uma impressão um pouco fragmentada — que, na realidade, se deve ao próprio modo como é constituído o balanço de nossos conhecimentos. A demonstração permanece em suspenso. Tratando-se da evolução geológica, quantos problemas interessantes e não discutidos sobre a origem e

---

[1] Além da introdução e da conclusão, a obra contém ainda outras seis partes: 1º. terrenos e relevo (p. 15-80); 2º. climas, águas, vegetação (p. 81-131); 3º. colonização e povoamento (p. 133-186); 4º. pesca, bosques, agricultura (p. 187-240); 5º. minas (p. 241-277); 6º. regiões econômicas (p. 279-390). — Bibliografia, p. 397-414.

o modo de formação desses agregados cretáceos, nos quais se encontram as jazidas de carvão atualmente exploradas! Ou, mais tarde, como explicar a depressão intensa desses vales miocênicos, cujos depósitos, atingidos pelas sondagens, propiciam hoje aos exploradores de ouro as jazidas mais ricas? Tratando-se do clima, busca-se a chave dos acentuados contrastes que se concentram em um espaço relativamente fechado — e que até agora somente entrevemos.

Essas talvez sejam questões prematuras. De todo modo, é necessário adotar neste livro uma concepção ampla e compreensiva do tema. O Sr. Métin não é desses observadores de visão curta que se deixam absorver pelo momento presente. Por mais breve que seja sua história, a Colúmbia Britânica tem a sua. Ele retraça suas principais fases e, sobretudo — coisa meritória — consagra um capítulo substancial às populações nativas. No estudo dessas antigas tribos de pescadores e caçadores, não há somente um interesse retrospectivo. Suas trilhas nas montanhas guiaram frequentemente os engenheiros em busca de traçados de vias férreas; sua adaptação às novas condições é um curioso exemplo sociológico. Resumindo, algumas delas, por mérito próprio, já estavam elevadas a certo grau de civilização.

O coração da obra é a descrição minuciosa, precisa, dos procedimentos de "valorização". É aqui, sobretudo, que lamento estar limitado pelo espaço. Nestas descrições, há como que um sentimento agudo de realidade, que não dá margem à imprecisão e não teme o detalhe técnico. O capítulo sobre as minas e a vida mineira é particularmente digno de nota. O autor mostra, magistralmente, o caráter comercial adquirido pela exploração dos recursos metalúrgicos da Colúmbia Britânica. Os metais preciosos, sobretudo o ouro, serviram de coadjuvantes para tratar os minerais complexos com os quais estão misturados. A importância dos metais "subprodutos", tanto o chumbo como o cobre, varia de acordo com o estado do mercado. Graças ao poder de um instrumental aperfeiçoado, é possível obter do refino dos minerais complexos um produto que valha o transporte. Em 1905, foi possível observar o valor da produção de cobre ultrapassar, excepcionalmente, a do ouro — que, em geral, permanece a principal.[2]

A Colúmbia Britânica continuará sendo, sem dúvida, por muito tempo, o que é hoje: uma região mineira. Ela estará em condições de ultrapassar esse primeiro estágio, aspirando ao desenvolvimento agrícola verificado nos estados limítrofes do norte dos Estados Unidos? Isso parece duvidoso. É verdade que uma parte da província ainda permanece praticamente desconhecida, mas pode-se contar com recursos agrícolas consideráveis ao norte da latitude de 52º? Até o presente, a colonização agrícola parece lenta e tímida. A pradaria canadense. Eis, sobretudo, o futuro domínio cultural em meio ao qual se elaborarão novos povos. É o que, sem dúvida, nos mostrará o Sr. Métin em um próximo trabalho.

Desta vez, o que ele nos mostrou foi um dos casos mais notáveis da colonização anglo-saxã. A Colúmbia Britânica é, como ele diz com propriedade, uma colônia da colônia. Pouco mais de um século se passou desde o período em que ainda não se fixava sobre a insularidade de Vancouver, em que o interior não era percorrido senão pelos caçadores profissionais das companhias de pele. Como sempre, o primeiro ato dos europeus foi — *Raubcultur!*[3] — o extermínio quase completo de lontras-do-mar e focas, cujas peles atraíram, durante alguns anos, pescadores de todas as nações. Algumas contestações de fronteira, alguns alertas de prospectores de ouro: eis quais foram, até 1871 (data de ingresso na Federação Canadense), as únicas ocasiões em que a atenção se dirigiu, por um instante, a essas regiões longínquas. Todavia, após a conclusão da *Canadian Pacific* (novembro de

---

[2] Produção mineral da Colúmbia em 1905: ouro: 28.512.000 fr.; cobre: 29.381.000 fr.; carvão e coque: 20.764.000; prata: 9.859.000. A principal produção de ouro e de cobre vem do distrito de *Boundary Creek*, perto da fronteira do estado de Washington. Duas principais jazidas de carvão são exploradas: uma do lado oriental de Vancouver, outra em *Crows Nest*, sobre a vertente oriental das Rochosas.

[3] Cultura de rapina. (N.T.)

1885), tem início o período de ascensão e, imediatamente, essa região ocupa lugar no mercado mundial. Quais são, sobretudo, os agentes desse progresso? Na realidade, não mais que um punhado de homens, capitalistas e especuladores, compensando a penúria da população e da mão de obra com a perfeição dos instrumentos e da força de concentração econômica. Verifica-se, aí, o fenômeno americano por excelência. "Não é lucrativo proceder nessas regiões com métodos inferiores. É necessário usar os meios mais perfeitos, tirar do solo o que esses recursos têm de melhor", escreveu um desses engenheiros que, tanto na Colúmbia como no México, são os pioneiros da indústria americana.[4] É com essas máximas que devemos, para sermos justos, completar a fórmula *make money*, que permanece o objetivo supremo e a preocupação dominante dessas sociedades utilitárias.

A Colúmbia Britânica beneficia-se da dominação inglesa e vive do americanismo. Tal é a impressão final que o leitor tira desse livro substancial e sugestivo, do qual o público tirará proveito e que as eleições da *Sorbonne* distinguiram, com justiça, como um dos melhores exemplos de aplicação da geografia aos estudos sociais.

---

[4] R. HILL, *The Wonders of the American Desert* (*The Worlds Work*, março-abril, 1902).

III.7. A CARTA INTERNACIONAL DO MUNDO AO MILIONÉSIMO*
[1908]

Em 16 de novembro de 1909, respondendo a um convite endereçado no mês de julho precedente pelo governo britânico, reuniu-se em Londres uma conferência internacional visando o mapa do mundo em escala milionésima. Delegados da Alemanha, Áustria-Hungria, Espanha, França, Grã-Bretanha, Itália, Rússia, Canadá, Austrália e Estados Unidos deliberaram durante oito dias, sob a presidência firme e polida do Sr. Grant, diretor do *Ordnance Survey* da Grã-Bretanha e da Irlanda, e do Sr. tenente-coronel Close, chefe da Seção Geográfica do *War Office*. Nessa reunião, que contava com 21 membros, havia oficiais, professores e engenheiros. Citemos, além dos precedentes, os nomes do Sr. J. Scott Keltie, secretário da *Royal Geographical Society*; os dos Srs. Bailey Willis e S. J. Kubel (o primeiro, presidente do Comitê Americano da Carta em escala milionésima e, ambos, membros do *U. S. Geological Survey*); e do Sr. de Lóczy, diretor do Serviço Geológico

---

* "La carte internationale du monde au milionième". Publicado nos *Annales de Géographie*, n. 103, t. 19, p. 1-7, 1910. Tradução: Guilherme Ribeiro. Revisão: Roberta Ceva.

Húngaro. O Sr. professor Brückner representava a Áustria e o Sr. conselheiro Haardt von Hartenthurn, o Governo comum da Áustria-Hungria. A Itália delegou um tenente-coronel do Estado-Maior; a Espanha, o chefe de seu Serviço Cartográfico; a Rússia, o Sr. E. Markoff, membro da Sociedade Imperial Russa de Geografia. Entre os nossos,[1] o Sr. Ch. Lallemand, diretor do Nivelamento Geral da França, demonstrou dignamente sua alta competência matemática. A Alemanha delegou dois oficiais e dois professores: o Sr. Dr. Partsch, da Universidade de Leipzig, e o Sr. Penck, iniciador e promotor do projeto, ao qual não cessou de conferir o apoio de sua autoridade científica e que, naquela reunião, obteve a alegria legítima de, dali por diante, ver assegurada a sua realização.

A obra que acaba de nascer já tem uma história, fato sobre o qual os leitores deste periódico já haviam sido informados. Foi em 1891, por ocasião do Congresso Geográfico Internacional de Berna, que ela foi proposta e estudada com seriedade. A ideia de representar, na mesma escala, regiões desigualmente conhecidas não deixava de suscitar objeções. É bem verdade que o progresso contínuo das explorações se encarregava de atenuar seu alcance. A escolha de um sistema de projeção desenhava-se como uma questão grave e prejudicial, sendo objeto de considerações, dentre as quais, é suficiente lembrar aqui — diante da influência que tiveram sobre a escolha definitiva — as que o Sr. Germain, engenheiro, comunicou ao Boletim da Sociedade de Geografia de Paris.[2] Porém, há uma grande distância entre a teoria e a execução e, no Congresso de Berlim em 1899, o Sr. Penck la-

---

[1] Os representantes do Governo francês eram os senhores Paul Vidal de la Blache, membro do Instituto, representante do Ministério da Instrução Pública; Ch. Lallemand, do *Bureau* das Longitudes, diretor do Nivelamento Geral da França, representante do Ministério de Trabalhos Públicos; o comandante Pollacchi, do Serviço Geográfico do Exército, representante do Ministério da Guerra; e Beurdeley, representante do Ministério das Colônias.

[2] A. Germain, *Projet d'une carte de la terre au 1/1.000.000e. Choix du système de projection* (*Bull.Soc.Géog., Paris*, VII e sér., XVI, 1893, p. 177-182).

mentou que nenhum passo decisivo tivesse sido dado até então.[3] Naquela ocasião, no entanto, tal apreensão já não tinha fundamento. Naquele momento, nosso Serviço Geográfico do Exército começava a publicação de uma série de mapas referentes à China, Turquia Asiática, Antilhas e, em seguida, Ásia Central.[4] Eram folhas na escala de 1:1.000.000, elaboradas segundo uma projeção poliédrica, limitadas por seções de meridianos e paralelos, com altura de 4 graus de latitude por 6 graus de longitude, assim combinadas de modo a se adaptarem ao contexto do grande mapa projetado. O exemplo não tardaria a ser seguido pela *Preussische Landesaufnahme*, em seu belo mapa da China oriental de 22 folhas. O *War Office* britânico empreendia, por sua vez, sob o mesmo princípio, uma série de folhas da África.

As divergências tendiam a se restringir. Contudo, duas ainda persistiam: a do meridiano inicial e a do sistema de medidas. Foi sobre esses aspectos que os últimos esforços de entendimento se voltaram. Resoluções votadas no Congresso Internacional de Washington, em 1904, preconizavam a adoção do meridiano de Greenwich e do sistema métrico; ao mesmo tempo, o *Geological Survey* dos Estados Unidos anunciava sua intenção, que logo causou alarde, de abordar a publicação conforme uma das cartas dos Estados Unidos ao milionésimo. Em 1908, o Congresso de Genebra confirmou essa decisão e renovou sua fórmula.[5]

---

[3] A. Penck, *Über die Herstellung einer Erdkunde im Maussslab 1:1.000.000* (*Verhandlungen des VII Internationalen Geographen-Kongresses Berlin*, 1899, 1901, II, p. 63-71).

[4] Ver: *La carte au millionième du Service géographique de l'Armée* (*Annales de Géographie*, IX, 1900, p. 176-177); *Les cartes de Chine du Service géographique de l'Armée* (*ibid.*, X, 1901, p. 276-277). Ver também a maior parte das nossas *Bibliographies annuelles*, desde a *Bibliographie de 1899*, n. 473 até à XV *Bibliographie* 1905, n. 670.

[5] *La carte du monde à l'échelle du 1:1.000.000* (*Neuvième Congrès international de Géographie, Genève*, 27 de julho — 6 de agosto de 1908, *Compte rendu des travaux du Congrès. Tome premier*, Genève, 1909, p. 131-134; ver, mesmo tomo, duas comunicações do Sr. A. Penck, p. 331-335 e 397-399).

Tais explicações se faziam necessárias para que se pudesse compreender a facilidade com que a recente Conferência de Londres pôde chegar a resoluções decisivas sobre questões que, por muito tempo, haviam dividido o mundo intelectual e cuja natureza ainda parecia fornecer alimento substancial à combatividade dos geógrafos. A escolha do meridiano inicial e do sistema de medidas, o mesmo do alfabeto, corria o risco de, talvez, ao contrariar hábitos, ferir algumas suscetibilidades bastante legítimas. Mais precisamente, sobre esses pontos delicados, as deliberações que acabo de recordar tinham aplainado as dificuldades e lançado as bases para o acordo. A adoção do Meridiano de Greenwich, do sistema métrico e do alfabeto latino correspondia a vozes expressas repetidamente; sobre essa parte do programa, tratando-se tão somente de ratificar o que já havia sido consentido. Se tal adoção representa uma concessão de nossa parte, a do sistema métrico pelos ingleses e americanos nos fornece ampla satisfação sobre um ponto mais importante. Existia certa conexão entre as duas questões, resolvidas a partir de então em um sentido favorável à unidade e à clareza — nada impedindo que o esboço de outro meridiano fosse indicado na margem das folhas.

Faltava, contudo, acertar muitos detalhes de execução, detalhes estes que ocupariam laboriosas sessões. Projeção, representação do relevo, sinais de convenção, escrita, ortografia e transcrição de nomes: tais são os objetos sobre os quais se deliberou sucessivamente em sessões plenárias e em reuniões de subcomitês. As resoluções foram tomadas por unanimidade, tal como constata com satisfação o preâmbulo do relatório provisório que as resume. Um relatório definitivo, redigido em inglês, francês e alemão, acompanhado de um diagrama-index, por uma representação dos sinais de convenção e por uma gama de cores, não tardará a ser enviado em vários exemplares aos governos representados. Voltaremos a esse ponto em seguida. Eis, até agora, as disposições iniciais:

i. Cada folha será estabelecida independentemente sobre seu meridiano central; ela abarcará uma superfície de 4° de latitude sobre 6° de longitude, exceto se reunir em conjunto, acima de 60° de latitude, tendo em vista a convergência dos meridianos, duas ou mais folhas da mesma zona.

ii. O mapa deve ser hipsométrico, apresentando curvas de nível, com a faculdade de, em certos casos, lançar mão do recurso do sombreamento — onde não forem utilizadas hachuras. Quanto às regiões ainda pouco conhecidas, para que o relevo possa ser representado em curvas, se empregará o recurso às curvas em traços descontínuos.

iii. As curvas de nível estarão em castanho para a hipsometria e em azul para a batimetria. A hidrografia em azul, as estradas em vermelho e as ferrovias em negro. Os caminhos serão divididos em vias trafegáveis e em caminhos ou pistas não-trafegáveis.

iv. Sobre a delicada questão da transcrição dos nomes, limitou-se voluntariamente a algumas disposições muito simples — antes de tudo práticas — de modo a administrar todos os interesses. Entre outros artigos, estipulou-se que, para as colônias, protetorados ou possessões, será adotado o sistema de escrita, transcrição e ortografia utilizado nas metrópoles.

Após essas indicações sumárias, pode-se ter uma ideia do futuro mapa: trata-se de uma obra bem definida, precisa e homogênea. Talvez ainda coubesse questionar, quando do convite do governo britânico, qual o alcance imediato do programa que nos seria submetido. Tratar-se-ia de instruções gerais tendendo a uniformizar os mapas que os serviços dos diversos países publicariam dali por diante? Sem dúvida, essa preocupação não esteve alheia aos debates, mas não foi senão secundária. A iniciativa tomada pelo governo britânico foi inspirada pelo desejo de estabelecer um acordo definitivo, de modo que, dali por diante, nada retardasse a execução da carta internacional. Ela significa que o período de discussões acadêmicas estava encerrado, e que se decidiu dar início, sem atrasos, ao trabalho.

Na realidade, sua execução já havia começado. A Conferência pôde constatar, pelas diversas peças colocadas diante de seus olhos, que o projeto tinha entrado em vias de realização. Com o título de *Plan of sheets for the international map*..., uma dessas peças é uma espécie de mapa de conjunto executada pelo *Geological Survey* dos Estados Unidos, cujas disposições, traçadas anteriormente à nossa reunião — elas datam de janeiro de 1909 — estão praticamente prontas, em conformidade ao que fora adotado. A outra, mais significativa ainda, é uma meia-folha da carta do sul da África, executado pelo *War Office* britânico, representando, na escala convencionada, a parte setentrional da Colônia do Cabo. Colorida hipsometricamente segundo as curvas de nível baseadas no sistema métrico, ela constitui uma amostra do gênero, a qual, salvo ligeiras modificações, foi mantida. Seu aspecto é dos mais satisfatórios.

Assim sendo, é possível vislumbrar como certa e relativamente próxima a execução da carta internacional. O ceticismo estaria fora de moda. Não se pode senão aplaudir, do ponto de vista científico, um sucesso que é o resultado de tal reunião de esforços perseverantes e metódicos. A utilidade de um mapa verdadeiramente internacional por suas concepção e execução não precisa mais ser demonstrada. Assim, pela primeira vez, teremos um instrumento de comparação e de estudo que, graças à adaptação das partes e às facilidades de reunião, permitirá abarcar o conjunto do globo em uma imagem harmônica e proporcional. De fato, há cada vez menos atrevimento em se considerar – tal como o faz o Sr. Penck – que a escala do milionésimo corresponda à maior parte dos conhecimentos existentes. No entanto, seria interessante situar o objetivo um pouco além. Se, para algumas partes ainda pouco conhecidas, as exigências de um desenho hipsométrico em curvas de nível podem parecer prematuras, essa dificuldade, por mais real que seja, não foi julgada significativa a ponto de paralisar a execução. Ela será superada por um traçado provisório em traços descontínuos, assinalando assim às pesquisas a parcela desconhecida, melhor circunscrita dali por diante. Deu-se preferência, com razão, ao único modo de representação do relevo que tem valor preciso e não corre o risco de degenerar numa aparência enganadora, com o risco de introduzir, pouco a pouco, e por retoques parciais, as retificações necessárias. Pareceu essencial obter, até o presente, uma base perfectível e, para tanto, colocar mãos à obra . Não há dúvidas de que a Alemanha, que já contabilizou a seu favor o primeiro ensaio ao qual nos referimos anteriormente, esteja apta a iniciar a mensuração do continente asiático. Os Estados Unidos, que levam a cabo com afinco a realização de seu mapa em escala milionésima, abarcarão o continente americano em sua esfera de trabalho. O *War Office* já o começou, nós o vimos, para a África, e é possível prever que ele procederá passo a passo, do sul ao norte e de leste a oeste.

Há, portanto, urgência, se a França julga importante associar-se a essa obra internacional e reivindicar a parte que desejamos nos atribuir. A questão da partilha entre os diferentes Estados não foi colocada na Conferência e nem podia sê-lo. Ainda assim, pode-se dizer que uma interrogação tácita atormentava os espíritos. É possível que cada um dos governos representados seja consultado sobre suas intenções. Entretanto, nada nas resoluções ou nas conversas estipulava essa *démarche*. Parece, portanto, que é melhor não esperar para explicitar nossas intenções.

É possível que alguns governos, mesmo o daqueles cuja colaboração seria mais indicada e mais desejável, recusem-se provisoriamente a fazê-lo, protegendo-se por trás da necessidade de proceder a trabalhos julgados mais urgentes. Entre nós, franceses, trabalhos urgentes não faltam. No entanto, nos pareceria lamentável que nosso país se abstivesse dessa questão. Aos nossos olhos, os inconvenientes da abstenção seriam de tal monta, que devem determinar nossa linha de conduta. Não há dúvidas de que a parte à qual renunciaríamos logo encontraria um arrendatário. Estamos engajados pelos próprios serviços que o mapa do mundo nos deve. Não seria uma falha, e como que uma falta conosco mesmos, abandonar aos serviços estrangeiros o cuidado de elaborar, por essa ocasião, os documentos que nossos viajantes e oficiais pacientemente reuniram no noroeste da África, desde o

Congo até a Tripolitânia, em Madagascar e na Indochina? Seguramente, as resoluções e discussões em comum que acabam de ocorrer não permitem, em hipótese alguma, levantar dúvida sobre os sentimentos de lealdade internacional que presidiram essas preliminares; precauções foram tomadas, como dissemos, para que o modo de transcrição respeitasse, de alguma maneira, a marca de cada metrópole sobre as colônias. No entanto, pela força das circunstâncias, o fato de que regiões que de nós dependem duplamente — pela política e pela ciência — fossem cartografadas sob selo estrangeiro, aos cuidados de outrem, poderia, em certas circunstâncias, causar inconvenientes. É preciso ter em mente que uma obra tão longamente elaborada e já transformada em objeto de emulação internacional, será um documento ao qual sua origem e seus progressos não tardarão a conferir um caráter de autoridade quase oficial. Mesmo sendo sobretudo físico, tudo leva a crer que o mapa em questão será invocado nas negociações diplomáticas, nas quais pode ocorrer que um dado lineamento hidrográfico ou orográfico sirva de base para importantes decisões.

Se eu menciono, sobretudo, as possessões extraeuropeias, não é que eu desconheça o interesse de uma representação hipsométrica da França na escala acima mencionada. Porém, como no que concerne à Europa, a dificuldade consistirá principalmente na unidade a ser introduzida, pela via da generalização, em materiais superabundantes, sem dúvida seria vantajoso confiar tal tarefa a um instituto cartográfico privado — se houver algum disposto a fazê-lo. Para a própria repartição do trabalho entre colônias, uma correção parece-me necessária. Uma divisão exclusivamente fundada nos domínios coloniais teria, em certos casos — África Ocidental, por exemplo — o inconveniente de fragmentar a tarefa. Uma distribuição por grandes conjuntos seria mais favorável à facilidade e à boa execução da obra cartográfica. Pareceria natural que a potência territorialmente preponderante fosse incumbida do conjunto. Convenções amigáveis, seguidas de trocas recíprocas de documentos, se encarregariam dessas eventualidades. A experiência levará, sem dúvida, a tais arranjos.

A CARTA INTERNACIONAL DO MUNDO AO MILIONÉSIMO

É preciso não minimizar o fato de que a execução da carta internacional do mundo é uma obra bastante delicada. A despeito de todos os cuidados observados para torná-la homogênea, pequenos detalhes se imporão a cada passo, exigindo não somente a ciência, mas o tato do geógrafo. Obra semelhante não pode ser conduzida a contento senão por um serviço oficialmente organizado e munido de material e pessoal necessários, tais como o *Geological Survey* dos Estados Unidos, a *Preussische Landesaufnahme*, o *War Office* ou nosso Serviço Geográfico do Exército. Este último adquiriu algo como um direito de preempção diante da iniciativa manifesta, ao publicar, de modo pioneiro, as folhas da China em escala milionésima. Entre nós, somente essa instituição possui simultaneamente o instrumental e a experiência necessários para tanto. Ninguém duvida que ele prezará a honra de persistir nas tradições, cuja história retraçou magistralmente seu atual diretor, o Sr. Gal. Berthaut. A questão do orçamento permanece, contudo. Há alguns anos, o Sr. Penck estimava a despesa total com a carta em quatro milhões de marcos.[6] Se nossa participação deva se limitar, como é provável, a uma parte da África e a uma parte menor da Ásia, não me parece que os custos justifiquem uma renúncia cujas consequências certamente lamentaremos.

---

[6] A. Penck, mem. citado (*Verhandlungen....*, II, p. 67).

III.8. A CONQUISTA DO SAARA*
[1911]

ÉMILE-FÉLIX GAUTIER, *La conquête du Sahara. Essai de psychologie politique*. Paris, Librairie Armand Colin, 1910. In-12, [IV] + 261p. 3.fr. 50.

Entre as aquisições recentes com as quais se enriquece nossa literatura saariana, este livro merece um lugar à parte. Ele é substancioso, embora pequeno. Não se trata de modo algum de um relato, ainda que animado por lembranças pessoais, e possamos sentir na discrição da linguagem um testemunho ocular, que observou de perto os eventos e os atores. Há neste intelectual — que já havia registrado os resultados científicos de suas viagens em um importante volume[1] — um escritor armado de observação

---

* "La conquête du Sahara". Publicado originalmente na seção "Notes et correspondance" da revista *Annales de Géographie*, n. 109, XX, p. 73-77, 1911. Tradução: Guilherme Ribeiro. Revisão: Roberta Ceva e Sergio Nunes Pereira.

[1] *Missions au Sahara*, por E. F. Gautier e R. Chudeau. — *Tomo I. Sahara algérien*, por E. F. GAUTIER, Paris, Librairie Armand Colin, 1908. — Ver: *Annales de Géographie*, XIX, 1910, p. 260-270; ver igualmente os artigos de E. F. Gautier nos *Annales de Géographie*, XII, 1903, p. 235-259; XVI, 1907, p. 46-69, 117-138: XIX, 1910, p. 245-259.

sutil e instruído para as observações gerais. Ao ler essas páginas tão simples e tão atraentes, parece que ele não fez senão evocar suas reflexões tal como surgiram do contato com os fatos, registrando tão somente com um traço vivo e, algumas vezes, com palavras saborosas, seu significado. Mas dali se depreende uma filosofia ligeiramente irônica. Pois, se o autor não deixa de nos fazer apreciar, como é justo, o que foi gasto de energia e talento nessa obra — cujo sucesso não foi prejudicado pela indiferença da metrópole —, ele tampouco dissimula mais o lado inconsciente revelado pela análise das circunstâncias. Já pressentíamos o que, nas empreitadas coloniais, advém pela força das circunstâncias!

Mais de dez anos se passaram desde que um incidente — cuja memória não foi perdida —, rara associação de geologia e conquista, nos fez entrar em In-Salah. O charme que parecia nos unir foi, por fim, rompido. A infeliz aventura de Flatters[2] havia impresso um atraso de vinte anos à nossa marcha na África, atraso este que, talvez, seja irreparável. Seja como for, desde 1900, a engrenagem nos aprisionou novamente. Um único combate foi suficiente (abril de 1902) para abater, definitivamente, a resistência dos Tuaregues Hoggar.[3] Entretanto, era de se esperar que nossa intervenção no mundo saariano tivesse um efeito sobre toda a extensão da linha de contato. Como sempre, procuramos, em vão, pela fronteira. Quando acreditamos tê-la encontrado na cadeia de Béchar, logo foi preciso reconhecer que nossa abstenção não tinha servido senão para criar um lar hostil, bem próximo a nós. Nós tínhamos de avançar, e o posto de Colomb-Béchar (1903) tornou-se o ponto final de nossa via férrea que, por Oued Zousfana, abre uma janela sobre esta linha de oásis desfiada como um rosário por 700 quilômetros até Tuat e Tidikelt.

---

[2] Partindo de Biskra (norte da Argélia) no começo de 1880, a expedição comandada pelo Coronel Flatters atravessou a colônia no sentido norte-sul e foi massacrada em fevereiro de 1881 na região de Tadjenout, na altura do Trópico de Câncer. (N.T.)

[3] Tuaregues provenientes do maciço de Hoggar, sudoeste da Argélia. (N.T.)

Tais progressos marcam uma data porque forneceram os meios de se aplicar, à vigilância e à organização desse novo domínio — onde, a partir de então, penetramos francamente — os métodos para os quais o general Lyautey fixou a fórmula e dirigiu a execução. A melhor maneira de resumi-los é passando a palavra ao próprio: "Manifestar a força para evitar seu emprego." Enquanto nossos colonos ganhavam em mobilidade e habilidade, os oficiais do *Service des Affaires Indigènes* — com o tato e a sagacidade testemunhados pelos documentos[4] — continuavam incessantemente a "prosear" com essas populações. Porém, mais livres de suas ações, eles puderam exercê-las de modo mais eficaz, apoderar-se com segurança dos fios que fazem mover as relações sociais e, neste manejo, adquirir um *savoir-faire* cujos efeitos positivos não tardaram a se fazer sentir. Essa mescla de diplomacia e de força assumiu uma expressão na linguagem impressa e já que, aparentemente, é necessária uma fórmula que fixe, aproximando-se da exatidão, algo demasiado complexo cuja explicação seria muito longa, não vemos razão para rejeitar a fórmula consagrada: "penetração pacífica". "Esse neologismo", diz o Sr. Gautier, "corresponde a uma modificação séria e sincera das ideias militares coloniais" (p. 122). Podemos acrescentar, a despeito das lutas que, ainda em 1908, tivemos de sustentar, que ela corresponde a uma mudança no estado de espírito das populações.

Aqui, há um problema de psicologia política — e somente a geografia pode fornecer-lhe a chave. É na natureza saariana que se encontra a explicação das relações de solidariedade que, sem excluir a anarquia, mantêm, contudo, a coexistência de nômades e sedentários. O Saara é um vasto conjunto no qual, ao lado das regiões claramente desérticas — que é possível determinar atualmente —, se encontram regiões de pastagens, bem

---

[4] Gouvernement Général De L' Algérie, Service des Affaires Indigènes, *Documents pour servir à l'étude du Nord-Ouest africain*, réunis et rédigés par ordre de M. JULES-CAMBON, Gouverneur général de l'Algérie, por H. M. P. de la Martinière e N. Lacroix, 1894-1897, 4 vol. In-8, atlas. — Ver: *Annales de Géographie*, VI, 1897, p. 357-363.

como grupos de oásis nos quais diversas raças de homens estão secularmente incrustadas. Para essas sociedades humanas do Saara, produziu-se o mesmo fenômeno de adaptação observado para as plantas. Quando nos é descrita a obra realizada por engenheiros hidráulicos no Tuat, um trabalho de toupeiras que abriu uma rede subterrânea de *foggaras*[5] cujo comprimento ultrapassaria 2 mil quilômetros, não imaginamos o rendilhado de raízes mergulhado infatigavelmente pelos arbustos no *Erg*[6] para dali retirar sua provisão de umidade.

    Somos impelidos a estabelecer entre a vida nômade e a vida sedentária uma hierarquia em favor desta última. Entretanto, nem sempre é o produtor de grãos e de tâmaras que a converte em bem-estar. O Sr. Gautier traça um quadro pouco elogioso da população de *ksouriens*[7] que se enfileiram de Zoufsana até Tidikelt. Atrás dos cinturões de terra que abrigam as ruelas e choupanas nas quais, do pátio aos terraços, pululam homens e feras, leva-se uma vida ansiosa e débil. Em termos físicos, essas pessoas parecem degeneradas; em termos morais, são incapazes de tirar de si próprios uma autoridade viável. Nesses grupos pulverizados, os *Ksour*[8] de um mesmo oásis opõem-se uns aos outros, e até mesmo os diferentes bairros de um mesmo *Ksar*.[9] O isolamento pesa com toda a sua força. Para o *Ksourien*, o horizonte termina na plantação de palmeiras, já que, por falta de animais, ele não pode exportar seus produtos. Estes últimos têm frequentemente outros proprietários, e o nômade, no momento das colheitas, "vem, como um rentista, pegar sua parte". Nessa restrita natureza do Saara, a dispersão dos meios de existência assegura

---

[5] Canais subterrâneos utilizados para extrair água do subsolo. (N.T.)

[6] Deserto de areia, composto por dunas móveis. (N.T.)

[7] População abrigada nos *Ksour* (ver nota seguinte). (N.T.)

[8] Cidades fortificadas da África do Norte. (N.T.)

[9] Termo árabe para designar povoado berbere. (N.T.)

a hegemonia a quem possui os meios de locomoção sobre o *Ksourien*, bloqueado entre as solidões, debruçado sobre seu oásis. Dispor de água não é suficiente: é necessário dispor também de espaço.

Entre os dois inimigos-irmãos, *Ksouriens* e Tuaregues, a antítese é surpreendente. Sem compartilhar em relação a estes últimos as ilusões que muito reprovamos em Duveyrier, nosso autor não consegue esconder certa simpatia. Ele entra, sem dúvida, nesse sentimento, um pouco dessa curiosidade do civilizado que demanda o arcaico e primitivo, já que os Tuaregues Hoggar são os mais autênticos representantes dessa velha raça berbere que soube se fixar no deserto e nele talhar uma pátria. Seu gesto e sua postura se impõem. Mesmo na mendicância, eles guardam um ar de *gentleman* — entendido, é bem verdade, à moda antiga, seja como um *klephte*[10] ou como um pirata. Entre eles e nós há um laço de superioridade, do qual têm consciência, sobre as outras populações. Ao retornar de uma de suas expedições policiais, o comandante Laperrine divertiu-se ao se ver interpelado do seguinte modo: "E também nós, quando paramos uma caravana, é para reclamar-lhes o direito de passagem." Esse trecho humorístico, lembrado pelo Sr. Gautier, não está desprovido de certo orgulho. Historicamente, o Tuaregue foi um fermento ativo e, mais de uma vez, a aparição de guerreiros com seus véus produziu-se fora dos limites saarianos. Ao contrário, foi às custas dos povos dos oásis que, no final do século XV, ocorreu a cruzada marabuta que, no Tuat, substituiu o Islã pelo judaísmo — o que constituiu, talvez, um contragolpe inesperado do triunfo do cristianismo na Andaluzia.

O primeiro resultado de nossa intervenção será o de assegurar a todos a liberdade de movimentos, o que, até então, tinha sido privilégio de poucos. Em um capítulo curioso, o Sr. Gautier nos descreve a organização dessa polícia do deserto. Seu sucesso consistiu em rivalizar com os próprios grupos que a incomodavam. No Saara, aplicou-se o mesmo sistema empregado,

---

[10] Designação para bandidos das montanhas. (N.T.)

por muitos anos, pelos russos, com suas milícias de cossacos.[11] Tal sistema é fundado no princípio de que somente se atinge o inimigo empregando seus próprios meios de ataque. A tribo dos Chaambas nos forneceu os especialistas indispensáveis na formação de nossas Companhias de Mearistas.[12] Tudo leva a crer que o exemplo não será em vão para os tuaregues, e que estes albaneses do deserto encontrarão em um trabalho de polícia o emprego definitivo de suas qualidades guerreiras. Atualmente, surpreendemo-nos com o atraso na aplicação de ideias que nos parecem muito simples. Mas o autor retraça a divertida história das tentativas e dificuldades que, durante muito tempo, se opuseram a que o sentimento das necessidades geográficas fosse levado em conta pela rotina administrativa.

O mérito desse livro é o de nos introduzir à complexidade do mundo saariano, mundo este que oferece inúmeros problemas ao geógrafo e, ao psicólogo, tantos objetos de reflexão. O prazer de substituir noções fragmentadas por um conhecimento de conjunto, no qual o passado tende a se encadear ao presente e se esclarecem as relações dos gêneros de vida, não é um ganho intelectual menor. Contudo, a política não pode se contentar com esse benefício e, desse modo, impõe-se uma vez mais a questão colocada a cada passo de nossa conquista africana: qual será o valor desse domínio?

Questão legítima, mas que raramente comporta uma resposta imediata. Talvez não haja outra, neste momento, senão aquela que o autor registrou implicitamente no último capítulo (O Transaariano) — como se, ao modo platônico, ele se aprouvesse em encapsular seu pensamento em um mito. O testemunho de um homem que conhece e que "ama" o Saara não poderia ser suspeito, quando declara ilusórias as esperanças fundadas sobre os

---

[11] Nativos da Ucrânia e da Rutênia que integravam tropas de cavalaria do Exército Russo nos séculos XVIII e XIX. (N.T.)

[12] Tropas que combatem montadas no meari (tipo veloz de dromedário), utilizadas no norte da África por unidades militares francesas e italianas. (N.T.)

presentes recursos. O Saara teve advogados imprudentes. A ideia de que podemos retirar de seus oásis e de suas pastagens um proveito muito maior do que as populações que se obstinam, há séculos para aí reter os meios de sobrevivência que lhes escapam, não leva em consideração o conhecimento dos fatos. A segurança, a substituição das trocas em espécie pela moeda, a abertura de alguns poços artesianos no Gourara ou no Tuat: por mais sérias que sejam essas vantagens, elas encontram, prontamente, um limite na fatalidade das condições climáticas. Permanece, é verdade, a riqueza mineral, sobre a qual podemos depositar alguma esperança. Porém, mesmo os mais otimistas, admitem tratar-se apenas de probabilidades, de modo algum de certezas.

Portanto, não teria o "galo gaulês" que se resignar ao papel ingrato que lhe é atribuído por uma frase célebre?[13] Sem dúvida, a loteria da colonização reserva, por vezes, felizes surpresas. Não vemos, em nossos dias, o poder do homem se agigantar em proporções que dão lugar a todas as esperanças? A essas considerações um pouco vagas, prefiro um argumento geográfico que não escapou ao Sr. Gautier. Pelo efeito combinado de nossos progressos no Sudão[14] e na África do Norte, a posição do Saara foi modificada. Ao invés de ser o limite, o obstáculo misterioso engrandecido pela miragem — um "fim de mundo", como se diz em nossos campos —, ele tornou-se a ponte entre duas partes de nosso império africano e, simultaneamente, entre duas zonas terrestres. A imensa extensão existente entre o Senegal e o Ouadaï — oficina de produtos que a exploração europeia só agora começa a explorar — encontra no Saara uma ligação continental com

---

[13] Na impossibilidade de se identificar tal frase, cabe registrar o comportamento autocrítico dos franceses após a derrota de 1870, aplicado, no caso, ao infortúnio do *galo*, símbolo nacional por seu porte e coragem. (N.T.)

[14] Trata-se não do *país* Sudão, situado ao sul no Egito, mas da África Sudanesa, hoje denominada África Subsaariana. A expressão vem do árabe *Bilad al-Sudan* ("país dos negros"), aplicável na época à região referida. (N.T.)

as regiões que se desenvolvem ativamente nas margens do Mediterrâneo. Contrariamente a alguns preconceitos, o Saara tem, ao menos, esta vantagem: como todas as regiões de acumulação interior, ele oferece facilidades especiais ao transporte. O *reg*[15] é uma superfície plana, unida, sobre a qual trilhos, postes telegráficos, animais de carga ou outros meios encontram um mínimo de obstáculos. Trata-se, tão somente, de fixar com precisão os lugares de abastecimento e os pontos-d'água — obra à qual se dedicam com zelo aqueles que, tanto do lado argelino quanto do sudanês, trabalham pela cartografia do Saara. O Sr. Gautier, que contribuiu com esta obra, sabe o que é necessário pensar a respeito.

Desse modo, o Saara pode tornar-se uma rota — de mesma importância que aquela do sul da África, da Ásia Central, do oeste dos Estados Unidos. Nas grandes comunicações mundiais, a via marítima sempre precedeu as terrestres; contudo, não seria a primeira vez que veríamos a via transcontinental dar parcialmente o troco na marítima. A atração, atualmente crescente, desta última sobre os produtos da África interior, do Senegal ao Níger, sempre padecerá da inevitável necessidade de múltiplos trasbordos. Um dia, o Saara exercerá seu papel nas comunicações interafricanas — e talvez mesmo nas relações mundiais. Contudo, esperando que a "bagagem do Brasil" atravesse o Saara, podemos (desde já, em graus diversos) prestar homenagem aos oficiais e aos intelectuais colaboradores de uma obra que permanecerá um dos principais fatos geográficos da primeira década do novo século.

---

[15] Parte plana e rochosa do Saara, correspondente a 70% de sua extensão. (N.T.)

III.9. SOBRE O PRINCÍPIO DE AGRUPAMENTO NA EUROPA OCIDENTAL*
[1917]

I

Necessidade de agrupamentos internacionais. Em que o acordo é natural na Europa Ocidental. Posição assumida pela Alemanha. Tarefa atribuída à França.

Quando refletimos sobre as condições que a crescente complicação dos interesses internacionais cria entre os povos, não demoramos a nos convencer que uma ação isolada não condiz com a ordem das coisas, nem tampouco com os interesses de cada um. Foi-se o tempo do "esplêndido isolamento" — mesmo para aqueles que o Oceano parecia garantir. Há demasiada

---

* "Du principe de groupement dans l'Europe Occidentale". Capítulo XVIII de *La France de l'Est (Lorraine-Alsace)*. Paris: La Découverte, 1994 [1917], p.205-221. Tradução: Guilherme Ribeiro. Revisão: Roberta Ceva e Sergio Nunes Pereira.

repercussão nos assuntos do mundo para que possamos nos eximir da preocupação de acompanhar sua evolução. Aliás, como ainda estamos longe de aceder a um grau ideal de civilização no qual antagonismos mais ou menos irredutíveis cessarão de vir à tona, é preciso simultaneamente organizar-se para combinar os interesses que são conciliáveis e se opor aos projetos adversos. É dessa forma que agrupamentos são formados, não sob o império de necessidades efêmeras, mas como uma assistência mútua contraída visando o futuro. A noção de grupos tende a substituir à noção de Estado na condução dos assuntos mundiais.

Em meio à agressiva ofensiva que vemos em ação, estaria a Europa Ocidental em condições de opor um conjunto suficientemente coerente a ponto de ser capaz de uma ação coordenada? Essa é a questão que se apresenta. Uma cooperação de forças livres supõe evidentemente outros meios além de uma coalizão fundada sobre uma cumplicidade de projetos ambiciosos. Seria fantasioso imaginá-la se não houvesse um fundo comum sobre o qual se possa construir algo.

Não é preciso buscá-lo em uma similitude racial ou linguística. Entre povos pertencentes a uma mesma família linguística, não observamos certas diferenças de estado social a ponto de um acordo profundo de ideias parecer, por muito tempo, impossível? E, quanto à raça, entendida no sentido fisiológico, ela não forneceria na Europa senão uma base bastante incerta para agrupamentos de povos. Exceção feita a algumas áreas situadas nas extremidades celta ou escandinava, entre as nações constitutivas da Europa não discernimos senão combinações étnicas das quais participam elementos os mais diversos. Em parte alguma esse cruzamento de raças diversas é mais marcado do que na bacia do Mediterrâneo. A fórmula de uma pretensa união latina ou, como se diz algumas vezes, mediterrânea,[1] é um

---

[1] Referência à *Entente Mediterrânea* (1897), assinada entre Grã-Bretanha, Itália, Áustria-Hungria e Espanha, com a finalidade de neutralizar supostos planos franceses e russos no mar Mediterrâneo. A aliança foi desfeita com a aproximação entre França e Grã-Bretanha, que assinaram a *Entente Cordiale* em 1904.

non-sens — menos pelo que ela implica do que por aquilo que exclui. Ela desconhece principalmente o que tantos séculos de história e pré-história introduziram de misturas no cruzamento marítimo do mundo antigo.

Por outro lado, o que nitidamente se destaca nessa parte da Europa que pôde preservar a vantagem de um desenvolvimento contínuo, sem interrupção prolongada, desde a organização romana, é um conjunto de personalidades nacionais muito conscientes e ciosas de suas autonomias. Umas antes, outras depois, realizaram suas unidades políticas. Porém, em todas elas existe um desejo intenso de viverem suas próprias vidas. A inferioridade numérica ou de extensão não diminui em nada esse desejo vivaz que se nutre de lembranças históricas, patrimônio sagrado transmitido por gerações. Holanda e Suíça as extraem da lembrança de suas lutas por independência; a Bélgica, de sua forte vida municipal; Portugal, de sua antiga glória colonial, o viático que os sustenta e define como desgraça a absorção pelo outro.

Esses pequenos Estados interpõem-se entre os maiores, como, em uma marchetaria, peças menores intercaladas se ajustam para completar a coerência e assegurar a solidez do conjunto. O todo constitui a ossatura política mais historicamente fixada existente na Europa. Lá, o tempo passou a ponto de aplainar os obstáculos e amenizar as rusgas. Tal como a França do Norte e a do Sul, Inglaterra e Escócia combateram entre si antes de se unirem. Indubitavelmente, amanhã o *Home rule*[2] cicatrizará a velha ferida da Irlanda. Contudo, não se formou nenhuma potência do tipo que engloba tudo o que está próximo dela. É fora da Europa que o Ocidente europeu encontrou sua expansão. Dela resulta uma composição variada de pessoas desiguais porém independentes, cuja vida se engrandece por repercussão recíproca.

A história, aqui como alhures, está longe de parecer um idílio. Entretanto, por uma longa série de relações, ela evoluiu em direção a uma civilização comum. Pouco a pouco, as comunidades de visão sobre o ideal

---

[2] Autogoverno autônomo, aplicado às nações constituintes do Reino Unido. (N.T.)

societário e as noções de liberdade e justiça mostraram-se mais fortes do que diferenças idiomáticas, do que as razões místicas extraídas de pretensas superioridades raciais ou mesmo que os ressentimentos de lutas passadas. Após terem combatido vigorosamente no Canadá, ingleses e franceses aí vivem em paz sob a égide do respeito às liberdades provinciais. Essa situação poderia ser compreendida se o intercâmbio de ideias que há séculos preside as relações entre os dois grandes povos da Europa Ocidental não tivesse preparado suas mentalidades para tal acordo?

Eis que, por séculos, nas passagens mais antigas frequentadas nos Alpes, homens falando línguas diferentes se encontraram e aprenderam a se conhecer. Igualmente, vemos que — não sem algumas peripécias, não sem a mão da França — o antagonismo entre germânicos, franceses e italianos acabou por se fundir na igualdade dos cantões suíços. Livre e voluntariamente, valões e flamengos da Bélgica, tal como picardos[3] e flamengos da França, entre os quais foram tecidas, no interior dos Países Baixos, relações seculares de comércio e de vida municipal, aceitaram seus destinos comuns. Assim fazia nossa Alsácia — a despeito das diversidades externas que a distinguiam do resto da França.

Quando examinamos, à luz da história, essas formações de aparência heterogênea nas quais se combinam elementos diversos, reconhece-se que elas representam um tipo de organização superior. Não são absolutamente autonomias grosseiras, como as existentes em áreas que um longo isolamento preservou de qualquer influência exterior. Pelo contrário, é através do máximo de contato entre os povos, do cruzamento de ideias e do comércio que elas se consolidaram amplamente e ganharam plena consciência de si próprias. Sociedades nas quais a pessoa humana, seja individualmente, seja nos laços que a unem a uma dada coletividade, é objeto do respeito ao qual tem direito, merecem ser consideradas superiores àquelas nas quais

---

[3] Habitantes da Picardia, norte da França. (N.T.)

essa independência se subordina aos fins supremos que se atribui uma entidade de essência singular chamada Estado. Os princípios com os quais a Europa Ocidental ergueu os fundamentos de sua existência política e que comunicou ao Novo Mundo não são um ponto de partida destinado a ser ultrapassado, mas um ponto de chegada: o de uma longa civilização com caminhos convergentes.

Os acontecimentos atuais revelam que a Alemanha desligou-se sistematicamente desse conjunto. A partir do momento em que procura dissimular e que se arroga, por exemplo, um papel de protetora dos flamengos contra os valões na Bélgica, ela não merece mais crédito do que quando pretendia, em 1870, libertar os alsacianos da dominação *welche*.[4] Seu verdadeiro pensamento é outro. Ela não separa a ideia de grandeza daquela de expansão. Ela trata como "vaidade excessiva" a tenacidade mostrada por um pequeno povo em se afirmar como independente, agindo com os recursos que possui.

Como Deus tentado no cume da montanha, a Alemanha viu o desenrolar de enormes perspectivas; contudo, diferentemente de Deus, ela cedeu à tentação. Pareceu-lhe que a expansão, a força, com tudo o que ela implica, eram as condições necessárias para uma exploração mais completa e mais intensa dos recursos cuja imensidão se revelava. O mundo material oferecia-se a seus olhos com todas as riquezas (solo e subsolo) e lhe fazia entrever, como em uma vertigem, fábricas colossais, cidades gigantescas, pavilhões circulando em todos os mares. A realização de uma visão como esta valia o sacrifício das falsas ilusões nas quais se obstinavam certos povos condenados a permanecer impotentes devido a seu pequeno território e população.

A única desculpa que se poderia dar a tal ambição seria se, de fato, tal impotência fosse confirmada pelos fatos. Se fosse confirmado que o fu-

---

[4] Forma francesa de dizer *wesche*, termo alemão utilizado para designar estrangeiros, isto é, aqueles que não falam a língua alemã. (N.T.)

turo econômico do mundo repousa sobre o concurso exclusivo das forças e do impulso alemão, ninguém duvida que a tese que podemos opor a tais ambições foi severamente enfraquecida. Eis por que a Alemanha emprega todos os esforços para legitimar essa crença. Uma Inglaterra paralisada no empirismo e absorta pelos esportes e uma França adormecida sobre seu cofre-forte: tais são as imagens que ela se compraz em bradar diante da opinião pública. Depende de nós desmentirmos essas propostas tendenciosas. A guerra deu início à refutação; as obras de paz devem terminá-la. A partir de então, grandes tarefas se apresentarão. A França terá de prestar contas perante o mundo pelos recursos naturais que já possui e por aqueles que tem a legítima ambição de adquirir. Seria injustiça supor que ela possa falhar nessa tarefa. Já que se porventura lhe acontecesse de se esquivar do espírito empresarial, de abrigar por detrás de proteções artificiais, uma timidez de concepção e de hábitos rotineiros, ela estaria declarando sua impotência.

II

Relações entre a Europa Ocidental e o mundo russo. O Leste longínquo. Novas perspectivas.

O perigo que ameaçou a Europa implica mais de uma lição. Entre outras coisas, ele nos aponta a necessidade de uma Europa organizada sobre bases mais largas, unindo numa harmonia mais bem regrada as forças do Leste e do Oeste. Não se trata de um encontro fortuito que combinou nos campos de batalha a causa da Rússia à da Bélgica, da França e da Inglaterra. Sob várias formas, desde o século XVI, a Rússia não parou de procurar abrir seus horizontes ao organizar comunicações livres com a Europa Ocidental. E, seja por si própria ou por seus aliados, a Alemanha sempre tratou de se opor a esse projeto. Para ela, a Rússia era um campo reservado. Essa teria sido mais do que nunca sua condição se o sucesso tivesse coroado a agressão germânica. Interposta do mar do Norte ao golfo Pérsico, a Alemanha teve todos os caminhos barrados. As relações entre Europa Ocidental e Europa Oriental — duas partes com grande interesse em se aproximar à medida que se completam — são a aposta da luta atual.

Quaisquer que tenham sido — desde Richard Chancelor e os comerciantes ingleses do século XVI — as tentativas recíprocas de tecer relações com a Europa Central, a Rússia de Ivan IV e mesmo a de Pedro o Grande se encontrava num grau demasiado inferior de vida econômica para estabelecer um comércio variado e extenso. Faltavam vias de comunicação: esse grande corpo não contava com a livre disposição de seus membros. Uma agricultura rudimentar, aliada a uma indústria doméstica, absorvia a atividade da população de camponeses. O desejo de se articular com o mercado em geral podia assombrar o espírito de alguns homens de Estado; ele não se impunha como uma necessidade num país que ainda não oferecia nem a multiplicidade de produtos que podia atrair o estrangeiro, nem a capacidade de compra capaz de prover uma atividade de trocas. Tal condição, excessivamente prolongada por um regime estritamente burocrático, era singularmente propícia ao papel de exclusiva intermediária ao qual se arrogava a Alemanha e que afirmava mais do que nunca o último tratado de comércio próximo a expirar no momento da guerra.

Porém, mudanças profundas — cuja influência não para de aumentar — modificaram, já há meio século, toda a vida do povo russo. Pode-se mensurar suas etapas desde a libertação dos servos e as medidas que a ela se seguiram até a notável participação assumida pelas assembleias provinciais (*zemtsvos*) nos movimentos da vida nacional.

A tais mudanças sociais correspondem transformações econômicas de mesma importância. Enquanto área agrícola e industrial, a Rússia europeia, associando-se daí em diante por uma rede cada vez mais estreita de ferrovias com a da Ásia, revela-se um dos principais reservatórios de recursos do futuro. Ela entrou decididamente num período em que as indústrias se diversificam e os cultivos se adaptam aos mercados externos. Por esta via, enquanto assegura um emprego frutífero aos capitais e inteligências exteriores, se encarrega de procurar mercados para seus produtos cuja variedade a isenta de todo monopólio. Graças a progressos assim — tanto político-sociais quanto econômicos —, ela alcança a vontade e o poder de tomar parte nas transações gerais e de assegurar a seu imenso Império (em suas duas extremidades, seja em direção à Grã-Bretanha ou ao Japão) o acesso ao mercado mundial. Daí para a frente, todas as portas estarão abertas para tanto.

Quando paramos para pensar na extraordinária ascensão que as relações entre os homens conheceram, há mais ou menos meio século, distinguimos no fundo a influência de um grande fato geográfico: a valorização do interior dos continentes, que pôs em circulação uma nova massa de produtos e matérias-primas, ampliando em proporções extraordinárias a atividade industrial e comercial. Por muito tempo, o comércio contentou-se em tocar pela periferia os grandes continentes africano e asiático; o exemplo da União Americana[5] revelou, pela primeira vez, o que a penetração íntima de um continente podia conter de potência. Tal progresso prosseguiu a contento tanto naqueles continentes quanto na América e na Europa.

A preponderância econômica da Alemanha se deve à exploração intensa de recursos minerais, o sustentáculo de sua pujança militar. Eles estão distribuídos sobre a borda do arco montanhoso que atravessa de ponta a ponta, das Ardenas à Transilvânia, sobre 1.500 quilômetros em linha reta, o continente europeu. Lá se sucedem as bacias hulhíferas do Sarre, do Reno e de Westfália, bem como as da Saxe, Boêmia e Silésia — sem contar os afloramentos de antracito.[6] Elas se avizinham ao ferro da Westfália e Silésia, o zinco de Aix-la-Chapelle, o cobre de Harz e os sais de potássio de Stassfurt e o petróleo da Galícia. Nichos industriais, colônias esparsas de minera-

---

[5] Os Estados Unidos da América. (N.T.)

[6] Carvão fóssil de alto poder calórico, por sua extrema densidade e elevada concentração de carbono. (N.T.)

dores já estavam há bastante tempo (desde a Idade Média) distribuídas ao longo dessa fronteira. Hoje, a indústria moderna os concentra em um todo e o comércio lhes abre o mundo. E, como no norte da França e no sul da Rússia, essa indústria continental se desdobra em ricas indústrias agrícolas, destilarias e indústrias açucareiras graças aos solos calcário-argilosos ou de *terra negra*, que se estendem em bordas sobre a convexidade setentrional do arco montanhoso da velha Europa herciana. A atual força alemã consiste em ter combinado, organizado e movimentado todos esses recursos.

Contudo, mais além, esses recursos têm seu prolongamento.

Se a Alemanha é central em relação à Europa, a Rússia o é em relação a essa parte incomparavelmente mais vasta da Ásia que podemos designar por uma expressão que os geógrafos, com razão, tomaram de empréstimo dos geólogos: a *Eurásia*. De lá ela comanda os caminhos da China e, sobretudo, dispõe de recursos agrícolas e industriais que se repartem do Donetz ao Altaï e que aparecem, desde então, como uma das principais reservas do globo.

Possa a potência que tem as chaves desse mundo pleno de promessas compreender que ela contraiu um dever tanto em relação à humanidade quanto em relação a si mesma! Interessa à Rússia facilitar o concurso dos Estados da Europa Ocidental e vice-versa. Os indícios de uma fecunda cooperação recíproca já se anunciam diante do fracasso das armas.[7] Assim, pode-se apreciar o antagonismo de duas políticas: uma, que tende a isolar a Rússia, e outra, que tende a atrair para a comunidade europeia o que deixa de ser para nós o *Leste longínquo*.

---

[7] Escrevendo entre 1916 e 1917, Vidal não poderia prever os acontecimentos políticos que transcorreriam em seguida na Rússia, afastando-a da direção pretendida pelo autor. (N.T.)

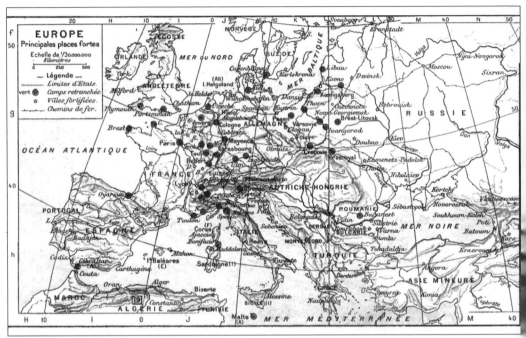

Atlas Vidal-Lablache — Principais fortalezas da Europa
Fonte: www.cosmovisions.com/VL/cartes/076a.htm